青天白日旗下
民國海軍的波濤起伏

金智 著

自序－傷心問東亞海權

民國元年十二月，國父 孫中山先生在給中華民國首任海軍總長兼海軍總司令黃鍾瑛的輓聯中，對中國海權的實踐的現況發出了強烈的感嘆；「盡力民國最多，締造艱難，回首思南都侍侶；屈指將才有幾，老成凋謝，傷心問東亞海權。」在民族革命的領導人中，孫中山是倡導中華民族必須擁有海權的先驅。民國元年南京臨時政府成立伊始，孫中山究倡議成立海軍部，此舉突顯海軍在其心目中的重要性。同時他力主奠都南京，即因南京居長江之險，定都南京可收海軍之利益。並進而認為：「向來革命之成敗，視海軍之向背……」，足見孫中山對海軍的重視。民國十年在《國防計畫綱目》中，對海軍建設問題從四個方面提出具體規定，包括海軍建設、海軍裝備建設、教育訓練與海軍基地建設等，在佔三分之一的篇幅中，他五次提到軍隊建設問題，其中四次將海軍列為首位，「海軍建設應列為國防之首要」成為孫中山晚年念茲在茲的課題。但直至抗戰勝利，事實上我國海權始終不興，猶待走向大海，走向深藍，奮力開創國人堅強不息的海權呼喚！

本書前六章先後發表收錄於《軍事史評論》第 17 期至 22 期，第七章則收錄於由國立成功大學博物館出版的《臺灣的天空－ 2013 年航空與社會學術研討會論文集》，稍事修正輯成。至於書名青天白日旗的意旨即我國海軍自民國前一年 (辛亥革命) 在九江首義時，即已換升青天白日滿地紅旗為海軍旗。民國元年十一月七日大總統頒行「海軍旗章條列」，明定海軍旗為青天白日滿地紅。民國十六年三月十四日北洋政府海軍投向國民革命軍，南京政府通令所轄各艦艦首改懸青天白日旗幟。民國十八年十二月廿日國民政府明定海軍旗與國旗同式，艦首旗為青天白日旗。民國時期海軍擁有四支互不統屬的艦隊，北伐統一全國後，中央海軍實力的主體是由閩系海軍力量所組成，但國民革命軍總司令蔣中正卻始終對閩系海軍不信任。國軍編遣會議後，國府擬統一全國海軍，原第一、第二艦隊番號不變，將東北海軍改稱第三艦隊，廣東海軍改稱第四艦隊，艦隊的軍政權統屬軍政部，軍令權統屬於軍事委員會。海軍司令部與閩系艦隊總司令部被撤銷，但實質上而言海軍此時仍是統而不一。因此有個號稱中央海軍但是國民政府卻很難掌控的閩系海軍，有個國府全力培養希望日後成為嫡系海軍但卻連畢業後任官派職都被海軍部排擠的電雷系。加上原本地方色彩就極重，自晚清起就獨樹一幟的廣東海軍與張作霖、張學良父子創立的東北海軍。以海軍旗為例，直至民國二十年九一八事變後遷青島前的東北海軍以東北沒有中國國民黨組織為由拒絕懸掛青天白日海軍旗，也不自稱海軍第三艦隊；割據廣東的第一集團軍也於民國二十一年撤銷第四艦隊，改稱粵海艦隊。是以各派系海軍學校學制與師法的國家風格迥異，各海軍學校畢業生專業程度與行事作風差異也頗大，加上當時難以避免根深柢固的地域、門戶之見，致使各派系海軍在整合上相當困難，相較兩廣事變後由國府中央牢牢掌控的中華民國空軍複雜許多，相對來說民國海軍史的研究也就有了更加豐富而多樣的討論議題，從晚清以來近代海軍的締造發展亦可謂見證了我中華民族國運的興衰榮辱與跌宕起伏。軍事史研究不易，也一直是歷史研究中的冷門。但軍事是國家民族生存延續的命脈，軍事史也是國史重要的一環。未來除勉力賡續研究抗戰勝利後的海軍發展外，民國海軍史的重要人物如薩鎮冰、陳紹寬、沈鴻烈、陳策等人與民國史千絲萬縷複雜的關係亦將是個人學術研究的重點。

從大學部到碩、博士班，個人在國立成功大學歷史系、所悠遊十餘載歲月，感謝母校成大師長的教誨與栽培。而本書的完成，特別感謝鄭梓教授，如果沒有他的督促、啟發與鼓勵，不會有本書的出版問世。也感謝深諳近代海軍發展史的海軍耆宿徐學海中將，近年來對筆者的訓勉與提點。另部分史料承蒙學棣國防部史政處史政員孫建中先生、前海軍軍史館館長沈天羽先生惠予支援、借閱，銘感在心！謝謝成大博物館前任館長褚晴暉教授的協助與指導，其結合科學與人文的學術風範值得景仰；而沈天羽先生除負責協助排版美編外，最後定稿亦多次參與討論、校正，同時也提供本書絕大部分其個人珍藏非常珍貴的史料照片，其中許多是兩岸相關海軍史書籍首度正式面世，使本書增色不少，特此致上最深的謝忱！當然本書未盡之處必在所難免，疏漏亦多，尚祈各界方家、先進與讀者不吝指正。

金智　甲午年季冬

目錄

第四章 民國時期的廣東海軍

第五章 民國時期的東北海軍

緒論

清末中日甲午一役，清廷海軍主力 - 北洋海軍，幾被日本海軍或殲或俘，元氣大傷。戰後清廷為維護海疆，遂重建海軍，未料數年後，在辛亥年武昌爆發革命軍起義，是時清廷海軍官兵竟多傾向革命，或加入革命軍行列。海軍歸附革命陣營，亦是促進了滿清迅速的敗亡原因之一。

民國肇建後，以北京為中心，由袁世凱等北洋軍閥控制的政府是為中華民國之正統。北洋政府設置有海軍部、海軍總司令公署，其下轄第 1、2 及練習等 3 艦隊。然民國初年，因北洋政府領導人更迭不斷，政局不穩，加上財政吃緊，入不付出，以致海軍有關造艦、購艦、教育訓練等各方面發展嚴重受限。海軍因經費不足，長年欠餉缺糧，不得不仿效軍閥，在地方徵稅斂財，籌措財源。

北洋政府海軍先後依附袁世凱及北洋軍閥，參與鎮壓反袁之二次革命，及介入不同派系軍閥之間的戰事。自袁世凱死後，北洋不同派系軍閥因政治立場不同，或為擴張勢力地盤，屢次兵戎相向，而海軍亦入其政爭或內戰中，以致海軍先後有兩次分裂，同室操戈，元氣大傷。

民國 13 年 6 月，孫中山在黃埔建軍，任命蔣中正為校長，此後蔣中正以黃埔校軍為基幹，加以粵軍協助，兩次東征一統廣東。15 年 7 月，南方革命政府任命蔣中正為國民革命軍總司令誓師北伐。16 年 3 月，北洋政府海軍總司令楊樹莊有鑑於國民革命軍北伐勢如破竹，北洋軍閥氣數已盡，遂倒戈宣布率艦投效國民革命軍之行列，參加北伐戰爭，屢建功績，尤其在龍潭一役，國民革命軍得助於海軍，遂能擊敗孫傳芳部隊。而北洋海軍殘存的渤海艦隊，不久併入東北海軍，至此北洋政府海軍走入歷史舞台。

北伐完成全國統一後，南京國民政府於民國 18 年成立海軍部，使中央海軍在組織制度的建立，官兵養成與專長教育及部隊演訓，海政與後勤各項建設，艦艇、飛機、砲械裝備的研製等各方面均有所的建樹，在一定程度上振興了自民國肇建以來，海軍長期積弱不振與疏於建設之頽象。

海軍部成立後，雖然曾制訂海軍長遠的建軍計畫，但受限於南京國民政府財政十分拮据，戰爭與人事的紛擾，地方海軍僅名義上歸附中央，以致海軍部政令難以通達至全軍，建軍計畫難以落實，直至抗戰前夕，中央海軍未能達到原先制訂的建軍目標，整體實力相較於敵國日本海軍，雙方仍有很大的差距。

民國 26 年 7 月，盧溝橋事變，自此抗戰軍興，中央海軍因實力薄弱，所轄艦艇大多在抗戰初期，自沉長江或為敵機擊毀，以致海軍組織編制被大幅縮編或裁撤，甚至連海軍部不能幸免亦被撤裁，另成立海軍總司令部，直隸軍事委員會。原以閩人為主導中央海軍，因長期抗戰的耗損，整體實力被弱化，加上抗戰後期，中央領導人欲藉由美英等外援力量重建我海軍，打破海軍長久以來存在的派系分裂問題，直至抗戰勝利後，閩人控制的中央海軍及地方海軍，均已無力再與中央政府抗衡。

教育為百年大計，抗戰時期海軍學校在艱困環境中勉強維持，並數次對全國公開招生，持續海軍人才之培育。又為解決戰時教育的困境，利用與英美同盟國關係，派遣大量海軍官兵赴美英接艦受訓，為戰後海軍重建，奠定重要的根基。

由於為數不多的海軍艦艇在抗戰初期損失殆盡，因此海軍改採以要塞砲兵、布雷作戰，來對抗日本海軍的侵犯，其中布雷作戰對敵艦造成重大損失及威脅，迫使敵艦無法溯長江直趨川江，對拱衛重慶大後方，貢獻頗多。

民國時期，除了中央政府統轄的海軍外，地方實力派軍人或軍閥，亦組建海軍，其中以廣東海軍及東北海軍實力最強，甚至能與中央海軍抗衡。廣東海軍主要沿自清末廣東水師，自民國肇建後，一直侷限於廣東偏安獨立發展，其間也多次涉入國內政爭；尤以民國初年，粵人程璧光率海軍南下粵省，頓時成為孫中山護法政府重要的軍事武力。

民國 17 年，國民革命軍北伐成功，全國統一後，中央著手海軍之整建；廣東海軍奉國民政府編遣會議之決議，納編為國民政府海軍第 4 艦隊，但實際上僅是名義上歸順中央。陳濟棠主政廣東期間，致力廣東海軍的建軍發展，加上東北海軍三艦南下投靠陳氏，一時廣東海軍實力大為增強。但好景不常，隨著東北海軍三艦的北返，及陳濟棠在「兩廣事變」後失勢，自此廣東海軍被南京國民政府接管，發展陷於停滯，整體實力大不如前。

在抗戰期間，廣東海軍艦艇因艦齡老舊、噸位小、火力差，以致在抗戰初期，除了曾在虎門海戰力戰敵艦外，之後大多數的艦艇遭到日軍飛機炸沉於江河內。於是廣東海軍改採在粵桂兩省江河布雷，使日軍溯江西上受阻，其功不可沒。最後隨著抗戰勝利，廣東海軍被裁撤，走入歷史。

東北海軍可溯源自民國北洋政府的吉黑江防艦隊，民國 11 年春，第一次直奉戰爭，東北軍張作霖敗北，開始著手興建海軍，以沈鴻烈為主事者，從接管吉黑江防艦隊為基礎，建立東北海軍。接著沈氏運用權謀併編直系所屬之渤海艦隊，一時東北海軍成了中國最強大的海軍。

民國 20 年 9 月，日本關東軍發動「九一八事變」，緊接著攻佔東三省及熱河，自此東北海軍失去東三省的財源之地及江防艦隊，實力大受影響。且隨著東北海軍南遷青島後，內部人事紛擾加劇，最後導致海圻、海琛、肇和等 3 大軍艦叛離南下，東北海軍從此不振，被南京政府收編為海軍第 3 艦隊。26 年抗戰軍興後，海軍第三艦隊奉命內遷，幾經整併消失。

東北海軍的歷史雖然不是很長，但其在民國海軍史或者是民國史上，仍有相當重要的地位。尤其東北海軍官兵曾為捍衛東北邊防之安全，在同江抗俄一役，犧牲慘烈。另外，東北海軍創辦航警學校（爾後更名為青島海軍學校），為我國海軍培育及造就不少海軍及航運業人才，貢獻良多。

在中央海軍及廣東與東北兩支地方海軍外，蔣中正有鑑於民國 21 年「一二八淞滬戰役」期間，我江海防形同虛設，海軍僅名義上歸順中央，實則長期分別被閩系、東北及廣東等實力派軍人所掌控，中央政令難以下達。為此蔣中正欲成立直屬中央的海軍，於是電雷學校因應而生。

電雷學校為我海軍建軍史上的一個特殊單位，學校成立後一切學制及教育內容，大多同一般海軍學校。唯學校不受海軍部管轄，初隸屬參謀本部，後改隸軍政部。電雷學校除負責教學培育人才外，亦編制有部隊及艦艇之戰鬥部隊。

自抗戰軍興後，電雷學校所屬魚雷快艇，多次參加江防作戰，屢建功績。後因中央裁併海軍政策，學校於民國 27 年 6 月，被併入青島海軍學校，艦艇則改撥其它單位。軍政部電雷學校歷史雖然僅短短 6 年。但其對我海軍日後的發展，尤其在人才方面，造就不少將領，因此其影響深遠。

論述探討範圍與史料之蒐整

回顧自民國肇建迄今已有 104 年，對日抗戰勝利迄今亦已有 70 週年，然而國內外或臺海兩岸，有關民國時期的中國軍事史相關著作，大多以陸軍發展史或陸軍戰史為主，論述中國海軍之論文或史籍不多，在為數不多的海軍論著中，有關民國時期我海軍之研究議題上，大多偏重海軍個別派系的發展，海軍的戰史也著重在抗戰，就論述民國時期中央或地方海軍之組織演變、教育訓練及作戰功績等，海軍整體性的建軍發展史，此一類通論性的研究及著作，迄今在臺灣十分罕見.。

筆者有感民國肇建迄抗戰勝利此 30 多年間，中國海軍無論是中央海軍或地方海軍，其建軍發展歷程及對國家民族的貢獻，應給予以文字記載，一來可保存海軍史料，二來可彰顯海軍先賢先烈之功績，並可作為我海軍後建軍發展之參研。因此筆者長期蒐整國軍檔案，臺海兩岸官方或民間出版之海軍史料與文獻，近人之著作或論文，海軍耆宿的回憶錄或口述歷史，就民國時期中央閩系、廣東、東北、電雷等海軍四大系統，有關其建(成)軍之源起，組織發展與遞嬗、教育訓練、作戰與戰績、海軍對國家的貢獻及其發展之困境與缺失，做一個全面性的綜整論述與探討。本書相關史料蒐整如下：

一、史料檔案:國防部典藏，《國軍檔案》、《電雷學校校史稿》（影本）、海軍總司令部編，《海軍大事記》、中國第二歷史檔案館編，《抗日戰爭正面戰場》、中國第二歷史檔案館編，《中華民國史檔案資料匯編》（第三輯，軍事）、《東北年鑑》（軍事:海軍）、《廣東省志－軍事志》、《遼寧省志－軍事志》、《山東省志－軍事志》、《黑龍江省志－軍事志》、《福建文史資料》（第 8 輯）、《廣州文史資料》（第 37 輯）、《遼寧文史資料選輯》、《廈門軍事志》、《福建船政局史稿》、《遼寧文史資料》、桐梓縣人民政府編，《中華民國海軍桐梓學校》及楊本善，《中華民國海軍史料》等。

二、軍方出版品:國防部史政編譯局編印，《抗戰史料叢編初輯》、《國民革命建軍史》、國防部史政編譯室（孫建中著）編印，《中華民國海軍陸戰隊發展史》、海軍總司令部編印，《海軍艦隊發展史》、《中國海軍之締造與發展》、《海軍抗日戰史》、《北伐時期海軍作戰紀實》、海軍官校（沈天羽）編著，《海軍軍官教育一百四十年（1866-2006）》、海軍大氣海洋局

（崔怡楓著）編印，《海軍大氣海洋局 90 周年局慶特刊》、海軍陸戰隊司令部編印，《海軍陸戰隊歷史》等專書。

三、近人著作：蘇小東，《中華民國海軍史事日志（1912.1-1949.9）》、包遵彭，《中國海軍史》、李傳標，《中國近代海軍職官志》、吳杰章，《近代中國海軍》、陳書麟，《中華民國海軍通史》、高曉星，《民國海軍的興衰》、席飛龍，《中國造船史》、林慶元，《福建船政局史稿》、陳悅，《民國海軍艦船志 1912-1937》、郝秉讓，《奉系軍事》、田榮，《威海軍事史》、徐學海，《海軍典故縱橫談》、馬俊杰，《中國海軍長江抗戰紀實》等專書。

四、海軍將領耆宿回憶錄或訪問紀錄：劉廣凱，《劉廣凱將軍報國憶往》、鍾漢波，《四海同心話黃埔：海軍軍官抗日劄記》、《徐亨先生訪談錄》、《池孟彬先生訪問紀錄》、《黎玉璽先生訪問紀錄》、《葉昌桐上將訪問紀錄》、《曾尚智回憶錄》、《親歷與見證：黃廷鑫口述記錄：一個經歷諾曼第戰役中國老兵的海軍生涯》、陳振夫，《滄海一粟》、張力，《海軍人物訪問紀錄》（第一、二輯）等專書。

五、論文：1、王天池，〈電雷學校紀略〉。2、曾金蘭，《沈鴻烈與東北海軍（1923-1933）》（東海大學歷史研究所碩士學位論文）。3、張力，〈中國海軍的整合與外援〉、〈航向中央：閩系海軍的發展與蛻變〉〈從「四海」到「一家」國民政府一海軍的再嘗試（1937-1948）〉〈陳紹寬與民國海軍〉。4、馬幼垣，〈抗戰期間未能來華的外購艦〉、〈海軍與抗戰〉。5、王家儉，〈近百來中國海軍的一頁滄桑史：閩系海軍的興衰〉、〈海軍對抗日戰爭的貢獻〉6、陳孝惇，〈抗戰前國民政府時期海軍之建設與發展〉、〈東北海軍的創建與發展〉。7、孫淑文，〈閩系海軍陸戰隊興衰之研究〉。8、何燿光，〈抗戰以前海軍參與剿共戰爭之研究〉、〈抗戰時期海軍砲隊與布雷隊之研究：海軍意義詮譯方式的論證〉。9、韓祥麟，〈抗戰時期海軍長江之佈防與抗敵〉。10、趙梅卿，〈長江中游海軍布雷游擊戰記〉等。

上述所列之檔案史料、史籍與論文等係為臺海兩岸這數十年，主要有關民國時期海軍研究之成果；從這也不難看到就與國軍陸軍軍史或戰史相較之下，其質與量明顯的薄弱……，尤其在民國海軍通論性的專史方面；幾乎均為中共軍方或中國大陸學者所編著，大陸出版有關民國海軍歷史之著作，一方面受到我方史料取得的困難與限制，一方面因敵我政治意識形態作祟，一些史實論述不免有失客觀及公正。而臺灣有關海軍歷史研究不多，加上許多論著其寫作年代較早，對於軍方及對岸的史料及專著上，取得亦有所侷限，這也使得其研究偏重於某派，像是中央閩系海軍的論述，因史料較豐富且取得容易，研究論著者較多，東北海軍次之，史料缺乏的廣東海軍以及成軍較晚的電雷學校就較少有人研究。

隨著近年來兩岸民間交往的熱絡，亦帶動了兩岸學術的交流，加上國防部等軍方出版品對外的發行，軍方、學界及民間等興起對海軍將領或耆宿相關回憶錄或口述歷史的推動及編印，使得研究民國海軍的歷史，就史料、史籍的取得比以往方便及豐富多了。這也是筆者在撰寫本書時，較學界前輩或先進具有的一點點幸運及優勢。而本書的編纂及付梓，不僅可做為國內或兩岸有志研究民國海軍歷史或海軍建軍發展之參研，亦可以做為海軍官兵及國人認識民國海軍歷史的入門或參研書籍，最後也希望本書的付梓出版，能喚起國人重視海權，及緬懷海軍先烈先賢們，為國家民族所付出的犧牲與貢獻。

第一章　民國時期北洋政府海軍

摘要

辛亥革命武昌起義時，清廷海軍即多傾向革命，或加入革命軍行列。民國肇建後，以北京為中心，由袁世凱等北洋軍閥控制的政府為中華民國之正統。北洋政府設置有海軍部、海軍總司令公署，其下轄第 1、2 及練習等 3 艦隊。

民國初年因北洋政府領導人更迭不斷，財政吃緊，以致海軍有關造艦、購艦、教育訓練等各方面發展嚴重受限。海軍因經費不足，長年欠餉缺糧，不得不效仿軍閥，在地方徵稅斂財，籌措財源。

北洋政府海軍先後依附袁世凱及北洋軍閥，參與鎮壓反袁之二次革命，及介入不同派系軍閥之間的戰爭。袁世凱死後，北洋不同派系軍閥因政治立場不同，或為擴張勢力地盤，屢次兵戎相向，而海軍亦入其政爭或內戰中，以致先後有兩次分裂，使其元氣大傷。

直至民國 16 年 3 月，北洋政府海軍總司令楊樹莊有鑑於國民革命軍北伐勢如破竹，北洋軍閥氣數已盡，遂倒戈宣布率艦加入國民革命軍行列。北洋海軍殘存的渤海艦隊，不久併入東北海軍，至此北洋政府海軍走入歷史舞台。

壹、前言

辛亥革命武昌起義時，清廷海軍大多傾向革命，或參與革命倒滿行動。武昌起義後，各省紛紛響應，參與革命之清廷海軍官兵，即在上海集會推舉程璧光為海軍總司令，之後海軍會同陸軍參與光復南京之役。

民國元年 1 月 1 日，中華民國臨時政府於南京成立，臨時政府內即設置海軍部，是為海軍最高領導機構。旋清帝溥儀退位，孫中山將臨時大總統讓予袁世凱。中華民國正式成立後，袁世凱出任大總統，藉兵變為由，改以北京為首都，由於袁世凱係北洋軍閥領袖，且袁氏死後，北京政府被北洋軍閥所掌控，因此本文統稱為北洋政府。

自袁世凱出任中華民國大總統後，任命親信閩人劉冠雄為海軍總長，劉氏重用閩人，加以閩人地域觀念極強，海軍逐漸為閩人所控制。袁氏死後，海軍仍依附北洋軍閥，為北洋政府效命。因此民國初年北洋政府海軍凡舉人事、裝備、教育均受制於北洋軍閥。

然而北洋軍閥不同派系之間，彼此爭權奪利，或為擴張地盤，戰事不斷，無心於海軍建設。加以北洋政府財政十分困難，海軍經費往往不足短缺，官兵常年被積欠薪餉，海軍甚至必須自籌經費軍餉。因此北洋政府海軍自民國肇建至 16 年 3 月，宣布易幟，投效國民革命軍參與北伐大業止，在這期間其建軍發展之成果十分有限。

有關民國時期的中國海軍建軍發展之研究，在臺灣、香港及中國大陸已有一些學者致力於此方面研究，亦有一些論文、專著出版。惟以民國時期北洋政府海軍為單一研究對象，其論文或專書在史學界並不多見。因此本章以民國肇建至 16 年 3 月，楊樹莊率北洋政府海軍加入國民革命軍陣營，為研究時間之斷限，就此時期北洋政府海軍的建軍發展內容為研究題目；欲藉由蒐整臺灣、大陸兩岸相關之海軍檔案、史料或專書，論述此時期有關北洋政府海軍組織發展遞嬗與變革、海軍官兵的軍事教育訓練、海軍參與之戰事，並探討北洋政府海軍建軍發展之困境與缺失，作一個史料的整理、探究與分析。

貳、北洋政府海軍之組織遞嬗與變革

一、海軍統帥指揮機構之組織遞嬗與變革

（一）辛亥革命民國肇建時期之海軍統帥機構

辛亥革命期間，駐滬海軍艦艇官兵，響應革命起義，會同商團收回製造局，公舉毛仲芳為滬江艦隊總司令。集結鎮江的海軍官兵，則推舉吳振南為海軍處處長，以鏡清艦艦長宋文翽為隊長，會同陸軍光復南京。在漢口者則推舉海籌艦艦長黃鍾瑛兼任第 1 隊司令援皖，湯薌銘為第 2 隊司令援鄂。嗣後由朱孝先等人邀請各艦代表在滬集會，共同推舉程璧光為海軍總司令，黃鍾瑛為副司令，黃裳治為參謀，毛仲芳為副參謀長；就上海高昌廟艦隊事務處設立臨時海軍司令部，分科辦事。臨時海軍司令部係臨時組織，非固定機關。[1]

時因程璧光率海圻艦在英國未回，以黃鍾瑛代之海軍總司令，未就職前，以黃裳治、毛仲芳代行職權。有關海軍餉項經費，商由滬軍軍政府撥。稍後烟台各埠軍艦，先後與清廷脫離，海軍統一胥基於此。[2]宣統 3 年（西元 1911 年）11 月，革命軍軍政府抽撥海容、海琛、海籌、南琛、通濟 5 艦組成北伐艦隊，以湯銘薌為司令，此國民革命軍海軍艦隊之源起。[3]

民國元年 1 月 1 日，中華民國臨時政府在南京成立，孫中山先生就任臨時大總統，乃佈政之始，即於臨時政府中沿原有名稱設海軍部之建制，以綜其事，並定青天白日滿地紅為海軍旗，任黃鍾瑛為海軍總長、湯薌銘為海軍次長。[4]1 月 17 日，南京臨時政府海軍部正式成立，下設軍政、船政、教務、

1　參閱〈海軍沿革〉，《中華民國海軍史料》（北京：海洋出版社，1986 年），頁 1。柳永琦，《海軍抗日戰史》，上冊，（台北：海軍總司令部，民國 83 年），頁 148。鄭傳標，《中國近代海軍職官表》（福州：福建人民出版社，2005 年），頁 75。另包遵彭，《中國海軍史》，下冊，（台北：臺灣書局，民國 59 年），頁 321。及《海軍抗日戰史》，上冊，頁 96 記：時由鄂軍都督黎元洪召集海軍各艦代表，於上海成立臨時海軍司令部。

2　郝培芸，《中國海軍史》（北平：武學書館，民國 18 年），頁 190-191。

3　陳書麟，《中華民國海軍通史》（北京：海潮出版社，1992 年），頁 31。

4　海軍總司令部編印，《海軍大事記》，第 1 輯，民國 57 年，頁 31。另《中國近代海軍職官表》，頁 75 記：黃鍾瑛兼海軍總司令。

民國元年孫文與開國將領合影，立於孫文右側的是海軍總長黃鍾瑛，左側的則是陸軍總長黃興。

經理、司法等5局、軍械處及上海要港司令處。[5]3月20日，孫中山讓臨時大總統予袁世凱，北洋政府旋即成立，仍設海軍部如故，惟改以劉冠雄任海軍總長。[6]

（二）北洋政府海軍部之成立與組織遞嬗

北洋政府海軍部直屬於大總統，管轄海軍軍政；另置海軍總司令兼掌軍令，部設總長、次長，下轄總務（設秘書、副官、視察、編纂等4科）、參

5 蘇小東，《中華民國海軍史事日志（1912.1-1949.9）》（北京：九洲圖書出版社，1999年），頁10。

6 〈劉冠雄就任海軍總長電〉收錄在《中華民國史檔案資料滙編》，第3輯，軍事（一）（下），頁1307。劉冠雄曾任前清海天艦管帶時，該艦觸礁失事於鼎星島，按清律當處極刑。時袁世凱當權，以船毀事小，人才難得為由，奏請恩赦獲准，劉氏蒙赦免罪，深感袁氏之恩，更思竭其股肱之忱以報袁。另劉為閩人，在舊海軍中具有基礎勢力。參閱李世甲，〈辛亥革命至北伐海軍的派系〉收錄在《中華民國海軍史料》，頁906。

民國元年雙十，海軍總長劉冠雄與海軍部司、科長、視察及總長室人員合影。成立海軍部合影，位在劉冠雄右側者為黃鍾瑛。

民國 2 年元旦海軍部官佐合影，總長劉冠雄上將右側的是湯薌銘中將。

（左圖）劉冠雄，船政後學堂駕駛第四屆畢業，曾任海軍總長。
（右圖）第二艦隊艦長合影，後排左一為林建章、後排左二為許鳳藻，右二為佘振興。

事 2 廳。軍衡、軍務、軍學、軍械、軍需等 5 司。[7] 海軍部成立後，制定海軍官制 13 條；海軍官佐士兵等級，依民國元年 10 月 20 日大總統令公布為：軍官採 3 等 9 級制。[8]

民國元年 4 月，海軍部移設北京，部外設海軍總司令處，黃鍾瑛任總司令，仍按舊巡洋、長江 2 隊性質，設左右 2 艦隊，艦隊設司令；藍建樞、吳應科為左右司令，分別劃分權責。12 月改左右司令為第 1、2 艦隊司令，以藍建樞、徐振鵬分任第 1、2 艦隊司令，艦隊各設司令處。12 月總司令黃鍾

7 〈海軍部職員表〉收錄在《中華民國史檔案資料滙編》，第 3 輯，軍事（一）（下），頁 1156。民國 3 年 7 月，增設軍法司。參閱同書，頁 1182。

8 〈海軍官佐士兵等級一覽表〉收錄在《中華民國海軍史料》，頁 518-520。

瑛病逝，李鼎新繼任。[9]時第1艦隊轄海圻、海容、海籌、海琛、飛鷹、永豐、永翔、聯鯨、舞鳳、建康、豫章、同安、福安等艦。第2艦隊轄建威、建安、江元、江亨、江利、江貞、楚同、楚有、楚豫、楚觀、楚謙、江鯤、江犀、拱宸、建中、永安、湖鵬、湖鄂、湖鷹、湖隼、「辰」字、「宿」字、「列」字、「張」字等各艦艇。[10]

民國2年前清向英國外購肇和、應瑞2艦返國，編為練船，與通濟練艦

[9] 參閱《海軍大事記》，第1輯，頁32。〈臨時大總統改海軍左右司令為海軍第1、2艦隊司令指令〉收錄在《中華民國史檔案資料滙編》，第3輯，軍事（一）（下），頁1328。《中國海軍史》，下冊，頁857。

[10] 〈海軍沿革〉，頁1-2。《海軍抗日戰史》，上冊，頁148。

薩鎮冰，船政後學堂駕駛第二屆畢業，曾任海軍總長。

成立練習艦隊，[11] 以林葆懌為司令。時沈壽堃繼藍建樞為第 1 艦隊司令，沈氏稱病未就職，改任林葆懌為司令，饒懷文為練習艦隊司令。[12]3 年 3 月，北洋內閣改組，大總統袁世凱特令劉冠雄為海軍總長。[13]7 月擴大海軍部職權，修訂海軍官制為 21 條，內部組織未變，增設軍法司、會計審查處，頒訂海軍懲罰令。[14] 同（7）月北洋政府接收粵省寶璧、廣海、廣庚、廣金、廣玉 5 艘軍艦，隸屬海軍。[15]4 年 3 月，袁世凱令分海軍為 3 區：中區自環台至三都澳，

11 〈海軍練習艦隊〉收錄在《中華民國海軍史料》，頁 51。

12 《海軍抗日戰史》，上冊，頁 149。

13 《海軍大事記》，第 1 輯，頁 36。

14 〈海軍部職員表〉收錄在《中華民國史檔案資料滙編》，第 3 輯，軍事（一）（下），頁 1182。《海軍抗日戰史》，上冊，頁 84。

15 《海軍大事記》，第 1 輯，頁 36。

黎元洪（天津水師學堂管輪第一屆），武昌起義時被推選為湖北軍政府都督。民國元年，中華民國臨時政府於南京成立，黎被選為副總統，次年當選正式副總統。民國5年（1916年）與11年（1922年）兩度任中華民國大總統。

司令處設在崇明島；南區自三都澳至澳門，司令處設在瓊州；北區自鴨綠江至環台，司令處設在秦皇島。[16]

民國4年12月，袁世凱稱帝，以陳其美為首革命黨人在滬活動謀奪北洋政府海軍艦隊，趁週日停泊高昌廟之肇和艦艦長黃鳴球離艦及艦上疏於防備，闖登強奪該艦。事發之時，海軍總司令部自總司令李鼎新以下均例假離位，少校副官陳紹寬值日，聞訊傳令在港之海琛、應瑞等艦砲擊，奪回肇和艦，革命黨人離去。劉冠雄以李鼎新疏忽戒備，撤處李氏之職，並於5年元月，裁撤海軍總司令處（即裁撤總司令），將第1、2艦隊和練習艦隊改由海軍總

16 《中華民國海軍史事日志（1912.1-1949.9）》，頁92。

程壁光，船政後學堂駕駛第五屆畢業，辛亥革命時被推為海軍總司令，後曾任海軍總長。

長直接指揮，增設海軍總輪機處，任王齊辰為處長。[17]

民國5年6月30日，袁世凱恢復帝制失敗，副總統黎元洪依法為大總統，海軍總長劉冠雄辭職，特任程璧光為海軍總長。[18]6年6月24日，北洋政府內閣改組，一度任薩鎮冰為海軍總長，程璧光為海軍總司令（程氏未就任），在南京下關復設總司令處，將總輪機處併入。時值各省督軍逼迫黎元洪解散國會，旋以副總統馮國璋代理大總統。7月15日，改任劉冠雄為海軍總長兼

[17] 參閱李世甲，〈辛亥革命至北伐海軍的派系〉，頁906。〈海軍部請任海軍總輪機處並以該處條例案奏摺暨批令〉收錄在《中華民國史檔案資料彙編》，第3輯，軍事（一）（下），頁1231。〈海軍部頒發海軍總輪機處關防奏〉，同書，頁1234。《海軍大事記》，第1輯，頁39-40。

[18] 〈大總統免去劉冠雄改任程璧光為海軍總長策令〉收錄在《中華民國史檔案資料彙編》，第3輯，軍事（一）（下），頁1309。《海軍抗日戰史》，上冊，頁84,149。

饒懷文，天津水師學堂駕駛第二屆畢業，曾任南京海軍軍官學校校長、第二艦隊司令、海軍總司令等職。

領總司令。[19]24 日任饒懷文為海軍總司令。[20]

（三）護法艦隊南下與北洋政府海軍第一次分裂

民國6年5月29日，安徽省督軍倪嗣沖領導由各省督軍所組成之督軍團，宣布獨立，紛紛電請大總統黎元洪辭職下野。段祺瑞假藉「督軍團叛變」解散國會。6月4日，海軍總長程璧光眼見國事危迫；電飭第1艦隊司令林葆

[19] 參閱〈關於劉冠雄任海軍總長兼領海軍總司令令告〉收錄在《中華民國史檔案資料彙編》，第3輯，軍事（一）（下），頁1321。〈海軍沿革〉，頁2。《中國近代海軍職官表》，頁91。另《海軍大事記》，第1輯，頁42。及《中華民國海軍史事日志（1912.1-1949.9）》，頁115記：民國6年春，北洋政府任命薩鎮冰為閩粵巡閱使兼海軍臨時總司令，裁撤海軍總輪機處，歸海軍臨時總司令管轄。

[20] 〈大總統任命饒懷文為海軍總司令令告〉收錄在《中華民國史檔案資料彙編》，第3輯，軍事（一）（下），頁，1322。

李鼎新，船政後學堂駕駛第四屆畢業，曾任海軍總長。

懌率艦駐紮大沽，並勸黎元洪離京南下。但黎氏無意出走，惟命程璧光先行出京，集中艦隊，相機行事。[21]

6月6日，孫中山先生有鑑國事益急，與章炳麟聯名兩廣巡閱使陸榮廷、雲南督軍唐繼堯及西南各省督軍，討逆救國，派胡漢民到廣州，向各界說明護法討逆之必要。孫中山先生為了獲得海軍全力支持，於6月9日，程璧光抵達上海後，孫中山先生親自拜訪程璧光與林葆懌。程、林2人以為餉項、經費為慮，若能解決，海軍南下護法當可成為事實。孫中山先生籌足餉項，交付程璧光，至此海軍決定南下護法。[22]

[21] 李澤錦，〈程璧光護法前後〉收錄在《中國近代海軍史話》（台北：新亞出版社，民國56年），頁133-134。

[22] 李澤錦，〈林葆懌的功與罪〉，頁155。

杜錫珪，江南水師學堂駕駛第三屆畢業，曾任第二艦隊司令、海軍總司令、福州海軍學校校長等職。

6月13日，張勳率部進入北京，宣布擁立清廢帝溥儀。「復辟事件」發生後，孫中山先生決定離滬南下護法，於6月17日抵穗，當即發表演說：希望海軍南下護法。7月21日，程璧光偕林葆懌率第1艦隊赴粵，發表討賊檄文；號召擁護約法，恢復國會，懲辦禍首。[23] 北洋政府先後革免程、林2人職務。[24]

[23] 參閱李澤錦，〈程璧光護法前後〉，頁133-134。〈林葆懌的功與罪〉，頁155。

[24] 李澤錦，〈林葆懌的功與罪〉，頁156。6月24日，黎元洪大總統特任薩鎮冰為海軍總長，改任程璧光為海軍總司令，但薩、程均不就任新職。參閱《中華民國海軍史事日志（1912.1-1949.9）》，頁115。另〈辛亥革命至北伐海軍的派系〉，頁907記：劉冠雄重任海軍總長後，有鑑於李鼎新之教訓，極圖鞏固其心腹，決計恢復海軍總司令編制，擬以第2艦隊司令饒懷文升任，第1艦隊司令林葆懌不悅，決心南下護法。劉冠雄有所聞，改荐請薩鎮冰為海疆巡閱兼海軍總司令，欲以薩牽制林。林葆懌未接受率艦南下後，薩鎮冰不就總司令職，劉冠雄以饒懷文升任總司令，所遺第1、2艦隊司令之缺，以林頌莊、杜錫珪分別升任。

林建章，江南水師學堂駕駛第一屆畢業，曾任海軍總長。

此次海軍南下護法之艦隊計有；程璧光率領海圻、飛鷹、永豐、福安、同安、豫章、舞鳳 7 艦，連同留粵海琛、永翔、楚豫 3 艦，及民國 7 年由閩抵粵練習艦肇和艦共計 11 艘，組成護法艦隊（總噸位居中國海軍 44%）。[25] 自此北洋政府海軍分裂為南北兩部。

（四）南北分裂後北洋政府海軍之組織與遞嬗

程璧光率艦南下護法後，北洋政府海軍部形成虛設。民國 6 年 12 月，北洋重組內閣，王士珍任總理，劉冠雄東山再起被任命海軍總長。[26] 改海軍

[25] 參閱包遵彭，《中國海軍史》（下冊），頁 890-891。廣東省地方志編纂委員會編，《廣東省－軍事志》（廣州：廣東人民出版社，1999 年），頁 285。李澤錦，〈李國堂率艦南下護法〉，頁 178。

[26] 參閱〈關於劉冠雄任海軍總長令告〉收錄在《中華民國史檔案資料滙編》，第 3 輯，軍事（一）（下），頁 1310。《海軍大事記》，第 1 輯，頁 43。

總司令處為海軍總司令公署，設於南京下關。[27]7 年 2 月，海軍總司令公署以我國加入同盟國參與歐戰，便於對外關係，將公署由南京下關移駐上海高昌廟。[28]7 月因長江防防務吃緊，令長江上游艦隊歸第 2 艦隊杜錫珪督率，安慶以下由海軍總司令公署參謀長何品璋駐艦指揮。[29]

自護法艦隊南下後，北洋政府海軍所屬艦艇不多，艦隊形同瓦解，經重新整編，以饒懷文為海軍總司令，林頌莊、杜錫珪分別為第 1、2 艦隊司令。[30]又因肇和練習艦赴粵參加護法艦隊，以靖安運輸艦改為練習艦，編入練習艦隊。[31]嗣因參與歐戰（民國 6 年 8 月 14 日參戰），沒收德、奧在華商船，改編為運輸艦，編餘者華甲等 9 艘輪船，由交通部移交海軍，設租船處管理之。至此北洋政府海軍部幾成輪船公司。[32]另沒收德國在華利綏、利捷 2 艘軍艦，配置砲械，編入第 2 艦隊。[33]

民國 7 年 3 月，北洋內閣府改組，段琪瑞為總理，任劉冠雄為海軍總長。[34]3 月 28 日，海軍總司令饒懷文病故，大總統馮國璋令改海軍總司令為特任職，以藍建樞為總司令。[35]8 年 12 月，北洋內閣改組，大總統徐世昌任薩鎮冰為海軍總長。[36]9 年 6 月，薩鎮冰為統一海軍，派軍需司司長林葆綸和軍法司司長鄭寶菁赴粵，與廣州軍政府海軍部部長林葆懌協商。[37]7 月南北海軍將領林葆懌、藍建樞、蔣拯、杜錫珪等聯名率全體海軍官佐，通電聲討北洋安福系軍閥禍國破壞海軍。[38]10 月 7 日，海軍總司令藍建樞致電林葆懌商

27 參閱《海軍抗日戰史》，上冊，頁 84。《海軍大事記》，第 1 輯，頁 43-44。
28 參閱〈海軍沿革〉，頁 2。《海軍抗日戰》，上冊，頁 149。《海軍大事記》，第 1 輯，頁 45。
29 《中華民國海軍史事日志（1912.1-1949.9）》，頁 135。
30 《海軍抗日戰史》，上冊，頁 149。
31 〈海軍練習艦隊〉收錄在《中華民國海軍史料》，頁 52。
32 參閱《海軍抗日戰史》，上冊，頁 84。《海軍大事記》，第 1 輯，頁 53。《中華民國海軍史事日志（1912.1-1949.9）》，頁 133。
33 參閱《海軍大事記》，第 1 輯，頁 46。《中華民國海軍史事日志（1912.1-1949.9）》，頁 140。
34 〈關於劉冠雄任海軍總長令告〉，頁 1311。
35 參閱《中華民國海軍史事日志（1912.1-1949.9）》，頁 135。《海軍大事記》，第 1 輯，頁 45。
36 《海軍大事記》，第 1 輯，頁 50。《中華民國海軍史事日志（1912.1-1949.9）》，頁 162。
37 《中華民國海軍史事日志（1912.1-1949.9）》，頁 173。
38 《中華民國海軍史事日志（1912.1-1949.9）》，頁 177。

議南北海軍統一辦法。13 日北洋政府國務院通電，讚許南北海軍統一。惟廣州軍政府部分海軍人員反對北歸，堅持留粵護法。[39]

民國 10 年 5 月，薩鎮冰辭海軍總長，由李鼎新繼任。[40]10 年 8 月，海軍總司令藍建樞卸職，以練習艦隊司令蔣拯升任兼第 1 艦隊司令，另以楊敬修調升練習艦隊司令。[41]11 年 6 月，大總統黎元洪任李鼎新為海軍總長，杜錫珪為海軍總司令。8 月內閣改組，唐紹儀出任總理，李鼎新仍任總長。[42]

民國 11 年元月，林建章奉令暫代海軍第 1 艦隊司令。[43]4 月第一次直奉戰爭爆發，第 1 艦隊司令林建章依附皖系軍閥，第 2 艦隊司令杜錫珪依附直系軍閥。杜氏力主參戰，林氏則中立袖手旁觀。此役直系獲勝，直系控制北京政府。6 月北洋內閣改組，親皖系的林建章下台，李鼎新仍任海軍總長，親直系的杜錫珪因功繼蔣拯升任海軍總司令，周兆瑞、甘聯璈分任第 1、2 艦隊司令。[44]

（五）護法艦隊北歸及渤海艦隊之成立

民國 11 年 12 月，孫中山先生以大元帥名義，派滇桂粵聯軍討伐陳炯明。翌次（12）年 1 月 16 日，滇桂聯軍進入廣州。2 月 17 日，孫中山先生由滬返粵。21 日續行大總統職權。當滇桂粵聯軍擁護孫中山先生重返廣東之初，先前對孫中山先生有貳心之護法艦隊司令溫樹德即見風轉舵，偕各艦長電請孫氏回粵主持大計。孫中山先生對溫樹德寬大為懷，保留艦隊司令職務，要其整飭艦隊。溫樹德加強控制護法艦隊，私下與逃亡香港陳炯明暗中勾結，並與北洋政府派駐香港代表談判北歸條件。

民國 12 年 4 月，沈鴻英叛亂，進犯廣州，逼近三水，要求孫中山先生下野。5 月上旬，永翔、楚豫、同安、豫章等 4 艦協同粵軍擊潰沈鴻英後，

---

39 《中華民國海軍史事日志（1912.1-1949.9）》，頁 180,181。

40 參閱〈李鼎新就任海軍總長通告〉收錄在《中華民國史檔案資料滙編》，第3輯，軍事（一）（下），頁 1313。《海軍大事記》，第 1 輯，頁 56。

41 參閱〈大總統特任蔣拯署海軍總司令令〉收錄在《中華民國史檔案資料滙編》，第 3 輯，軍事（一）（下），頁 1324。《海軍大事記》，第 1 輯，頁 56。

42 《中華民國海軍史事日志（1912.1-1949.9）》，頁 207,216。

43 《海軍大事記》，第 1 輯，頁 58。

44 《海軍大事記》，第 1 輯，頁 60。另〈李鼎新就任海軍總長通告〉收錄在《中華民國史檔案資料滙編》，第 3 輯，軍事（一）（下），頁 1313 記：8 月 5 日奉大總統令：李鼎新署海軍總長。

左起溫樹德、沈奎、奚定謨、佘振興、任光與、呂德元於 1911 年 2 月攝於海軍部軍學司。

返航廣州。25 日陳烱明叛軍攻佔潮汕。此時溫樹德認為離粵北歸時機已到，於 5 月 31 日，秘密前往香港。孫中山先生以溫樹德勾結北洋政府、陳烱明，及煽動護法艦隊叛變為由，免除溫氏護法艦隊司令職務（加以通緝），改由參謀長趙梯昆暫代司令，並改委各艦長，由大本營直接指揮。[45]

孫中山大元帥府建立後，護法艦隊糧餉發生困難，加上艦隊內官兵多北人，南下多年，思鄉心切。時北洋政府由直系軍閥當權，魯豫巡閱使吳佩孚以同為魯人鄉親關係收買溫樹德（溫樹德潛逃香港後，私下仍掌控護法艦隊）。[46]

民國 12 年 6 月 9 日，溫樹德在汕頭通電擁護北洋政府。10 月 27 日，溫樹德策動駐泊廣州永翔、楚豫、同安、豫章 4 艦叛變，開赴汕頭，與效忠溫氏海圻、海琛、肇和 3 艦會合。12 月 17 日，溫樹德率海圻、海琛、肇和、永翔、

[45] 參閱《中國海軍史》（下冊），頁 891-892。《廣東省志－軍事志》，頁 287。《中國近代海軍職官志》，頁 122-124。《中華民國海軍通史》，頁 193。《近代中國海軍》，頁 737。

[46] 《中國近代海軍職官志》，頁 125。

同安、楚豫、豫章 7 艦由汕頭駛往青島投效吳佩孚，被編為渤海艦隊，護法艦隊至此結束。[47]13 年 3 月，北洋政府以溫樹德歸順，委任渤海艦隊司令（歸直魯豫巡閱使公署直轄），後兼膠澳督辦。[48]

（六）北洋政府海軍內鬨與第二次分裂

北洋軍閥統治時期，一些地方軍閥及政客為了保持地方割據，提出仿照美國聯邦制，由各省制定省憲法，實施自治。同時召開聯省會議，成立聯省自治政府，所謂「聯省自治」政治主張，實為避免捲入北洋軍閥與南方護法軍政府的南北戰爭，由湖南省長譚延闓於民國 9 年率先提出，廣東陳炯明、雲南唐繼堯等通電響應。

民國 12 年北洋政府海軍閩籍將領內鬥加劇；親皖系軍閥的林建章主張聯省自治，反對杜錫珪依附的直系軍閥以武力統一中國。林建章主張聯省自治，實則想藉此提高聲望，以便掌握海軍領導權。4 月 8 日，駐青島海籌、永績 2 艦受皖系「安福集團」運動，駛往上海。駐滬不滿杜錫珪以林建章為首海軍官兵發電，宣布贊成聯省自治，拒直系軍閥孫傳芳入閩，公推林建章為海軍領袖，成為獨立海軍「滬隊」。同（4）月浙江督辦盧永祥（皖系）、奉系張作霖、福建漳廈護軍使臧致平（皖系）及廣州孫中山先生等人，先後通電支持林建章及海軍「滬隊」獨立。[49]從此杜錫珪與林建章展開明爭暗鬥，互挖對方牆角，為北洋政府海軍第二分裂。

直到民國 13 年 9 月，直系軍閥江蘇督軍齊燮元在江浙戰爭中，擊敗皖系盧永祥，海軍滬隊海籌、永績 2 艦率先歸順直系。另滬隊靖安、健康、辰字、列字 4 艦艇，則被杜錫珪接收，北洋政府海軍從分裂又趨統一。[50]

（七）北洋政府海軍的衰微與結束

民國 12 年 11 月，北洋政府以杜錫珪為海軍總司令。[51]13 年 2 月，北洋

---

47 參閱《中華民國海軍通史》，頁 194。《民國海軍的興衰》，頁 74-75。

48 〈大總統府秘書處廳等關於任命溫樹德為渤海艦隊司令往來函電〉收錄在《中華民國史檔案資料滙編》，第 3 輯，軍事（一）（下），頁 1333。《海軍大事記》，第 1 輯，頁 66。〈辛亥革命至北伐海軍的派系〉，頁 908。

49 《中華民國海軍史事日志（1912.1-1949.9）》，頁 233-234。

50 吳杰章，《中國近代海軍史》（北京：解放軍出版社，1989 年），頁 276-278。

51 〈大總統任命杜錫珪為海軍總司令〉收錄在《中華民國史檔案資料滙編》，第 3 輯，軍事（一）（下），頁 1325。

政府海軍高層再度發生內鬥；閩籍將領不滿吳佩孚重用魯籍溫樹德，使溫氏權勢日傾。杜錫珪致電北洋政府：渤海艦隊侵佔烟台海軍練營，請制止，並批評溫樹德意在謀亂，要求嚴辦。同時杜錫珪反對吳佩孚任命溫樹德為渤海艦隊司令。3 月 1 日，楊樹莊召集駐閩海軍各艦艦長會議，公開反對溫樹德任渤海艦隊司令。4 日楊樹莊令林永謨為陸戰隊總指揮，率 4 艘軍艦攻佔渤海艦隊原駐地東山島。[52] 同（13）年 9 月下旬，江浙戰爭結束，盧永祥敗走日本，林建章下野，原支持盧永祥的海軍滬隊歸建第 2 艦隊。同（9）月北洋政府任杜錫珪為海軍總司令，溫樹德、楊樹莊為副總司令，李景曦為淞滬海軍司令。[53]

民國 13 年 9 月，第二次直奉戰爭爆發。10 月因馮玉祥倒伐，直系戰敗，奉系入關，馮玉祥率部佔領北京，北洋政府遂由國民軍系馮玉祥與奉系張作霖所控制。11 月馮玉祥、張作霖推舉皖系段祺瑞以臨時執政名義成立新政府，親皖系林建章繼李鼎新任海軍總長，原屬直系海軍總司令杜錫珪去職，由楊樹莊繼任總司令，以陳季良、許建廷分任第 1、2 艦隊司令，李景曦任練習艦隊司令。[54] 另將駐青島的渤海艦隊改隸奉系魯督張宗昌。[55]

民國 14 年 10 月，駐青島渤海艦隊官兵反對與東北海軍合併，發生向陸上砲擊之「海軍風潮」。山東督辦張宗昌聞迅，命令第 32 旅旅長畢庶澄平息海軍風潮。張宗昌藉此電告張作霖：溫樹德已失駕馭渤海艦隊能力，遂委畢庶澄為渤海艦隊司令。[56]

民國 15 年 4 月，臨時政執政段祺瑞圖謀為奉系內應，推翻馮玉祥，佔領北京，結果事機敗露，段氏下野，皖系勢力從此告終。旋奉系與直系驅逐馮玉祥攻佔北京，北洋政府由直、奉兩系掌控。[57] 親直系之杜錫珪繼林建章

52　《中華民國海軍史事日志（1912.1-1949.9）》，頁 265,266,267。
53　《海軍大事記》，第 1 輯，頁 68。
54　參閱《海軍大事記》，第 1 輯，頁 67。〈辛亥革命至北伐海軍的派系〉，頁 915。另〈臨時執政免去杜錫珪改任楊樹莊為海軍總司令令〉收錄在《中華民國史檔案資料滙編》，第 3 輯，軍事（一）（下），頁 1325 記：民國 14 年 2 月 6 日，臨時執政免去杜錫珪改任楊樹莊為海軍總司令令。
55　《中國海軍史》，下冊，頁 879。
56　《中華民國海軍史事日志》（1912.1-1949.9）》，頁 306。
57　張玉法，《中國現代史》（台北：東華書局，民國 68 年），頁 203。

任海軍總長，陳紹寬繼許建廷為第2艦隊司令。[58]

民國16年3月12日，國民革命軍攻克南京，緊接揮兵淞滬。3月20日，沈鴻烈向張作霖建議在青島建立海軍聯合艦隊，轄領東北艦隊及渤海艦隊，推舉張宗昌為海軍總司令。24日直魯聯軍第8軍軍長兼渤海艦隊司令畢庶澄從上海乘艦逃往青島。直魯軍將領紛紛要求追究畢庶澄和淞滬敗戰之責，張宗昌派副司令褚玉璞查辦。4月5日，畢庶澄遭褚玉璞槍決，由海圻艦長吳志馨升任渤海艦隊司令。[59]

稍早民國16年3月14日，海軍總司令楊樹莊率部在九江宣布加入國民革命軍。6月21日，張作霖在北京建立軍政府，自稱大元帥。時因北洋政府海軍第1、2艦隊及附屬構歸附國民革命軍，主力盡失，遂撤銷海軍部，僅在軍政部下設置海軍署，任溫樹德為署長。原北洋政府海軍僅存渤海艦隊。[60] 旋因張宗昌與國民革命軍作戰，無暇兼顧渤海艦隊，遂於該（16）年8月17日，將渤海艦隊歸併東北海軍，統一領導。[61]

二、海政、地方警備艦隊、海軍陸戰隊與後勤等機構

（一）海政機構

1、海軍測量局

測量海道為振興海政之初步。民國9年間，北洋政府海軍總司令部派劉德浦等人實習測量，即為籌劃測政進行起見。10年7月，北洋政府設立海界委員會，歷時7個月，議定劃定領海定線，鞏固主權辦法，於13年公布施行。[62] 海界委員會成立後，北洋政府海軍部商定成立海道測量局。10年10月，派軍務司司長陳恩燾兼充局長，在部內附設辦公機關。嗣以測政日繁，乃於11

58 〈辛亥革命至北伐海軍的派系〉，頁915。另〈海軍部職員表〉收錄在《中華民國史檔案資料滙編》，第3輯，軍事（一）（下），頁1313記：民國16年1月12日奉大總統令，特任杜錫珪為海軍總長。

59 民國15年冬，直魯軍總司令張宗昌命令畢庶澄率直魯軍第8軍及「渤海艦隊」陸戰隊赴上海作戰。參閱李毓藩，〈從護法艦隊到渤海艦隊〉，頁245。有關畢庶澄遭褚玉璞槍決乙事參閱李毓藩，〈從護法艦隊到渤海艦隊〉，頁245。及近代中國海軍編輯部，《近代中國海軍》，頁847。

60 《中華民國海軍史事日志（1912.1-1949.9）》，頁345。

61 《中華民國海軍史事日志（1912.1-1949.9）》，頁346。

62 《中國海軍史》，下冊，頁523-524。

年 2 月，釐定海道測量局編制，派許繼祥專任局長，該局由北京移往上海辦公，就近歸海軍總司令部節制。[63]

民國 11 年 9 月，海道測量局籌派測量隊實行測量。13 年 1 月，海軍部提議保護沿海漁船航線，設備燈志、浮標、氣候警報等事宜。[64]2 月測量局擬具劃定海界線辦法，由海軍部呈奉令准。6 月該局所借用吳淞海軍學校房舍交還交通部，另在上海華界西區擇地（原飛機試廠地址）營造新署（15 年 8 月，遷至新署辦公）。

海道測量局所屬測量艦艇，始有海鷹、海鵬 2 砲艇專供測量任務；並改名為慶雲、景星。爾後因 2 艇噸位小，只宜於近港，不適於外海作業。13 年 10 月，向英國購買外海測量艦 1 艘，定名瑞旭，後改名甘露。[65]

2、海岸巡防處

北洋政府海軍部以中國海岸線綿長數千里，島嶼林立，未設立觀象台、無線電報警台，傳播氣象及風警，以致船隻在沿海航行時有危險顧慮，於民國 13 年間籌設海岸巡防機關，以維護領海治安為主要任務。6 月設立海岸巡防處，所需費用由海關民船附稅指撥，派海道測量局長許繼祥兼任處長。[66]

海岸巡防處負責設置燈志、浮標，在沿海主要島嶼，適中海岸建立觀象台、無線電報警台，以利航務；編組巡防艦隊在沿海防盜、護漁。同時咨請外交、交通、財政 3 部協助進行。[67]

巡防海岸係屬海軍要政，海岸巡防處初設置在海道測量局內，不久在吳淞擇地建造新廨。海岸巡防處成立不久，借用江蘇省水警處船－鈞和號，駛赴江浙海面察勘地勢，於舟山嵊山及沈家門 2 地籌建報警台。另購巡艇 1 艘

---

[63] 〈海軍沿革〉，頁 10。民國 11 年 4 月 21 日，海道測量局成立。參閱崔怡楓，《海軍大氣海洋局 90 周年局慶特刊》（高雄：海軍大氣海洋局，民國 101 年），頁 14。黃劍藩，〈我所了解中國海道測量工作簡況〉收錄在《舊中國海軍秘檔》（北京：中國文史出版社，2006 年），頁 251。

[64] 〈海軍沿革〉，頁 11。

[65] 參閱〈海軍沿革〉，頁 11。《海軍大氣海洋局 90 周年局慶特刊》，頁 14。

[66] 《海軍大事記》，第 1 輯，頁 67。

[67] 〈海軍海岸巡防處無線電報警傳習所和觀象養成所〉收錄在《中華民國海軍史料》，頁 68。

東北江防艦隊

名為海防第1號巡艇。[68] 後續該處增添秋陽、瑞霖、祥雲等巡邏艇。[69]

由於我國沿海區域遼廣，海岸巡防處籌議分界設防，其計畫就東三省、直魯、蘇浙閩、粵瓊等處海岸劃分4區，每區設1分處，並增建坎門（浙江玉環島）、廈門各報警台。[70]

3、東沙島氣象台

民國12年英國駐香港總督府提議；由香港政府出款建築東沙島無線電觀候台，以惠商旅。北洋政府海軍部以此舉有關主權，力主自行建設，由海岸巡防處籌備，派人登島查勘。14年春於滬招工築台，購置長短波無線電機與各項觀象儀器。9月東沙島航海燈塔首先完工運作。15年3月19日，觀象台、

[68] 〈海軍沿革〉，頁13-14。

[69] 《民國海軍的興衰》，頁94。

[70] 參閱〈海軍海岸巡防處無線電報警傳習所和觀象養成所〉，頁68。〈海軍沿革〉，頁14。

氣象儀器、無線電等設備，裝備完成，東沙島觀象台正式成立，以許慶文為首任台長。[71] 東沙島觀象台設立後，東沙島定為軍事區域，劃歸海軍部管轄。16日2月，海岸巡防處添購1艘運輸艦定名為－瑞霖，撥歸東沙島觀象台遣用。[72]

（二）地方艦隊

1、吉黑江防艦隊

民國7年5月，北洋政府海軍部以松花江及黑龍江航權為俄人佔據，為鞏固國防，保護航權，派王崇文勘察松花江、黑龍江，成立「江防討論會」，專司其事。王崇文勘察完畢後，建議設立江防司令部。8年7月，海軍部為

[71] 參閱《海軍大氣海洋局90周年局慶特刊》，頁15。〈海軍部海岸巡防處所屬氣象機關沿革〉收錄在《中華民國海軍史料》，頁119。《中華民國海軍史事日志（1912.1-1949.9）》，頁322。

[72] 〈海軍沿革〉，頁14。

保護航權，於哈爾濱設立「吉黑江防籌辦處」，任王崇文為處長，歸海軍總司令節制。[73]

吉黑江防籌辦處成立之同時，海軍部呈請北洋政府核准，從上海第 2 艦隊抽調江亨、利捷、利綏、利川 4 艦，充實吉黑江防。[74] 江亨等 4 艦於民國 9 年 10 月，始抵達哈爾濱，歸吉黑江防司令部管轄。[75] 稍早吉黑江防司令部有鑑於松花江、黑龍江兩江綿亘數千里，4 艘軍艦巡防能力不足，購買 3 艘商船改裝為軍艦，分別命名為江平、江安、江通，另撥用中東鐵路巡邏砲艇－利濟。至此，江防司令部轄江亨、利捷、利綏、利川、江平、江安、江通及利濟等 8 艦。[76]

民國 9 年 6 月，吉黑江防籌備處改稱「吉黑江防司令公署」，設於哈爾濱道外北十七道街，王崇文任司令。[77] 吉黑江防司令公署直屬海軍部，不歸海軍總司令公署領導，惟關於艦隊事宜，仍秉承海軍總司令辦理。[78] 由於江防艦隊實力單薄，難承擔對外防務，對內防務僅限於松花江，沿江要衝分駐陸戰隊，與艦隊協同防守；必要時由艦隊撥派官兵隨同商船航行，沿途護航。因此吉黑江防艦隊成立，對於加強東北江防和保障商旅安全，應有一定貢獻。[79]

吉黑江防艦隊因直隸海軍部，不歸海軍總司令公署領導。因此海軍總司令部對該艦隊有關武器及員兵補給，漠不關心。自民國 8 年至 11 年，3 年內

---

73 參閱孫建中，《中華民國海軍陸戰隊發展史》（台北：國防部史政編譯室，民國 99 年），頁 34。陳書麟，《中華民國海軍通史》，頁 208。《中國近代海軍職官表》，頁 113。〈海軍大事記（1912-1941）〉，頁 1029。〈海軍陸戰隊沿革〉，頁 97。《海軍大事記》，第 1 輯，頁 46,49。

74 范杰，〈我在東北海軍的回憶〉收錄在《文史資料存稿選編》（北京：中國文史出版社，2002 年），頁 218。

75 參閱王賢楷，〈海軍艦艇過廟街紀實〉收錄在《文史資料存稿選編》，頁 230,232。王時澤，〈東北江防艦隊〉收錄在《遼寧文史資料》，第 7 輯，頁 68。陳書麟，《中華民國海軍通史》，頁 208 記：以靖安艦長甘聯璈為隊長，率 4 艦北航。9。

76 參閱《海軍大事記》，第 1 輯，頁 51。陳孝惇，〈東北海軍的創建與發展〉收錄在《海軍歷史與戰史研究專輯》（台北：海軍學術月刊社，民國 87 年），頁 156。范杰，〈我在東北海軍的回憶〉，頁 218。《中華民國海軍史事日誌（1912.1-1949.9）》，頁 171。

77 黑龍江省地方志編纂委員會，《黑龍江省志－軍事志》（哈爾濱：黑龍江人民出版社，1994 年），頁 44。

78 《海軍大事記》，第 1 輯，頁 52,54。

79 《東北年鑑》（軍事：海軍）（瀋陽：東北文化社，民國 20 年），頁 301。又同（301）頁記：自江防成立至今，沿江上下，胡匪滋擾之事，幾無聞，而行旅者得以又安矣。

積欠官兵薪餉長達10個月。11年5月，艦隊司令王崇文與張作霖協議，將艦隊改隸東三省自治政府（東北邊防司令長官公署）管轄。艦隊改隸後，司令仍由王崇文充任。[80]

2、海軍閩廈警備司令部

民國9年6月，海軍部請設閩江口海軍軍港，並將長門砲台由陸軍撥歸海軍主管。11年10月間，李厚基在閩省軍閥混戰中潰敗逃至馬尾被扣留，海軍趁機截繳李部槍械。[81]海軍總司令李鼎新以閩省上游不靖，省垣緊張，閩江一帶土匪蠢動，閩江防務尤為重要，增設閩江警備司令部，派練習艦隊司令楊敬修兼閩江警備司令，第1艦隊司令周兆瑞兼閩口要塞司令官，相度情勢，嚴密戒備，海軍警備隊、閩江檢查處同時設立。[82]

民國12年1月，原練習艦隊司令楊敬修調職，以楊樹莊為司令兼閩江警備司令。[83]13年4月，臧致平退出廈門，海軍接防廈門，至此駐閩海軍控制閩東及閩南大部地區。[84]

民國13年5月間，海軍部派海軍總司令杜錫珪赴廈門，與訓練艦隊司令楊樹莊籌商設立要港辦法。嗣以海氛不靖，廈門港適當其要衝，於14年6月間，改海軍閩江警備司令部為海軍閩廈警備司令部，司令由練習艦隊司令楊樹莊兼任。[85]

3、海軍清海辦事處

民國11年2月，因中華全國商會聯合會總事呈北洋政府稱：閩浙交界海盜猖獗，請派軍艦保護。業經令行海軍總司令派艦巡弋，茲據海軍總司令復稱：閩浙海面盜匪充斥，為患商漁，海盜出沒無常，勢難淨清，特定在浙江沈家門設立海軍清海辦事處，並在坎門兼設分處，指撥永績、聯鯨、海鷗、

80 參閱范杰，〈我在東北海軍的回憶〉，頁218。陳書麟，《中華民國海軍通史》，頁211。郝秉讓，《奉系軍事》（瀋陽：遼海出版社，2000年），頁76。

81 參閱《中華民國海軍史事日志（1912.1-1949.9）》，頁222。福建省地方志編纂委員會，《福建省志－軍事志》（北京：新華出版社，1995年），頁38。

82 參閱《海軍大事記》，第1輯，頁60。《中華民國海軍史事日志（1912.1-1949.9）》，頁221-222。

83 《海軍大事記》，第1輯，頁62。

84 參閱《海軍大事記》，第1輯，頁60。《中華民國海軍史事日志（1912.1-1949.9）》，頁222。《福建省志－軍事志》，頁38。

85 〈海軍沿革〉，頁9。

海鴻等艦艇常川巡弋，藉清匪氛。[86]

（三）海軍陸戰隊

民國元年 4 月，北洋政府海軍部警衛隊成立，任林鎔禧為管帶，轄 2 個警衛隊。[87]2 年 6 月，海軍部以中國雖無軍港，但軍艦均以上海高昌廟為根據地，需設有兵備。擬請臨時大總統袁世凱將駐京海軍部警衛隊調往高昌廟，歸海軍總司令節制，俾資鎮懾。[88]3 年 12 月，海軍警衛隊改編為海軍陸戰隊營。7 年陸戰隊營擴編為 2 營，直屬海軍部；以第 1 營駐北京，第 2 營駐高昌廟海軍總司令部、江南造船廠、馬尾造船所。[89]

民國初年，軍閥混戰，國內呈現分裂割據之情勢，海軍當局苦於沒有餉源與根據地，不得不寄人籬下，艱難度日，故欲效法陸軍擁有自己的地盤，擺脫困境。[90]11 年 6 月，杜錫珪出任海軍總司令，以海軍若佐有陸戰隊，當足以左右時局，綏靖海疆。適逢閩督李厚基因下屬貪贓枉法，民怨沸騰，兼閩江上下游一帶匪亂，閩境民心惶惶，海軍因徇閩紳之請，派楊砥中[91]率駐京滬陸戰隊，以戡平「閩亂」入閩。[92]

楊砥中率部抵閩後，會同海軍艦隊與駐馬尾護廠陸戰隊，[93]攻佔馬尾及閩江口長門要塞。民國 12 年 1 月，駐閩陸戰隊擴編為海軍陸戰隊統帶部，任

---

86 《中華民國海軍史事日志（1912.1-1949.9）》，頁 201。

87 《中國近代海軍職官表》，頁 134。

88 〈海軍部請將警衛隊調往上海高昌廟呈文〉收錄在《中華民國海軍史料》，頁 278。

89 參閱楊廷英，〈舊海軍駐閩陸戰隊〉收錄在《福建文史資料》，第 8 輯，頁 53。（中共）海軍司令部「近代中國海軍編輯部」編，《近代中國海軍》（北京：海潮出版社，1994 年），頁 765。吳杰章等，《中國近代海軍史》，頁 279。《中國近代海軍職官表》，頁 134。

90 《福建省志：軍事志》，頁 38。

91 參閱林培堃，〈戰前海軍陸戰隊之創建經過概況〉收錄在《中國海軍之締造與發展》（台北：海軍總司令部，民國 54 年），頁 87。《近代中國海軍》，頁 765。

92 參閱國軍檔案，《中央執行委員會軍事報告案（五屆九至十二中全會）》，〈海軍陸戰隊第一獨立旅司令部呈送民國 33 年度參謀長報告書－海軍陸戰隊第 1 獨立旅沿革概況表〉，檔號：003.4/5000。〈戰前海軍陸戰隊之創建經過概況〉，頁 87。〈舊海軍駐閩陸戰隊〉，頁 54。《海軍抗日戰史》（上冊），頁 328。另外，有關楊砥中入閩所帶陸戰隊數目各方說法不一：〈海軍陸戰隊第 1 獨立旅司令部呈送民國 33 年度參謀長報告書－海軍陸戰隊第 1 獨立旅沿革概況表〉記載：楊砥中率平滬陸戰隊 3 個連。〈戰前海軍陸戰隊之創建經過概況〉記：楊砥中率領駐京海軍部警衛營只有步兵 1 個連。

93 〈戰前海軍陸戰隊之創建經過概況〉，頁 87 記：係以駐馬尾船政局警衛營機槍連 1 個連兵力為基幹。

楊砥中為統帶。[94]5 月陸戰隊統帶部擴編轄 8 個步兵營、機關槍和山砲各 1 個營。[95] 北洋政府海軍部將駐閩陸戰隊統帶部改編為海軍陸戰隊暫編第 1 混成旅，任楊砥中為旅長，飭其辦理改編事宜。[96]10 月北洋政府任楊砥中為海軍陸戰隊第 1 混成旅旅長。[97]

民國 13 年 5 月，駐閩海軍攻佔廈門後，令陸戰隊嚴行戒備。[98] 同一時間陸戰隊第 1 混成旅擴編為 3 團制；砲兵連擴編為砲兵營，旅部直屬部隊亦相應擴充。陸戰隊第 1 混成旅裝備精良，較北洋陸軍混成旅編制為大。隨著駐閩陸戰隊擴編與壯大，控制地區越來越多，至此駐閩海軍擁兵 1 萬餘人，勢力擴及至閩東福清、連江、長樂、平潭、羅源、福寧等縣。[99]8 月閩廈海軍趁閩督孫傳芳赴浙江作戰，原屬孫傳芳之游雜部隊陸軍第 1 獨立團，被海軍收編為陸戰隊獨立團。[100]

民國 14 年 2 月，楊樹莊出任海軍總司令。因楊砥中涉及不法，遭閩人與海軍總長林建章彈劾，楊氏被繩之以法，以肅軍紀。[101] 旅長遺缺由第 2 團團長林忠兼代。3 月陸戰隊獨立團改編為陸戰隊第 1 混成旅步兵第 3 團。至

---

94 吳杰章，《中國近代海軍史》，頁 279。

95 參閱《中國民國海軍史料》，頁 44。國軍檔案，《海軍大事記》，頁 1042，檔號：157/3815.2。〈舊海軍駐閩陸戰隊〉，頁 54。《海軍抗日戰史》（上冊），頁 328。

96 國軍檔案，《海軍大事記》，頁 0079，檔號：157/3815.2。

97 〈關於暫編海軍陸戰隊旅團部裁撤規復營制呈令〉收錄在《中華民國史檔案資料滙編》，第 3 輯，軍事，（一）（下），頁 1218。海軍陸戰隊第 1 混成旅關防遲至 13 年 2 月才頒發。參閱國軍檔案，《海軍大事記》，頁 0084。

98 〈廈門鎮守使張毅關於海軍占據廈門阻止本部進駐致陸錦電〉收錄在《中華民國史檔案資料滙編》，第 3 輯，軍事，（三），頁 534。

99 參閱〈舊海軍駐閩陸戰隊〉，頁 54。《近代中國海軍》，頁 766。《福建省：軍事志》，頁 38-39。另〈舊海軍駐閩陸戰隊〉，頁 54 記：民國 13 年駐閩海軍陸戰隊第 3 團（特別步兵團），該團轄機槍、手槍與迫擊砲營等 3 個營。

100 參閱《海軍陸戰隊歷史》，頁 2 之 1 之 1。《近代中國海軍》，頁 766。〈舊海軍駐閩陸戰隊〉，頁 54。

101 楊砥中涉及不法參閱〈福建長樂縣旅京同鄉李兆珍等為海軍陸戰隊旅長楊砥中丈田勒費請即撤懲致大總統等電〉收錄在《中華民國史檔案資料滙編》，第 3 輯，軍事，（三），頁 516。〈林建章呈海軍陸戰隊旅長楊砥中違法殃民經撤職查辦呈令（14 年 4 月至 5 月）〉收錄在《中華民國史檔案資料滙編》，第 3 輯，軍事，（一），（下），頁 1371-1372。國軍檔案，《海軍大事記》（五），頁 0097，檔號：157/3815.2。14 年 4 月 9 日，楊砥中登「寧興號」商輪回閩，海容艦艦長曾以鼎奉林建章密令，當即派隊前往截拿楊砥中，楊砥中因抗拒被射殺。參閱林獻炘，〈楊砥中之死〉收錄在《福建文史資料》，第 1 輯，頁 96。

此陸戰隊第 1 混成旅轄 4 個團、機關槍營、迫擊砲營及手槍營等直屬營。[102] 先前駐閩陸戰隊在杜錫珪支持下，擴編為混成旅。林建章任海軍總長後，認為陸戰隊編制不宜擴編至營級規模以上，遂縮編陸戰隊。[103] 10 月，陸戰隊第 1 混成旅縮編為「海軍陸戰隊大隊」，轄 2 個支隊，大隊長由海軍總司令楊樹莊兼任。12 月 31 日，林建章辭海軍總長。隨後在楊樹莊有心擴展海軍勢力下，翌（15）年 1 月，陸戰隊大隊恢復混成旅建制。[104]

[102] 參閱〈海軍陸戰隊第一獨立旅司令部呈送民國 33 年度參謀長報告書－海軍陸戰隊第一獨立旅沿革概況表〉。《海軍抗日戰史》（上冊），頁 329。〈戰前海軍陸戰隊之創建經過概況〉，頁 87。

[103] 〈關於暫編海軍陸戰隊旅團部裁撤規復營制呈令〉收錄在《中華民國史檔案資料滙編》，第 3 輯，軍事，（一），（下），頁 1218。

[104] 《中國近代海軍職官表》，頁 137。

民國後所繪製之船政藍圖（局部）

（四）海軍後勤機構

1、福州船政局

民國成立後，福建都督改船政為局，時僅有船塢 1 所。2 年 10 月，船政局收歸北洋政府海軍部管轄，劃閩省海關原款為經費。是年自美商購得前英商之馬限洋船塢為第 1 船塢。[105] 此後大多數時間船政局主要是承擔船艦修理任務，造船業務大多讓予江南造廠所。[106] 至 9 年以後，因財務困難，不得不停止造船，僅能維修小船，規模日益縮小，工人不及原有一半，剩下約 1,000 人。[107]11 年增設電燈廠，工廠開始用電力裝備，為船政局一大進步。[108]13 年 11 月，船政局停辦，後經局長陳兆鏘力爭，船政局復辦，因人員工匠縮減裁

---

105 《中國海軍通史》，下冊，頁 576。

106 《民國海軍的興衰》，頁 92。

107 陳書麟，《中華民國海軍通史》，頁 45。

108 林慶元，《福建船政局史稿》（福州：福建人民出版社，1999 年），頁 391。

汰，留廠工人不及停辦前之半數。[109]15 年福州船政局改稱馬尾造船所，所長由工務長馬德驥充任，為籌措資金發展廠務，採取 2 項措施；承辦福建省政府銀元局銀元的鑄造，及擔任長樂蓮柄港灌溉田局的工程。但鑄幣未能解決造船所資金不足問題，經營不善及浪費成風，仍是最大弊病。[110]

2、海軍飛機製造工程處

民國 4 年海軍總長劉冠雄倡議興辦海軍航空工業，培養製造飛機人才，派員赴英美學習航空工程。7 年 1 月，留學英美學習航空工程人員學成返國，於馬尾船政局附設飛機製造工程處，派巴玉藻、王孝豐、王助、曾詒經等 4 人主持製造軍用水上飛機。[111]8 年 8 月，飛機製造工程處完成第 1 架水上飛機（甲型 1 號）之製造。[112]10 年 1 月，派赴菲律賓學習航空專業的曹明志、陳泰耀、吳道夷、吳汝夔等 4 人返國。海軍部先派陳泰耀、劉道夷至船政局試充飛行員；派曹明志、吳汝夔到飛潛學校，試飛水上飛機及教練飛行。[113]12 年 9 月，飛機製造工程處改組為海軍製造飛機處，隸屬海軍總司令公署。[114]15 年海軍部在上海設立海軍航空處，在虹橋飛機場擇地設備，供該處航空學員練習之用。[115]

3、海軍江南造船所

民國元年 4 月，海軍部接收江南船塢，改稱江南造船所，任陳兆鏘為所長。[116]該所招攬修造，悉如舊規，採行半官半商經營方針，並呈請政府立案，凡海關及招商局應修之船，均歸該所修理。[117]因認真整理，業務蒸蒸日上。7 年添建新廠，陸續添置新機器。8 年至 10 年此 3 年間，造船所擴展各式廠房，

---

109 《福建船政局史稿》，頁 412-413。

110 《福建船政局史稿》，頁 391-393。《中國海軍通史》，下冊，頁 577。13 年 11 月間，因戰事餉銀斷絕，船政局經費無著，勒令停辦。

111 參閱《海軍大事記》，第 1 輯，頁 45。《海軍抗日戰史》，上冊，頁 217。《中華民國海軍史事日志（1912.1-1949.9）》，頁 133。

112 《海軍大事記》，第 1 輯，頁 49。另曾貽經，〈舊海軍製造飛機處簡介〉收錄在《福建民國史稿》，（福州：福建人民出版社，2010 年），頁 333 記：飛機雖製造完成，但找不到試飛飛行員，後找到旅居檀香山華僑蔡司度試飛，不幸失事，機毀人亡，但發動機尚好。

113 《中華民國海軍史事日志（1912.1-1949.9）》，頁 186,187,188。

114 曾貽經，〈海軍製造飛機處〉收錄在《中華民國海軍史料》，頁 936-939。

115 沈天羽，《海軍軍官教育一百四十年（1866-2006）》，上冊，（台北：海軍司令部，民國 100 年），頁 243。

116 參閱《海軍大事記》，第 1 輯，頁 31。《中華民國海軍史事日志（1912.1-1949.9）》，頁 9。

117 陳書麟，《中華民國海軍通史》，頁 46。

添置機械器具，擴充船塢及擴寬碼頭。江南造船所不僅能修造兵艦商船外，所製造淺水商船，尤能獨出心裁，為國內外船廠所不逮。[118]

4、大沽造船所

大沽船塢於民國 2 年劃歸海軍管轄，改名造船所；在吳毓麟任所長時，曾造輪 15 艘，修理軍艦商輪 200 餘艘。自 11 年 4 月後，因款絀停辦，所務亦漸趨減縮。[119] 後因大沽造船所製造槍砲業務日漸增多，原造船業務反被排擠掉。[120]

5、廈門造船所

廈門造船所原為英商於咸豐 8 年（西元 1858 年）興建，民國 8 年閩督李厚基以福建省政府名義，向英商滙豐銀行借款買回廈門船塢，但因經營不善，沒有建樹。13 年閩省發生軍閥內部混戰，北洋政府海軍練習艦隊司令楊樹莊率部進駐廈門，楊氏兼廈門警備司令，將廈門船塢收歸海軍部管轄，成為海軍造船所。[121] 該造船所受限於規模及設備，僅能承擔修理中、小型船艦的業務。[122]

6、海軍軍械所

民國 2 年 7 月，海軍軍械所在上海高昌廟成立，隸屬海軍總司令部公署軍械課，該所設有 8 個倉庫，之後在上海楊思港新設 4 個倉庫。另在江陰、南京水魚雷營附近建有倉庫，儲備軍火，保障海軍槍砲彈藥的供應。[123]

7、海軍煤棧

民國初年，海軍先後在定海、南京、上海、馬尾、廈門、武昌、岳陽等地設置煤棧，以保障海軍艦艇用煤。[124]

---

118 《中國海軍通史》，下冊，頁 581。
119 《中國海軍史》，下冊，頁 587。
120 《民國海軍的興衰》，頁 92。
121 〈海軍廈門造船所概況〉收錄在《中華民國海軍史料》，頁 925,928。
122 《民國海軍的興衰》，頁 92。
123 《民國海軍的興衰》，頁 94。
124 《民國海軍的興衰》，頁 94。

部長特派軍學司長李少將蒞
輪機學生畢業典禮撮影紀念
民國九年
十月十六日

海軍部軍學司長李景曦主持福州海軍學校輪機第十二屆畢業合影

參、軍事教育訓練

一、軍官養成機構及教育訓練內容

民國初年北洋政府海軍軍官的養成機構，主要由幾所海軍學校負責。這些海軍學校有的源自前清，有的則創建於民國初年。

（一）福州海軍學校

我國海軍教育創始於清朝同治5年（西元1886年），當時議興船政即有建設海軍應先以培育人才根本。是年左宗棠奏請清廷於福州海口羅星塔建造廠。翌年（同治6年）沈葆楨總理船政，在福州馬尾創辦船政前、後兩學堂，是為我國訓練海軍人才之基始。前學堂習法文，教授製艦、造械等技術，後學堂習英文，教授駕駛、管輪之方法。同治7年增設管輪學堂，旋即歸併後學堂，兩學堂均隸屬於船政局。[125]

民國2年10月，北洋政府海軍部將船政前、後學堂收歸部轄；將前學堂改名為「福州海軍製造學校」，以陳林璋為校長。後學堂改名為「福州海軍學校」，委王桐為校長，2校均直隸海軍部。[126] 惟製造學校受船政局監督指導。[127] 同一時間改船政局藝圃為「海軍藝術學校」，以黃聚華為校長，藝徒改稱學生，招收初中學生入學，分班授以英文、法文、製圖、數學、理化等中學課程，採取半工半讀制度入各廠學習工藝技術，修業年限原定4年。[128] 藝校原是培養造船廠工人為目標，後因海軍各學校學生有缺額時，往往就近從藝術學校各屆在校學生中遴選補充，藝校幾乎成為海軍各學校的預備學校。[129] 藝校學生分學法文甲乙班、英文甲班；民國4年曾招收高中畢業英文

---

125 《海軍抗日戰史》，上冊，頁217。

126 《海軍軍官教育一百四十年（1866-2006）》，上冊，頁243。〈海軍沿革〉，頁17。《海軍抗日戰史》，上冊，頁217。《中國海軍之締造與發展》，頁201。

127 《中國近代海軍職官表》，頁141。《中國海軍史》，下冊，頁678記：製造學校歸船政局管轄。

128 《中國近代海軍職官表》，頁141。

129 林慶元，《福建船政局史稿》，頁395。同書同頁記：民國9年該校除法文班畢業生全部進入造船廠工作外，其餘學生大多為海校所選。11年藝校30餘名學生併入海校航海班。

福州海軍學校

班學生 1 班，是為英文乙班。[130]

福州海軍學校原分為駕駛、管輪 2 項；嗣因學校整理名稱；駕駛班改稱航海班，管輪班改稱輪機班。[131] 該校雖為培育海軍航海、輪機學生，然迄至民國 15 年間，學校多專注輪機學生教育，無駕駛（航海）學生畢業。民國初年招收的 2 班航海學生，則改送烟台海軍學校肄業。[132]

民國 6 年 3 月，福州海軍學校校長王桐呈准，將校舍全部拆除改建。[133] 9 年 3 月，學校重建工程完竣。[134] 撥製造學校學生 51 名入校，改習航海。10 年飛潛學校指撥學生 62 名，補充海軍學校輪機生。[135] 13 年製造與飛潛學校

[130] 《海軍軍官教育一百四十年（1866-2006）》，上冊，頁 19。《中國海軍史》，下冊，頁 768 記：藝術學校添招新生 2 班分習英、法製造等學。

[131] 〈海軍沿革〉，頁 17-18。

[132] 《海軍軍官教育一百四十年（1866-2006）》，上冊，頁 19。

[133] 《海軍大事記》，第 1 輯，頁 42。《中華民國海軍史事日志（1912.1-1949.9）》，頁 23。

[134] 《海軍大事記》，第 1 輯，頁 51。

[135] 〈海軍沿革〉，頁 19。

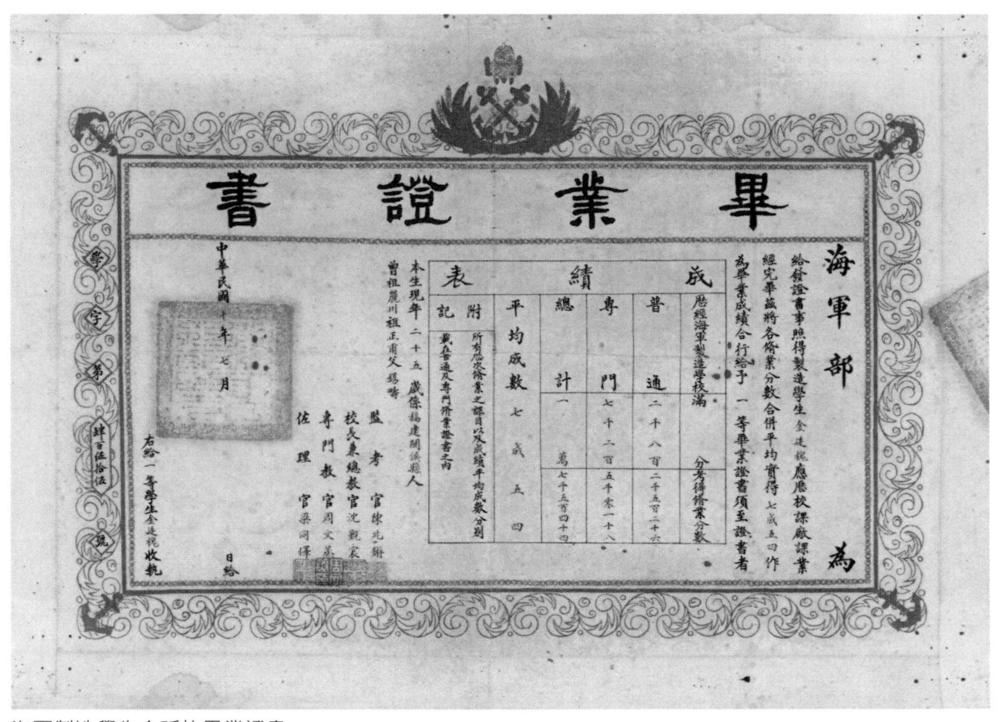

畢業證書

海軍部　為

給發證書事照得製造學生金廷槐應歷校課廠課業經完畢茲將各修業分數合併平均實得七成五四作為畢業成績合行給予一等畢業證書須至證書者

成績表

	普通	專門	總計	平均成數	附記
歷經海軍製造學校滿	二千八百	七千二百	一萬	七成五四	所有歷次修業之課目以及成績平均成數分別載在普通及專門修業證書之內
分考得修業分數	二千五百二十六	五千零一十八	七千五百四十四		

本生現年二十五歲係福建閩侯縣人

曾祖麗川 祖正甫 父錫疇

監考官陳兆鏘

校長兼總教官沈覲宸

專門教官周文[illegible]

佐理官梁同懌

中華民國十年七月　日給

右給一等學生金廷槐收執

學字第肆百伍拾伍號

海軍製造學生金廷槐畢業證書

合併，製造學校部分學生轉送烟台海軍學校肄業。[136]15 年 5 月，製造飛潛學校併入福州海軍學校。[137] 學額共 160 員，不足額學生由藝校補充 13 員。此後畢業班駕駛改稱航海班，管輪班改稱輪機班。[138] 自此校內科目雖多，實際仍以駕駛及管輪 2 科為要項。

駕駛（航海）科修習期限為 8 年 4 個月，計試讀甄別 3 個月；試讀期間不分科，期滿甄別考試合格後，分為航海或輪機科，開始正式課程。校課在校 5 年，艦課 1 年；集中派艦學習船藝、練習航海。集中魚雷營學習魚雷、水雷等水中兵器半年；集中派艦學習槍砲 1 年，分派各艦實習 1 半年。校課修畢後考試完竣，發給修業證書，再開始艦課、魚雷、槍砲及校艦各課，學習期滿，全部成績平均及格後，始呈海軍部發給畢業證書。

[136] 《海軍軍官教育一百四十年（1866-2006）》，上冊，頁 20。同書頁 54 記：製造學校僅設製造 1 科，學制為 8 年（16 學期）。

[137] 〈海軍沿革〉，頁 17。《中華民國海軍史事日志（1912.1-1949.9）》，頁 323。《海軍抗日戰史》，下冊，頁，573。

[138] 《海軍軍官教育一百四十年（1866-2006）》，上冊，頁 20。

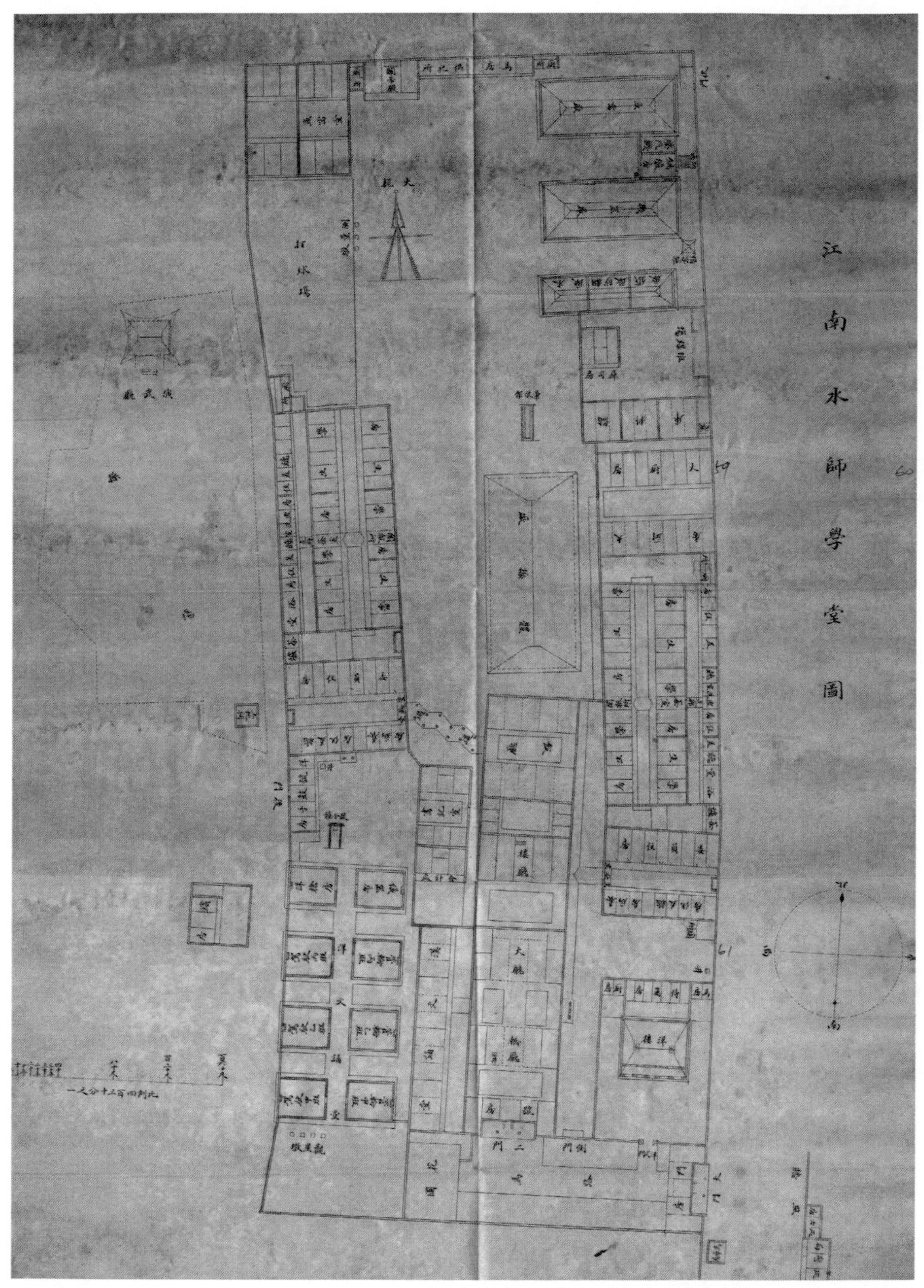

江南水師學堂平面圖，此校於民國後改辦為海軍軍官學校。

輪機科修習期限亦為8年4個月，計試讀甄別3個月。校課在校6年6個月，廠課分派到海軍各工廠1年，實習分派各艦半年。校課修畢後考試完竣，發給修業證書，再開始廠課，廠課學習期滿，全部成績平均及格後，始呈海軍部發給畢業證書。[139]

（二）南京海軍軍官學校

南京海軍軍官學校前身為江南水師學堂，創校於清光緒16年，校址在南京儀武門內。宣統3年改學堂名為南洋海軍學堂，該學堂附設魚雷班，先後畢業學生3期。辛亥革命成功後，學堂中輟。民國成立後改學堂為「海軍軍官學校」（或稱南京海軍學校），招收已畢業未派職軍官入學，任李和為校長，改變學制，召訓艦隊軍官，授以海軍高級課程。另有通濟練船將各艦未經歷練之員，輪流派登該艦練習。[140] 南京海軍學校於民國2年2月24日開課，首屆招收學生130員，僅辦1屆，俟4年1月，學員陸續結業後，學校即告停辦。[141]

南京海軍軍官學校學業分校課、艦課2門，卒業年限按學員程度分別酌定。校課分航海、槍砲及魚水雷3專科，附有輪機、造船學、操法等。艦課分航海、船藝兼實地演習槍砲、魚水雷、操練射擊諸法。學員分軍官及見習生2項，軍官即登練習艦補習；見習生先入校練習，俟校課完畢，派艦見習。[142] 練習艦以通濟艦充之，每年開赴沿長江、沿海一帶各港灣巡歷一周，並斟酌測量港灣。[143]

學校課程計有：重學、磁石學、高等算學（微分、積分、解析幾何）、電學、物理學、氣象學、造船學、輪機學、弧三角、航海、天文、國際公法、海軍歷史、體操、兵操、槍砲理法、槍砲合卸法、彈藥用法、魚水雷理法、魚雷合卸法。練習艦課程計有：天文、航海、船藝、引港、羅經、海圖、萬

139 《中國海軍史》，下冊，頁770-771。

140 參閱〈海軍部擬改南京海軍學堂為海軍軍官學校咨文〉收錄在《中華民國海軍史料》，頁77。〈海軍部關於南京設立海軍軍官學校令〉收錄在《中華民國史檔案資料滙編》，第3輯，軍事（一）（下），頁1292。《海軍大事記》，第1輯，頁32。《中國海軍之締造與發展》，頁202。

141 《海軍軍官教育一百四十年（1866-2006）》，上冊，頁290,343。

142 〈海軍部令頒海軍軍官學校及練習艦暫行簡章〉收錄在《中華民國史檔案資料滙編》，第3輯，軍事（一）（下），頁1293。

143 〈海軍軍官學校及練習艦暫行簡章〉收錄在《中華民國海軍史料》，頁78。

第一屆海軍雷電班（烟台海軍學校駕駛第六屆）畢業學員合影

國航海公法、槍砲射擊、槍砲操法、魚水雷射擊、魚雷操法、水雷布置法。以上課程視學員程度，得斟酌增減。[144]

艦訓方面；民國 2 年肇和、應瑞與通濟練艦成立練習艦隊。每 1 練習艦均設 1 專任教練官，稱總教官，以留學外國的中、上校軍官充任。除擔任教務外，亦管練習生（練生改稱）的軍紀、風紀。各海軍學校航海、輪機畢業生，挨屆按人數多寡分登各練習艦實習。實習期限定航海練習生為 1 年，輪機練習生為 6 個月。惟輪機練習生不設專任教官，由各所在艦輪機長兼任教導之責。[145] 訓練課程計有：天文學、航海學、磁電學、領港學、測量學、船藝學、新式旗語、演放槍砲、航律、操練舢舨、槍操、體操、值更、戰術、陣法、

144 〈海軍部令頒海軍軍官學校及練習艦暫行簡章〉收錄在《中華民國史檔案資料滙編》，第 3 輯，軍事（一）（下），頁 1295。
145 〈海軍練習艦隊〉收錄在《中華民國海軍史料》，頁 51。

造船學撮要。練兵課程計有：船藝、火箭火號、各種引火引信、值更規則、操練舢舨、槍靶、砲靶、體操、砲操、槍操及航律。[146]

1、海軍雷電學校

民國 4 年海軍部接收吳淞商船學校，與南京海軍學校合併，將學校遷往吳淞，原校址改名為海軍雷電學校。[147] 以劉秉鏞為校長。按海軍舊學制，水雷、魚雷、無電線、槍砲等科係駕駛班畢業生見習期間在艦實習課程一部，嗣鑑於此種方式未收宏效，故於該（4）年在南京、烟台分別設立雷電、槍砲練習所，作為雷電、槍砲專業訓練機構。南京海軍學校已有魚雷、鍋爐、機器、木工等廠，改設雷電學校，可節省巨額建廠經費。當時規定雷電、槍砲 2 校採輪替訓練方式。[148]

雷電學校教授魚雷、水雷、槍砲、無線電等專科。除無線電班係招生（高中程度）訓練外，其餘學習雷、砲各學員，多係各海校航海與輪機畢結業生，前來受訓者，或由艦隊派往補訓者。[149]

雷電學校訓期為半年，課程計有：黑頭魚雷學、白頭魚雷學、廠課合卸魚雷學、無線電學、收發電報、水雷學、抄本繪圖等 7 種。[150]

2、海軍槍砲練習所

民國 4 年春，北洋政府海軍部在烟台設立海軍槍砲訓練所，[151] 所長由烟台海軍學校校長兼任。訓練所以海軍駕駛（航海）畢業生為主，每期招訓 20 人，訓期為半年。[152]

槍砲練習所修習課目計有：槍砲分解與結合、砲台教練、砲戰術、彈道學、射擊學、單人成排成隊教練、野砲教練、機關教練、各種彈藥、火器、

146 〈海軍部公布練習艦隊暫行訓練章程令〉收錄在《中華民國史檔案資料滙編》，第 3 輯，軍事（一）（下），頁 1263。

147 《中國海軍史》，下冊，頁 812。

148 參閱《海軍軍官教育一百四十年（1866-2006）》，上冊，頁 290。鄭貞樑，〈民初海軍教育憶舊〉收錄在《中國海軍之締造與發展》，頁 84。

149 參閱《中國海軍之締造與發展》，頁 202。《海軍軍官教育一百四十年（1866-2006）》，上冊，頁 290,301。

150 參閱《海軍軍官教育一百四十年（1866-2006）》，上冊，頁 301。鄭貞樑，〈民初海軍教育憶舊〉，頁 84。

151 《海軍大事記》，第 1 輯，頁 38。

152 《海軍軍官教育一百四十年（1866-2006）》，上冊，頁 301。及鄭貞樑，〈民初海軍教育憶舊〉，頁 84。另〈海軍槍砲學堂海軍槍砲訓練所〉收錄在《中華民國海軍史料》，頁 55 記：槍砲練習所訓期為 1 年。

（上圖）烟台海軍學校第八屆學生於魚雷槍砲學校第二屆槍砲班結業合影
（下圖）烟台海軍學校第十一屆學生於魚雷槍砲學校第四屆槍砲班結業合影

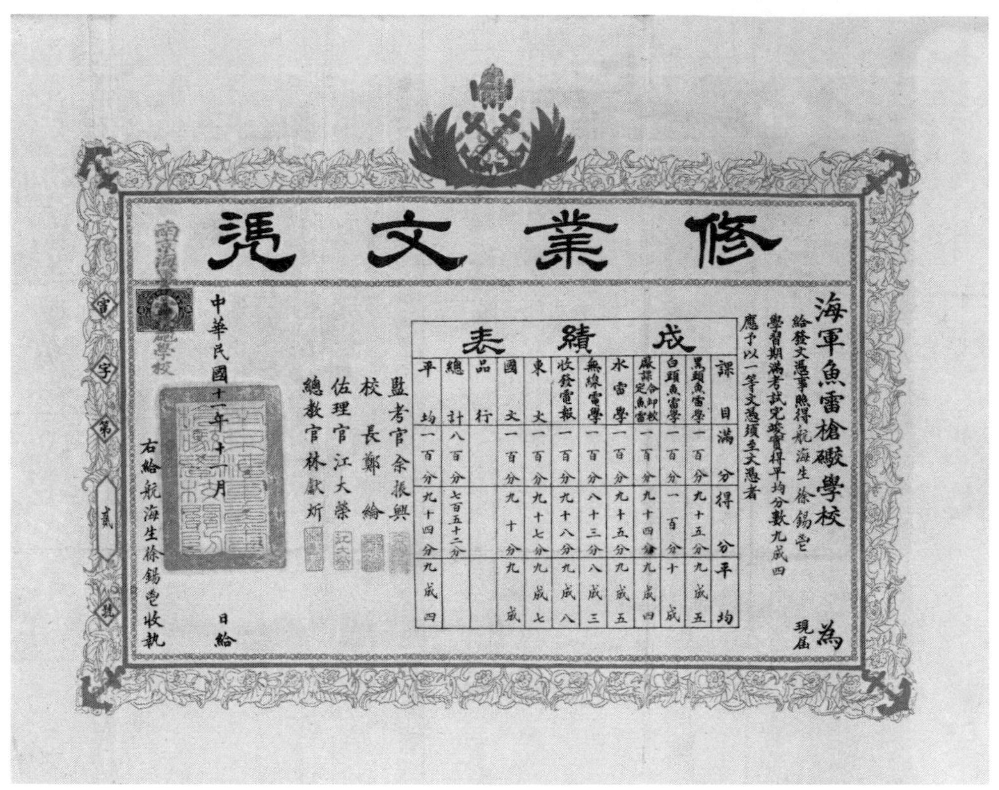

修業文憑

海軍魚雷槍礮學校

給發文憑事照得航海生徐錫鬯

學習期滿考試完竣實得平均分數九成四

應予以一等文憑須至文憑者

成績表

課目	滿分	得分	平均
黑頭魚雷學	一百分	九十五分	九成五
白頭魚雷學	一百分	一百分	十成
裝卸校定魚雷	一百分	九十四分	九成四
水雷學	一百分	九十五分	九成五
無線電學	一百分	八十三分	八成三
收發電報	一百分	九十八分	九成八
東文	一百分	九十七分	九成七
國文	一百分	九十分	九成
品行			
總計	八百分	七百五十二分	
平均	一百分	九十四分	九成四

為現屆

監考官余振興

校長鄭綸

佐理官江大榮

總教官林獻炘

中華民國十一年十一月　日給

右給航海生徐錫鬯收執

魚雷槍砲學校發給烟台海軍學校學生徐錫鬯之修業證書與文憑

體操。[153]

訓練所設置有各型艦砲、機槍及彈藥模型等，供學員教學實習之用。每週由教官率領學員到烟台東山砲台演習火砲砲操及射擊。[154]

（三）海軍魚雷槍砲學校

民國6年10月，烟台槍砲練習所併入南京雷電學校，改校名為魚雷槍砲學校，以鄭綸為校長，將教官及受訓未完學員，併到魚雷槍砲學校繼續受訓。[155] 魚雷槍砲學校受訓學員以烟台、福州、廣東等海軍學校航海科畢業生

153 《海軍軍官教育一百四十年（1866-2006）》，上冊，頁301。

154 〈海軍槍砲學堂海軍槍砲訓練所〉，頁54-55。

155 參閱〈海軍槍砲學堂海軍槍砲訓練所〉，頁55。〈大總統准將烟台槍砲練習所歸併南京雷電學校〉收錄在《中華民國史檔案資料滙編》，第3輯，軍事（一）（下），頁1305。《海軍大事記》，第1輯，頁43。《海軍軍官教育一百四十年（1866-2006）》，上冊，頁290及《中國海軍之締造與發展》，頁202。《海軍大事記》，第1輯，頁43記：校名為雷電槍砲學校。

（上圖）烟台海軍學校第十二屆學生於魚雷槍砲學校第八屆槍砲班結業合影。
（下圖）烟台海軍學校第十五屆學生於魚雷槍砲學校第十八屆魚雷班、第十四屆槍砲班結業合影。

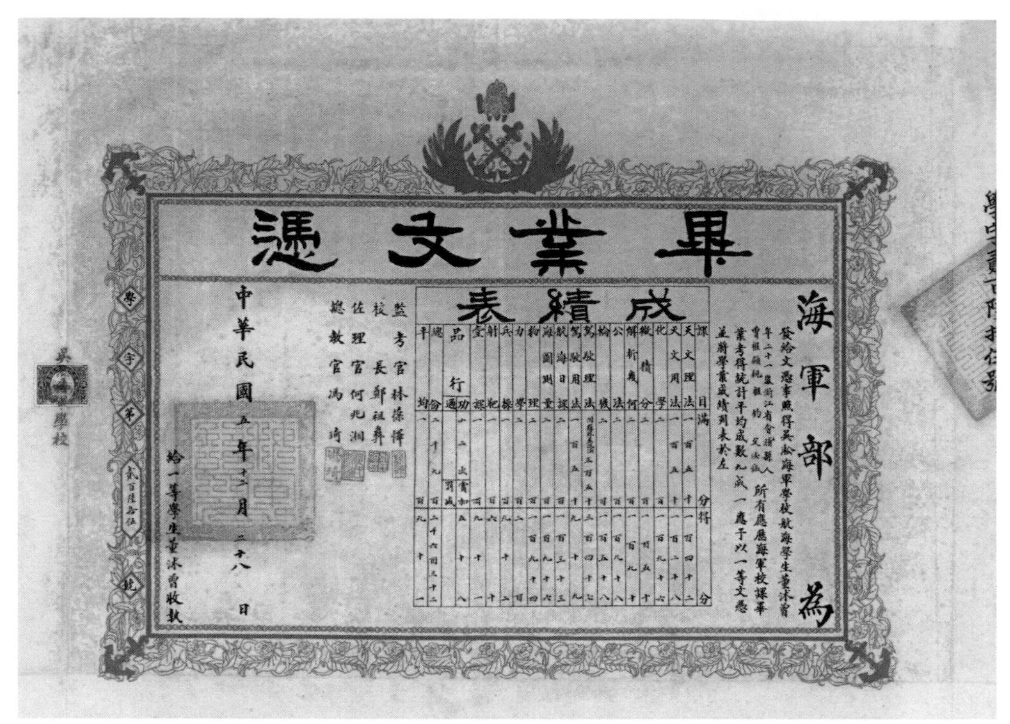
畢業文憑

海軍部 為

成績表

監考官林葆懌

中華民國五年十二月二十八日

給一等學生董沐曾收執

烟台海軍學校第十屆學生董沐曾完成吳淞海軍學校校課之畢業證書

為主，或已在艦隊服務而未受過魚雷和槍砲訓練之初級軍官。該校課程區分為魚雷、槍砲 2 班，訓期 6 個月，另兼習無線電。爾後規定凡各海軍學校航海班畢業學生，必須赴魚雷槍砲學校受訓，期滿後派艦見習完畢，始准發給畢業文憑。[156]

課程方面；魚雷班修習課目計有：各式魚雷、廠課實習、電學原理等。槍砲班修習課程計有；彈道學、射擊學、各種彈藥與引信、艦砲、槍關槍砲之拆裝操練。[157]

魚雷班學生畢業後，須至浙江象山港及江西湖口等處，登上魚雷艇演放魚雷，作實地演習。槍砲班學生畢業後，前往上海兵工廠、漢陽兵工廠、海

156 《海軍軍官教育一百四十年（1866-2006）》，上冊，頁 301。陳書麟，《中華民國海軍通史》，頁 88 記：爾後魚雷槍砲學校停辦後，海軍航海畢業生改在南京水雷營學習水魚雷，在舊練習艦上及海軍軍械所學習槍砲，此制度延續到民國 34 年抗戰結束。

157 《海軍軍官教育一百四十年（1866-2006）》，上冊，頁 301。

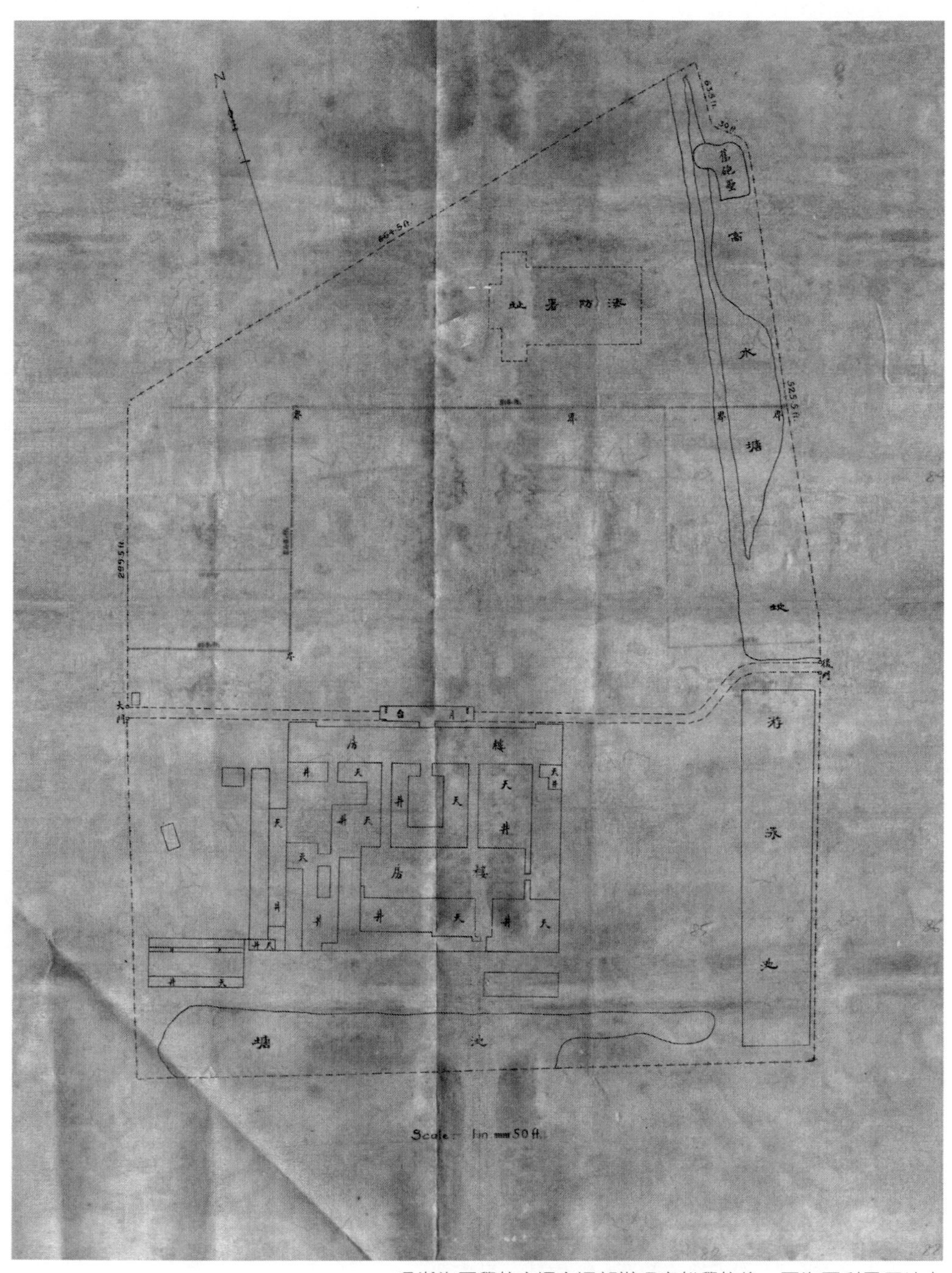

吳淞海軍學校交還交通部辦理商船學校後，因海軍利用原址水上飛機試驗場地設立海道測量局與全國海岸巡防處，而與交通部有所爭議，經協調而重劃之前後地界圖。

軍軍械所、江南造船所、浦東楊思港彈藥庫等地參觀學習。[158] 民國 14 年學校停辦，校址移作海軍部辦公處所。[159]

（四）吳淞海軍學校

吳淞海軍學校原名吳淞交通部商船學校，由北洋政府交通部管轄，民國 3 年冬，因經費支絀停辦，校長薩鎮冰與交通部、海軍部洽商，將學校移交海軍接管，改為海軍學校。[160]

民國 4 年春，南京海軍學校與吳淞商船學校合併，原海校師生遷往吳淞，以鄭祖彝為校長。爾後以烟台海軍學校為海軍初級學校，吳淞海軍學校改為海軍高級學校；即烟台海校學生學習普通學科 3 年後，調往吳淞海軍學校學習專業學科 2 年畢業。吳淞海軍學校教職員部分是南京海軍軍官學校結束後撥來；部分則是烟台海學校教授高級班的教官調來，所教授科目即南京海軍軍官學校及烟台海軍學校高級班的科目。[161]

原吳淞商船學生徐斌等 11 名，於民國 5 年秋，轉入吳淞海軍學校，改為海軍航海學生，次年入雷電、槍砲學校學習，7 年秋畢業。吳淞海軍學校畢業學生除選自烟台海校航海學生寄校肄業，授以航海及其它專科課目外，該校自行招生（民國 4 年 3 月）僅畢業航海 1 班，計徐斌等 11 人。[162] 9 年 4 月吳淞海軍學校停辦，教員調往烟台海軍學校，職員分別調遷。校址交還交通部續辦商船學校。[163]

（五）湖北海軍學校

宣統元年湖廣總督張之洞在湖北武昌設立海軍學堂，定名為湖北海軍學堂，仿照江南水師學堂章制辦理。該學堂因規模較小，師資缺乏，無甚成績。民國成立後，學堂更名為湖北海軍學校。民國元年 9 月，臨時政府副總統黎元洪呈大總統袁世凱謂：湖北海軍學校學生 2 班，1 駕駛班，1 輪機班，雖已

[158] 陳書麟，《中華民國海軍通史》，頁 87-88。
[159] 《海軍軍官教育一百四十年（1866-2006）》，上冊，頁 290。
[160] 〈吳淞海軍學校〉收錄在《中華民國海軍史料》，頁 61。
[161] 〈吳淞海軍學校〉，頁 61。
[162] 參閱《海軍軍官教育一百四十年（1866-2006）》，上冊，頁 290。《海軍大事記》，第 1 輯，頁 38。《海軍抗日戰史》，上冊，頁 224。另《海軍大事記》，第 1 輯，頁 49 記：民國 8 年 9 月，廣東海軍學校學生黃文田等 17 人，移送吳淞海軍學校續習。
[163] 〈吳淞海軍學校〉，頁 61。《海軍大事記》，第 1 輯，頁 51 記：民國 9 月 2 月，吳淞海軍學校停辦。

湖北海軍班駕駛學生於吳淞海軍學校受訓時合影

畢業，但未曾上艦見習，現多半服役陸軍，學非所用，請派往各艦見習。[164] 翌（2）年學校因經費無著落停辦，前後僅4年。原航海班學生轉入南京海軍學校補習，輪機班學生則赴福州船廠實習（18個月），考試及格准予畢業取文憑。[165] 湖北海軍學校學生幾乎為兩湖籍，畢業學生多在長江各砲艦、魚雷艇任職。[166]

（六）烟台海軍學校

清光緒29年（西元1903年），北洋政府海軍統領葉祖珪有鑑於天津水師學堂因「庚子之亂」停辦，顧慮海軍人才因而消歇，為培植海軍基礎，於是年冬，招收青年學子20人，附於烟台北洋海軍練營，習駕駛之學。光緒34年，清廷海軍事務處議建海軍學校於烟台東山金溝寨，鳩工庀材開始建校，

164 《中華民國海軍史事日志（1912.1-1949.9）》，頁23。
165 《海軍軍官教育一百四十年（1866-2006）》，上冊，頁290,327。
166 〈湖北海軍學校〉收錄在《中華民國海軍史料》，頁60-61。

烟台海軍學校遠景

於翌年落成，派謝葆璋任學校首任監督，招考13歲以上，16歲以下學生入學，專修駕駛學科，為期3年畢業。民國成立後，學校改直隸北洋政府海軍部。

民國2年，海軍部頒訂「烟台海軍學校章程」，招訓學生定額為192人，改監督為校長，派鄭祖彝為校長，教育不專宗英制，課程亦有增訂，修業期限原規定3年，專習駕駛，爾後延長修學年限為5年。[167] 學校課程取法英制，課目如下：航海天文、航海術、槍砲、水雷、磁學、微積分、靜力學、電學、化學、物理、地理、地文、歷史、幾何、平三角、弧三角、代數、帆纜、國文、游泳等，考試成績不及60分者退學。每年夏令在海邊學習水性及風帆、舟楫，不放暑假。各門功課雖皆及格，而游泳課不及格要退學。輪機課目不錄分數。其餘風濤、海流、電學、氣象及操演船陣、施放魚雷等技術，均於畢業後上船練習。[168] 學生畢業後，登艦學習船課，6個月後有缺即補初級軍官。[169]

167 〈烟台海軍學校〉收錄在《中華民國海軍史料》，頁58-59。
168 〈烟台海軍學校〉，頁59。
169 〈烟台海軍學校始末〉收錄在《中華民國海軍史料》，頁921。

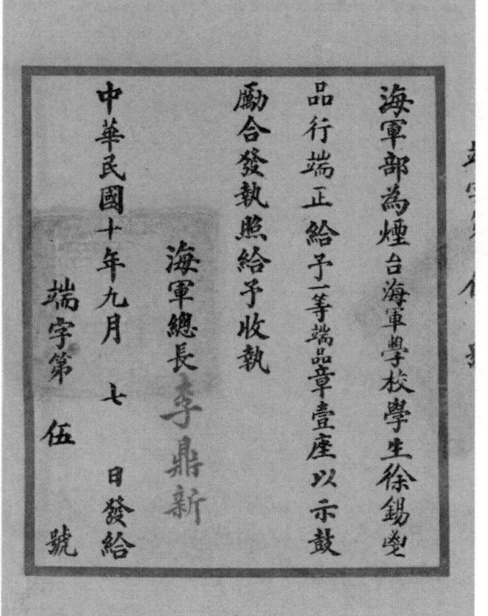

海軍部為煙台海軍學校學生徐錫鬯
品行端正給予一等端品章壹座以示鼓
勵合發執照給予收執
海軍總長李鼎新
中華民國十年九月七日發給
端字第伍號

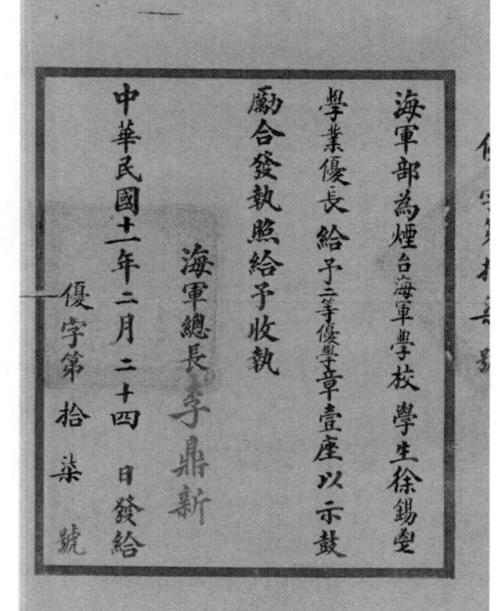

海軍部為煙台海軍學校學生徐錫鬯
學業優長給予二等優學章壹座以示鼓
勵合發執照給予收執
海軍總長李鼎新
中華民國十一年二月二十四日發給
優字第拾柒號

（上圖）烟台海軍學校第九屆學生畢業合影。
（下圖）烟台海軍學校第十五屆學生徐錫鬯在校所獲之品德與學業績優獎狀。

補習班學生舉行修業典式攝影紀念
中華民國九年
十二月二十四日

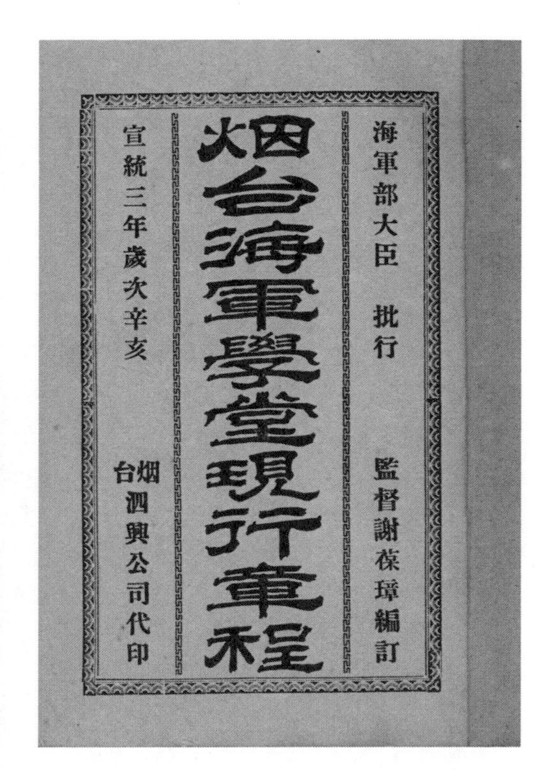
海軍部大臣 批行
監督謝葆璋編訂

烟台海軍學堂現行章程

宣統三年歲次辛亥
烟台泗興公司代印

（左圖）烟台海軍學校第十四屆粵校補習班（原「廣東海軍學校」第十六屆）舉行修業典式合影。
（右圖）宣統三年所刊訂之「烟台海軍學堂現行章程」，因同歸海軍部所辦理，同時期的「福州海軍學校」章程亦與此相近。

先生之有功於教
育不亦茂哉年
來中央財政奇
絀本校薪餉積
欠孔鉅
先生多方籌措竭
力維持俾員生
等不至枵腹此
先生之急公紓難
尤令人感泐於
無既矣今日
先生陞長建威軍
艦依戀之情自
自不能已者爰
索數言以誌景
仰云
煙台海軍學校
全體教職員跋
民國十一年壬戌仲秋

民國十一年烟台海軍學校全體教職員合影，前排左四梁序昭，前排右四宋鍔。

第拾伍屆學生舉行修業典式撮影紀念
中華民國十年十二月二十四日

烟台海軍學校校長佘振興與第十五屆學生合影

烟台海軍學校第十五屆學生寄習艦課修業生結業合影

民國4年烟台海校改為海軍駕駛、管輪的預備學校，在校修業完3年普通學科學生，派送吳淞海軍學校繼續學習海軍專門科目2年，合計5年。此時學校教育目標為：專為培育海軍航海學生而設，授以航海科應用學術技術。在校肄業5年後，再入南京海軍魚雷槍砲學校或福州海軍飛潛學校學校。改為海軍預備學校後，學生在校3年，教育分為內場、外場2門，內場授予普通科學及本國歷史、兵略、國文、輿地等。外場授以兵操、體操及海軍軍人應有技術。[170]

民國5年海軍部重訂烟台海軍學校招生章程，由各省按人口比例就本省招考及格學生若干名，集中在上海複試，然後送烟台海軍學校就讀，並規定允海軍軍官現任少校以上職務者可保送子弟1名應考。翌（6）年學校取法美

[170] 《海軍軍官教育一百四十年（1866-2006）》，上冊，頁455-457。

國海軍制度，添設輪機 1 科，凡航海學生必須兼習輪機，以備緩急時可擔任輪機員的職務。[171]

民國 9 年年吳淞海軍學校停辦，烟台海軍學校將在該校學習海軍專門科目的學生送返學校完成學業，教育延長為 5 年；內外場學科增加，主要增加為數理自然科學及航海方面專業課程。[172] 同（9）年廣東海軍學校 12 名學生。11 年福州海軍製造學校 23 名學生。13 年福州海軍學校 31 名學生，先後轉入烟台海校就讀。[173]

民國 17 年 5 月，烟台海軍學校被軍閥張宗昌以勾結國民革命軍為由，拘捕學生林遵等 8 人，並勒令停辦。[174] 時學校尚未畢業的 2 班學生 30 人（稱寄閩班），轉至福州海軍學校完成學業。[175]

二、海軍業科專門學校

民國初年北洋政府海軍除了開辦傳統培育航海、輪機、槍砲的軍事學校或訓練所外，亦創辦有關船艦飛機製造及醫學方面的學校或訓練所。

（一）海軍飛潛學校

民國初年，北洋政府海軍部開始注意飛機潛艇教育。6 年 12 月，留英美學習造艦、駕駛及飛潛技術各員生袁晉、馬德驥、徐祖善、王超、王孝豐、巴玉藻、嚴在馥、曾詒經、伍大銘、王助等人先後學成回國，由北洋政府海軍部派往福州船政局及各處造船差遣；又令飛潛各員至大沽、上海及福州等處選擇地址，以備籌建飛潛學校。福州馬尾造船廠所汽機具備興校基礎，經國務院會議通過，派員籌辦。[176]

---

171 〈烟台海軍學校〉，頁 59。同書頁 59 記：烟台海校畢業學生，轉入槍砲魚雷學校學習 1 年，期滿後登艦再學習艦課 2 年，分派各艦見習，遇有初級軍官缺出，挨名派補。

172 《海軍軍官教育一百四十年（1866-2006）》，上冊，頁 457。〈烟台海軍學校〉，頁 59。

173 《海軍軍官教育一百四十年（1866-2006）》，上冊，頁 497。

174 〈烟台海軍學校始末〉，頁 925。《中國海軍之締造與發展》，頁 203。《中國海軍通史》，下冊，頁 817 記：時校長許秉賢及在校學生因傾向國民命革，遭軍閥濫施蹂躪，北伐軍興學校益受軍閥破壞。

175 〈烟台海軍學校〉，頁 59。《海軍軍官教育一百四十年（1866-2006）》，上冊，頁 21 記：民國 16 年秋，烟台海軍學校受軍閥張宗昌所迫停辦。

176 《中華民國海軍史事日志（1912.1-1949.9）》，頁 130。

福州海軍飛潛學校學生與海軍自製飛機合影

民國 7 年 2 月，福州船政局設立飛機工程處，該處最初訓練工人，採學徒制。[177]4 月福州船政局藝術學校改名設飛潛學校，船政局局長陳兆鏘兼校長。[178] 學校成立後，學生甲、乙 2 班係由藝術學校英文甲、乙班轉入，另公開招生 1 班編為丙班。[179] 在校學生主要學習製造水上飛機及潛艇專科技術。9 年 3 月，保送陳嘉樗等 12 人至航空學校肄業。[180]10 年學習航空歸國學員曹明志、吳汝夔等赴校試演水上飛機，並教飛行。12 年 6 月，設立航空教練所，培育航空專才。[181]

民國 13 月 1 月，海軍部以經費支絀，令飛潛與製造學校合併。[182]14 年

177 曾貽經，〈海軍製造飛機處〉收錄在《中華民國海軍史料》，頁 938。

178 參閱《海軍抗日戰史》，下冊，頁 1572。《海軍大事記》，第 1 輯，頁 45。《中華民國海軍史事日志（1912.1-1949.9）》，頁 138。

179 《海軍軍官教育一百四十年（1866-2006）》，上冊，頁 55。

180 《中華民國海軍史事日志（1912.1-1949.9）》，頁 170。

181 《海軍軍官教育一百四十年（1866-2006）》，上冊，頁 243。《海軍大事記》，第 1 輯，頁 63 記：聘俄員薩芬諾夫為航空教練所教員。

182 《中華民國海軍史事日志（1912.1-1949.9）》，頁 263。〈海軍飛潛學校概況〉收錄在《中華民國海軍史料》，頁 934 記：民國 13 年甲乙丙 3 班學生相繼畢業後，因北洋政府財政困難，海軍經費支絀，船政局自顧不暇，學校無經費被迫停辦，未畢業丁、戊 2 班學生併入福州海軍學校繼續學習。

飛潛製造學校開設軍用化學班，培養檢驗軍火專才，該班學生由藝術學校轉入。[183] 迄 15 年 5 月，製造飛潛學校併入福州海軍學校。[184]

飛潛學校學生修業期限為 8 年 4 個月；甲班修習飛機製造，乙班修習造船（潛艇），丙班修習造機，丁班學航海，戊班學輪機。學生入校 3 年先修習初級普通課程，稱之初級普通班，之後再抽籤分習各科，續修高級之普通與專門學科 4 年。軍用化學班修業期限 5 年，修畢 3 年初級普通課程後，再修 2 年高級普通及專門課程，畢業後續赴漢陽兵工廠實習。[185]

（二）天津海軍軍醫學校

天津海軍軍醫學校原名北洋醫學校，清光緒年間由直隸省創建。民國 4 年 10 月，收歸海軍部管轄，改名為海軍軍醫學校，以原校長經亨咸為校長。[186] 學校設有本科及預科；招考中學畢業程度，年齡 18 至 22 歲青年入學。學生修業期限定為 5 年，其中預科 1 年，本科 4 年。[187] 學生修業期間，為充實醫療經驗，學校按日於附設醫院，由學生輪班隨同教員赴院分科診治，以資實習。學生畢業後，派到海軍軍醫院及各軍艦見習半年，再由海軍部補授軍醫官職，到軍艦或海軍機關服務。[188]

（三）大沽海軍藝術學校

海軍大沽造船所附設管輪實習學校於民國 9 年 3 月改名為藝術學校，由所長吳毓麟兼充校長。[189] 11 年 4 月，學校暫行停辦。[190]

（四）引港傳習所

民國 11 年 7 月，北洋政府海軍部以引港業務關係國權及軍事，過去因受

---

183 《海軍軍官教育一百四十年（1866-2006）》，上冊，頁 243。
184 參閱〈海軍沿革〉，頁 17。《海軍抗日戰史》，上冊，頁 217。《中國海軍通史》，下冊，頁 770。
185 參閱《海軍軍官教育一百四十年（1866-2006）》，上冊，頁 54。〈海軍飛潛學校概況〉，頁 934。
186 《海軍大事記》，第 1 輯，頁 39。
187 〈海軍部制定公布海軍醫學校規則〉收錄在《中華民國史檔案資料滙編》，第 3 輯，軍事（一）（下），頁 1297。《中國近代海軍職官表》，頁 145。
188 《中國近代海軍職官表》，頁 145。
189 《海軍大事記》，第 1 輯，頁 51。
190 《海軍大事記》，第 1 輯，頁 59。《中華民國海軍史事日志（1912.1-1949.9）》，頁 170,205。《中國近代海軍職官表》，頁 146 記：民國 11 年 2 月，學校發生火災，12 月停辦。

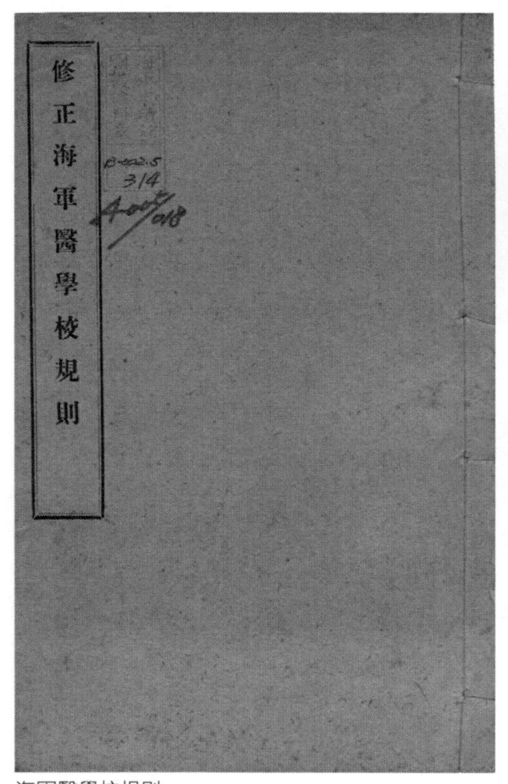

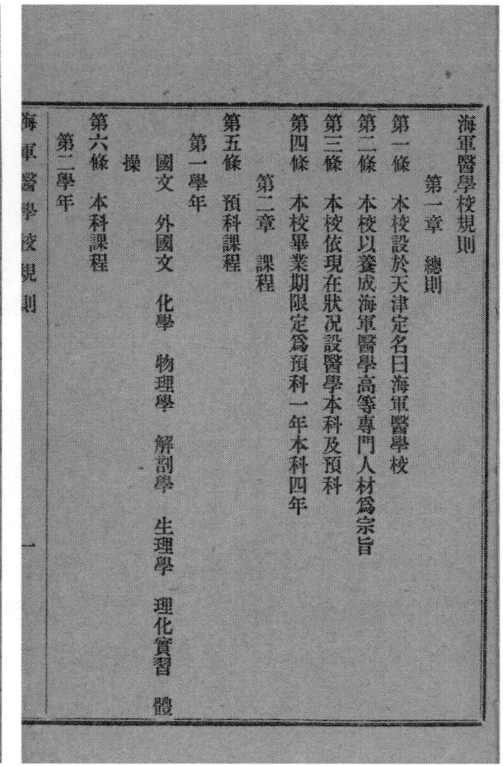

海軍醫學校規則

第一章　總則

第一條　本校設於天津定名曰海軍醫學校

第二條　本校以養成海軍醫學高等專門人材爲宗旨

第三條　本校依現在狀況設醫學本科及預科

第四條　本校畢業期限定爲預科一年本科四年

第二章　課程

第五條　預科課程

第一學年

國文　外國文　化學　物理學　解剖學　生理學　理化實習　體操

第六條　本科課程

第二學年

海軍醫學校規則　一

海軍醫學校規則

不平等條約所束縛，以致引港事業竟為外國人把持。為收回引港事業，首先從培育引港人才著手，因此呈准設立引港傳習所，以培養領港員專才，為改革引水制度之準備。是年 10 月在上海海道測量局內附設揚子江引港傳習所，派海道測量局局長許繼祥暫兼所長，先從訓練揚子江（長江）引港人才開始，就揚子江領水公會會員中，選訓年輕有文化基礎者 18 人，於 10 月 9 日開課，派海軍軍官專任教授使用羅經、海圖、航行避碰章程，及其它有關引港技術等學識。13 年 1 月，修業完畢，舉行考試，合格畢業者 9 人，此為中國正式訓練引港人才的肇始。[191]

[191] 〈海軍引港傳習所〉收錄在《中華民國海軍史料》，頁 61-62。另〈海軍沿革〉，頁 10-11 記：民國 13 年 1 月，11 名引港傳習所學生畢業。《中華民國海軍史事日志（1912.1-1949.9）》，頁 264 記：引港傳習所 19 名學生修業結束，12 人畢業，其餘 7 名考試不及格未畢業。

（五）海軍海岸巡防處無線電報警傳習所和觀象養成所

由於海岸巡防處所屬之無線電及觀象機關，循序創設，需要專門技術人員，遂於民國13年8月，在巡防處內成立無線電報警傳習所和觀象養成所。[192] 傳習所先後招生2批（每批16人，共計32人）入所學習。14年7月，第2屆學生畢業後，爾後所需無線電人員即由海軍統一訓練，無線電報警傳習所即結束，不再招生。15年10月，海岸巡防處設立觀象養成所，招考高中畢業學生24名入所學習，聘氣象專家擔任教授。16年4月，第1屆學生顧厚模等17名畢業。[193] 無線電報警傳習所和觀象養成所畢業學生，分派隸屬該處之東沙島觀象台、沿海報警台或巡所處服務。[194]

三、海軍士兵官的教育訓練－海軍練營訓練

海軍練營為海軍訓練各項士兵，撥充派往各艦艇遣用所設訓練機關。清光緒11年（西元1885年）清廷在威海衛劉公島設立海軍練勇學堂。甲午戰後，移設旅順口海沙溝。光緒29年（西元1903年）學堂改為海軍練營，遷至烟台東山。

民國元年7月，烟台東、西山砲台收歸海軍部管轄，派鄧家驊為海軍練營營長，兼管該地砲台。4年始釐定練營職掌名稱及編制，設營長、副營長各1人，教練官2人，隊官、分隊官各10人，槍砲及帆纜教習各1人，頭目若干名，改練勇為練兵，擴充兵額，招募艙面、信號、鼓號練兵各400名，輪機練兵80人，分隊訓練，訓期年限為2年，添授艦砲、輕砲、重砲及各型艦艇藥彈、信號（信火）、輪機、國文等課程。[195]

海軍士兵入伍後稱為2等練兵，先在練營受訓1年，期滿升為1等練兵，派登練船受訓，訓期1年，期滿經過考試給予證書，按名次順序派補各艦艇船為3等兵，爾後再按資歷成績漸升至各兵種軍士長止，如有特殊勞績者可升為初級軍官。練兵入伍年齡規定為16至18歲，高小畢業或同等學歷。練

---

192 《海軍大事記》，第1輯，頁68。

193 〈海軍海岸巡防處無線電報警傳習所和觀象養成所〉收錄在《中華民國海軍史料》，頁68。

194 〈海軍沿革〉，頁15。

195 〈海軍沿革〉，頁29。《海軍抗日戰史》，上冊，頁309。

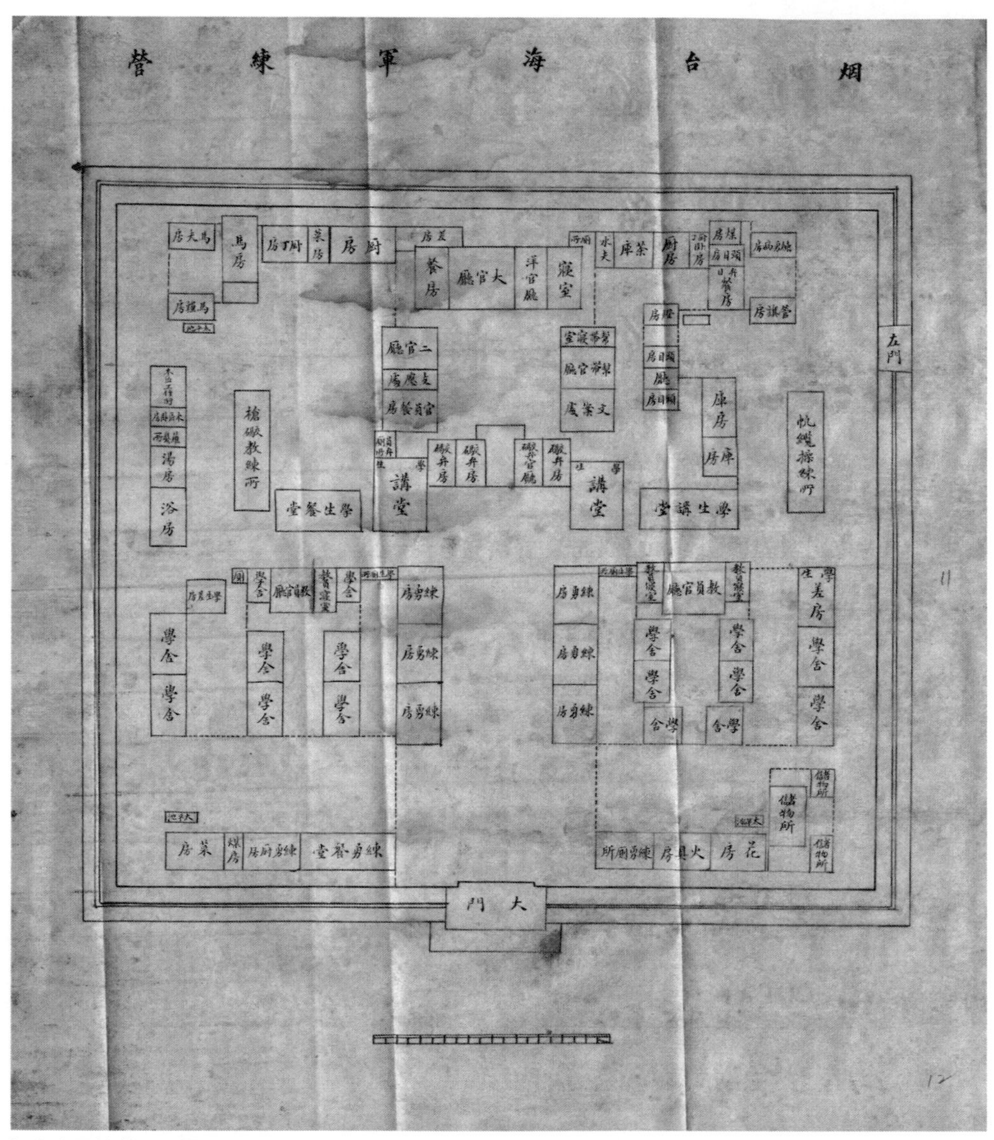
烟台海軍練營
馬夫房
馬房
廚房
餐房
大官廳
寢室
二官廳
支應房
文案處
槍礮教練所
湯房
浴房
學生餐堂
講堂
講堂
學生講堂
帆纜操練所
庫房
學舍
學舍
學舍
學舍
學舍
學舍
練勇房
練勇房
練勇房
練勇房
練勇房
練勇房
練勇餐堂
練勇廚房
花房
火具房
儲物所
左門
大門

烟台海軍練營平面圖

兵分為帆纜、管輪（後稱輪機）、管旗（後稱信號）3 科。槍砲及魚雷軍士由帆纜畢業練兵中挑選，送入槍砲訓練所或魚雷營學習 2 年，期滿派補艦艇船，為槍砲或魚雷初級軍士（下士）。[196]

民國 11 年春，北洋政府海軍總長程璧光、第 1 艦隊司令林葆懌組織的護法艦隊發生分裂，溫樹德、陳策等人將艦隊中閩籍官兵驅散。閩籍官兵返閩後，官員另有安排，士兵則由馬尾海軍警備司令楊敬修收編為警衛隊。15 年 8 月，海軍練營由烟台移設馬尾，即以上述警衛隊士兵為骨幹，同時招收練兵，擴充編制，分科教學，首任練營營長為李世甲，不久李世甲調職，由謝雨藻接充。[197]

海軍練營移至馬尾後，裁撤隊官、分隊官、教習頭目，改設帆纜、槍砲、輪機正副教官，正副軍士長及上士、中士，營制較完備，訓練方法漸次改善，管理進步。[198] 馬尾海軍練營教官人數視練兵多少而定；教練官一般由海軍學校畢業軍官及海軍中富有經驗的軍士長擔任，同時聘有陸軍軍官教練步兵操典，練兵招訓的班數、人數及招考時間無固定。[199]

馬尾海軍練營練兵的來源有幾種：有海軍官兵介紹，有由艦艇上勤務士兵保送，或由招考錄取。招收練兵條件頗嚴，須通過測驗和體格檢查。練兵入營須經中小學畢業，通信練兵還要粗通英文。時海軍練兵生活待遇比陸軍士兵高，畢業後職業穩定，投效者多。

馬尾海軍練營分艙面（帆纜、機槍班）、機艙（輪機、電機班）、通信 3 種。帆纜班課程有：結解繩索、保管錨鏈、使用油漆、掌握舵盤、熟練羅經、操縱舢板等。畢業後任掌舵、帆纜等職，可由 3 等兵晉升至少尉或帆纜軍士長。槍砲班課程有：槍砲射擊術、槍砲使用、維護技能、保管彈藥等。畢業後擔任槍砲手，可由 3 等兵晉升至少尉或槍砲軍士長。輪機（電機）班課程有：裝卸、修理主機及輔機機件，掌握燒煤、燒油技術，熟練使用各種電器設備等，畢業後任輪機、電機兵，可由 3 等兵晉升至少尉或輪機軍士長（三俥）。

---

196 〈海軍練營海軍學兵隊〉收錄在《中華民國海軍史料》，頁 52-52。

197 〈馬尾海軍練營〉收錄在《中華民國海軍史料》，頁 74-75。魏應麟，〈海軍馬江練營的幾件事〉收錄在《舊中國海軍秘檔》（北京：中國文史出版社，2006 年），頁 211。《中華民國海軍史事日志（1912.1-1949.9）》，頁 326。

198 〈海軍沿革〉，頁 29。《海軍抗日戰史》，上冊，頁 310。

199 〈馬尾海軍練營〉，頁 75。

通信班課程有：旗語、燈光信號、海軍旗語、萬國旗語、航海常規及普通英語等。畢業後擔任信號手及觀察、瞭望事宜，由3等兵　升管旗上士。此外，還有步操、游泳等通用課程，並先後增設過軍士長班、簿記班。[200]

四、留學深造教育

民國初年，北洋政府派遣海軍留學生，一仍舊貫，但不成批。另一方面，因為飛機、潛艇在第一次世界大戰中，展現了驚人戰力，因此北洋政府海軍部派遣軍官或學生海外學習的重點，偏向飛機及潛艇之製造。另有少數自費出國留者。[201]

（一）航海、輪機方面

民國7年10月，派鄭耀樞、鄭世璋、劉煥乾、任光海、李葆祁、王俊宗等6人赴美國留學海軍。[202]同（7）年派遣南京海軍軍官學校駕駛班鄭禮慶、劉田甫、朱偉、張楚材等人赴日本海軍大學深造。[203]

（二）兵器

民國2年派林獻炘、常朝幹等率軍士赴奧國學習新式水魚雷學。[204]10年1月，派留美學員鄭耀樞、鄭世璋、劉煥乾、任光海、王俊宗、李葆祁等6人赴費城學習魚雷等科，為推展水魚雷技術之措施。[205]

（三）飛機、潛艇製造

民國4年派魏子浩、韓玉衡、俞俊杰、陳宏泰、李世甲、丁國忠、鄭耀恭、梁訓穎、程耀樞、盧文湘、韋增馥、姚介富等人赴美國學習飛機、潛艇。[206]9年3月，派沈德燮、江元瀛、蔣逵等3人赴英國學習製造飛機。[207]

---

200 〈馬尾海軍練營〉，頁75。魏應麟，〈海軍馬江練營的幾件事〉，頁212-214。

201 陳書麟，《中華民國海軍通史》，頁92記：民國12年11月，福州船政局呈報海軍製造學校畢業生蔣弼莊、汪培元自費赴法國留學，得到海軍部批准備案。

202 《中華民國海軍史事日志（1912.1-1949.9）》，頁145。

203 〈留學日本的海軍學生〉收錄在《中華民國海軍史料》，頁515。

204 《海軍大事記》，第1輯，頁33。

205 參閱《海軍大事記》，第1輯，頁55。《中華民國海軍史事日志（1912.1-1949.9）》，頁187。

206 《中華民國海軍通史》，頁90。

207 參閱《海軍大事記》，第1輯，頁51。《中華民國海軍史事日志（1912.1-1949.9）》，頁170。

（四）航空飛行

民國9年10月，派王孝豐率曹明志等4人赴菲律賓學習航空專科。[208]

（五）無線電

民國8年派傅德同等4員赴英國馬可尼公司實習無線電。[209]9年派遣南京海軍軍官學校輪機班吳建、譚剛、吳湘等3員，無線電學員陸德芳等6人，赴日本無線電工廠及電台實習。[210]10年10月，派在英國學習無線電的海軍輪機上尉傅德同等4人轉赴德國工廠及電台實習6個月。[211]

（六）引港及水文測量

為了提高引港員學識技術水平，北洋政府海軍部於民國14年2月，選派海軍引港傳習所畢業學員劉鎮謨、汪廷榆、王倫等3人到英國留學。[212]14年7月，派海道測量局劉德浦等3名專員，赴歐美考察測量技術及管理法則。10月派測量員陳志等4員赴日本參觀水道部，並研習測量、制繪等技術。[213]

（七）醫學

民國5年7月，派天津海軍軍醫學校畢業生沈鴻翔赴法國海軍醫學校肄業。[214]14年6月，派天津海軍軍醫學校畢業生葛南樛、張江槎、景思誠3人赴法國留學。[215]

民國初年，北洋政府統治期間，因軍閥混戰，經費用於內戰，海軍部缺少經費，無法像晚清時期，派成批到國外深造或見習的留學生，但對於飛機、潛艇及無線電等重視，因此期間有派出，但人數不多。而這些到國外的留學生，其成效除了在馬尾能自製飛機，為國內首創外，潛艇製造方面則無任何成績。[216]

---

208 《海軍大事記》，第1輯，頁53。
209 《海軍大事記》，第1輯，頁49。
210 參閱〈留學日本的海軍學生〉，頁515。《海軍大事記》，第1輯，頁52。
211 《中華民國海軍史事日志（1912.1-1949.9）》，頁194。
212 參閱〈海軍引港傳習所〉收錄在《中華民國海軍史料》，頁62。《中華民國海軍史事日志（1912.1-1949.9）》，頁294。
213 〈海軍沿革〉，頁11。
214 《海軍大事記》，第1輯，頁41。
215 《中華民國海軍史事日志（1912.1-1949.9）》，頁301,302。
216 陳書麟，《中華民國海軍通史》，頁93。

肆、用兵

一、鎮壓討袁二次革命

民國 2 年春，因袁世凱大總統涉嫌「暗殺宋教仁案」，又向英、法、德、義等 4 國「大借款案」、「俄蒙協約案」及罷免國民黨籍李烈鈞（江西）、柏文蔚（安徽）、胡漢民（廣東）等 3 位都督案，引起以國人憤慨。以孫中山先生為領導之部分國民黨黨員，決定以武力討袁。7 月 12 日，江西督都李烈鈞首先在江西宣布獨立，組織「討袁軍」，於是爆發所謂的反袁之「二次革命」。[217]

李烈鈞於江西湖口起義後，福建及安徽等諸省響應。袁世凱以大總統職權命令海軍次長湯薌銘赴九江督率各艦，海軍總司令李鼎新駐滬籌畫一切，第 1 艦隊司令藍建樞在滬候令出發，第 2 艦隊徐振鵬鎮鄂為後援。湯薌銘率建安、飛霆、楚同、江利及湖鶚等 5 艦，於 7 月 18 日，會同陸軍攻擊湖口東西砲台。[218]25 日晚，湖口在北洋陸軍混成第 4 旅（旅長鮑貴卿）協同湯薌銘率領之艦艇夾擊下失守。[219]

民國 2 年 7 月 3 日，袁世凱派鄭汝成、臧致平率海軍警衛隊 1,300 餘名進駐上海江南製造局，並命令駐滬海軍總司令李鼎新共謀鎮壓上海反袁革命。7 日李鼎新調楚泰、海籌 2 艦來滬。[220]7 月 16 日，陳其美在上海就任「討袁軍總司令」，策動吳淞口砲台官姜國梁參加「討袁軍」。[221]陳其美在上海「反袁」起事後，時駐上海海軍警衛營並未加反袁革命行列，而是奉密電嚴守上海製造局。[222]

討袁軍為取得上海製造局，曾派人遊說海軍警衛營，但未成功。7 月 19

---

217 參閱張玉法，《中國現代史》（台北：東華書局，民國 68 年），頁 107,116。

218 《海軍大事記》，第 1 輯，頁 33-34。

219 《中華民國海軍史事日志（1912.1-1949.9）》，頁 57。

220 《中華民國海軍史事日志（1912.1-1949.9）》，頁 53。

221 〈鄭汝成報告吳紹璘被殺吳淞口砲台宣告獨立等情密電〉收錄在《中華民國史檔案資料滙編》，第 3 輯，軍事（二），頁 241。

222 〈鄭汝成報告滬軍總司令陳其美宣布上海獨立，派攻吳淞海軍願守中立等情密電〉收錄在《中華民國史檔案資料滙編》，第 3 輯，軍事（二），頁 241-242。

日，上海鎮守使鄭汝成飭海軍警衛隊臧致平下戒嚴令。[223]23 日陳其美派鈕永建、劉福彪率討袁軍進攻江南製造局，李鼎新、鄭汝成命海籌艦轟擊吳淞砲台。交戰期間討袁軍曾派人運動海軍中立，但遭拒絕。時駐黃浦江各軍艦向討袁軍砲擊，討袁軍損失頗重。[224]

7 月 29 日，海軍總長劉冠雄奉袁世凱命令率駐閩海軍及陸戰隊（海軍警衛部隊）、李厚基率北洋陸軍第 7 旅，在上海川沙九洞登陸，會同鄭汝成部隊及駐滬海軍警衛營，攻擊討袁軍據守的吳淞砲台。[225]8 月 4 日，海圻、海容、海琛 3 艦駛近吳淞口，向討袁軍據守之南石塘、獅子林 2 砲台轟擊，討袁軍亦反擊。[226]10 日海圻、海容、海琛、通濟及永翔 5 艦，駛抵淞滬，海籌、肇和、應瑞 3 艦駛抵張華濱，飛鷹、楚有 2 艦及各雷艇，掩護陸戰隊前進，內外大舉夾攻討袁軍。[227]13 日劉冠雄率領駐閩海軍艦隊及陸戰隊，協同北洋陸軍擊潰陳其美「討袁軍」之鈕永建部。是日「討袁軍」居正部據守之吳淞砲台亦告放棄，至是鈕、居 2 人率殘兵 1,000 餘人逃亡嘉定，上海討袁起事終告失敗。[228] 北洋陸、海軍協同鎮壓淞滬反袁二次革命戰役結束後，劉冠雄上呈袁世凱的電文嘉許：駐閩海軍艦隊及陸戰隊的表現十分勇猛積極。[229]

討袁軍於淞滬起事失敗後，民國 2 年 8 月 18 日，劉冠雄復率海軍艦隊會同陸軍攻打南京的討袁軍。19 日海軍艦隊馳抵江陰，時江陰要塞砲台台長雖服從北洋政府，但台兵則支持反袁二次革命，故向艦隊開砲。劉冠雄決議以海陸合圍該砲台，經江陰縣知事出面調解方免一戰。23 日北洋軍攻陷鎮江。

25 日北洋政府海軍艦隊抵南京，時效忠袁世凱的張勳派兵佔據幕府山、紫金山、天堡城等地，北洋陸軍第 2 軍軍長馮國璋則派兵進駐江北。討袁軍

---

223 〈鄭汝成關於擊敗陳其美等反袁軍進攻制造局及吳淞砲台向袁抒懇予自斷等情通電（1913 年 8 月 18 日）〉收錄在《中華民國史檔案資料滙編》，第 3 輯，軍事（二），頁 244-245。

224 《中華民國海軍史事日志（1912.1-1949.9）》，頁 56。

225 〈鄭汝成報告滬軍總司令陳其美宣布上海獨立，派攻吳淞海軍願守中立等情密電〉收錄在《中華民國史檔案資料滙編》，第 3 輯，軍事（二），頁 244-245。《海軍大事記》，第 1 輯，頁 34。

226 《中華民國海軍史事日志（1912.1-1949.9）》，頁 59。

227 《海軍大事記》，第 1 輯，頁 34。

228 〈鄭汝成關於擊敗陳其美等反袁軍進攻製造局及吳淞砲台向袁抒懇予自斷等情通電（1913 年 8 月 18 日）〉收錄在《中華民國史檔案資料滙編》，第 3 輯，軍事（二），頁 245。

229 〈劉冠雄關於攻占吳淞口砲台經過及答覆袁世凱責問等情函（1913 年 8 月 19 日）〉收錄在《中華民國史檔案資料滙編》，第 3 輯，軍事（二），頁 246-247。

則控制有南京城內獅子山砲台，可以俯瞰長江航路。海圻、海容、海琛、肇和及應瑞5艦，協同北洋陸軍攻打獅子山砲台。是（25）日晚劉冠雄指揮艦隊轟擊獅子山砲台，並密令練習艦隊司令饒懷文率應瑞、海琛及楚有等3艦，乘暗夜潛渡上游，且戰且進，直抵大勝關停泊。逾夕復派永豐與海琛等會合，掩護陸軍第2軍自浦口渡江進攻下關。26日湯銘薌親率楚謙、楚同、楚泰、建威、湖鄂等艦艇駛抵荻港，掩護陸軍登陸，並轟擊岸上討袁軍。同（26）日永豐與海琛2艦會合，掩護北洋陸軍渡江，急攻南京清涼山儀鳳門暨城內西南部，北洋政府海軍擄獲討袁軍湖鵬艇、張字2雷艇及大批軍火。

27日江北之北洋陸軍渡江進犯南京，北洋政府海軍各艦則自28日晨至晚，輪番以艦砲攻擊獅子台，以掩護北洋陸軍之作戰。時南京城內討袁軍之外援已斷絕。30日馮國璋對南京下達總攻擊命令；屆時海軍在上游各艦砲擊獅子山、儀鳳門，擾亂城內西南部，在下游各艦砲擊富貴山、獅子山，並擾亂城內東北部。9月2日，南京在北洋陸軍及海軍圍攻下失守。[230]

二、用兵兩湖

民國7年2月，北洋政府大總統馮國璋與主政湘（劉建藩）桂（陸榮廷）2省軍閥發生戰事。3月馮國璋派曹錕、張懷芝兵分兩路大軍南下湖南。另令海軍第2艦隊司令杜錫珪率楚觀、江鯤、江利、江犀等軍艦撥歸曹錕調遣。

杜錫珪督飭各艦布置江防，從水路開進洞庭湖。湘桂聯軍因無海軍，處於劣勢。16日北洋陸軍在海軍策應協助下，攻佔岳陽城陵磯。26日杜錫珪率各艦過洞庭湖沿湘江，配合吳佩孚北洋第3師攻克長沙。[231]

民國10年8月19日，湖北省發生兵變，北洋政府任命海軍第2艦隊司令杜錫珪速調軍艦赴鄂，協同直系軍閥兩湖巡閱使吳佩孚攻剿叛軍。是（19）日杜錫珪率第2艦隊攻佔白螺磯，兵變瓦解。[232]同（8）月吳佩孚舉兵進犯湖南。杜錫珪派軍艦護送北洋軍隊4個旅向岳陽挺進。湘軍因無海軍，江防砲

---

230 參閱〈劉冠雄詳陳各艦攻克江寧情形函〉收錄在《中華民國海軍史料》，頁279。《海軍大事記》，第1輯，頁34。《中華民國海軍史事日志（1912.1-1949.9）》，頁61-62。

231 《民國海軍的興衰》，頁82-83。《中華民國海軍史事日志（1912.1-1949.9）》，頁137。

232《中華民國海軍史事日志（1912.1-1949.9）》，頁191。

兵戰力亦差，迫使趙恒惕讓出岳陽。[233]

正當直湘兩軍交戰之際，川軍潘正道沿長江出川，攻佔鄂西巴東、秭歸，並進犯宜昌。9 月中旬，湖南戰事結束。吳佩孚與杜錫珪一同乘坐楚觀艦至宜昌督戰。駐宜昌直軍在海軍艦砲支援下，擊潰川軍，迫使其退出鄂西。[234]

三、參與第一次直奉戰爭

民國 11 年 4 月，第一次直奉戰戰爆發，時海軍第 1 艦隊司令林建章依附皖系軍閥，第 2 艦隊司令杜錫珪則依附直系軍閥。杜錫珪力主參戰，林建章則中立袖手旁觀。薩鎮冰代直系軍閥領袖吳佩孚到滬，運動駐滬海軍參加助直系，對奉系張作霖作戰，薩氏於高昌廟海軍總司令公署召集海軍重要幹部開會，與會者大多支持助直系作戰。惟獨林建章因擁護奉系，堅決反對。北洋政府海軍全體發表宣言，聲明於直奉兩系之間保持中立。[235]

5 月 1 日，北洋政府海軍第 2 艦隊司令杜錫珪派軍艦開赴秦皇島一帶，監視奉軍增運部隊，並下令必要時將砲擊京奉鐵路。2 日薩鎮冰電命杜錫珪親率 6 艦部署在山海關、秦皇島、連山、龍口一帶。[236] 直奉戰爭期間，杜錫珪勸請薩鎮冰復出，率第 1 艦隊海籌、海容和永績 3 艦，配合第 2 艦隊楚觀、楚有、楚泰等艦北上赴秦皇島，砲轟山海關。[237]6 月直奉兩軍於山海關交戰，薩鎮冰指揮北洋政府海軍第 1、2 艦隊側擊河寨一帶奉軍的工事，協助直系軍隊反攻作戰。[238] 奉軍因此不能大舉增援山海關戰事，遂歸失敗。

第一次直奉戰爭，奉軍失敗，張作霖率高級將領搭火車倉皇逃出關，經過秦皇島時，遭到薩鎮冰率領的艦隊從海上遙擊，火車險被擊中。[239] 薩鎮冰所以親率艦艇助直軍攻擊奉軍，種因係之前直皖戰後，張作霖入京之日，張氏因以助直系而勝，氣燄甚張，對當時以海軍部長代理國務總理薩鎮冰高傲無禮，薩、張 2 人遂種下心結。[240]

[233] 《民國海軍的興衰》，頁 83。
[234] 《民國海軍的興衰》，頁 83。《中華民國海軍史事日志（1912.1-1949.9）》，頁 193。
[235] 《中華民國海軍史事日志（1912.1-1949.9）》，頁 203,205。
[236] 《中華民國海軍史事日志（1912.1-1949.9），頁 205。
[237] 〈辛亥革命至北伐海軍的派系〉收錄在《中華民國海軍史料》，頁 909。
[238] 《中華民國海軍史事日志（1912.1-1949.9）》，頁 207。
[239] 吳杰章，《中國近代海軍史》，頁 275。
[240] 劉荔翁，《民國政史拾遺》，上冊，頁 53。

四、討伐閩省皖系王永泉、臧致平等軍閥

民國 11 年 10 月 2 日，福建延平鎮守使－原北洋軍閥皖系將領王永泉、粵軍許崇智、皖系安福系軍閥徐樹錚，聯手進攻福州，欲驅逐直系閩督李厚基，以控制福建。時李氏在福州兵力十分薄弱。12 日粵軍攻陷福州，結束李厚基在福建的統治。李厚基逃亡馬江，托庇海軍。[241]

當王永泉、許崇智兩軍進攻李厚基時，北洋政府海軍總司令杜錫珪曾接獲李厚基求援，先後派海容、楚觀、應瑞、通濟等艦駛赴福州助李作戰，並令第 1 艦隊司令周兆瑞前往指揮，隨後抽調駐京、滬陸戰隊，由參謀楊砥中率部赴閩。25 日北洋政府任命李厚基在廈門成立福建討逆軍，以李氏為總司令，薩鎮冰為副司令，進剿徐樹錚。[242] 未料臧致平在廈門發動兵變，李厚基逃亡鼓浪嶼。臧致平自任福建第 2 師師長，割據閩南廈門一帶 12 縣。[243]

民國 13 年海軍練習艦隊司令兼攝閩廈警備司令楊樹莊，統一駐閩海軍各部隊後，受命經略福建沿海，擴張地盤。3 月因皖系軍閥王永泉部擁兵專恣，海軍徇閩民之請，聯合友軍反擊，協力驅逐。王永泉被迫率部撤離福州，擬由陽岐峽兜取道，循往閩南，勾結割據廈門同屬皖系軍閥之臧致平，擾亂閩局。時駐閩海軍及陸戰隊，奉命令扼要分防，跟蹤追擊王永泉部於福清以南涵江一帶。王永泉殘部狼狽敗逃，省垣以安。[244]

王永泉已敗，臧致平仍割據廈門，臧氏為北洋軍閥一悍將，自民國 12 年起，即擁兵割據廈門。臧致平在廈門駐有 1 師 1 旅之眾，約 13,000 人。海軍為擴充勢力，割據地方。7 月 25 日，楊樹莊奉杜錫珪命令率海容、應瑞、楚同、楚觀、江元 5 艦、靜安及華乙 2 運輸艦，載駐閩陸戰隊第 1 混成旅 2,000 人是日出發，攻打廈門。29 日陸戰隊攻佔金門。

8 月 1 日，楊樹莊率軍艦進入嵩嶼海域，陸戰隊則在浮宮登陸。臧致平派人與楊樹莊議和，並趁楊氏各艦無準備，命胡里砲台射擊，海容、應瑞等艦受創。陸戰隊因寡不敵眾退回運輸艦，楊樹莊、楊砥中遂率軍艦及陸戰隊

---

241 徐天貽，《福建民國史稿》（福州：福建人民出版社，2010 年），頁 38-39。

242 《中華民國海軍史事日志（1912.1-1949.9）》，頁 220,221。徐天貽，《福建民國史稿》，頁 39。

243 徐天貽，《福建民國史稿》，頁 40。

244 參閱海軍總司令部總司令辦公室編印，《北伐時期海軍作戰紀實》（台北：海軍總司令部，民國 52 年），頁 1,35。及〈海軍大事記〉，頁 1044。

退往金門。6日杜錫珪以楊樹莊與楊砥中不和，導致進攻廈門失利，命2人率部撤返福州。

8月21日，楊樹莊奉命率部第2次攻打廈門，以陸戰隊先佔領金門作為根據地。19日楊樹莊率軍艦對廈門發動總攻擊，惟因內部不和而中止，29日退返福州。臧致平得以暫時仍據有廈門。[245]

民國13年3月15日，楊樹莊為驅逐臧致平，先是率駐閩海軍協同陸戰隊2個營兵力攻佔閩南東山島。[246]4月6日，楊樹莊親率應瑞、通濟、楚觀等艦及陸戰隊第1團（團長馬坤貞）2個營攻占金門，以金門作為進取廈門之基地。[247]20日楊樹莊對廈門發起攻擊；楊氏指揮艦隊從正面攻打廈門要塞，但遭到駐胡里砲台臧致平部之阻擊，雙方展開激烈砲戰。原計畫係以艦隊負責面攻擊，由陸戰隊在禾山登陸，抄襲敵軍，並奪取要塞。未料楊砥中臨戰膽怯，竟違背節制，在金門海面滯留不動，並勒索過往船隻，以塞其責。楊樹莊以艦隊前進受阻，被迫退出戰鬥。

廈門強攻不下，楊砥中配合楊樹莊上電杜錫珪謊報戰果稱：已於4月20日晚，攻克廈門。翌（21）日晨，復率隊向盤石搜捕餘孽，艦隊夾攻，斃敵甚多，先後俘敵3,000餘人，槍1,000餘支，機關槍3挺，戰鬥品無數。[248]

楊樹莊認為麾下海軍艦隊與陸戰隊雖然不是臧致平之對手，但臧氏在廈門已孤立無援，處境困迫，惟採守勢。楊樹莊有鑑於廈門難以強攻，又聞臧致平不會久待，遂對臧致平改採賄賂，向廈門各界籌借鉅款。

此時直系軍閥孫傳芳率部已攻佔福州，向閩南壓迫，臧致平手下旅長楊化昭遂思投靠浙江皖系盧永祥，故臧氏願意放棄廈門。[249]楊樹莊率駐閩海軍

245 《中華民國海軍史事日志（1912.1-1949.9）》，頁248,249,252,253,254。廈門軍事志編纂委員會編印，《廈門軍事志》，2000年，頁16。楊樹莊奉總司令杜錫珪命令率艦，於是12年6月，攻打廈門未克，退守金門。

246 〈蔡成勛關於孫傳芳、周蔭人襲擊王永泉致軍事處密電〉收錄在《中華民國史檔案資料滙編》，第3輯，軍事（三），頁526。

247 〈蔡成勛關於孫傳芳、周蔭人與臧致平、楊化昭在漳廈等地作戰等情致軍事處等電〉收錄在《中華民國史檔案資料滙編》，第3輯，軍事（三），頁530。

248 〈海軍總司令杜錫珪報告攻克廈門致大總統等密電〉收錄在《中華民國史檔案資料滙編》，第3輯，軍事（三），頁532。

249 參閱〈廈門鎮守使張毅關於海軍占據廈門阻止本部進駐致陸錦電〉收錄在《中華民國史檔案資料滙編》，第3輯，軍事（三），頁534。另（中共）海軍司令部編輯部編著，《近代中國海軍》（北京：海潮出版社，1994年），頁749。〈辛亥革命至北伐海軍的派系〉，頁911。及《廈門軍事志》，頁16記：5月17日，臧致平接受楊樹莊之賄賂，撤出廈門，率部離去，廈門遂為海軍占領。

相繼收復東山、金門與廈門，閩省海疆始獲安定。此役為閩系海軍參與國民革命之先聲，亦為國民革命軍北伐之前驅。[250]

五、參與「江浙戰爭」

民國 13 年 8 月下旬，直系軍閥江蘇督軍齊燮元欲奪取皖系軍閥盧永祥控制的上海，爆發了「江浙戰爭」（或稱「齊盧戰爭」）。北洋政府海軍總司令杜錫珪命令駐廈門練習艦隊司令楊樹莊率艦協助齊燮元攻擊盧永祥。另令第 2 艦隊司令李景曦率楚謙等 8 艦，由南京開往浙江，會集楊樹莊艦隊合力攻擊上海。[251]

在江浙戰爭中，楊樹莊率閩廈海軍艦隊、陸戰隊第 1 旅、陸戰隊獨立團，增援齊燮元所屬第 3 師馬玉仁部，討伐浙督盧永祥。時林建章領導的海軍滬隊支持皖系盧永祥。滬隊僅有海籌、永績、建康、靖安 4 艦及 2 艘魚雷艇；楊樹莊的閩廈艦隊則有應瑞、海容、楚同、永健、普安等艦，第 2 艦隊加入楊氏陣容後，直系海軍實力遠強於皖系海軍。[252]

9 月上旬，楊樹莊率駐閩海軍軍艦砲擊瀏河盧永祥軍隊陣地。[253] 在陸戰方面；駐閩陸戰隊在淞滬登陸後，海軍艦艇協同馬玉仁部，於 9 月 16 至 18 日，在瀏河一役擊潰盧永祥所屬楊化昭部，攻佔上海，收復海軍造船廠。[254]9 月下旬，援齊閩軍孫傳芳進入浙北，切斷在上海作戰盧永祥軍隊的退路，盧軍軍情告急。原先支持盧永祥的海軍滬隊隨即動搖。[255]

江浙戰爭期間支持齊燮元的駐閩海軍與海軍第 2 艦隊，與支持盧永祥的海軍滬隊，雙方在吳淞口外相望對峙，卻未曾開火。[256] 此乃因皖系海軍滬隊認為實力不敵直系海軍，咸認為齊盧戰爭，盧永祥必敗，林建章實力已盡，遂透過談判向楊樹莊投降。[257]9 月 22 日，海軍滬隊司令周兆瑞被收買，致電楊樹莊：海軍滬隊取消獨立，表示服從北洋政府海軍總司令杜錫珪命令，擁

---

250 《北伐時期海軍作戰紀實》，頁 1,35。
251 《中華民國海軍史事日志（1912.1-1949.9）》，頁 280。
252 〈辛亥革命至北伐海軍的派系〉，頁 914-915。
253 《中華民國海軍史事日志（1912.1-1949.9）》，頁 283。
254 參閱《海軍陸戰隊歷史》，頁 2 之 1 之 1。及〈辛亥革命至北伐海軍的派系〉，頁 914。
255 《近代中國海軍》，頁 746。
256 《近代中國海軍》，頁 746。
257 〈辛亥革命至北伐海軍的派系〉，頁 915。

護北洋政府。隨即率海籌、永祥 2 艦駛離上海，歸順杜錫珪。10 月 13 日，盧永祥兵敗，戰爭結束。在上海滬隊其餘 4 艦艇被杜錫珪接收。[258]

六、參與第二次直奉戰爭

民國 13 年 9 月 15 日，第二次直奉戰役爆發，渤海艦隊司令溫樹德命令海圻艦開赴山海關。23 日海圻艦在秦皇島遭奉軍飛機轟炸，經發砲還擊，飛機遁去。28 日溫樹德命令肇和、永翔 2 艦及陸戰隊整備開赴前線。10 月 4 日，吳佩孚與杜錫珪商議派軍艦協同直軍攻擊奉軍。杜氏決定派海籌、海容、應瑞及華乙 4 艦駛往秦皇島以北海域。

11 日駐青島渤海艦隊 6 艦及陸戰隊 2 營，除海圻、楚豫 2 艦及陸戰隊第 1 營已奉命開赴秦皇島迎擊奉軍。肇和、永翔 2 艦及陸戰隊第 2 營奉命離開青島趕赴秦皇島。13 日吳佩孚乘海圻艦率楚豫、永翔 2 艦開往葫蘆島、營口，擬由海道襲擊奉軍後路。16 日吳佩孚與溫樹德同乘海圻赴葫蘆島指揮砲擊奉軍，奉軍還擊，雙方相持數小時，海圻艦擄獲奉軍由商船改造軍艦 1 艘，拖回秦皇島。21 日溫樹德再率海圻駛往葫蘆島砲擊奉軍。

未料 10 月 19 日，馮玉祥在北京發動政變，向奉軍倒戈，直軍戰敗。11 月 7 日，溫樹德乘海圻艦單獨返回青島，參加直奉戰爭之渤海艦隊各艦陸續返回青島。此外，第二次直奉戰爭中，奉軍飛機曾多次臨空襲擾，但奉系海軍始終未敢與北洋政府海軍交鋒。[259]

---

258 《近代中國海軍》，頁 746。《中華民國海軍史事日志（1912.1-1949.9）》，頁 285。

259 《中華民國海軍史事日志（1912.1-1949.9）》，頁 285,286,287,288。（中共）海軍司令部，《近代中國海軍》（北京：海潮出版社，1994 年），頁 747 記：北洋海軍始終在前線協同直系作戰的僅有楚豫 1 艘軍艦，該艦每日凌晨 3 時，駛近山海關，配合直軍拂曉戰鬥，並在菊花島俘獲奉系海軍武裝船綏遼號。

伍、北洋政府海軍的建樹與其困境及缺失探討

一、北洋政府海軍之建樹

民國初期北洋政府海軍之建樹有限，主要在飛機製造，艦艇自製、外銷或外購，及軍事教育練方面略有一些成果：

（一）飛機製造

北洋政府海軍製造飛機處自民國8年成立，翌（9）年完成第1架自製水上飛機甲一，至民國16年歸順國民革命軍止，共計自製水上飛機計有：甲一、甲二、甲三、乙一、江鶴、海鵰、海鷹、江鳧、江鷺。另自製丙一及丙二2艘飛船。[260]

（二）自製與外購艦艇

北洋政府海軍在民國16年初，所屬艦艇共計有44艘，排水量30,201噸。[261] 其中民國時期北洋政府海軍各造船廠自製艦艇如下：

1、江南造船所：瑞遼、安海、引擎、麥士門、永健、永績、利川、海鳧、海鷗。

2、大沽造船所：海鶴、海燕、海鷹、海鵬。

3、福州船政局：海鴻、海鵠。[262]

在外購艦艇方面：民國2年初，薩鎮冰與載洵於辛亥革命前，在外國訂購的軍艦均陸續運到交貨。當時在義大利、奧國、德國、英國、美國、日本等國共訂購了12艘艦艇，但因該年4月，袁世凱政府面臨財政危機，向英德法日俄5國銀行大借款。在英德日3國建造的軍艦所需款項，由上述5國銀行團墊付，訂造的軍艦在該年都如期交貨。而美奧義等3國造船廠擔心中國日後沒錢支付造船費，遂將中國訂造的軍艦另行出售他國。民國初年中國外購軍艦計有；德國：江犀、江鯤、建康、豫章、同安。英國：肇和、應瑞、建中、

260 《中國海軍》，下冊，頁605-606。
261 〈海軍沿革〉，頁3。
262 《中國海軍史》，下冊，頁593-594。另《中華民國海軍史事日志（1912.1-1949.9）》，頁147記：民國7年12月，江南造船廠製成海鷹淺水砲艇。

永安、拱辰、甘露。日本：永豐、永翔。[263]

另在歐戰期間，美國政府因運輸艦隻缺乏，不敷支援作戰之用，特向我國江南造船所訂製萬噸運船 4 艘，於民國 10 年 5 月次第完工，艦體機件咸稱堅固，美國政府大為滿意。[264]

（三）教育方面

民國時期北洋軍政府的海軍教育訓練，是中國海軍建設的重要組成部分，雖然屢遭戰亂影響，但在質量及數量上都有一定程度的提升。[265]

二、北洋政府海軍發展的困境與缺失探討

民國時期北洋政府海軍主要承襲清末海軍一脈下來；因此即使在改朝換代民國肇建後，仍存在許多弊端缺失。民國元年 2 月，海軍楚謙艦教練官亦是同盟會會員蕭舉規上書臨時大總統孫中山力陳整頓海軍，指出海軍腐敗有六：（一）船體武器不知保存。（二）官長兵卒有武器不知使用。（三）兵卒做工操課無課程。（四）兵士無紀律教育。（五）官長不以已之事為是，至有艦長上岸旬日不歸而托人代理，兵卒每日無事而嬉戲者。（六）官長兵卒有搓麻將、奏胡琴、唱戲為樂。[266]

民國 2 年 6 月，北洋政府海軍總長劉冠雄親率檢驗組至大沽口、廟島，舉辦艦隊首次校閱，所見缺失要點計有：（一）大砲打靶：火藥藏之過久，變質已多。（二）勘驗機器：鍋爐率皆年久未修，或煙管滲漏，或爐壳鏽蝕，未能舉行極速試驗 ......（三）考察艦體：凡海軍艦艇每 3 年例須大修 1 次，而我軍各艦有經一、二十載未曾大修者。現驗四「海」等艦，船身、船底鏽蝕甚多。若今時即予大修，尚可供 10 餘年之用；倘再延擱，則不久必成棄材。故籌款修艦一節，實為刻不容緩之圖也 ...... 測遠器除新艦外，餘皆未備。而

---

263 《中國海軍史》，下冊，頁 603-604。另吳杰章，《中國近代海軍史》，頁 263 記：民國 2 年初，從外國訂造的軍艦陸續完成返國的計有：在英國訂造的肇和、應瑞 2 艘巡洋艦。在德國訂造的同安、健康、豫章 3 艘驅逐艦及江鯤、江犀 2 艘砲艦，向日本訂造的永豐、永翔 2 艘砲艦。

264 《中國海軍之締造與發展》，頁 41。另《海軍抗日戰史》，下冊，頁 1572。《海軍大事記》，第 1 輯，頁 57 記：民國 10 年 12 月，江南造船所承造 4 艘美國軍艦完工，開往美國點交。

265 《民國海軍的興衰》，頁 91。

266 《中華民國海軍史事日志（1912.1-1949.9）》，頁 12。

各種海圖，所缺尤多 ...... 步槍操槍，進止行列尚稱整齊，惟口令未一律，已飭改良 ......[267]

同（2）年 11 月，大總統袁世凱咨詢薩鎮冰整頓海軍問題；薩氏回覆有兩難：一是海軍良港盡喪失外人，將欲收回又難籌巨款。二是海軍人才缺乏，前清時雖有海軍中等學堂數所，然皆有名無實，派員赴歐美留學又緩不救急。[268] 上述蕭、薩 2 人所言，實為北洋政府海軍長期存在的弊端及發展之困境。另筆者就北洋政府海軍發展的困境與缺失歸納有下列幾點：

（一）財政困難海軍經費短缺影響建軍發展

北洋政府自民國 7 年起，經常無力供應海軍糧餉，海軍部曾欠餉長達 13 個月，機關、艦隊欠餉長達 7 個月，使海軍總長、總司令等職，無人敢任。民國 8 年至 10 年期間，薩鎮冰任離海軍總長職位凡 3 次，總司令藍建樞、蔣拯等因艦隊官兵鬧餉感到棘手，不安於位，相繼去職。[269] 海軍財政困難、經費短缺，除了造成高層主管異動頻繁外，對其艦艇、飛機製造，及教育人才培育等建軍發展影響甚重：

1、艦艇與飛機製造方面：

民國肇建後，海軍部首任總長劉冠雄對海軍經費不足情況，即上呈袁世凱大總統曰：前清海軍部在中國及外國各造船廠訂造軍艦 19 艘，有的軍艦建造已完竣，有的陸續完工，各造船廠函催，查照合同或應全數找清，或應分批撥付，急如星火，對付已窮。現如無款照發，不特寄泊有費，逾期有息，吃虧過大，且船非彼有，縱使派人代看，究不如自看之小心，是無形之損失，更有不可勝言者。[270]

民國成立後，福州船政局 1 年中凡四易主管，工程實已停滯。[271]3 年福州船政局因經費無著，竟拍賣廠中廢缺材料以充經費。曾在船政局工作 5 年的林梵萱當時回閩參觀，寫到所見船政局是一片衰敗景象：三五匠徒，蓬頭垢面，菜色淒涼，或向陽以曝背，或捫虱而清談。聞已數月，不發工資。為

[267] 王玉麒，《海痴－細說佘振興與老海軍》，作者自行出版，民國 99 年，頁 68。
[268] 《中華民國海軍史事日志（1912.1-1949.9）》，頁 73。
[269] 〈辛亥革命至北伐海軍的派系〉收錄在《中華民國海軍史料》，頁 909。
[270] 〈劉冠雄請籌付艦欠款呈文（民國元年 8 月 18 日）〉收錄在《中華民國海軍史料》，頁 134。
[271] 《中國海軍通史》，下冊，頁 576。

了解決生產資金不足的問題，將艦齡已高的南琛艦拆零售。然杯水車薪，資金不足是船政局規模日趨縮小的主因。至 11 年負債達 30 萬元，因此該局造船業務受到極大的影響。除建造 2,000 噸級的寧紹號外，只造成淺水砲艇數艘。[272]

民國初年袁世凱執政，時海軍力量薄弱，不足以抵禦外侮，輿論認為自強之道無如速建立現代化的飛航組織及潛航組織，費用省，成事快，收效亦大。袁氏遂飭令劉冠雄籌辦方策。劉冠雄與美方磋商選派學員赴美，借用美軍海軍基地，借用美艇、美機訓練學習及操作，爾後再行製造。擬向美國借款建造潛艇，由美承制。民國 4 年 4 月，海軍部派出一批學生 23 人，分別前往美國學習船舶、飛機及潛艇製造等技術。爾後因袁世凱稱帝政局混亂，留美學生學費及生活經費來源斷絕，員生遂各謀出路。[273]

2、教育方面

民國 2 年海軍部給袁世凱大總統呈文寫到：福州馬尾船政學堂校內講堂宿舍多有損壞，書籍儀器不完整，而事權未一，每致辦理分歧，經費難籌。[274]北洋政府海軍所屬烟台海軍學校、海軍飛潛學校等軍校，皆因財政困難，常積欠教職員薪餉外，甚至有迫使校長借出家中的房契與田契，以之為抵押，向銀行借貸發給學校薪餉之情事。[275]或因無經費推展學校校務，以致學校被迫停辦者。[276]13 年謝葆璋為海軍部代理部長，烟台海軍學校係謝氏手創學校，不忍學校解體，任許秉賢為校長，及向海軍部請款，以維持學校教育，惟教職員僅能領 5、6 成薪餉。[277]至於學生出校就業問題，因無法統籌分派，只好任其自謀出路。10 年 10 月，海軍部呈北洋政府咨文：查海軍以人才為重，

---

272 《福建船政局史稿》，頁 386,390,391。周日升，〈福州船政局述略〉收錄在《福建文資料》，第 8 輯，頁 88 記：陳兆鏘任局長 11 年，原計畫製造砲艦 10 艘，因船政局負債 100 萬餘元，最後只完成 2 艘。

273 韓仲英，〈留美學習飛機及潛艇憶述〉收錄在《中華民國海軍史料》，頁 923-924。

274 《中華民國海軍史事日志（1912.1-1949.9）》，頁 51。

275 王玉麒，《海痴－細說佘振興與老海軍》，頁 88-89。

276 蔡清仁，〈海軍飛潛學校概況〉收錄在《中華民國海軍史料》，頁 934。另〈烟台海軍學校始末〉，收錄在《中華民國海軍史料》，頁 923-924 記：佘振興擔任烟台海校校長期間，因海軍部無法按時滙來校餉，學校每年只發 6、7 個月薪餉，長達 2 年。佘氏因學校欠餉不易維持，一再求去。林繼蔭為校長，因學校欠餉經營困難，積勞病故。校長遺缺由總教官江中清升任。未料同年底，江氏亦病故。校長遺缺由曾宗鞏接任，曾氏接校後，見學校經費短缺，教職員薪餉無來源，校務難維持，治校僅 3 個月，便掛冠離去。

277 〈烟台海軍學校始末〉收錄在《中華民國海軍史料》，頁 925。

人才以教育為先，照現在經費支絀情形，固難遽議擴充，惟就原有學堂，練艦更易名稱，加以整頓，亦可略資補救。[278]

（二）勒索苛捐雜稅或割據地方自籌軍費

北洋軍閥統治時期，不能維持其龐大的軍事支出，自民國8年以後，海軍常發生欠餉。10年4月，因海軍司令部及各艦隊被欠餉已達4個月，海軍總司令藍建樞在福州召集船政局局長及駐閩各艦艦長，商討海軍經費籌措問題，與會者認為非自闢新源不可，故擬徵收漁業稅以資補助。8月北洋政府決議組織漁業委員會，徵收漁業稅以充海軍經費。[279]12月海軍部藉口閩洋面海盜充斥，在舟山群島沈家門設立清海局，派永績、聯鯨2軍艦「護漁」。規定在浙江海域作業各漁船必須投局編號、領照、繳納護漁費。[280]

民國10年底，因海軍積欠軍餉達幾個月；第2艦隊司令杜錫珪在江蘇軍閥齊燮元的支持下，企圖用搶掠行徑來解決軍餉問題。經商得海軍總司令蔣拯同意後，於11年1月6日，由蔣拯出面召集海軍第1、2艦隊和練習艦隊官佐會議，以海軍部一再失信，不能維持全軍軍餉，因此應仿效吳佩孚截路取款辦法，派艦前往揚州十二圩、大通處監視鹽廠，派員提取鹽稅以充軍餉。時江蘇督軍齊燮元電請徐世昌大總統：迅速撥還欠餉，以維軍心。後經外交、財政及海軍等3部會議，幾經磋商，海軍艦隊才撤出十二圩。[281]12年3月，北洋政府海軍楚有號砲艦和張字雷艇到十二圩截提鹽稅充餉。4月江蘇督軍齊燮元致電北洋政府謂：海軍軍餉項原經指定按月由鹽署撥給50萬元，現已數月，迄未覆行，海軍將士極為失望。如政府無相當之答復，現第2艦隊部分將領主張派艦至十二圩截留鹽稅。[282]

駐閩海軍在杜錫珪掌制時期便依附北洋直系軍閥，在吳佩孚支持下，北洋政府由長蘆（長辛店、蘆溝橋）鹽餘項下，按月撥給海軍協餉10萬元，交杜錫珪支配。但北洋政府財政紊亂，國庫支絀，原有每月應撥發之餉糈常常積壓拖欠，往往長達數個月。因此杜錫珪決定擴充海軍陸戰隊實力，割據閩

[278] 〈海軍部擬改南京海軍學堂為海軍軍官學校咨文〉收錄在《中華民國海軍史料》，頁77。
[279] 《中華民國海軍史事日志（1912.1-1949.9）》，頁188,191。
[280] 〈北洋軍閥海軍籌餉片斷〉，頁903-904。
[281] 〈北洋軍閥海軍籌餉片斷〉，頁901-902。
[282] 《中華民國海軍史事日志（1912.1-1949.9）》，頁232。

廈地區，截收地方財政，以資挹注。杜錫珪命令親信陸戰隊旅長楊砥中就陸戰隊駐防地區，自行籌餉，以維持現狀。[283] 楊砥中在所控制地區截留各縣稅收，徵收厘金，層層勒索，一物數稅。藉口籌糧，征稅丈地，按畝勒費，以充軍餉。時暴徒惡役任意指捕、詐索，騷擾萬端。[284] 楊砥中又藉口籌餉，自收捐稅，勾結地方土豪劣紳，巧立名目，扣留鹽船，強抽鹽稅。另在各縣駐地利誘部分農民栽種鴉片與公開販賣，隨之計畝勒索煙稅，以籌軍費或飽入私囊。[285]

杜錫珪為消除駐閩海軍艦隊與陸戰隊內部之矛盾，及統籌海軍糧餉，下令取消陸戰隊自行就地籌餉的辦法，改為統一收支，特地在馬尾設立支應局，另在廈門、三都澳設立分局，向地方收取捐稅，按月統交海軍閩廈警備司令部，作為海軍艦隊及陸戰隊各機構統籌餉糧的支應。各局在所轄之縣設立辦事處，專司徵收捐稅之事。支應局把各種捐稅包捐給他人，層層盤剝，人民深受其害。[286]

（三）屢欠軍餉士氣低落兵變不斷部分官兵軍紀敗壞

民國 2 年 11 月 15 日，駐守江陰砲台海軍陸戰隊第 1、2 營士兵不願意奉調福建，加以連續 3 個月未發餉銀，於當晚嘩變。事後袁世凱下令：團長郭以廉以下與嘩變有關係各官兵一律處死。[287]

民國 10 年 4 月，海軍代理總司令何品璋等將領致電總長李鼎長謂：自去（9）年以來，餉項屢有拖欠，長此下去，艦隊大局將不堪設想，特請迅籌款，補發餉項，否則嘩變堪慮。[288] 至 11 月北洋政府海軍自總司令蔣拯以下各將領聯名致電北洋政府謂：海軍餉項被積欠已達 1 年有奇，恐因成變亂。[289]

民國 12 年 9 月，北洋政府海軍部因欠薪長達 1 年，期間領到經費亦未發放，部員生活無著落，遂派前往海軍總長李鼎新住所索薪。李氏電告軍警

283 〈舊海軍駐閩陸戰隊〉，頁 57。
284 〈北洋軍閥海軍籌餉片斷〉，頁 903。
285 參閱〈北洋軍閥海軍籌餉片斷〉收錄在《中華民國海軍史料》，頁 904。〈舊海軍駐閩陸戰隊〉，頁 60-61。三、《福建省：軍事志》，頁 39。
286 參閱張日章，〈海軍三都支應局〉收錄在《福建文史資料》，第 1 輯，頁 72。〈舊海軍駐閩陸戰隊〉，頁 61。
287 《中華民國海軍史事日志（1912.1-1949.9）》，頁 71。
288 《中華民國海軍史事日志（1912.1-1949.9）》，頁 188。
289 《中華民國海軍史事日志（1912.1-1949.9）》，頁 195。

拘捕索薪代表，海軍次長徐振鵬率海軍部全體部員發電宣告自 9 月 24 日全體請辭。後經總司令楊樹莊調停，暫告平息。[290]

民國 13 年直系齊燮元與皖系盧永祥的江浙戰爭期間，因皖系軍閥積欠海軍薪餉長達 3 個月，且連糧煤也窮於羅掘，官兵嗷嗷待哺，故於戰爭開始，皖系海軍未戰即向直系海軍投降。[291]

曾任駐閩海軍陸戰隊第 4 團團長楊廷英對駐閩陸戰隊評價為；表面軍容雖有振刷，但紀律仍極敗壞，割據地盤，各樹一幟，盡失陸戰隊擔任警衛和協同海軍登陸作戰的性質，同地方軍閥並無二致。[292] 駐青島的渤海艦隊陸戰隊平時甚少操練，官兵經常在駐地街上閒逛，加上軍紀欠佳，被青島市民譏諷為「土匪陸戰隊」。[293]

（四）地域性色彩嚴重

辛亥武昌起義後，長江流域各省紛紛響應，海軍裡的閩籍官兵大多傾向革命。民國肇建南北議和後，閩人劉冠雄出任海軍總長，集權中央，海軍部各司長、主要軍艦艦長、船政局局長、海軍學校校長幾乎為閩人。[294]

為培植閩人勢力，像福州各海軍學校甚少對外公開招生，入學子弟必須經保送甄別，即使是福州人，也需與海軍內部有淵源，才會被錄取。在民初軍閥混戰時期，閩人掌控的海軍第 1、2 艦隊及練習艦隊，始終依附北洋政府作為正統。[295]

劉冠雄先附袁世凱，再附皖系段琪瑞；袁倒皖系敗，劉氏隨之下野。薩鎮冰適應多方面關係，在海軍中有崇高聲望，直系、皖系當權時，曾任海軍總長，不久去職。其後在北洋軍閥各派系爭權時期，杜錫珪、林建章、楊樹莊等人相承繼起，且所有海軍部司長以上官員及各艦隊司令、艦長大多數為

---

290 《中華民國海軍史事日志（1912.1-1949.9）》，頁 253,255。
291 〈辛亥革命至北伐海軍的派系〉，頁 915。
292 楊廷英，〈舊海軍駐閩陸戰隊〉，頁 57,61。
293 張萬里，〈從護法艦隊到渤海艦隊〉，收錄在《舊中國海軍秘檔》，頁 67。
294 沈來秋，〈我所知道的劉冠雄〉收錄在《福建文史資料》，第 8 輯，頁 160。
295 福建省地方志編纂委員會，《福建省志－軍事志》，頁 38。另林慶元，《福建船政局史稿》，頁 393-394 記：民國元年，沈希南接任船政局局長後，即進行船政學堂歷史上第一次對外公開招生；錄取 180 人，分別編入前後學堂；前學堂 60 人，後學堂 120 人（駕駛、管輪各 60 人）。前學堂為甲班，之後又繼續招收乙丙 2 班；除甲班為公開招生外，其餘各班均由海軍子弟和地方權貴勢保送。

閩人，閩系海軍已由奠定而壯大。[296]

（五）兵禍、學潮及意外頻傳

1、兵禍

民國初年，軍閥割據混戰，兵工廠為軍事所必爭之地，江南造船所與兵工廠毗鄰，常蒙受影響；尤以民國 13 年江浙戰爭，損失甚重。同（13）年第二次直奉戰爭直軍吳佩孚潰敗，津沽一帶秩序多受影響，大沽造船所亦受波及，原已委縮業務，更一蹶不振。[297]

2、學潮

民國 2 年 2 月，烟台海軍學校發生學潮，據校長蔣拯致海軍部電稱：係學生薩師俊因犯校規撲責，校生竟全體哄辱師長。後將吳葆森等 6 名為首學生斥革後，發生學生以蔣拯徒作威福，奴辱學生，竟全體束裝離校事件。此學潮後來仍以處分學生了結。[298]

民國 8 年海軍製造學校甲班學生受「五四運動」影響舉行罷課，學生與學校相持 1、2 個月。海軍部面對學生的罷課，不得不對教職員及學生分別處罰，校長陳長齡、總教官、佐理官等被撤職，由曾宗鞏代理校長，改革學校制度，學生及同情學生的教師也遭到懲處。[299]

民國 8 年 11 月，烟台海軍學校學生不滿學制；海軍學制原為 3 年在烟台海校學習，2 年在吳淞海校學習。近因海軍部將吳淞海校課程併入烟台海校，合為 5 年畢業，畢業後再派入各艦練習，其年限總計為 7 年。烟台海校學生已在校學習 3 年，本可明年畢業上艦實習，領取薪俸，因延長在校學習年限而失望不滿，群體反對學生藉端解散，離校赴滬，海軍部派員查辦。後為首者 11 名學生均開除，其餘返校繼續就讀，學潮始歇。[300]

296 〈辛亥革命至北伐海軍的派系〉，頁 909。
297 《中國海軍史》，下冊，頁 581,587。
298 《中華民國海軍史事日志（1912.1-1949.9）》，頁 39,40,41。
299 《福建船政局史稿》，頁 402-403。同書頁 403 校長誤記為陳長經。另《海軍軍官教育一百四十年（1866-2006）》，上冊，頁 243 誤記：請免校長陳兆鏘本職。
300 《海軍大事記》，第 1 輯，頁 49。《中華民國海軍史事日志（1912.1-1949.9）》，頁 160。另《海軍軍官教育一百四十年（1866-2006）》，上冊，頁 455 記：此次學潮原因係臨 3 年畢業學生，以為閩籍當局故意將學年延長，為首者利用學生對於閩人歧視外省人之不平心緒，藉生事端。

3、工潮

民國9年7月，上海江南造船所數百名工人與海軍發生衝突，造成3名工匠死亡，造船所工人舉行大罷工。[301]

4、艦艇老舊意外頻傳

民國3年7月，通濟艦發生火藥爆炸，造成見習生32人及職員2人死傷，另有2名見習生投水溺斃之慘事，艦長陳訓泳降調，遇難各員生從優撫恤。[302]5年4月22日，海軍總長劉冠雄率海容艦、新裕運兵船航行至溫州海面，在大霧中相撞，新裕艦立即沉沒，死難者陸兵700餘人，艦長甘聯璈被撤職。[303]7年4月25日（一說是5月），北洋政府海軍砲艦楚材艦與招商局江寬客輪，在漢口海關下游附近相撞，楚材艦受損，江寬輪沉沒，溺斃300、400人。[304]

民國9年2月，海軍總司令藍建樞呈文海軍部：甘泉號運輸艦年久朽舊，機器等件均已損壞，不堪行駛，擬將該艦招商競賣，得款另行訂造新艦。[305]13年6月，北洋政府直魯豫巡閱使吳佩孚致大總統曹錕謂：渤海艦隊各艦因年久失修，長此遷延，毀損益甚，將有廢棄之慮。[306]

陸、結語

北洋政府海軍始終以國家正統海軍自居，係因民國初年北洋政府為世界各國承認中國惟一的合法政府；其糧餉均悉由（北洋）中央政府撥給，與東北海軍、廣東海軍等軍餉，均出自地方割據政權不同。所以在北洋軍閥之派系鬥爭中，惟權力是瞻。為此北洋政府海軍先是效命袁世凱，鎮壓反袁之「二次革命」。之後又多次介入政爭，淪為北洋各派系軍閥混戰的「幫手」。

民國初年，北洋政府海軍將領在對南北政府政治理念與態度不同，或因對依附不同軍閥派系之政治立場分歧，以致海軍高層內部內鬨，造成2次部

301 《中華民國海軍史事日志（1912.1-1949.9）》，頁175。
302 《海軍大事記》，第1輯，頁36。
303 《海軍大事記》，第1輯，頁40。《中華民國海軍史事日志（1912.1-1949.9）》，頁102。
304 《海軍大事記》，第1輯，頁46。《中華民國海軍史事日志（1912.1-1949.9）》，頁137-138。
305 《中華民國海軍史事日志（1912.1-1949.9）》，頁167。
306 《中華民國海軍史事日志（1912.1-1949.9）》，頁275。

分海軍將領率艦出走，形成海軍南北分裂與對峙之情況，對其組織、士氣及整體建軍發展影響甚大。加以北洋政府海軍地域性色彩極重，係自清末以來，因歷史及地理因素，我國海軍官兵出身係以閩籍人士居多，閩人向來地方區域觀念極重，且具有排他性，以致部分海軍軍校招生只限招收閩籍海軍子弟或親屬，甚少對外招生，使外地人不得入其校門。因此民國初年北洋政府海軍部門首長及重要職位大多為閩人出任，或為閩人所把握，以致海軍裡閩系地域色彩日益強烈，形成一個特殊性地域軍事集團－閩系海軍。

自袁世凱死後，北京政府主要由北洋軍閥皖系、直系，及後來的奉系等不同派系軍閥所操控。不同派系軍閥彼此爭奪地盤，內戰不斷，對海軍無心建設，加上政府財政吃緊，海軍經費嚴重短缺不足，以致在艦艇建造或外購上，寥寥可數；在海軍官兵的軍事教育與訓練上，幾所培育海軍人才的軍事學校或訓練所，往往因經費不足，遭致併校或停辦。更甚者因常年積欠官兵薪餉，造成士氣低落與官兵嘩變。為此北洋政府海軍將領不得自謀出路，仿效軍閥行徑，在沿海地區巧立名目，自行徵稅，自籌軍餉，擴充武力與地方軍閥爭奪地盤，割據地方。最明顯即是海軍割據福建沿海十餘縣市，設立機關，量土地徵稅，猶如地方獨立王國。

民國初年北洋政府海軍將領在政治上大多缺乏理想，攀權附勢，重視個人利益，惟利是圖。先是有劉冠雄攀附袁世凱鎮壓反袁革命，繼有林建章、杜錫珪分別依附皖、直系軍閥。後有溫樹德脫離北洋政府隨護法艦隊南下廣東參加孫中山領導的護法政府，之後溫氏在同鄉直系軍閥吳佩孚利誘下，背叛護法政府率艦北歸，被北洋政府任命為渤海艦隊司令。

至北洋政府後期，屬於親直系軍閥的楊樹莊出任海軍總司令，楊氏善於觀察時局，有鑑於蔣中正領導之國民革命軍北伐攻勢，勢如破竹，研判北洋軍閥氣數已盡，遂見風轉舵，秘密派人與國民革命軍談判，達成協議。民國 16 年 3 月 14 日，楊樹莊在九江，率北洋政府海軍第 1、2 艦隊及練習艦隊投效國民革命軍，出任國民革命軍海軍總司令，參與討伐北洋軍閥的戰事。而北洋政府海軍在楊樹莊率艦出走易幟後，其元氣大傷，僅殘存的渤海艦隊，不久該艦隊亦被張作霖命令併入東北海軍裡，至此北洋政府海軍消失在歷史的洪流中。

附錄 民國時期海軍部辦理之軍官學校畢業名錄

資料來源：《海軍軍官教育一百四十年（1866-2006）》，上冊，（台北：海軍司令部，民國 100 年）。

接續船政後學堂管輪畢業生

第十二屆　計三十一名　民國九年六月畢業

邱景垣、邱思聰、蘇鏡潮、薩本炘、林學濂、陳奇謀、周瀾波、林惠平、張　岑、黃以燕、鄭鼎銘、陳兆俊、馬德建、呂文周、李孔榮、馮廷杰、魏子元、周　烜、姚法華、余　埅、方　倫、王振中、賈　勧、凌　檠、鍾　衍、蔡學琴、盧行健、鄭翔鸞、阮宣華、梁　愃、陳飛雄

第十三屆　計二十四名　民國十年十二月畢業

謝仲冰、唐擎霄、許孝焜、蔣松莊、黃貽慶、陳爾恭、林一梅、陳　瑜、唐兆淮、沈覲安、康　誌、黃子堅、周謹崧、黃立瑩、張用遠、許桐蕃、傅春濱、林家晉、陳承志、方明淦、楊際舜、沈覲笏、曾　紀、歐陽崑

第十四屆　計二十九名　民國十三年十二月畢業

江守賢、何家澍、蔣　銑、陳　鼎、劉　潛、孟孝鈺、程　璟、曾貽謀、吳　鍔、王賢鑑、鮑鴻逵、林緝誠、林仲逵、林縺民、楊　健、陳耀屏、傅宗祺、林克立、唐岱榮、方新承、林善騮、鄭英俊、梁永翔、張永綏、薛大丞、高憲參、鄭友寬、林　凱、林穀士

福州海軍學校輪機畢業生

第一屆　計二十三名　民國十五年七月畢業

李貞可、陳保琦、黃　珽、黃道鍈、劉友信、陳日銘、陳正燾、黃　璐、董維鎏、林　璧、張大謀、王學益、俞人龍、何爾亨、楊樹滋、鄭詩中、施　衍、鄧則鎏、楊　弼、陳家鏞、李有鑫、林伯宏、陳文田

第二屆　計十一名　民國十七年六月畢業

董錫朋、卓韻湘、林　瑨、陳聿夔、許貞謙、林　賈、程又新、陶　敬、許　琦、林韻瑩、任守成

福州海軍製造學校畢業生（接船政前學堂）

第八屆　計三十五名　民國十年七月

郭仲錚、廖能容、方尚得、張　功、魏子烺、
張寶麒、葉燕貽、陳立庠、鄭義瑩、林家鉞、
林鏗然、丁振棨、何　健、阮兆鰲、吳仲森、
奮　圖、陳兆良、楊齊洛、陳世傑、江繼泗、
鄭壽彭、姚英華、金廷槐、黃　勳、汪培元、
陳自奇、柯文琪、張　森、蔣弼莊、嚴文福、
李毓英、王懷綱、張宗渠、何爾燧、陳聲芸

吳淞海軍學校畢業生

計十一名　民國七年三月畢業

徐　斌、方　瑩、蔣志成、蔣　逵、周崇道、章臣桐、徐祖藩、欽　琳、
霍若霖、黃顯淇、許建鑣

湖北海軍駕駛班畢業生

計十名　民國二年畢業

莊以臨、洪尚愚、李載煦、彭化龍、李宗毅、王亞傑、劉壽山、張臨泉、
彭煥祖、劉建標

湖北海軍輪機班畢業生

計二十三名　民國二年畢業

鐘百毅、蕭士豪、吳　超、王銘忠、俞俊先、杜鎮西、許百容、楊丞禧、
劉先懋、王　弼、唐紹寅、成　麟、李枝高、李延庚、萬應龍、盧炳華、
李延釗、伍善烺、周之武、熊紹弼、孫　斌、張國威、周　寬

烟台海軍學校

第八屆　計三十二名　民國二年七月畢業

汪積慈、盧文祥、張錫杰、陳紹基、孫　新、熊　兆、陳承輝、李國圭、沈德燮、孟慕莊、丁延齡、陳泰植、胡宗淵、蕭翊新、盧　淦、王北辰、鄭疇芳、薩師俊、嚴　陵、陳作梅、張　佺、魏朱英、郭詠榮、沈麟金、潘士椿、黃　振、王兆麟、陳泰培、蔣　瑜、曹明志、蔣元俊、朱宗筠

第九屆　計二十四名　民國四年九月吳淞海軍學校畢業

張鴻逵、程嵋賢、陳泰炳、陳　勛、孫起潛、吳　寅、李思沆、伊里布、鄒　毅、林賡藩、華國良、楊　昭、張仁民、呂　琳、葉可松、于壽彭、徐　沛、吳　鉷、楊光炘、唐　虞、朱樹勛、黃道炳、曹　杰、葉進勤

第十屆　計四十九名　民國五年十二月吳淞海軍學校畢業

陳嘉榞、周憲章、金　穀、陳立芬、歐陽格、劉世楨、歐陽璋、王倫欽、蘇搏雲、胡筱溪、何天宇、吳煦泉、王　載、蔣道鋌、秦福鈞、林景濂、劉震海（原名振海）、劉孝鋆、胡　凌、楊道釗、秦慶鈞、傅亞魁、董沐曾、陳文裕、徐世端、孫道立、樊錫九、韋庭鯤、張知樂、江紹榮、王福曜、葛世平、顧維翰、李毓藩、張德亨、畢載時、陳天駿、陳甡歡、張壽堃、李申榮、許演新、叢樹梅、饒琪昌、江澤澍、林　浩（昭琪）、汪正第、盛延祺、徐秉鈞、傅藜青

第十一屆　計二十二名　民國六年十二月吳淞海軍學校畢業

梁同怡、謝鏡波、王連俊、曾以萇、林叔同、葉裕和、陳長卿、陳耀宗、鄭大澂、薛家聲、王　傑、吳際賢、葉登瀛、羅嘉惠、趙啟中、蘇　民、鐘滋沅、葉　時、陳長熇、蔣金鐘、王孝銑、林植津

第十二屆　計六十名　民國九年六月吳淞海軍學校畢業

傅　成、甘禮經、王致光、翁壽椿、郭友亨、沈樹銘、鄭震謙、林良鏐、曾萬青、王希哲、林建生、賴汝梅、林恭蔚、梁熙斗、葉水源、吳　侃、何爾亮、賈　珂、林聰如、郭漢章、鐘子舟、王　經、彭祖宣、嚴傳經、楊峻天、高鵬舉、王履中、翁　籌、顏錫儀、陳長棟、杜功邁、嚴　智、趙文溶、林康藩、張秉燊、蔣質莊、方濟猛、彭景鏗、鄭翊漢、陳挺剛、

張鵬霄、李廷琨、高　秸、陳懋賢、何傳永、陳　錕、陳　迪、劉學樞、倪華鑾、鄭祖瑾、盧　誠、陳光緩、於魯峰、林　鋒、劉公彥、谷源達、陳兆璜、李維倫、楊希顏、饒毓昌

第十三屆　計五十四名　民國十年三月吳淞海軍學校畢業

馮家琪、吳建彝、滕士標、聶錫禹、嚴以梅、馮　風、曾國奇、林　奇、承紀曾、林秉來、戚天禧、薛才燊、孫兆麟、黃　銹、周應驄、林溥良、沈有𡓽、顧樹榮、陳詩暉、李光鄴、許　沁（原名懷英）、陳紹弓、潘子騰、王　健、梁聿麟、章仲樵、梁磐瑞、安其邦、高　澍、鄭家玉、劉炳炎、倪奇才、韓國楨、李世鋭、嚴又彬、葉永熊、方　均、王　梃、林　霞、程裕生、葉森章、蔣亨湜、朱邦本、許汝昇、林際春、曾國晟、陳　桐、林崇鴻、歐瑞榮、常　旭、邱昌松、韓廷楓、鐘樹枬、梁毓駿

第十四屆　計十二名　民國十二年四月畢業（四員姓名無存記）

吳　敏、鄧兆祥、陳祖達、黃文田、許漢元、周濟民、鄭建鎔、江國楨

第十五屆　計三十九名　民國十三年八月畢業

冉鴻翮、任　毅、姚汝鈺、陳啟鵬、林百昌、姜炎鐘（西園）、方聯奎、王之烈、曹樹芝、李信侯、何典燧、宋樂韶、楊保康、陳香圃、鄭體和、謝崇堅、金蔭民、程景周、蘇　武、鄒振鴻、劉　賡、田乃宣、黃海琛、翁紀清、徐錫鬯、鄒鎮瀾、梁康年、張鵬霄、衛啟賢、宋　鍔、婁相卿、張介石、俞　健、馬步祥、馬雲龍、孟憲愚、劉　楝、趙宗漢、呂桐陽

第十六屆　計二十六名　民國十三年十二月畢業

王燕猛、劉　鎧、王天池（原名王浣）、晏治平、高光佑、劉　璞、陳兆庭、溫焱森、李之龍、楊茂林（改名王志晉）、楊建辰、馬崇賢、王立勳、吳支甫、郝培芸、周耀仁、郭壽生、嚴懷珍、楊熙𤔲、鄭貽鼗、時修文、陳嘉謨、陳體貞、曾國暹、韓廷杰、趙秉獻

第十七屆　計二十二名　民國十四年六月畢業

林寶哲、曾萬里、梁序昭、吳徵椿、李向剛、劉大丞、林賡堯、歐陽寶、陳　澍、陳祖政、姚　璵、陳大賢、郭鴻久、許仁鎬、葉可鈺、梁　忻、林家炎、何希琨、謝宗元、張國威、鄭國榮、何　惠

本章圖片來源

作者翻攝於海軍軍史館
頁 23。

沈天羽編著，《海軍軍官教育一百四十年》，台北：海軍司令部，2011 年。
頁 24、26、28、29、30、31、32、34、35、36、50、54、58、59、61、63 上下、64、65 上下、66、67、69、70、71 三張、72、73、74、76、78、82 左右、84。

王玉麒著，《海癡－細說佘振興與老海軍》，佘寶琦發行，2010 年。
頁 33、39、43。

沈天羽提供
頁 44、57。

褚晴暉著，《王助傳記》，台南：國立成功大學博物館，2010。
頁 80。

第二章　北伐至抗戰前的中央海軍

摘要

民國 16 年 4 月，北洋政府海軍總司令楊樹莊率艦隊歸附國民革命軍，參加北伐戰爭，屢建功績。18 年海軍部成立，在組織制度的建立，官兵養成與專長教育及部隊演訓，海政與後勤各項建設，艦艇、飛機、砲械裝備的研製等各方面均有所的建樹，在一定程度上振興了自民國肇建以來，海軍長期積弱不振與疏於建設之頹象。

我國自北伐全國統一後，外有日本侵華日急，內有中共及地方軍人的反叛，海軍官兵均能遵奉中央政府的命令，協助友軍，在討逆或剿共作戰中，屢建功績，對於綏靖地方，安邦定國貢獻良多。

海軍部成立後，雖然曾制訂海軍長遠的建軍計畫，但受限於中央經費十分拮据，戰爭與人事的紛擾，地方海軍僅名義上歸附中央，以致海軍部政令難以通達至全軍，建軍計畫難以落實，直至抗戰前夕，海軍未能達到原先制訂的建軍目標，整體實力相較於敵國日本海軍，雙方仍有很大的差距。

壹、前言

民國15年7月9日，國民革命軍總司令蔣中正在廣州誓師北伐，之後國民革命軍勢如破竹。海軍總司令楊樹莊審時度勢，有感北洋政府即將崩潰瓦解，為個人與海軍長遠發展之著想，於國民革命軍北伐未進入浙江前，即秘密連絡，協謀來攻淞滬。[1]16年3月8日，楊總司令命海軍艦艇移集吳淞之南口。10日楚有、楚謙、楚同等3艦開往九江，新直系軍閥孫傳芳聞訊令其部備戰，阻其進程，各艦急欲與國民革命軍攜手，冒險前進，沿江馳闖，於13日抵達。時國民革命軍總司令蔣中正駐蹕九江。楊樹莊總司令以海軍部署既定，遂於14日正式宣告海軍加入國民革命軍。[2]

雖然國民革命軍在北伐之前已設有海軍局，但其海軍力量薄弱，楊樹莊率海軍投效，不僅提升了國民革命軍海軍整體的實力與戰力，海軍在北伐戰爭中，協助陸軍屢建戰功，打敗北洋軍閥，功不可沒。北伐勝利統一全國後，國民政府先是成立海軍署。民國18年春，海軍因協助中央討伐李宗仁、張發奎等叛逆作戰有功，6月奉准正式成立海軍部，成為掌制中央海軍之最高機構。

海軍部成立後，即積極規劃全國海軍的建設，舉凡機關組織、艦隊編練、後勤及海政等機構，詳細訂定其組織編裝及人事制度，為增強戰力，致力於研製或添購艦艇、飛機、槍砲、彈藥等裝備。在教育訓練上，海軍學校舉辦全國招生，制定學制，加強教育內容，提升幹部素質，開設班隊教育官兵，加強部隊演訓，使海軍官兵素質與戰力均有所提升。自楊樹莊率海軍投效國民革命軍參加北伐戰爭，至民國26年盧溝橋事變，抗戰軍興，在此10年期間，海軍奉中央命令參與討逆、剿共及戡平閩變等諸多戰役，官兵忠勇負責，貢獻良多。然而國家財政十分拮据，海軍經費更是有限，加上內亂、外患、人事等紛擾，以致影響海軍整體之建設。

---

1 楊樹莊認為北洋軍閥大勢已去走投無路外，但也因為南方革命政府的蓄意拉攏，答允先發軍餉30萬元「以堅定其來歸之心」。參閱王家儉，〈近百來中國海軍的一頁滄桑史：閩系海軍的興衰〉收錄在《中民現代史料叢編》，第24集，頁180。另楊樹莊向蔣中正提出，海軍經常費，閩人治閩，不在海軍中設國民黨黨代表等易幟條件。除設黨代表一項緩議外，其餘已得到蔣中正的應允。參閱吳杰章，《中國近代海軍史》（北京：解放軍出版社，1889年），頁330。

2 海軍總司令部總司令辦公室編印，《北伐時期海軍作戰紀實》，民國52年，頁3-4。

近年來臺海兩岸及國外學者，或有志於民國海軍研究者，陸續發表或出版一些有關民國海軍相關之史料、論文及專著，惟兩岸史觀不一，以致研究成果，仍是各說各話，有關北伐至抗戰前中央海軍的通論或專論，在質與量上具學術價值者，仍十分有限。然而此自楊樹莊率海軍加入國民革命軍至抗戰前夕，此 10 年間係民國史上中央海軍建軍發展的「黃金十年」，因此就海軍史料之保存而言，是有所不足，有待加強。

筆者蒐整及參研臺海兩岸民國海軍相關史料及專著，及近年來學界相關論述著作，試圖將北伐至抗戰前中央海軍在組織制度、教育訓練、裝備研製與添購、重要戰績等幾個面向，做一個綜理與論述，探討在這十年間，中央海軍各項的建樹與成效，及影響其建軍發展的一些阻礙因素。另有關北伐統一後，中國東北海軍、廣東海軍及軍政部電雷學校，雖然名義上隸屬國民政府，實則不受中央海軍的節制，加上各地方海軍成軍背景的複雜，及其建軍發展的特殊性，因此不在本章述論之內，筆者在本書另有專章討論。

貳、海軍組織的發展與遞嬗

一、從海軍總司令部設立至成立海軍部

（一）海軍總司令部

民國 16 年 3 月 14 日，楊樹莊率海軍正式宣告加入國民革命軍。[3] 同日國民革命軍總司令部下設立海軍總司令部（後改隸軍事委員會），任楊樹莊為國民革命軍海軍總司令，轄第一、二艦隊及練習艦隊，陳季良、陳紹寬、陳訓泳分任艦隊司令。9 月南京國民政府為加強江海防，增設魚雷游擊司令處，任曾以鼎為司令。[4] 至 17 年 7 月，國民政府釐定海軍總司令部編制，分設參謀、秘書、副官、軍衡、輪機、軍機、訓練、軍需、軍法、軍醫各處，派任光宇為海軍參謀長。[5]

---

3 《海軍大事記》，第二輯，頁 2。

4 《中國近代海軍職官表》，頁 169。

5 《海軍大事記》，第二輯，頁 20。民國 17 年 3 月，海軍總司令部編譯委員會改為海軍編譯處，以夏孫鵬為處長，按期編輯海軍期刊，派員分任。參閱《海軍大事記》，第二輯，頁 18。

（二）海軍署

北伐之始，國民政府於軍事委員會下設有海軍局，民國17年12月1日，國民政府以海軍翊贊國民革命北伐統一大業有功，為鞏固國本計，倡導海軍新建設，明令設立海軍署，以陳紹寬為署長。依照編制原設總務處及軍衛、軍務、艦械、教育、海政等5司。組織伊始，實事求是，而實際組織，總務處僅文書與管理2科，軍務司僅成立軍事1科，海政司僅成立警備1科，員數雖簡，官佐總計32人，庶政畢舉，撙節公帑，移充海軍建軍之用，故所有海軍各項要政，益更勵精以圖。[6] 海軍署成立隸屬軍政部，於是形成海軍軍政與軍令機關並存之局面，這實際上是為撤銷海軍總司令部預作準備。[7]

（三）海軍編遣辦事處

民國18年3月，國軍編遣委員會成立，海軍總司令部與其他集團軍總司令部同時撤銷，改設海軍編遣辦事處，以楊樹莊為主任委員，凌霄為副主任委員，分設總務、軍務等2局及經理分處，是（3）月頒領關防印章，楊樹莊未到任前，由陳季良暫代。[8] 海軍編遣辦事處議事成效不彰，多數委員身兼數職，且散居各地，因此出席並不踴躍，所議提案一延再延。編遣處原定於18年底撤銷，後奉令再延至6個月，於19年5月10日草草結束。[9]

（四）海軍部

民國18年3月，討逆戰爭爆發，國民政府主席蔣中正委命令陳紹寬率海軍第二艦隊沿長江掩護中央陸軍西征，擊潰桂系有功，認為海軍力量可資利用，於是在第二次西征結束後，中央答應成立海軍部。[10]4月12日，中國國民黨二屆五中全會決議，擴大海軍建設，飭令國民政府對於海軍新建設事項，正積極進行，不可無最高統率機構，於是明令將海軍編遣辦事處擴編成立海軍部，[11] 以楊樹莊為部長，陳紹寬為政務次長。6月1日，海軍部正式成立，

---

6 參閱一、《海軍大事記》，第二輯，頁21。二、《海軍抗日戰史》，（上冊），頁88。

7 《中國近代海軍職官表》，頁170。民國18年1月，海軍編譯處改為海軍編譯委員會。參閱《海軍大事記》，第二輯，頁23。

8 《海軍大事記》，第二輯，頁23。19年3月，海軍編遣辦事處事畢結束。參閱《海軍大事記》，第二輯，頁32。

9 《申報》，民國19年5月11日。

10 李世甲，〈我在舊海軍親歷記（續）〉，頁14。

11 包遵彭，《中國海軍史》，下冊，（台北：臺灣書店，民國59年），頁525。

南京海軍部正門，位於江南水師學堂舊址

隸屬國民政府行政院（21 年 2 月後，兼受軍事委員會及行政院管轄）。海軍部為軍政機關，因無海軍總司令部，故要負責海軍指揮作戰與訓練等事宜。[12]

海軍部編制為下轄總務廳，軍衡、軍務、艦政、軍學、軍械、海政等6司，經理處、參事、秘書、技監、副官各辦公室，另附設警衛營、軍樂隊、無線電台等。總務廳轄文書、管理、統計、交際等 4 科，軍衡司轄銓敘、典制、卹賞、軍法等4科，軍務司轄軍事、醫務、軍港、運輸等4科，艦政司轄機務、材料、修造、電務等 4 科，軍學司轄航海、輪機、製造、士兵等 4 科，軍械司轄兵器、設備、保管、檢驗等 4 科，海政司轄設計、測繪、警備、海事等4科，經理處轄總務、會計、審核等3科，並改海軍編譯委員會為海軍編譯處，移設部內辦公。時因部長楊樹莊兼任福建省政府主席，由次長陳紹寬代理任務。[13]

[12] 《中國近代海軍職官表》，頁 171。
[13] 參閱一、《海軍大事記》，第二輯，頁 24-25。二、《中國海軍史》，下冊，頁 530。

民國19年2月4日，海軍部公布「海軍部組織法」[14]。此後，海軍組織體系始漸組成，並次第完成人事、教育、海政、艦政、服制、禮節等各項制度之建立。關於海軍官制官級之確立；19年9月24日，海軍部令正式公布「海軍軍官佐進授官級條例」計3章21條規定：海軍軍官分為三等九級，每等分上中少三級外，設准尉一級。軍官中之輪機，軍佐中之軍醫、軍需、造械造艦等進至上等二級止，航空進至上等三級為止，航務進至中等一級為止。」[15]

民國21年1月，海軍部部長楊樹莊專任福建省政府主席，辭部長乙職，奉令特任政務次長陳紹寬為海軍部部長，以陳季良為政務次長兼第一艦隊司令，曾以鼎為第二艦隊司令，王壽廷為魚雷游擊隊司令，另以總務司司長李世甲兼代常務次長。[16]23年1月，「閩變」平定後，李世甲調海軍馬尾港司令，以海軍練習艦隊司令陳訓泳為海軍部常務次長。[17]

民國23年10月，海軍部修訂組織法，同時改經理處為軍需司，將所屬總務、會計、稽核等3科改為會計、儲備、營繕、審核等4科。所轄機構除部內單位外，部外單位計有；海軍馬尾要港司令部、海軍廈門要港司令部、全國海岸巡防處、海軍江南造船所、海軍馬尾造船所、海道測量局、引水傳習所、海軍學校、海軍航空處、海軍水雷魚雷管理所、各地海軍醫院、海軍飛機製造廠、海軍練營、氣象台、電台、煤棧等。海軍部所轄艦隊及部隊計有；海軍第一艦隊、海軍第二艦隊、海軍練習艦隊、海軍魚雷游擊隊、海軍陸戰隊等。[18]至26年增會計及統計2室。[19]

二、中央海軍艦隊

民國16年3月，楊樹莊就任國民革命軍海軍總司令，開始參與北伐大業，其所部編成國民革命軍海軍第一、二艦隊及練習艦隊。時京滬雖次第光復，然長江北岸敵焰尚屬囂張，上自安慶，下至吳淞，江流長達千數百里，海軍採取分區防守，封鎖江面；以吳淞為第一區，由第一艦隊司令陳季良率海容、

---

[14] 參閱一、《海軍大事記》，第二輯，頁31。二、《中國海軍史》，下冊，頁529。
[15] 《中國海軍史》，下冊，頁531。
[16] 《海軍大事記》，第二輯，頁42。
[17] 陳書麟，《中華民國海軍通史》（北京：海潮出版社，1992年），頁271。
[18] 《海軍抗日戰史》，上冊，頁90。
[19] 《海軍抗日戰史》，上冊，頁98。

海容巡洋艦

海籌、應瑞、列字等艦艇，擔任防務。江陰至鎮江為第二區，由第二艦隊司令陳紹寬率楚有、楚同、通濟、甘泉、利通等艦艇，擔任防務。鎮江至南京為第三區，由楚謙艦艦長楊慶貞兼任總指揮，率楚謙、聯鯨、張字等艦艇，擔任防務。南京至蕪湖為第四區，由練習艦隊司令陳訓泳率永績等艦，擔任防務。[20]

民國16年6月，長江戰爭稍告結束後，即將長江防線從新分段部署；第一段自吳淞至江陰，由海軍第一艦隊陳季良率領海容等艦，擔任防務。第二段自江陰至鎮江，由練習艦隊司令陳訓泳率領海籌等艦，擔任防務。第三段自鎮江至南京，由第二艦隊司令陳紹寬率領楚有等艦，擔任防務。斯時海軍所負使命；嚴防敵艦之侵襲，及保護京畿之治安。[21]同（16）年第一、二兩艦隊司令處均更名為司令部。9月旋以江海防務需要，添設魚雷游擊司令處，除巡防艇轄有長風巡防艇，測量隊轄有甘露、星景、慶雲等3艇外，各艦隊編組艦艇分別為：

[20] 《北伐時期海軍作戰紀實》，頁74。
[21] 《海軍大事記》，第二輯，頁8。

海籌巡洋艦

（一）第一艦隊

轄海容、海籌 2 巡洋艦，永健、永績、聯鯨 3 砲艦，普安、華安、定安 3 運輸艦，海鴻、海鵠、海鷗、海鳧 4 砲艇。司令陳季良。

（二）第二艦隊

轄楚有、楚泰、楚同、楚謙、楚觀、江元、江貞 7 砲艦，江鯤、江犀、建中、永安、拱辰（宸）5 淺水砲艇，甘泉、利通、福鼎 3 砲艇。司令陳紹寬。21 年 1 月，陳紹寬調職，由曾以鼎繼任司令。

（三）練習艦隊

轄應瑞、通濟、靖安 3 練習艦。司令陳訓泳。23 年 1 月，陳訓泳調職，由王壽廷繼任司令。

（四）魚雷游擊隊

轄建康、豫章 2 驅逐艦，湖鵬、湖鷹、湖鶚、湖隼、辰字、宿字、列字、

永健砲艦

張字8魚雷艇。司令曾以鼎。[22]

民國17年5月，國民革命軍再度北伐，海軍總司令部即電調西征艦隊永績、永健2艦來滬，與海容、海籌合組第一隊，由第一艦隊司令指揮，其應瑞、通濟2艦則歸練習艦隊司令指揮。另以建康、豫章2艦，湖鵬、湖鷹、湖鶚、湖隼、宿字、列字、張字各雷艇組織成第二隊，由魚雷游擊司隊司令指揮，海鵬、海鷹、海鶚、列字、張字5艇，原隨第二艦隊司令陳紹寬，布防江漢，迭參戰役，至此調回淞滬，加入編列，以備隨時出擊。時兩湖軍事雖暫結束，然危機四起，江防防務仍吃緊，西征艦隊未調回之各艦艇，繼續鎮守兩湖沿江一帶，勤事巡弋，由第二艦隊陳紹寬督率，分別布置，以固江防。[23]

民國17年夏間，國民革命軍總司令部設立軍事研究會，籌議軍事建設整理事宜，海軍總司令部派員與會，並就海軍全部建設計畫呈送核議，旋將

22 參閱一、〈建軍沿革〉收錄在《中華民國海軍史料》，頁2-3。二、《海軍抗日戰史》，上冊，頁150,151,154,171。總計民國16年國民政府定都南京時，海軍艦艇計有44艘，排水量30,102噸。參閱《海軍抗日戰史》，上冊，頁154。另《海軍抗日戰史》，上冊，頁561-566。及包遵彭，《中國海軍史》，下冊，頁861記：30,201噸。

23 《海軍大事記》，第二輯，頁18-19。

永績砲艦

皦日測量艦

安定運艦

艦隊分別整理，其陳舊不堪適用者，酌予廢置。是（17）年德勝、威勝、武勝、義勝、勇勝、青天、誠勝、公勝、正勝等砲艇受編，隸屬第二艦隊。永安、建中、拱辰（宸）3砲艇廢置。18年永綏、威寧2砲艦，及順勝砲艇受編，均隸屬第二艦隊；第二艦隊所屬甘泉、福鼎、利通3砲艇廢置，另撥測量隊遣用之武勝、青天艇係由第二艦隊改編。該（18）年撥歸巡防隊遣用之海鴻、海鵠、勇勝、誠勝、義勝5砲艇則係第一、二艦隊改編。9月景星艇由測量隊暫借給巡防隊，巡防隊之長風巡防艇則於同（9月）廢置。19年4月，民權砲艦建造完成，隸屬第二艦隊。10月景星測量艇歸建測量隊，另撥順勝砲艇給防巡隊，正勝更名為仁勝，連同公勝砲艇於11月、12月分別撥編巡防隊。11月聯鯨砲艦由第一艦隊改編至測量隊，更名為皦日。12月建安廢艦改造，重新命名為大同，隸屬第一艦隊。[24]

民國20年4月，長風巡防艇修復完竣啟用，歸建巡防隊。5月、6月逸仙、自強（由建威艦改造而成）2艦先後編入第一艦隊。6月第一艦隊華安運輸艦

[24] 參閱一、〈建軍沿革〉收錄在《中華民國海軍史料》，頁3。二、包遵彭，《中國海軍史》，下冊，頁865。

克安運艦

列字魚雷艇

楚觀砲艦

楚謙砲艦

楚泰砲艦

楚同砲艦

楚有砲艦

江犀淺水砲艦

江元砲艦

江貞砲艦

民生淺水砲艦

民權砲艦

建康驅逐艦

大同輕巡洋艦

自強輕巡洋艦

永綏淺水砲艦

甯海輕巡洋艦

平海輕巡洋艦

咸甯砲艦

中山艦

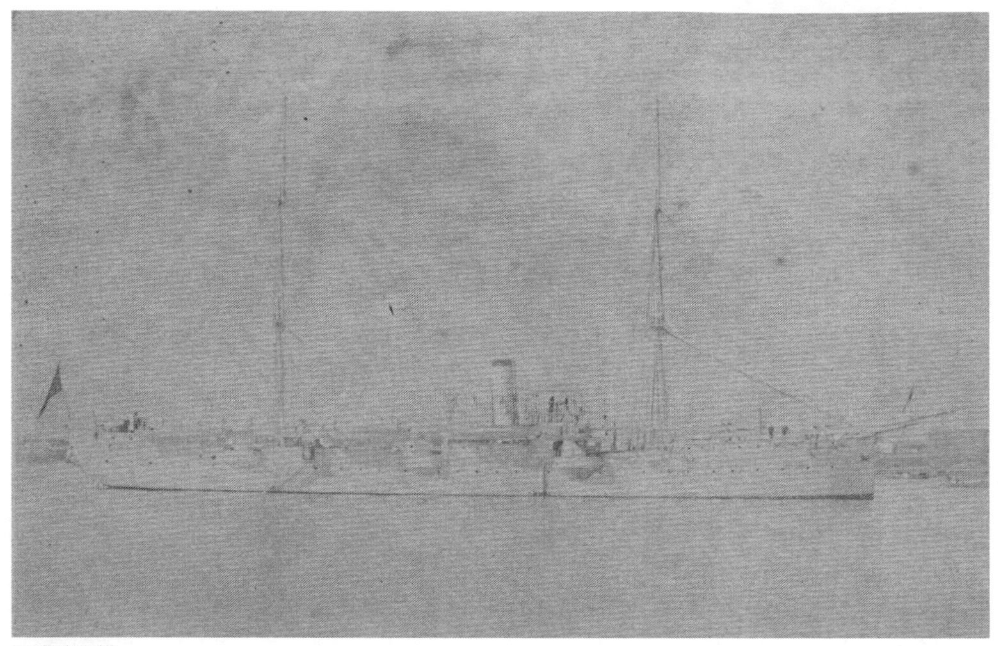

通濟練習艦

報廢。11 月民生砲艦建造完成，編入第二艦隊。21 年 1 月，魚雷游擊隊豫章驅逐艦在江北南通青天礁觸礁沉沒。7 月中山艦撥編第一艦隊。9 月甯海巡洋艦建造完工，撥編第一艦隊。12月普安運輸艦、列字及張字2魚雷艇停役。[25]22年海軍部以江海防區綿廣，原有巡防砲艦艇不敷分配，添造 10 艘「寧字」號砲艇，海寧、江寧、撫寧、綏寧 4 砲艇分別於該（22）年 2 月、6 月建造完成。4 月海鴻、海鵠 2 砲艇撥交實業部，以充護漁之用。同月辰字、宿字 2 魚雷艇停役。5 月德勝、威勝、景星、慶雲、海鷗、海鳧、列字、張字 8 艇改撥長江水警局。9 月德勝等 8 艇又歸建海軍。10 月練習艦隊靖安練習艦報廢，同月華安運輸艦重新服役。[26]

民國23年1月，魚雷游擊隊撤銷，所屬各艦艇自2月起，改隸第二艦隊。威寧、肅寧、崇寧、義寧、正寧、長寧 6 砲艇分別於該（23）年 1 月、6 月、

[25] 參閱一、〈建軍沿革〉收錄在《中華民國海軍史料》，頁 4。二、《中國海軍史》，下冊，頁 865-866。

[26] 參閱一、〈建軍沿革〉收錄在《中華民國海軍史料》，頁 4。二、《中國海軍史》，下冊，頁 866。

誠勝（左上）、義勝（左下）、德勝（右上）、順勝（右下）砲艦。

10月先後完工告成，編歸巡防隊遣用。5月華安運輸艦停役。6月克安運輸艦編入第一艦隊。海鷗、海凫、列字、張字4砲艇分別於11月、12月廢置或停役。24年武勝、長風2砲艇廢置。25年4月，誠勝、公勝2測量艇改隸測量隊。同月景星、慶雲2測量艇廢置。26年4月，平海巡洋艦服役，編入第一艦隊。[27]至26年7月抗戰前夕，中央海軍部直屬艦隊所轄艦艇如下：

（一）第一艦隊

轄海容、海籌、甯海、平海4巡洋艦；逸仙1輕巡洋艦；建康1驅逐艦；克安、定安2運輸艦；大同、自強、永健、永績、中山5砲艦。

（二）第二艦隊

轄楚泰、楚同、楚謙、楚有、楚觀、江元、江貞、永綏、民生、民權、咸寧、德勝、威勝13砲艦；江犀、江鯤2淺水砲艦；湖鵬、湖鷹、湖鶚、湖隼4魚雷艇。

---

[27] 參閱一、〈建軍沿革〉收錄在《中華民國海軍史料》，頁4-5。二、《中國海軍史》，下冊，頁866。

公勝砲艇（左上）、慶雲測量艇（左下）、仁勝砲艇（右上）、甘露測量艦（右下）。

（三）巡防隊

轄順勝、義勝、仁勝、勇勝、江寧、海寧、肅寧、威寧、撫寧、綏寧、崇寧、義寧、正寧、長寧 14 砲艇。

（四）練習艦隊

轄應瑞、通濟 2 練習艦。

（五）測量隊

轄甘露、皦日、青天、武勝、誠勝、公勝 6 測量艦。

未編隊則有普安運輸艦，辰字及張字 2 魚雷艇。另民國 24 年 7 月 18 日，海圻與海琛 2 艦脫離粵海軍北歸抵達南京，海圻與海琛 2 艦編入海軍第三艦隊遣用，該艦隊歸海軍部管轄。[28]

民國 25 年夏，兩廣告警。7 月、8 月粵局緊張，奉蔣中正委員長命令將海軍部所派海容、海籌、應瑞、逸仙、通濟等軍艦編為外海艦隊，由陳季良

[28] 《海軍大事記》，第二輯，頁 65。

湖隼魚雷艇 (左上)、湖鵬魚雷艇 (左下)、湖鶚魚雷艇 (右上)、湖鷹魚雷艇 (右下)。

兼任司令。永健、永績、中山、楚同、楚泰、楚謙、楚觀、江貞等艦艇編為西江艦隊，由王壽廷兼任司令。9 月粵局敉平，各艦艇先後回返。[29]

三、海軍地方指揮機構

（一）海軍閩廈警備司令部

民國 16 年 3 月，海軍易幟，協助奠定閩局，於 12 月改組海軍閩廈警備司令部，分設馬尾和漳廈 2 個警備司令部，漳廈警備司令部轄廈門要塞及 2 個護台營，海軍警備隊編入馬尾海軍練營。[30]

（二）海軍閩廈要塞司令部

民國 16 年 8 月，設立閩廈要塞司令部。19 年 7 月，要塞縮編，司令部

[29] 《海軍大事記》，第二輯，頁 72。

[30] 廈門軍事志編纂委員會編印，《廈門軍事志》，1999 年，頁 55。民國 18 年 9 月，以閩省安謐，裁撤寧福警備司令部，馬尾要港司令遂為專任。參閱《海軍大事記》，第二輯，頁 27。

撫甯巡防砲艇(左上)、綏甯巡防砲艇(左下)、義甯砲艇(右上)、肅甯砲艇(右下)。

改為總台部，不再設置司令，僅設總台長兼管各台，歸海軍馬尾要港司節制。22年10月，海軍部頒發編制，將水雷營、電燈台併入總台部內。廈口要塞各台，初隸陸軍，自海軍收復廈門，改歸管轄，當閩廈要塞司令部設立之際，司令駐在閩口，另於廈門設辦事處，遴派主任，駐廈就近指揮。爾後廈門分設警備司令，該地要塞台事務由總台長督率，先後歸海軍漳廈警備司令與廈門要塞司令節制。[31]

四、海軍航空處

民國17年海軍在上海設立航空處。18年6月，海軍廈門要港司令部籌設海軍航空處，以陳文麟為處長兼飛行教官，並於廈門島東南隅曾垵，建築新式飛機場，占地約200餘萬坪。19年4月，機場建成。[32]22年2月，上海航空處因規模稍狹，原有場所不敷使用，移駐廈門，與廈門航空處裁併改

[31] 《海軍大事記》，第二輯，頁51。
[32] 《廈門軍事志》，頁55。

編。[33] 上海與廈門 2 航空處人員合併改編後，規模較前擴充，擁有教練機、偵察機、轟炸機 3 個中隊 17 架飛機，[34] 並修訂公布編制，處長係少將或上校級，下設總務、軍務、機械等 3 課。[35]

五、海政組織

（一）海岸巡防處

民國 17 年海岸巡防處因海疆不靖，呈准組織護輪巡防隊，先就南洋航線各商船分配隊兵隨船保護。18 年海軍部復興之始，關於巡防設備積極推廣；海鴻、海鵠、勇勝、誠勝、義勝艦艇等先後改隸巡防艦隊。又艦艇初未設無線電機，防剿海盜情資不靈，經添設短波電機後，海上巡防工作益臻靈敏。同（18）年巡防處組織條例及編制修正公布，處長係少將級，內分巡緝、航警、設備等 3 課。[36]

上海為我國重要商埠，在海軍署期內，曾經籌設無線電台於滬口附近之九段、南匯嘴、普陀山等 3 處。民國 18 年 7 月，海軍部續令海岸巡防處積極進行，並向中華無線電公司訂購英國馬可尼廠出品之 G14 式陸用求向器 3 付。[37]11 月、12 月陸續將公勝、仁勝 2 砲艇改編為巡防艇。另長風巡艇原已廢置，於 20 年 4 月，修復服役，隸屬巡防處。21 年海軍部以沿海、沿江盜匪出沒無常，軍艦巡防不敷分配，決定添建「寧」字號淺水砲艇 10 艘，分期造成，撥歸巡防處，使巡防實力逐漸擴充，綏靖江海，維護航漁業務之政策。

民國 22 年巡防處所屬新造「寧字」巡防艇，已有江寧、海寧、撫寧、綏寧等 4 艇峻工，遂將海鴻及海鵠 2 巡防艇於 4 月間，撥交實業部備充護漁之用。6 月海軍部命巡防處分飭巡防艦艇對粵、浙、蘇、魯 4 省海盜切實巡緝。23 年 10 艘「寧字」號巡防艇完部完工，至此巡防處擁有 17 艘巡防艇。

（二）海道測量局

民國 17 年 7 月，謝葆璋出任海道測量局局長，兼任全國海岸巡防處處

[33] 參閱一、《海軍抗日戰史》，上冊，頁 225。二、《海軍大事記》，第二輯，頁 47。
[34] 《廈門軍事志》，頁 55。
[35] 《中華民國海軍史料》，頁 39。
[36] 《中華民國海軍史料》，頁 15。
[37] 《海軍大事記》，第二輯，頁 26。

長。[38]18年海道測量局遷往上海南市楓林橋。[39]同（18）年公布海道測量局組織條例與編制，該局設測量、判圖及海務等3課，置技術主任乙員，另以甘露、青天、慶雲等測量艦艇組成專隊，自此該局測務益趨發展。19年皦日、景星2艇改為測量艦艇。[40]22年景星、慶雲2艇再改為砲艇，翌（23）年復改為測量艇，歸還建制。[41]24年4月，景星、慶雲2艇廢置，改公勝、誠勝2砲艇為測量艇，歸測量局遣用。

（三）揚子江標誌設計委員會與海事庭

民國23年5月，海軍部及參謀、財政2部，織設揚子江標誌設計委員會，其目的在使軍事時期，對於航路標誌，迅速處置，免生阻礙。[42]同時設立海事法庭，經行政院核定，籌設海事公斷機關。[43]25年7月，揚子江標誌軍事設計委員會，改稱航路標誌軍事設計委員會，並於11月6日，正式成立。[44]

六、後勤機構

（一）造船廠

1、江南造船所

民國19年11月，江南造船所所長馬德驥請辭獲准，由海軍政務次長陳紹寬兼任江南造船所所長，陳氏推進該所業務，擴展造船要政。[45]20年2月，馬尾飛機製造處及海軍輪電工作所移併江南造船所。同（20）年造船所修造軍艦、商船等各工程，十分發達。22年承造海軍部平海巡洋艦、海岸巡防處砲艇、江海關巡船、碼頭船等。且因商船前來修理者多，因工程需要，添闢打銅廠1所及第三號船塢1座。各廠設備均係最新式者，設備齊全，是為我國最大船廠，有職員兵工匠藝生徒3,000餘人。[46]25年4月，江南造船所第

---

[38] 《海軍大事記》，第二輯，頁20。
[39] 崔怡楓，《海軍大氣海洋局90周年局慶特刊》（高雄：海軍大氣海洋局，民國101年），頁31。
[40] 《中華民國海軍史料》，頁12。
[41] 《中華民國海軍史料》，頁12。
[42] 《海軍大事記》，第二輯，頁58。
[43] 《海軍大事記》，第二輯，頁59。
[44] 《海軍大事記》，第二輯，頁73。
[45] 《海軍大事記》，第二輯，頁35。
[46] 參閱一、《海軍大事記》，第二輯，頁38。二、包遵彭，《中國海軍史》，下冊，頁582-584。

馬尾海軍造船廠船塢

三新塢全部告成。[47]

2、馬尾造船所

民國 18 年海軍部成立後，整頓馬尾造船所，於 22 年 2 月，訂定造船所的組織及編制，所長為少將級。馬尾造船所一號船塢，因自 17 年後，受疏浚閩江及福新墾田公司在青洲尾插竹影響水勢變遷，塢口積沙陡增，船隻進出不便，乃籌議向外商購之二號船塢撥款修造。[48] 歷時 5 載，款絀中止。海軍部為擴展造船業務計，復自 23 年 3 月起，按月撥給工款，並對於該塢容積計畫擴拓。25 年 4 月，第二船塢工程完竣。[49]

3、廈門造船所

廈門造船所原為廈門船塢，海軍入駐廈門後接收。民國 19 年 3 月，改

47 《海軍大事記》，第二輯，頁 69。
48 《中華民國海軍史料》，頁 36-37。
49 包遵彭，《中國海軍史》，下冊，頁 577-578。

名為廈門造船所。22 年 3 月間，海軍部釐定該所編制，所長為上校級。廈門造船所規模不及江南、馬尾 2 造船所之擴展。[50] 造船所主要承擔海軍駐廈門艦艇的維修及勘底工程。另曾為海軍廈門警備司令部建造 1 艘小汽船，及為廈門當地機關新造與修造多艘小汽船。[51]

（二）海軍軍械處

民國17年海軍於上海浦東楊思港添建「海」字庫房，儲存烈生性爆炸藥，並於該所內擇地興建儲砲庫。海軍部成立後，尤為重視軍械設備；18 年 7 月，制定海軍軍械所暨所屬各股庫編制，設管理員，係少校級；分置兵器修造股、驗藥股，並附兵器庫，外有楊思港、南京、馬尾 3 處藥彈庫，均屬海軍軍械機關。19 年軍械所所屬各庫房因大多老舊朽圮，遂改造大庫房 1 座。20 年興建楊思港各庫兵舍及庫房。22 年 2 月，軍械所擴編為軍械處，並訂定「海軍軍械處組織條例」，計設處長乙員，係上校級，內分修造、檢驗、兵器等3課，管理所屬各地修械所暨各藥彈庫事務。又海軍艦艇及陸戰隊駐防福建，關於軍械之修理，兵器及彈藥之請領，宜就地添設機關，以謀軍事上之便利，特設立海軍馬尾修械所及兵器庫、長門藥彈庫，均隸屬軍械處，歸馬尾要港司令部監督管理。[52]

（三）馬尾飛機製造處

民國 17 年 9 月，海軍飛機工程處更名為海軍飛機製造處。[53]18 年海軍部成立後，對於海軍飛機製造事項，力籌發展。20 年 2 月，為製造飛機之便，將馬尾飛機製造處移併上海高昌廟江南造船所。[54]

（四）魚雷廠

民國 23 年 10 月，海軍水魚雷營改造完成，復購籌建魚雷廠、水雷廠及無線電廠，因考量經費有限，分期興建。[55] 海軍水雷營創建之始，規模粗具，

---

[50] 《中華民國海軍史料》，頁 37-38。

[51] 韓仲英，〈海軍廈門造船所概況〉收錄在《中華民國海軍史料》，頁 931。

[52] 《中華民國海軍史料》，頁 33-34。海軍軍械處在南京、江陰、長門、湖口等設有彈藥庫。參閱《中國近代海軍職官表》，頁 228。另《海軍大事記》，第二輯，頁 47 記：海軍軍械處內設修速、檢驗及兵器等 3 科。

[53] 林慶元，《福建船政局史稿》（福州：福建人民出版社，1999 年），頁 410。

[54] 《海軍大事記》，第二輯，頁 38。

[55] 《海軍大事記》，第二輯，頁 62。

關於水雷、魚雷一切設備亦未完備，僅建築簡單之魚雷廠，尚無水雷廠無線電材料廠之建設。24 年 3 月，海軍水雷營第一廠竣工。8 月水雷營第二廠亦完工。所有水雷、魚雷，並分別規劃整理。另向英國工廠訂購新式水雷 6 具，交水雷營保管，以重軍備。[56]

（五）軍醫院

民國 18 年間，海軍部原定 5 年內要於南京、上海、武昌、湖口、象山、煙台、黃埔、馬尾、廈門等地興建軍醫院，但因軍費支絀，故特擇要地興建。[57]19 年 11 月，南京下關海軍操場舊址興建海軍醫院完工落成。[58]22 年 4 月，在上海高昌廟西砲台舊址，興建海軍醫院。[59]23 年 7 月，以海軍陸戰隊第一旅調防江西，擔任南潯鐵路護路剿匪任務，而潯陽、湖口一帶艦隊往來頻繁，病傷員兵，須有療養場所，因而決定在九江擇地籌辦醫院。[60]24 年 11 月，將海軍醫院及醫務所組織條例與編制表分別修正公布，南京、上海、馬尾、廈門等地設立醫院，湖口、武昌則設醫務所。[61]

（六）海軍煤棧

民國 4 年北洋海軍部釐定海軍煤棧暫行簡章，該棧直隸於海軍部，就沿海沿江各口岸，設煤棧數處。11 年間因各艦巡弋頻繁，原擬在定海、石浦、南關、鳳尾等地興建煤棧，旋因財力支絀，未克同時舉辦，先於定海設海軍煤棧。21 年 7 月，海軍部修正海軍煤棧章程，並在南京、上海、馬尾、廈門、武昌、岳陽等處立煤棧。[62]

（七）海軍監獄

民國 25 年 8 月，海軍於馬尾興辦海軍監獄。[63]

---

56 《海軍大事記》，第二輯，頁 64,66。
57 《中華民國海軍史料》，頁 40。
58 《海軍大事記》，第二輯，頁 36。
59 《海軍大事記》，第二輯，頁 48。
60 《海軍大事記》，第二輯，頁 60。
61 《中華民國海軍史料》，頁 40。26 年 2 月，興建湖口醫院。參閱《海軍大事記》，第二輯，頁 74。
62 〈建軍沿革〉，收錄在《中華民國海軍史料》，頁 5-6。
63 《海軍大事記》，第二輯，頁 71。

七、海軍陸戰隊

民國 16 年 8 月，海軍陸戰隊擴編為 2 個混成旅與 4 個團之編制；以林忠為陸戰隊第一混成旅旅長，以原陸戰隊第一混成旅步兵第三團擴編為陸戰隊步兵第一旅，原團長林壽國升任旅長，將新編第一團、第二團 2 個獨立團縮編為陸戰隊第一混成旅步兵第三團。[64]17 年 2 月，楊樹莊將陸戰隊步兵第一旅擴編為陸戰隊第二混成旅，以原步兵第一旅旅長林壽國為旅長，第二混成旅編制為轄 3 個步兵團，擴編砲兵連為兩連制砲兵營，增編機關槍連、迫擊砲連及旅部直屬部隊。[65] 在楊樹莊精心經營下僅 1 年多，海軍陸戰隊其編制及兵力迅速擴充 1 倍多，分別駐防北起福建福鼎南至東山島等沿海 15 縣市。[66]

民國 17 年 11 月，南京國民政府為減輕軍費負擔，召開「國軍編遣會議」，核減海軍協餉，編遣裁減兵額，將 2 個陸戰隊混成旅之兵員裁減，整編為 2 個獨立旅，裁撤陸戰隊各獨立團及補充團，以節省經費。[67] 依據民國 20 年年度海軍陸戰隊獨立旅編制官兵員額為 4,812 人（軍官 283 人，士兵 4,529 人），2 旅合計 9,600 餘人。在裝備方面；每獨立旅應配步槍 3,521 支，山砲 12 門，機關槍 12 挺，迫擊砲 12 門，手槍 245 支。[68]

民國 19 年 4 月 18 日，海軍部為了對海軍陸戰隊方便統轄指揮，成立「海軍陸戰隊總指揮部」，由海軍第一艦隊司令陳季良兼任總指揮官，指揮 2 個海軍陸戰隊獨立步兵旅，擔任閩省境內清剿數股土匪之任務。[69]22 年 4 月，海軍部釐定海軍陸戰隊兩旅編制；該年底訂頒「海軍陸戰隊組織暫行條例」、

[64] 陸戰隊擴編為兩旅時間說法有二：一說是民國 16 年 8 月。參閱一、《海軍陸戰隊歷史》，頁 2 之 1 之 1。二、《海軍抗日戰史》（上冊），頁 329-330。三、《中華民海軍史料》，頁 44。另《中華民海軍通史》，頁 166。與《海軍大事記》，第二輯，頁 2 記：16 年 3 月，海軍陸戰隊調滬，攻孫傳芳，擴編為 2 旅。

[65] 參閱一、《海軍大事記》，第二輯，頁 17。二、《海軍抗日戰史》（上冊），頁 330。

[66] 孫建中，《中華民國海軍陸戰隊發展史》（台北：國防部史政編譯室，民國 99 年），頁 32-33。駐閩海軍控制閩沿海 15 縣市的軍政、民政及財政，甚至委派地方官，設立徵稅機構，中央及地方政府均不得過問。參閱孫淑文，〈閩系海軍陸戰隊興衰之研究〉，頁 198。

[67] 參閱一、楊廷英，〈舊海軍駐閩陸戰隊〉，頁 61。二、《海軍大事記》，第二輯，頁 21。

[68] 《中華民國海軍陸戰隊發展史》，頁 41-42。

[69] 參閱一、〈海軍沿革〉，頁 44-45。二、國軍檔案，〈海軍陸戰隊第一獨立旅司令部呈送民國三十三年度參謀長報告書－海軍陸戰隊第一獨立旅沿革概要表〉。三、《海軍陸戰隊歷史》，頁 2 之 1 之 2。四、《中華民國海軍陸戰隊發展史》，頁 200-201。

「海軍陸戰隊補充營暫行條例」、「陸戰隊旅司令部及所屬團營連排之編制表」。[70] 至 23 年，2 個陸戰隊獨立步兵旅共轄 4 個團，官兵約 5,000 人。[71]

民國 23 年 5 月，因擔任江西剿共南潯護路任務之陸軍第三十六旅撤防，任務奉令改交陸戰隊接管，於是海軍部令飭陸戰隊獨立第一旅與獨立第二旅，互易番號。原陸戰隊獨立第二旅旅長林秉周改稱獨立第一旅旅長，並令飭林秉周旅長即率所部移贛，駐防南潯路，歸由陳雷司令指揮。海軍陸戰隊互易番號後，陸戰隊獨立第二旅旅長仍由馬尾要港司令部司令李世甲兼任（原陸戰隊獨立第一旅旅長）。[72]

海軍陸戰隊獨立第一旅、第二旅兵員額之補充，原由各旅自行招募，海軍部為防杜濫招流弊起見，以期使兵員充足可用，額無浮冒，以樹立整軍經武基礎，特設陸戰隊補充營，抽選壯丁，先期訓練，熟悉戰技，派充缺額。[73]

[70] 參閱一、〈海軍陸戰隊第一獨立旅司令部呈送民國三十三年度參謀長報告書－海軍陸戰隊第一獨立旅沿革概要表〉。二、〈海軍沿革〉，頁 45。三、《海軍抗日戰史》（上冊），頁 330-331。四、《中華民國海軍史事日志（1912-1949）》，頁 521。

[71] 《福建省：軍事志》，頁 47。

[72] 參閱一、〈海軍陸戰隊第一獨立旅司令部呈送民國三十三年度參謀長報告書－海軍陸戰隊第一獨立旅沿革概要表〉。二、國軍檔案，《海軍軍官任職案》（12）〈奉命明令海軍陸戰隊第二獨立旅旅長林秉周為海軍陸戰隊第一獨旅旅長函達查照轉知由〉，檔號：325.1/3815.2。三、《中華民國海軍史料》，頁 45。四、《海軍陸戰隊歷史》，頁 2 之 1 之 2。五、《海軍抗日戰史》，（上冊），頁 332-333。另陸戰隊兩旅互易番號時間：國軍檔案，《海軍建軍史》（四），檔號：153.3/3815。及《中國近代海軍職官表》，頁 252 均記：兩陸戰旅互易番號為民國 23 年 10 月。

[73] 《中華民國海軍陸戰隊發展史》，頁 44。

海軍學校大門

參、教育訓練

一、軍官養成與進修教育

（一）軍官養成教育－海軍學校

民國 15 年 5 月，海軍製造、飛潛 2 校併入福州海軍學校，改稱「馬尾海軍學校」。[74]17 年煙台海軍學校因該地戰事影響停辦，將航海學生撥送馬尾海軍學校肄業，9 月原煙台海軍學校陳贊湯等 30 名學生，修業完畢。[75]19 年 1 月 20 日，海軍部訂定「海軍學校規則」馬尾海軍學校更名為「海軍學校」（去掉馬尾 2 字），改革招生制度，由海軍部統一全國招生。[76]20 年 12 月，馬尾海軍學校正式更名「海軍學校」，新頒校印，校長杜錫珪改聘為海軍部高等顧問，兼管海軍學校事宜。[77] 海軍學校校長編階為少將，學校編設教育與體

[74] 桐梓縣人民政府編，《中華民國海軍桐梓學校》（北京：中國文史出版社，2012 年），頁 44。
[75] 《海軍大事記》，第二輯，頁 20。
[76] 《中華民國海軍桐梓學校》，頁 44。
[77] 《海軍大事記》，第二輯，頁 41。

海軍學校校舍

育2組。[78]學校以養成海軍航海、輪機2項專門人才為宗旨，學生額設240員，分8班，以6班為航海班，2班為輪機班。[79]

民國19年4月，海軍學校舉行第一次全國性招生，添招航海、輪機2班，招生對象：年齡13足歲至15歲者，初中程度，身體健康，視力好，無色盲，體重達80至90磅，身家清白不入外國籍之青少年。時報考生遍布海內外，全國各地僑務委員會、海軍中校以上軍官（終身可保送2名，限子孫弟侄）、地方官紳均可保送子弟直接送海軍部應試。考試區分為各省初試和海軍部複試；各省初試各取20員送南京複試，保送生名額包括含於各省名額內。海軍部複試時，由海軍部長陳紹寬親任主考官（此後每年均親自主持）。部試科目除省試科目外，加考英語、數學、中文（作文）。[80]4月16日、17日，由

[78] 中華民國海軍史料》，頁19。

[79] 參閱一、沈天羽，《海軍軍官教育一百四十年（1866-2006）》，上冊，（台北：國防部海軍司令部，民國100年）頁86。二、《中華民國海軍桐梓學校》，頁44。

[80] 沈天羽，《海軍軍官教育一百四十年（1866-2006）》，上冊，頁86。筆試用密封試卷；國文考作文1篇，英文除作文外，尚有其它試題，數學試題略高於一般高小的課程。參閱《中華民國海軍桐梓學校》，頁46。

海軍學校學生訓練

海軍部舉行考試，選取孔繁均等 97 名。[81] 20 年學校舉行第二次全國招生，計錄取王國貴等 95 名。[82] 23 年舉行第三次全國招生，計錄取陳簡等 47 名。25 年舉行第四次全國招生，計錄取盧振乾等 93 名。[83]

民國 24 年夏，陳紹寬調任海軍部部長，為整頓海軍學校教育，派一批甫由英國留學歸國的青年軍官來校服務，取消學監制，改為隊長制，派李孟斌擔任校長，周憲章為訓育主任，周憲章採用歷史賢臣名將之名號作為輪機

81 《中華民國海軍史料》，頁 19。另《海軍大事記》，第二輯，頁 33 記：錄取 100 名。招生報考資格具有初中程度即可；但很多初中肄業、高中肄業學生或大學一年級學生也去報名。考生在至南京會考前，先由各省事自行考選 15 名，然後再將錄取的 15 名考生，以公費送到南京參加會考。另外，有少數特殊考生，像是烈士遺族，則不需要參加省政府的考試，亦不在地方錄取 15 名之名額內，可直接到南京參加會考。南京會考依成績來決定錄取，整體而言，入學考選是相當嚴格的。參閱《池孟彬先生訪問紀錄》，頁 13。

82 《中華民國海軍史料》，頁 19。

83 《中華民國海軍史料》，頁 19。25 年 5 月，海軍部招考海軍航海、輪機學生，由海軍部分咨各省政府，暨僑務委員會，保送合格學生與考，並於南京下關海軍體育場舉行考試，錄取新生陳宗孟 100 人，新生送登通濟艦至馬尾海軍學校肄習。參閱《海軍大事記》，第二輯，頁 70。

海軍學校航海第三屆學生鄭天杰等十五員於通濟軍艦艦課畢業合影

班、航海班之隊名，有師法先賢薪傳德業之寓意。[84]

海軍學校教育課程；學生入校後先試讀甄別3個月，試讀期間不分科別，專習黨義、國文、修身、英文、文法、算數。3個月期滿，由學校舉行甄試，大約有1/3學生會被淘汰，通過後甄別考試者，才算是被海軍學校正式錄取。被正式錄取的學生分成航海、輪機2班。[85]輪機科校課為6年6個月，廠課1年，實習半年，休假（修業期滿）1個月，合計8年4個月。除本國語文、史地課程外，其餘課本均為英文。修習科目分校課、廠課（分派海軍各工廠）2部分。校課計有黨義、國文、修身、英文、文法、算術、歷史、地理、代數、幾何、平三角、物理與實驗、化學與實驗、靜力學、動力學、水力學、熱力學、解析幾何、高等代數、微積分、射影幾何、繪圖、應用力學與機構學、冶金學、

[84] 《中華民國海軍桐梓學校》，頁79-80。

[85] 沈天羽，《海軍軍官教育一百四十年（1866-2006）》，上冊，頁86。經南京會考錄取之學生，入學後先分成3個普通班，教育課程計有國文、英文、歷史、地理等，內容相當於初中至高中程度。分班時校長杜錫珪係依學生的手相及面相來分班，考試成績對分班未有什麼作用。參閱《池孟彬先生訪問紀錄》，頁13,14。

民國十九年海軍學校航海第三班（航海第五屆）學生入學後合影

鍋爐學、往復機、透賓機、內燃機、電氣工程、汽缸圖、汽缸裝置、馬力圖表、輔機、船體抵抗、螺輪、涼熱用法、兵操體育、游泳（以上為與航海班共同科目）、熱力學、機械畫、材料強弱學、機構學、水力機、汽學、蒸汽主力機、機艙實驗、爐艙管理法、輪機管理法、鍋爐製造、機械製造、造船大意等。校課修畢後考試完竣，由海軍部派監考官、校長、主任教官及訓育主任共同署名發給修業證書，再開始廠課。校課廠課學習期滿，全部成績總平均及格後，始呈海軍部發給畢業證書。[86]

航海班總修業年限為 8 年 4 個月，計試讀甄別 3 個月；校課（在校 5 年），艦課 1 年（集中派艦學習船藝，練習航行），魚雷半年（集中水魚雷營學習

[86] 參閱一、沈天羽，《海軍軍官教育一百四十年（1866-2006）》，上冊，頁 87。二、包遵彭，《中國海軍史》，下冊，頁 770-771。

民國十九年海軍學校輪機第二班乙組（輪機第四屆）學生入學後合影

魚水雷等水中兵器）、槍砲1年（集中派艦學習艦用兵器），實習半年、休假（修業期滿）1個月，合計8年4個月。在校修業科目計有：黨義、國文、英文、文法、算術、歷史、地理、代數、幾何、平三角、弧三角、量積學、高等代數、解析幾何、物理學、靜力學、動力學、水力學、微積分、磁學、化學、應用力學、天文學、航海學、海道測量學、地文學。[87] 校課修業期滿考試完竣，由監考官、校長、主任教官及訓育主任共同署名發給修業證書，再開始艦課（學習船藝、航海、避碰章程、艦隊編隊及海軍戰術）、魚雷（學習各式魚雷、水雷之構造與用法，及戰術運用等）、槍砲（各式艦砲機槍內外彈道、火藥學、引信彈藥管理、射擊砲火指揮等），校艦課學習期滿，全

[87] 參閱一、沈天羽，《海軍軍官教育一百四十年（1866-2006）》，上冊，頁87。二、《中國海軍史》，下冊，頁771。

海軍學校參加海軍運動大會學生於學校大樓前合影

部成績總平均及格後，始呈由海軍部發給畢業證書。[88] 航海班前 3 年課程與一般高中及大學無異，集中在英文、國文、數學、地理等課，又因航海的需要，地理觀念尤為重要。數理課程則包括代數、三角、弧三角、高等代數、解析幾何、微積分等，自簡易漸入高等。第四年數學課程即學完畢，自第四年起學科偏重海軍課程，正式上天文學、航海學（天文與航海 2 門課與數學三角、弧三角有關，因此要先打好基礎）。上課使用國語，外籍教官用英文教學，於第二、三年開始講授少量的天文及航海知識。[89]

[88] 《中國海軍史》，下冊，頁 771。
[89] 《池孟彬先生訪問紀錄》，頁 13-14。

自民國18年海軍部復興以來，釐定學校規則，整飭教育制度，海軍學校外聘英籍教官來校教學；聘有航海教官孟羅（Monro）及輪機教官克禮（Kelly）。22年8月，孟羅返英，改聘英國海軍少校戴樂爾（Tayler）為航海教官。學校對英籍教官在生活上很優待，英籍教官亦教學認真。[90]26年克禮合同期滿返英，另聘海軍少校畢維恕擔任輪機教官。[91]

海軍學校學生在校課期間不放寒暑假，一年僅有幾天年假，學生雖係公

[90] 《池孟彬先生訪問紀錄》，頁14-15。民國19年5月，聘英國海軍上校孟羅為航海教官，克禮為輪機教官。參閱《海軍大事記》，第二輯，頁33。

[91] 《福建船政局史稿》，頁431。

民國二十一年春，海軍學校輪機第四屆全體學生與英籍教官克禮（Capt.kelly）夫婦及中校主任黃顯淇（便衣未帶帽）春季旅行攝於福州鼓山湧泉寺。

費生，但不放發零用金，但學校設有獎學金。學生完成校課5年後稱為修業，航海科學生修業後，即開始上艦課。艦課相當於大學畢業後的實習（主要在通濟艦上艦課，後來平海艦建造完成服役，學生到該艦上艦課）。輪機科學生到工廠實習。艦課主要學習船藝、航海（巡航沿海實習）、通信、艦隊操演各種艦上訓練。1年艦課結束後，到南京草鞋峽海軍水魚雷營學習水雷、魚雷、無線電數發等課程，教育時間為6個月，之後到福州鼓山接受1年槍砲專科訓練。艦課、水魚雷、槍砲等訓練完畢後，學生分發到軍艦實習6個月，擔任槍砲員、航海員、航海官職務。航海科學生教育訓練課程，校課、艦課、魚雷、通信、槍砲等合計8年，加上招考進來時的3個月普通課程教育及1個月的假期，前後共計8年4個月。輪機科學生雖課程與航海科不同，該科學生於校課修業完後，派赴造船廠（所）實習廠課，之後派赴各軍艦見習，其教育時間亦為8年4個月。[92]

[92] 《池孟彬先生訪問紀錄》，頁15,20,25。同書頁20記：海軍學校航海科畢業證書區分校課、魚雷、槍砲及艦課等4種。另《海軍大事記》，第二輯，頁33記：艦課練習完竣，由海軍部舉行畢業考試。

海軍大學大門

（二）軍官進修教育－海軍大學

海軍大學又稱「海軍軍官訓練班」，海軍部部長陳紹寬其擬定的 6 年建設計畫中，創辦海軍大學是重要項目之一，目的在於提升各艦長的戰略戰術水準，振作士氣，加強戰鬥力。民國 23 年海軍部派技正陳秉瑄等到馬尾籌建校舍，準備建校。海軍大學由陳紹寬兼任校長，海軍馬尾要港司令李世甲兼任教育長，學員為中校以上艦長。在擬設主要課程中，有軍事學及海戰公法 2 門課，由於海軍部內缺乏適當人才，若聘英美海軍軍事學者來華講學，其待遇非海軍部能負擔。因此李世甲透過日本駐華武官岡野俊吉大佐，向日本海軍省接洽聘用 2 名日籍教官，並獲得蔣中正委員長同意，其餘課程由海軍高級軍官分別擔任講授。此為中國海軍史上首次聘請日籍人士擔任教官。

海軍大學成立後，部分艦長基於私心及權益（陳紹寬擔任海軍部長後，削減艦長的權力，尤其是改革軍艦上公費由艦長包幹制度），加上反日思想，於是掀起反對日籍教官授課之風潮。民國23年11月23日，林元銓、高憲申、薩師俊等23位艦長聯名向國民政府主席林森控告海軍當局親日，要求解雇日籍教官。11月28日，陳紹寬憤而辭職，後來由蔣中正委員長出面進行海軍人事調整，以平息此事。[93]24年初，陳紹寬在汪精衛慰留下，始又復任。陳紹寬曾在1月16日，宣佈停辦海軍大學。

民國24年4月，海軍大學恢復及開訓，召集駐南京江面各艦艦長至海軍部或草鞋峽海軍水雷營聽課，由日籍教官（日本海軍上校）寺岡謹平、信夫淳平（一說信夫洋右）及文人兼田稔分別講授戰略、戰術、戰務、兵棋演練、國際公法。海軍部科長鄭禮慶擔任翻譯，另由科員陳吉如講授孫子兵法。教育時間無定，以授完課為止。當時各艦到南京時，艦長隨時可參加聽講，離開時中止。25年11月，艦長班結束，教育計畫大為變更，同（11）月開辦軍官訓練班，班址設在草鞋峽海軍水雷營內，選派艦艇上尉軍官郭鴻久等24員入班受訓，訓期定為6個月。教育課目有戰略、戰術、戰務、兵棋演習、國際公法、孫子兵法、三民主義、日語。每日上午各上2堂課，其餘為自修及自由活動時間。第一期軍官訓練班於26年5月結業，第二期趙秉獻等23員隨即入班受訓，教育內容課程同第一期，26年7月抗戰爆發，8月即告結束。[94]

（三）其它講習

民國20年3月，海軍部聘英國海軍上校古樂門為海軍總教官，令飭駐南京海軍各艦艇艦（艇）長、副長逐日到部，由古樂門教授海軍各種戰術。[95]另每年春秋兩季的艦隊會操，古樂門都參加指導演習。[96]

---

[93] 參閱一、李世甲，〈我在舊海軍親歷記（續）〉，頁20-24。二、陳書麟，《中華民國海軍通史》，頁305-307。《中華民國海軍通史》，頁307記：海軍大學名為大學，但教育內容僅能算是講習班。另《海軍大事記》，第二輯，頁67記：民國24年2月，日籍顧問在海軍水魚雷營演講戰術，因各艦艇先後出防，暫行中輟。9月復賡講授，令在京各艦艇長，於每週一三五等日，赴營受訓。同時派日籍顧問信夫在海軍部演講海戰公法，並飭各艦艇長於每週二四六等日，來部聽講。

[94] 參閱一、林家禧，〈海軍軍官訓練班二三事〉收錄在《舊中國海軍秘檔》（北京：中國文史出版社，2006年），頁233-235。二、《海軍大事記》，第二輯，頁72,75。

[95] 《海軍大事記》，第二輯，頁38-39。

[96] 李世甲，〈我在舊海軍親歷記（續）〉，頁19。

二、海軍官兵專長教育訓練

（一）海軍無線電學校

民國16年後，海軍增添一些小型艦艇、測量船，及陸上設立氣象台、報警台，都需要無線電人才，於是海軍在南京魚雷槍砲學校舊址，開辦無線電學校，僅開辦2屆，於18年秋結束，畢業學生與前南京海軍雷電學校無線電班的學資銜接。[97]

（二）海軍航空處飛行訓練班

民國17年張學良東北軍與南京國民政府尚處敵對中，東北艦隊經常南下偷襲駐淞滬的中央海軍，為遏東北海軍南犯，海軍當局認為需要配置水上飛機用以偵察及防禦，配合艦隊行動。17年夏，上海軍飛機製造處奉命趕製偵察飛機及海岸巡邏飛機，並附設飛行訓練班。[98]同（17）年海軍廈門警備司令林國賡在廈門開辦飛行訓練班，畢業學員1期18人，由畢業學員組成航空處。[99]

海軍部為重視航空教育起見，於民國18年10月，派海軍航空學生蘇友濂、許成棨、李利峰、高學運、陳壽元、任友榮、梁壽章、陳啟華、李有資、林蔭梓、唐任伍、陳希松、許葆光等人赴中央陸軍軍官學校航空班肄業。[100]嗣因海軍上海航空處購到新飛機，教育各項設備完善，復調回繼續訓練。[101]

民國18年11月，海軍上海航空處附設飛行訓練班正式成立，由處長沈德燮兼任飛行教官，從馬尾海軍飛潛學校畢業學員中挑選陳長誠、揭成棟、柯幹，海容艦無線電官彭熙等4人學習飛行，使用水上飛機進行訓練。[102]22年2月，海軍航空處移設廈門，積極訓練飛行員生，前後畢業3屆，共21人。[103]

---

97 陳景薌，〈舊中國海軍的教育訓練〉收錄在《福建文史資料》，第八輯，頁110。海軍無線電班21年6月海軍無線電班第一屆學生畢業，分派至各艦及各電台見習。參閱《海軍大事記》，第二輯，頁43。

98 陳景薌，〈舊中國海軍的教育訓練〉，頁127。

99 馬毓福，《1908-1949中國軍事航空》（北京：航空工業出版社，1994年），頁252。

100 《海軍大事記》，第二輯，頁28。

101 參閱一、《中華民國海軍史料》，頁33-34。二、陳景薌，〈舊中國海軍的教育訓練〉，頁122。

102 馬毓福，《1908-1949中國軍事航空》，頁252。

103 《海軍大事記》，第二輯，頁47。海軍航空處第一屆於19年11月計有何健、陳長誠、揭成棟、熙4人畢業。第二屆於20年7月計有許成棨、李利峰、林蔭梓、蘇文濂、唐任伍、梁壽章、許葆光、陳啓華、任友榮9人畢業。第三屆於23年8月計有傅恩義、莊永昌、黃炳文、陳亞維、傅興華、何啓人、李學慎、許聲泉8人畢業。參閱《海軍大事記》，第二輯，頁36,39,60。

（三）海軍水魚雷營

民國 18 年春，南京海軍魚雷營改番號為海軍水雷魚雷營，以原營長常朝幹為營長，[104] 該營位於南京草鞋峽江濱。時水雷兵器為海軍所急需建立之武器，乃銳意擴展，積極培植海軍雷電人才，並籌專款興建營房，魚雷廠舊址亦加以整建，於原廠址後面另購民地，興建魚雷廠、水雷廠及無線電廠 3 座。其內部組織按照編制設營長、副營長各 1 人，下分營務、教務、體育各組，規模較前宏大，設備日臻縝密，除講堂、禮堂、儀器、軍械等均分設專室外，另將各種水雷及附件儀器，以及由英國外購之新式水雷，分列陳展。[105]

民國 19 年 8 月，海軍水魚雷營附設無線電班，從福州海軍藝術學校未畢業學生中甄選劉宜倫等 29 人，入營受訓，海軍部電務科科長陳可潛、科員沈琳等兼任教官。[106]11 月海軍水魚雷營無線電班內增設氣象科，海軍部派科員顏厚模前往任教。[107]

教育訓練內容方面；分學生、士兵 2 組，學生班如航海練生見習魚雷；無線電學生專授無線電學；士兵班如水魚雷、電信等項目，航海練生暨肄習水魚雷，電信士兵均由海軍學校修業期滿學生暨各艦艇程度優良之士兵，分別派營學習，無線電班學生則分期招考學生，水魚雷營畢業之學生均先後派往海軍各電台及各艦艇見習。[108] 海軍水魚雷營在營學習的學生及士兵，不定期派赴江西湖口參加艦隊會操，會操重點在魚雷各項操作。[109]

（四）海軍揚子江引港習所

民國 19 年 2 月，海軍部鑑於引港業務於國權軍事均有關係，為注重軍國要務起見，籌議收回引水權，首從培植人才著手，呈請行政院創設「海軍揚子江引港傳習所」，教練引水航術，於是（2）月正式成立，歸海道測量局

---

104 《海軍大事記》，第二輯，頁 23。

105 參閱一、《中華民國海軍史料》，頁 31。二、《海軍抗日戰史》，上冊，頁 311-312。

106 陳景薌，〈舊中國海軍的教育訓練〉，頁 110。

107 《海軍大事記》，第二輯，頁 36。

108 參閱一、《中華民國海軍史料》，頁 31。二、《海軍抗日戰史》，上冊，頁 311-312。

109 《海軍大事記》，第二輯，頁 58-59。民國 24 年 4 月，在水魚雷營學習魚雷之海軍軍校航海班學生鄭昂等 30 名，及第四屆水魚雷班士兵 21 名，至湖口參加魚雷演放。同月上述學生分駐楚謙、楚觀及江貞等 3 艦，參加海軍會操及魚雷射擊外，學生隨各艦艇操練船陣、檢靶、塞漏、拋錨、滅燈、防禦、登岸運動、通語旗號等，同時由教官指授各學生及士兵校定魚雷。參閱《海軍大事記》，第二輯，頁 64。

海軍學校學生與老師於海軍水魚雷營合影

管轄，以測量局局長吳光宗兼任所長。[110]19年7月，吳光宗免傳習所所長兼職，以佘振興為該所所長。[111]19年11月，傳習所學生241人畢業，派海岸巡防處處長吳振南前往驗看，並頒發證書，證書區分正式引港及學習引港2種。[112]20年1月，揚子江引港傳習所擴編為「海軍引港傳習所」，提高編制，直隸海軍部。傳習所在所長佘振興的銳意經營下，及幾位留英領港教官的積極配合下，該所業務逐漸擴大，教學方法也有所改善。[113]

海軍部以引水業務關係軍事，由部會同參謀本部訂定要港引水監督條例，規定戒嚴及作戰時期辦法，聯銜呈請國民政府核定，於民國22年8月，籌辦長江引水人考試，給予執照。[114]23年7月，海軍部以長江中游漢、宜、湘各江灘多流急，航道時有變遷，若無技術優良富有經驗的引港人領航，易生事故，乃派測量局漢、宜、湘區引水人進行登記，並由引水傳習所派員在漢口舉行試驗，引水合格者160人發給修業證書。[115]

（五）海軍砲術研究班

民國24年2月，海軍砲術研究班成立，先在甯海軍艦試辦開課，派海軍操練官莫士擔任教授。時駐南京在港軍官輪流前往研習，派甘禮經等4員編譯講義，分發各艦隊機關研究。砲術研究班受訓時間2個月，是年分別於2、8、11月共開辦3期即結束。[116]

三、留學深造教育

（一）英國

海軍部有鑑於第一次世界大戰後，海軍科學日新月異，時英國海軍部表示，願為中國繼續培訓航海、輪機等人材。海軍部為造就航海專才起見，呈明政府，遴派海軍員生赴英國皇家海軍格林威治學校，學習航海、槍砲、魚

110 參閱一、《海軍大事記》，第二輯，頁31。二、《中華民國海軍史料》，頁12。
111 參閱一、《海軍大事記》，第二輯，頁34。二、王玉麒，《海痴－細說佘振興與老海軍》，作者自行出版，民國99年，頁103。
112 《海軍大事記》，第二輯，頁36。《中華民國海軍史料》，頁12。
113 王玉麒，《海痴－細說佘振興與老海軍》，頁104。
114 《海軍大事記》，第二輯，頁51。
115 參閱一、《中華民國海軍史料》，頁12-13。二、陳景薌，〈舊中國海軍的教育訓練〉，頁122。
116 《海軍大事記》，第二輯，頁64,68。

雷、通訊和造機各專科。民國18年6月20日，海軍總司令楊樹莊與英國駐華公使藍浦森在南京簽定「英國襄助中國海軍合同」，根據此一合同中國總共派出7批海軍軍官、學生赴英留學。[117]是（18）年海軍成立留學生考選委員會，令各艦隊保荐優秀軍官到部應試。[118]旋遴定學員計有周憲章、周應聰、陳大賢、楊道利、高光佑、歐陽寶、張明簫、華國良、陳瑞昌、林祥光、陳贊湯、高如峰、林遵、陳書麟、鄧兆祥、林夔、程法侃、林溶、蔣兆莊等18人，於11月由上海前往英國。[119]同（18）年8月海軍江南造船所因製造艦艇機器科學宜求深造，遴派學員楊元墀、王榮瓚、陳薰、周亨甫、馬德樹等5員赴英國固敏工廠學習內燃機、迪彬機、水管鍋爐等工程。[120]20年3月，派海軍學員韓延杰、曾萬里、楊熙燾、林寶哲等4人，學生周伯燾、邵侖、呂叔奮、林繼柏、郭懋來、李壽鏞等6人，赴英國留學。[121]21年11月，派海軍學校輪機學生鄭海南、傅恭烈、陳昕、陳蔭耕等4人，赴英國學習輪機。22年1月，鄭海南等4人考入英國輪機大學肄業。23年6月，派海軍部候補員黃珽、陳長鈞赴英國固敏船廠見習。[122]同（6）月黃珽、陳長均2人，[123]7月海軍學員鄭天杰，學生劉榮林、林葆恪、游伯宜、高聲忠等5人，派赴英國留學。24年6月，派海軍學校航海學生鄭昂、柳鶴圖、常香圻、薩師洪、高光暄、魏行健、魏濟民、陳家振等8人，赴英國留學。25年7月，派海軍軍官郎鑑澄、黃廷樞、韓兆霖、張紹熙、周仲山、闕疑等6人，赴英國留學。[124]

---

117 國軍檔案，《海軍軍官國外留學案》（一）〈中國海軍軍官加入英國海軍訓練〉，檔號：410.1/3815。

118 參閱一、李世甲，〈我在舊海軍親歷記（續）〉，頁19。二、《福建船政局史稿》，頁435。三、陳書麟，《中華民國海軍通史》，頁307。

119 《中華民國海軍史料》，頁25。另《海軍大事記》，第二輯，頁25-26記：18年赴英留學者計有：周憲章、周應鵬、華國良、張鵬霄、楊道釗、歐陽寶、陳大賢、高光佑、學生陳瑞昌、林祥光、陳贊湯、高如峰、林準、陳書麟、陳香圃、鄧兆祥、林夔、程法侃、林瑩、蔣兆莊等20人。

120 《海軍大事記》，第二輯，頁26。另李世甲，〈我在舊海軍親歷記（續）〉，頁20記：黃榮賓。

121 《海軍大事記》，第二輯，頁39。另《中華民國海軍史料》，頁26記：20年3月，海軍部派韓廷杰曾萬里、楊熙燾、林寶哲、周伯燾、邵侖、呂叔奮、林繼柏、郭懋來、李壽鏞、鄭海南、陳昕、陳蔭耕、傅恭烈等14人赴英國留學。

122 《海軍大事記》，第二輯，頁45,47,58,60。

123 《中華民國海軍史料》，頁27。

124 《海軍大事記》，第二輯，頁60,65,71。英國雖然讓中國海軍軍官學生到英國留學見習，但英方提供的機械過時陳舊的軍艦，不准我軍官學生參與演習及學習新式儀器，或不作深入講解。參閱國軍檔案，《留英學生報告案》，檔號：410.12/7760。

（二）德國

民國 26 年 4 月，海軍部派海軍學校航海科畢業前 10 名學生邱仲明、林濂藩、何樹鐸、劉純巽、廖士爛、歐陽晉、劉震、盧如平、蔣菁、王國賢等赴德國留學。[125]5 月派海軍軍官郎鑑澄、黃廷樞、韓兆霖 3 人，由英國轉赴德國留學。7 月派林遵、齊熙 2 人，赴德國學習海軍。[126]

（三）美國

民國 18 年 8 月，海軍部因海政振興，測量事項綦關重要，首宜培植專才，飭由海道測量局遴派翁壽椿、蔡道鋌、何傳永等 3 人，前往美國海道測量局實習。[127]11 月派丁杰赴美國留學。22 年 11 月，海軍部派丁杰、卓韻湘、劉宜倫、鄭肇驥等 4 人赴美國留學。[128]

（四）日本

民國 19 年 9 月，海軍部派海軍學員曾國鼎、姚璵、葉可鈺、何希琨，學生陳洪、孟漢鼎、張大澄、李慧濟赴日本，分別學習魚雷及海軍軍需各科。[129]

（五）義大利

民國 23 年 3 月，海軍部派龔棟禮、薛奎光、陳慶甲、劉永仁、高舉、陳兆棻等 6 人，赴義大利留學。[130]25 年 10 月，派在英國固敏工廠學習之黃珽、陳長鈞 2 人畢業，部令轉赴義大利工廠實習。[131]

四、士官兵的教育訓練

（一）海軍練營

[125] 參閱一、《海軍大事記》，第二輯，頁 75。二、《池孟彬先生訪問紀錄》，頁 20。另《中華民國海軍史料》，頁 28 記：廖士斕為廖士爛；王國賢為王國貴。

[126] 參閱一、《中華民國海軍史料》，頁 28。二、《海軍大事記》，第二輯，頁 76。

[127] 參閱一、《海軍大事記》，第二輯，頁 26。二、崔怡楓，《海軍大氣海洋局 90 周年局慶特刊》（高雄：海軍大氣海洋局，民國 101 年），頁 15。

[128] 《中華民國海軍史料》，頁 26-27。

[129] 《海軍大事記》，第二輯，頁 35。另《中華民國海軍史料》，頁 25-26 記：19 年 9 月派姚璵、何希琨、葉可鈺、曾國暹、孟漢鼎、李慧濟、張大澄等 7 人赴日本留學。

[130] 《中華民國海軍史料》，頁 27。

[131] 《海軍大事記》，第二輯，頁 72。

民國16年12月，海軍警衛隊編入海軍練營。[132]17年頒布海軍練營編制。18年因新艦陸續添造，嗣後方仍力圖建設，已畢業之練兵不敷遣用。海軍部飭令海軍練營添招練兵400名，並令將該營房舍籌劃擴拓。[133]

練營招兵的來源，有的是由海軍軍官介紹，有的是艦艇上勤務兵保送，也有招考錄取，錄取條件嚴格，要經過一般常識的測驗及體格的檢測。抗戰前夕，招收之練兵要求須有中小學畢業程度，因待遇較陸軍高，因此報考者不少。練營初設有帆纜槍砲（統稱艙面）、輪機（包括電機，統稱機艙）及通訊班3種班隊。[134]海軍練營平時定額原有練兵7隊，信號練兵2隊。23年間擴充編制額設練兵1,000人，分為艙面練兵8隊，輪機練兵3隊，電信練兵2隊，信號練兵2隊，鼓號練兵1隊。[135]

在訓練方面，練營在民國22年開辦萬國通語訓練班，派專員教授，由各艦隊選送信軍士駐營練習，訓期為6個月。23年練營釐定訓練課程，增設國術、刺槍2科，提倡運動，促進技術。[136]電信練兵2隊則在營受訓1年後，移駐水魚雷營調練。[137]另練營於18年起增設槍砲士兵班，由各艦艇選送士兵入營學習，每屆1年結訓。[138]

（二）海軍水魚雷營士兵訓練班

海軍水魚雷營自民國19年起，即開設水魚雷士兵班。[139]21年11月，海軍水魚雷營附設士兵電信班，海軍部通令各艦艇長信號士兵送往學習。[140]

（三）要塞士兵訓練班

民國26年3月，設立於閩口總台部內，抽選各砲台優秀士兵，前往受訓。[141]

（四）其它

民國21年2月，海軍部命令各艦艇添設士兵夜班，教育士兵學術。[142]

---

132 《海軍大事記》，第二輯，頁19。
133 《海軍大事記》，第二輯，頁22,30。
134 魏應麟，〈海軍馬江練營的幾件事〉收錄在《舊中國海軍秘檔》，頁212-213。
135 《中華民國海軍史料》，頁30。
136 參閱一、《海軍抗日戰史》，上冊，頁310。二、《中華民國海軍史料》，頁30。
137 《海軍大事記》，第二輯，頁62。
138 《中華民國海軍史料》，頁30。
139 《抗戰史料叢編初輯》（三），頁265-266。
140 《海軍大事記》，第二輯，頁45。
141 《海軍大事記》，第二輯，頁74。
142 《海軍大事記》，第二輯，頁42。

五、海軍陸戰隊的教育訓練

民國23年4月，海軍陸戰隊講武堂在閩江口長門原陸戰隊講武學校校址成立，由李世甲擔任監督，薩君豫擔任教育長。[143]6月更名為「海軍陸戰隊軍官研究班」召訓陸戰隊下級軍官。旋增設學生隊，招考高中程度學生，施以養成教育。[144]23年10月，陸戰隊軍官研究班招考錄取100名學生。學生隊學生先於陸戰隊補充營接受4個月入伍訓練後，繼而入研究班修習3年養成教育，畢業後以尉官派充部隊。[145]至於軍官隊及軍士隊之學員來源，則令飭陸戰隊各營連級單位初級軍官、士官，輪流抽調至陸戰隊軍官研究班軍官隊、軍士隊受訓。[146]海軍部除了設立陸戰隊軍官研究班外，為進一步加強陸戰隊軍官之教育，於25年選派陸戰隊軍官分別進入陸軍步兵學校及陸軍大學各班期受訓。[147]

六、艦隊演習會操與校閱

民國19年1月，陳紹寬代理海軍部長後，進行軍容整頓，大修軍備，恢復傳統海上操練，每年安排艦體油漆保養及艦艇入塢維修時間，訂定和執行檢查機器、維修軍備、火藥檢查、定期出海、海上打靶及編改航行操練等制度。[148]5月海軍部召集楚有等艦，由陳紹寬督率指揮在南京八卦洲舉行會操。另召集豫章艦等10餘艘艦艇，調魚雷營士兵22名，赴江西湖口操演，由魚雷游擊隊司令曾以鼎指揮，操練時間以2週為度。6月召集建康艦等10餘艘艦艇，徵調魚雷營士兵，由魚雷游擊隊司令曾以鼎指揮，至湖口操演。10月

---

[143] 參閱一、《海軍陸戰隊歷史》，頁2之1之2。二、〈海軍沿革〉，頁45。另《中華民國海軍史事日志（1912.1-1949.9）》，頁538記：海軍陸戰隊講武堂成立於民國23月2月，並於該月為其頒發關防。鍾漢波，《四海同心話黃埔：海軍軍官抗日箚記》，頁190記：「九一八事變」後，日軍侵華日極，海軍部為適應軍事需要，乃有陸戰隊講武堂復校之舉，校址由長門遷至馬尾羅星塔，旋改稱為海軍陸戰隊軍官研究班。

[144] 參閱一、〈海軍大事記〉，頁1113。二、《海軍抗日戰史》，下冊，頁1576。三、《中華民國海軍史事日志（1912.1-1949.9）》，頁545。另《海軍陸戰隊歷史》，頁2之1之2誤記：民國24年6月，海軍陸戰隊講武堂奉軍事委員會令更名為海軍陸戰隊軍官研究班。

[145] 參閱一、《海軍陸戰隊歷史》，頁2之1之2。二、〈海軍大事記〉收錄在《中華民國海軍史料》，頁1113。

[146] 〈海軍沿革〉，頁45。

[147] 《革命文獻》，第30輯，頁879。

[148] 程法侃，〈陳紹寬在海軍部長任內的業績回憶〉收錄在《舊中國海軍秘檔》，頁173。

海軍艦隊會操

海軍部命令楚有等 10 餘艦艇，集中八卦洲舉行會操，由陳紹寬督率指揮，演習作戰，操演各項船陣及舢舨競賽。11 月陳紹寬親率楚有、楚謙、楚泰、江元及江貞等艦，赴吳淞口外洋面，舉行大規模會操，沿途演習操練攻擊防禦各項戰術，練習飛機射擊。是月 10 日各艦艇停泊高昌廟，蔣中正總司令由寧波乘聯鯨艦來滬，由陳紹寬代部長隨同登陸，本屆會操遂告結束。[149]

民國 20 年 2 月，魚雷游擊隊司令曾以鼎督率指揮所屬建康、豫章 2 艦暨湖鵬各艇，在南京八卦洲舉行會操。6 月海軍部派魚雷游擊隊司令曾以鼎偕同總教練官古樂門乘永健艦，率豫章艦等 10 餘艘艦艇，至浙江象山海面操演各項船陣，陳紹寬代部長親自閱操。8 月海軍第一艦隊司令陳季良率海容等 7 艘艦艇，駛至福建三都澳海面操練各項船陣。旋由三都澳駛往廈門，沿途操演。自廈門經馬江至三都澳歷時 6 週。[150]

民國 21 年 9 月，海軍部派練習艦隊司令陳訓泳督率海容等 10 艘艦艇，在南京舉行會操。稍後陳司奉令率艦至浙江沿海，舉行長達 3 週的海上演習。11 月海軍部電令第二艦隊司令曾以鼎督率通濟等 10 多艘艦艇，在南京八卦洲會操。[151]

---

149 《海軍大事記》，第二輯，頁 33-35。

150 《海軍大事記》，第二輯，頁 38-40。民國 20 年海軍部舉行校閱，以政務次長陳紹寬為委員長，該年共校閱 51 艘艦艇。至於岸上各機關，因散處各地，適值國勢方難，暫緩校閱。

151 《海軍大事記》，第二輯，頁 44-45。

民國22年2月練習艦隊司令陳訓泳指揮通濟艦等10多艘艦艇，在南京八卦洲舉行會操。4月、5月海軍部先後派魚雷游擊隊司令王壽廷、練習艦隊司令陳訓泳2人督率指揮楚同等10多艘艦艇，在南京草鞋峽舉行會操。6月海軍部派練習艦隊司令陳訓泳偕魚雷游擊隊司令王壽廷率永績等8艦，駛赴浙洋沿海會操及演習。8月海軍部召集大同等10多艘艦艇，在南京八卦洲舉行會操，派練習艦隊司令陳訓泳督率指揮。8月下旬，復令陳司令率永綏等8艦艇出海操演。11月海軍部派魚雷游擊司令王壽廷率建康等7艦，由南京開往浙江沿海操演魚雷及打靶，另派第二艦隊司令曾以鼎督率逸仙等7艦，至南京八卦洲舉行會操。[152]

民國23年2月、3月，海軍部召集甯海艦等大小艦艇20艘，在南京八卦洲舉行會操，先後派應瑞艦艦長林元銓及練習艦隊司令王壽廷督操。會操完畢後，王壽廷司令率甯海、海容、海籌、逸仙、中山、楚同、自張、永績等艦出海北航至山東半島沿海進行操演。5月操演完畢，南下返航淞滬。第二艦隊司令曾以鼎則率艦艇於江西湖口，舉行魚雷各項操法。7月25日，海軍部召集甯海艦等大小艦艇20艘，在南京八卦洲江面舉行會操，派練習艦隊司令王壽廷督率操演。9月海軍第二艦隊司令曾以鼎率艦隊於江西湖口，舉行會操及江防巡弋。同月海軍練習艦隊司令王壽廷率艦隊至浙江沿海舉行會操。12月海軍部召集甯海等軍艦在南京草鞋峽、大勝關舉行年度大會操，派練習艦隊司令王壽廷擔任指揮。[153]

海軍重視魚雷技術平時之操練；民國24年4月，派第二艦隊司令曾以鼎率健康艦及湖鵬、湖鷹、湖鶚、湖集4魚雷艇，赴江西湖口演放魚雷。5月第一艦隊司令陳季良率甯海等11艦艇，由淞滬北航山東半島沿海舉行會操，會操完畢後返航淞滬。6月陳季良率第一艦隊於舟山普陀山東燈樓附近演習實彈，艦砲射擊及魚雷實放。9月練習艦隊司令王壽廷率咸寧等艦至浙江沿海會操。同月第二艦隊司令曾以鼎率艦隊，於南京八卦洲舉行會操，操演時間為2個月。操演期間曾前往浙閩沿海舉行會操，之後練習艦隊亦赴南京參加會操。[154]

---

152 《海軍大事記》，第二輯，頁47,48,49,50,52。
153 《海軍大事記》，第二輯，頁58,59,60,61,63。
154 《海軍大事記》，第二輯，頁64,65,67。

民國 25 年 1 月，海軍部召集艦艇輪流舉行會操。8 日練習艦隊司令王壽廷率逸仙等艦至浙閩沿海操練，沿途演習各項操法。16 日第二艦隊曾以鼎率甯海等艦，至南京八卦洲舉行會操。3 月練習艦隊在南京舉行會操。5 月第二艦隊司令曾以鼎率湖字雷艇前往湖口舉行會操，水魚雷班士兵亦參加練習。6 月派練習艦隊司令王壽廷率楚有等 18 艦在閩浙沿海舉行會操，第二艦隊司令曾以鼎率海籌等艦，赴南京八卦洲舉行會操。11 月甯海艦長高憲申率應瑞等 28 艘艦艇，赴南京八卦洲舉行會操。[155]

民國 26 年 1 月，甯海等艦在南京八卦洲舉行會操。3 月第二艦隊司令曾以鼎率永績等 8 艦，由淞滬出海至浙閩沿海舉行會操。5 月曾以鼎再率第二艦隊至浙江沿海舉行會操。同月練習艦隊司令王壽廷率該艦隊在江西湖口舉行會操，4 艘湖雷艇並演放魚雷。[156]

肆、重要戰績

一、北伐戰爭

民國 16 年 3 月 19 日，海軍協同友軍圍攻淞滬的直魯聯軍，直魯聯軍聞訊撤離，僅吳淞砲台為敵所控制。22 日海軍第二艦隊司令陳紹寬率海容艦攻克吳淞砲台，我各艦艇陸續駛入高昌廟，警戒吳淞等地。之後陳紹寬率艦溯江追擊潰逃的直魯聯軍。旋海容等艦與永績艦會合，在南通及長江一帶捕獲泰安、鈞和、策電、決川、浚蜀、楚振等敵艦艇。[157]23 日海軍長江上游總指揮楊慶貞率楚有、楚謙、楚振等艦，會同友軍夾擊南京直魯聯軍褚玉璞部，褚部欲渡江北逃，遭海軍各艦射擊，敵船沉沒，落水者甚多，留在江南被俘者達 3 萬餘人，均經繳械遣散。[158]27 日北洋海軍海圻、鎮海等艦乘夜抵吳淞口，潛伏英國航空母艦旁，於 27 日拂曉，襲擊海籌、應瑞 2 艦，經我艦開

155 《海軍大事記》，第二輯，頁 69-72。
156 《海軍大事記》，第二輯，頁 74-75。
157 參閱一、《北伐時期海軍作戰紀實》，頁 5。二、陳書麟，《中華民國海軍通史》，頁 250。
158 《北伐時期海軍作戰紀實》，頁 5-6。

砲還擊，吳淞砲台亦助戰，敵艦不支潰逃。是役海籌艦略有死傷，敵艦損失較重。之後海軍以主力艦隊掩護陸上友軍作戰，以一部兵力防禦敵艦侵擾長江。[159]

民國16年8月14日，國民革命軍總司令蔣中正下野，先前敗退撤往江北的新直系軍閥孫傳芳重整部隊，密謀渡江，占領南京。時海軍預料江北敵軍必定渡江南犯，除陳軍事委員會請於沿江主要地點派傾兵扼守外，並調度艦艇嚴為戒備。[160]18日晨，浦口的孫軍砲擊江面我艦艇及獅子山砲台，我艦艇發砲還擊。24日孫軍從大勝關、犢兒磯、太平府等處運兵潛渡，楚同、楚謙2艦沿江攔擊，殲敵甚眾。25日孫軍約1師之眾，乘黑夜向烏龍山、燕子磯一帶偷渡。

3月26日拂曉，第二艦隊司令陳紹寬親率楚有、楚謙2艦，掃射烏龍山的孫軍，陸軍第七軍適時加入協同作戰，孫軍傷亡頗多，奪回烏龍山。孫軍雖遭我海陸軍截擊，頗有傷亡，仍成功渡江，攻占龍潭及棲霞山，南京形勢岌岌可危。

3月28日，海軍第二艦隊司令陳紹寬率楚有、楚同、楚觀3艦砲擊大河口、龍潭的孫軍，通濟艦亦駛入大河口參戰，終挫敵鋒。29日盤據龍潭的孫軍因退路被海軍切斷，惟恐孤立無援，紛紛向江邊潰退。陳紹寬率楚有、通濟2艦在大河口、三江口上下游截擊孫軍，斃敵甚多。30日敵勢更窘，航路既梗，歸路後斷，通濟、楚同2艦對龍潭、棲霞山的孫軍砲擊，通濟艦遭敵砲反擊，官兵多人負傷。

3月31日拂曉，陳紹寬率楚有旗艦駛往龍潭、棲霞山，協同陸軍第一軍及第七軍向孫軍進攻。在浦口的孫軍得知海軍在南京附近巡弋，不敢渡江增援，僅隔江砲擊下關。午後第一艦隊司令陳季良率海容艦駛抵大河口，通濟、永健、聯鯨各艦，陸續趕赴三江口策應。當晚敵援軍從烏龍山、八卦洲間偷渡，楚有、楚同、楚謙3艦發砲截擊，江北孫軍開砲反擊。敵我交戰至9月6日，南渡的孫軍悉被我軍殲滅，龍潭戰役結束。至此孫傳芳再已無力渡江南犯。[161]

[159] 《北伐時期海軍作戰紀實》，頁6。

[160] 〈海軍革命戰史〉收錄在《中華民國海軍史料》，頁294。

[161] 參閱一、《北伐時期海軍作戰紀實》，頁12-15。二、〈海軍革命戰史〉收錄在《中華民國海軍史料》，頁294-296。三、李世甲，〈我在舊海軍親歷記（續）〉，頁7-8。

自8月15日起至31日此期間，海軍拱衛國都南京，最初即請兵扼守江濱要塞，繼而調艦與孫傳芳部拼死掙拒，在作戰最烈之數日中，敵勢甚張，國都震撼，終借海軍艦砲威力，沉舟斃敵，截追俘虜，而首都克保無恙。[162]

二、西征唐生智

民國16年10月10日，唐生智在武漢反叛中央。19日南京國民政府命令海軍第二艦隊協同程潛第六軍及李宗仁第七軍，討伐唐生智。第二艦隊司令陳紹寬率楚有、楚同、永績、永健、江貞6艦組成西征艦隊，由下關向蕪湖出發。20日駛抵蕪湖，唐軍劉興部猝不及戰即潰逃，我軍肅清荻港唐軍。23日拂曉，楚有、永健、永績、江貞，及湖、鄂、列、張各艦艇，攻略大通，唐軍除在大通港內敷布水雷外，並分遣楚振、濬蜀、江平、江通、江壽等艦艇，布防江面，力圖抗拒，經與我艦接戰，敵艦潰逃，我軍攻克大通，因陸軍尚未到達，暫時負責當地治安。

10月26日，永健、江貞2艦追擊唐軍至華陽，東流、華陽第次收復。30日楚有、永績、湖鄂等艦艇開赴九江，永健、岱州及張字各艦艇駛抵湖口，先後克復九江、湖口，唐軍退守武穴布防，欲阻西征艦隊前進。11月2日，楚有、江貞2艦冒險突進，敵楚振艦中彈遁逃，於7日攻克武穴。8日永健、永績、楚有、楚同、江貞等艦進抵田家鎮要塞，唐軍雖作抵抗，終告不支潰逃，西征艦隊於11日拂曉，攻克田家鎮。西征艦隊繼續協同友軍西進，唐軍僅作微弱抵抗，我海陸軍於12、13日先後收復石灰窯、黃石港、黃州，14日攻抵武漢近郊劉家廟，唐生智見大勢已去，先行離開。此時唐軍已潰不成軍，惟恐後退被截斷，遂放棄武漢。西征艦隊於14日駛入漢口，15日抵達武昌，因各路陸軍均未到武漢，武漢秩序暫由海軍維持。18日陸軍進抵武漢。西征艦隊奉命駛往嘉魚、新堤，掃蕩唐軍。22日增派張字雷艇向岳陽掃蕩，沿途收復金口、嘉魚。23日江貞、張字2艦艇攻克新堤。25、26日楚有、江貞、楚同、張字等艦艇協同陸軍攻克岳陽城陵磯。26日之後，因唐生智與國民政府議和，西征艦隊中止進攻，各艦艇駐泊新堤、岳陽間，嚴事警戒。[163]

[162] 〈海軍革命戰史〉收錄在《中華民國海軍史料》，頁296。

[163] 參閱一、《北伐時期海軍作戰紀實》，頁15-22。二、〈海軍革命戰史〉收錄在《中華民國海軍史料》，頁296-301。三、高曉星，《民國海軍的興衰》，頁110。

民國 17 年 1 月 4 日，蔣中正復任國民革命軍總司令職。時唐生智部自退出武漢後，即進入湖南。中央對唐生智歸附乙事，接洽未能就範，決議於 15 日，對唐軍展開全線進攻。海軍先於 12 日派江貞、江鯤 2 艦，向城陵磯、岳陽一帶進擊。14 日江貞艦陸續赴入前線，楚謙、楚同、湖鵬各艦艇，分別部署新隄、漢口、湖口之間，執行後方接濟，傳遞電訊各事。16 日江貞、江鯤 2 艦復向城陵磯唐軍進攻。是晚楚有、江貞、江鯤、江犀等艦艇，協同陸上友軍徹夜砲擊，於 17 日上午，復攻克城陵磯，進占岳陽，收降敵楚振艦。第二艦隊司令陳紹寬出示安民，維持秩序，派艦扼要布防，嚴防偷渡。同時抽調江鯤、江犀 2 艦，溯江進擊唐軍。19 日唐軍浚蜀、江壽、江通、江大、江平，以及駁船、大小火輪等 28 艘悉數歸降。21 日江鯤、江犀 2 艦上駛掃蕩，於 22 日協同陸軍攻克湘陰，唐軍向長沙潰退，我艦沿江急追，於 26 日協同陸軍收復長沙。時據報有唐軍所屬砲船向上游逃匿，經派艦前往湘潭、株洲一帶截擊，捕獲敵輪船 5 艘。自是戰事日趨順利，海軍各艦一面掩護陸軍渡江掃蕩唐軍，一面在長沙、岳陽之間嚴密巡弋，防範唐軍侵擾。2 月初，中央與唐生智雙方停戰。3 月 11 日，唐生智接受中央和平改編，海軍西征任務方告結束。[164]

三、討逆戰爭

民國 18 年 3 月 26 日，盤據鄂、湘、桂、冀諸省的桂軍（李宗仁）與粵省李濟琛聯盟，稱兵梗命，國民政府遂下令討伐。時海軍奉命巡弋九江、漢口間，阻擊桂軍，支援友軍作戰及渡江。29 日第二艦隊司令陳紹寬率楚有、咸寧 2 艦，護送國民革命軍總司令蔣中正赴前線。[165] 途次，分派楚觀、湖鷹 2 艦駛抵武穴，江鯤艦游弋蘄春一帶，江犀艦駛進黃石港，楚有、咸寧 2 艦駛抵潯陽後，護送蔣總司令至武穴視察，並電令誠勝艇擔任運輸，江貞、湖鶚、公勝艇參列前線。

4 月初，楚觀、江貞、公勝 3 艦在蘄春、武穴間與桂軍交戰，掩護陸軍前進。時桂軍分布陽邏上游，形勢緊張，陳紹寬司令率楚有、咸寧、江犀、

164 參閱一、《北伐時期海軍作戰紀實》，頁 22-23。二、《海軍大事記》，第二輯，頁 17。三、吳杰章，《中國近代海軍史》（北京：解放軍出版社，1989 年），頁 334。

165 李世甲，〈我在舊海軍親歷記〉（續），頁 14 則記：蔣中正坐鎮應瑞艦上。

江鯤、湖鷹各艦艇向黃州、團風集中，掃除葛店、陽邏阻礙，派楚同艦扼守鄂城，楚謙艦馳赴龍坪策應。在葛店、白滸山、陽邏各處桂軍經我艦隊協攻，相繼潰退，我軍克復劉家廟，乘勝於5日收復武漢。江鯤艦續向金口、嘉魚一帶追擊，楚同、楚謙、咸寧、江犀各艦，復溯長江西上搜索，德勝、勇勝2艦亦加入。陳紹寬司令乃派楚同艦回屯湖口，鞏固後方。咸寧、江犀、江鯤各艦分向荊河、沙市進擊。13日陳司令率楚有艦由漢口兼程急進，指揮各艦猛攻，郝穴、馬家寨、觀音寺3道防線先後被擊破，迫使桂軍後撤，對中央軍收復鄂省，起了重要的作用。18日，桂軍第四路總司令胡宗鐸、第五路總司令沙陶鈞向中央乞降。21日鄂省桂軍全部投降，蔣總司令電令暫停進攻沙市，洎監視新降軍隊改編完畢後，陳紹寬司令率楚有、威寧2艦進巡鄂西枝江、宜都，直抵宜昌，另派咸寧、江鯤2艦於27日，護送蔣總司令返回漢口。

5月初，第二艦隊司令陳紹寬乘江鯤艦上巡長江入三峽至南沱，奉蔣中正總司令飭令回南京。6日由宜昌率楚有艦下駛，瀕江妥為部置，留江鯤艦在宜昌駐防，楚謙調宜陽協防，沙市由楚觀、江犀2艦屯守，誠勝、勇勝2艇擔任運輸，巡弋宜昌、沙市附近，荊河以下各艦艇分扼要隘，首尾聯絡，互為策應。兩湖桂軍潰敗後，退往桂粵。海軍部派練習艦隊司令陳訓泳率海容、應瑞、永健、永績、楚泰、江元各艦，於5月14日出發，先後抵粵海，協同友軍作戰。海籌艦由淞滬護送裝載商輪入粵之李明瑞部，赴虎門登陸。

此時擁護桂軍之粵軍徐景唐盤據汕頭，楚泰、江元2艦掩護蔣光鼐部赴汕頭，永績、永健2艦封鎖汕口。海容艦星夜馳援，5月25日收復潮汕，叛軍輸誠中央，兩廣軍事遂告結束。旋陳訓泳司令率海容、海籌、應瑞3艦北返，於31日抵南京。永績、永健、江元、楚泰4艦分駐廈門、汕頭、廣東巡防。此次討逆戰役歷經2個月，海軍艦隊馳援驅敵，迅奏膚功，肅清湖廣，蔣中正總司令特加犒勞，各艦艇迭當前鋒，機件多受毀傷，楚有艦尤為嚴重。[166]

民國18年9月，國民政府命令駐湖北宜昌、沙市一帶張發奎部，調防隴海鐵路增援中央軍討伐西北軍。張發奎抗命不赴，陰謀叛亂，進犯湖南。[167] 海軍先期聞警，電令咸寧、威勝2艦赴漢口屯防，江鯤艦進扼湖口，通濟艦

166 參閱一、《北伐時期海軍作戰紀實》，頁27-29。二、《海軍大事記》，第二輯，頁23,24。三、《民國海軍的興衰》，頁158-160。

167 陳廷元，《國民革命軍戰役史第三部－剿共》，上冊，民國82年，頁49。

駐守南京，為先期部署。因形勢緊張，海軍部立即派威勝艦運送陸軍新編第一師官兵赴宜昌、沙市一帶防範，咸寧艦向荊河西進，協同威勝艦追擊。宜昌、沙市方面張發奎部，受我軍水陸夾攻，倉促潰退，至24日肅清宜昌及沙市張軍。當我軍與宜昌、沙市張軍交戰之際。西北軍在安徽伺機蠢動，第二艦隊會操各艦艇自浙江海面急駛返，分赴長江布防。海軍部調海容、咸寧2艦會同通濟、江犀2艦，護送陸軍第六師部隊馳往蕪湖、安慶，平定皖省兵變。陳紹寬代部長以鄂皖不靖，風雲日急，於9月24日，親率永綏艦赴前方指揮。皖省西北軍負隅頑抗，誘執第六師師長方策。蔣中正總司令下令進攻叛軍，第六師全師出發，楚同艦聯絡策應，並在安慶嚴密防衛，省垣以安。[168]

民國18年10月，中共紅軍賀龍乘皖南兵變情勢方緊，侵擾鄂西宜昌、巴東。海軍派威勝艦會同當地駐軍清掃紅軍，於10月3日，抵達宜昌。適逢陸軍新編第一師第五團叛變，威勝艦協同該師戡平。時駐鄂西張發奎部謀圖叛變，接獲情資將來犯宜昌，戰雲四起。我沿（長）江艦隊縝密部署，扼要固守，以楚同艦增防漢口，楚觀、江鯤2艦巡弋華陽、東流、安慶、大通一帶，江犀艦駐防蕪湖，在小河口、魯港一帶，掩護新編第一師第六團圍剿張軍，旋即將兵變平定，恢復蕪湖秩序。又因宜昌、沙市各地張軍軍心浮動，鄂西防務吃緊，咸寧艦奉命留守宜昌鎮壓兵變，江貞艦扼守沙市，宜昌、沙市治安遂告恢復。10月下旬，因豫鄂情勢緊張，陳紹寬代部長率楚有及永綏2艦，護送蔣中正總司令赴漢口，指揮軍事。[169]

民國18年秋，安徽省主席方振武與西北軍馮玉祥勾結反叛中央，11月方振武所屬余亞農旅在鄂東蘄春、武穴、龍坪、華陽、望江一帶稱亂，海軍部派江元、咸寧、楚觀等艦先後圍剿，旋即就範。同時有萬倚吾、鮑剛等叛軍分據施南、彭澤等地，海軍部派威勝、義勝、公勝等艦艇兼程進剿，鄂省各地兵變經海軍艦艇在協助友軍下次第肅清。[170]12月宜昌張發奎自湘邊兵敗退往廣西後，與桂軍結合，窺伺廣東。海軍部先期派聯鯨、永健、永績、楚謙、楚同等艦，由魚雷游擊隊司令曾以鼎率領駛粵，另派靖安艦護送何應欽總監赴粵督師。

---

168 《海軍大事記》，第二輯，頁27。
169 《海軍大事記》，第二輯，頁27-28。
170 《海軍大事記》，第二輯，頁28。

各艦抵粵後，曾司令派楚謙赴青歧一帶警備，永績、靖安、楚同等艦赴黃埔、白鵝潭防衛，永健艦駛往汕頭，曾以鼎司令乘聯鯨艦，趕赴三水前線指揮。桂軍分道來犯，企圖偷渡，被楚謙等艦在青歧、木棉、馬房一帶擊退，改向內地繞進。自12月8日至13日，廣州防務吃緊，曾以鼎司令率聯鯨艦馳返白鵝潭附近巡弋，指揮扼守三水軍艦奮勇作戰。何應欽總監督促各路國軍進擊，水陸夾攻桂軍，激戰3晝夜，桂軍敗退。海軍艦艇掩護蔡廷鍇部及各路國軍沿西江進擊桂軍，曾司令改乘楚同艦赴西江指揮，逼進梧州。17日兩廣軍事結束。聯鯨、靖安2艦送何應欽總監返京，其餘援粵各艦先後駛返原防地。[171]

當兩廣告警之際，西北軍企圖攻占鄂西宜都，宜昌情勢吃緊。海軍派江貞、威勝2艦協同策應友軍夾攻清剿，叛軍不敵向當陽敗退，宜昌卒告穩定。駐浦口石友三圖謀叛變，預定12月2日晚襲擊南京。因駐京各艦艇嚴密戒備，其陰謀不得逞。時西北軍一部突襲攻占安慶，於12月3日包圍安慶。海軍知悉立即派楚泰、咸寧2艦星夜馳援。戡平皖局。石友三一部由浦口乘唐山、仁和2輪下駛，企圖占領鎮江，侵擾我後方。海軍先期聞警，派通濟、楚有、永綏等艦，於9日晚間，密泊潘家營、謝家店間，截擊繳其械彈，俘獲及投降之叛軍，分別編遣，至此完全肅清在長江沿岸擾亂的西北軍。[172]

四、清剿紅軍與海盜

（一）清剿湘鄂贛紅軍

民國19年7月，中共在湘鄂贛3省策劃武裝暴動，湘鄂贛情勢危殆。海軍部調派軍艦分扼長江要隘嚴密布防。7月27日，長沙失守。海軍部飛檄楚泰、咸寧等艦，兼程馳援。因顧慮湘江水淺，吃口稍深艦艇，無法進駛，故又派勇勝砲艇儘量試航，一方面電令楚泰艦留守原地策應。勇勝砲艇吃水較淺，適逢大雨水漲，遂直駛長沙。8月1日，威寧、勇勝2艦於長沙，協助友軍清剿紅軍，紅軍頑強抵抗，屢向勇勝、威寧2艦放槍。勇勝、威寧以

---

171 參閱一、《海軍大事記》，第二輯，頁29。二、《國民革命軍戰役史第三部—剿共》，上冊，頁50。三、《中華民國海軍史事日記（1912.1-1949.9）》，頁414。

172 參閱一、《海軍大事記》，第二輯，頁29-30。二、《中華民國海軍史事日記（1912.1-1949.9）》，頁413-414。

艦砲還擊，紅軍傷亡枕籍，相率潰逃。紅軍退出長沙後，威寧、勇勝2艦在長沙江面（湘江）巡弋，並於5日掩護陸軍由岳麓山渡湘江，進入長沙城內接防。時蔣中正總司令在前線，聞勇勝、威寧2艦協助友軍收復長沙，傳諭嘉獎。是月杪，紅軍乘虛再進犯長沙，長沙情勢緊急。勇勝、威寧2艦更番擔任協防長沙之任務，終使情勢轉危為安。[173]

民國23年5月，軍事委員會委員長蔣中正電令海軍陸戰隊第一旅第二團調駐江西湖口，接替陸軍第五師第三十六旅之防務。林秉周旅長奉命後，率所部由閩赴江西湖口駐防，其第一批陸戰隊已先由「安定號」運輸艦運抵湖口，第二批由「華安號」運輸艦於13日運抵。旋即開赴九江，部署一切，擔任南潯護路及守護橋頭堡與磯堡防務。之前蔣委員長以南潯原有護路軍隊開拔後，極待填防，特令海軍陸戰隊接防。海軍部電令第二艦隊司令曾以鼎轉飭林秉周旅長照辦。14日陸戰隊第一旅在湖口除留駐1連兵力外，其餘開赴九江。15日陸戰隊第一旅由旅長林秉周率部開抵九江，歸陳雷司令指揮，擔任南潯鐵路護路及守備橋頭堡、磯堡等任務。另陸戰隊第一旅奉令分駐德安、永贖橋、涂家埠、樂化、牛行、永修、馬迴嶺、黃老門等地，擔任守備任務，並隨時就地實施訓練，期成勁旅。[174]

7月九江南潯路一帶有紅軍進迫沙河車站，接著岷山、五台嶺一帶發現有紅軍2,000餘人。陸戰隊第一旅旅長林秉周急令駐南潯鐵路沿途各站守碉部隊嚴密防範，同時抽調部隊四處游擊，與紅軍多次交戰。8月20日，紅軍攻占九江夏家埠，駐德安陸戰隊奉令馳往救援，與紅軍在樟樹下激戰後，終將紅軍驅離。9月，駐九江陸戰隊第一旅派兵前往岷山搜剿紅軍，紅軍則以游擊戰不斷襲擊陸戰隊的各處碉堡。10月陸戰隊第一旅奉令分兵四處出擊南潯路上紅軍，先後在黃老門、戴家山、徐家壟、樟樹下、洞子嶺、三萬堡、羅劉山等處與紅軍交戰。11月陸戰隊第一旅奉令追剿南潯路上南山、陳家壟、九都源、梁家大屋、彭山等處紅軍。12月陸戰隊第一旅奉令進剿盤山紅軍，旋於永修大王廟截擊紅軍。[175]

---

173 《海軍大事記》，第二輯，頁34。

174 參閱一、《海軍大事記》，第二輯，頁59。二、《海軍抗日戰史》（上冊），頁332。三、《中華民國海軍史事日記（1912.1-1949.9）》，頁542-543。

175 《中華民國海軍史事日記（1912.1-1949.9）》，頁546,547,549,551,552,553。

民國24年1月3日，駐防南潯路的陸戰隊第一旅第一團第三營在永修縣徐家埠2里之北岸鄧村，捕獲中共幹部10餘人。[176]2月7日，陸戰隊第一旅第二團第三營向南潯路陳賀山壟魏村一帶，搜剿紅軍時，於閩家鋪與紅軍接戰，並將其驅離。是（2）月陸戰隊第一旅奉令圍剿南潯路上閩家鋪、王家坡、西鄉村等地紅軍。3月陸戰隊第一旅搜剿南潯路上吳山、桂山、彭山等地紅軍，其間與紅軍於彭山發生數次激烈戰鬥。[177]4月海軍部獲悉江西湖口境內有紅軍活動，令江貞號艦，會同駐湖口陸戰隊協力防剿。同時陸戰隊派兵在南潯路上四處出擊，大肆搜捕紅軍。[178]8月紅軍沿贛江侵擾瑞昌，南潯路一帶防務吃緊，永修黃家嶺汽車站被襲。陸戰隊聞警馳剿，紅軍乘夜逃逸，退據雲居山。陸戰隊繼續追擊，由楓林節節圍剿，殲滅敵主力，擊斃首領徐彥剛，兇鋒乃靖。[179]陸戰隊第一旅擔任南潯護路與剿共之任務，持續至26年7月，「盧溝橋事變」爆發，才告終止。

（二）清剿閩省紅軍

1、清剿閩北紅軍

民國20年春，中共方志敏部盤據閩浙贛交界，建立「蘇維埃」政權。為防止赤禍蔓延，陸海空軍總司令南昌行營主任何應欽當令閩西北國軍各部隊，積極清剿紅軍，俾使各部推進至贛邊堵擊，以收夾擊紅軍之效。駐閩海軍奉令清剿閩西北建甌、浦城、崇安地區之紅軍，並歸陸軍第五十六師師長劉和鼎指揮。[180]3月2日，陸戰隊第二旅奉海軍總司令楊樹莊命令，由建甌開跋，圍剿崇安興田、赤石街一帶的紅軍。8日陸戰隊第二旅1個團驅離崇安縣城紅軍。[181]4月2日，紅軍攻陷崇安上下梅。10日陸戰隊第二旅與紅軍激戰後，次第攻克下梅、上梅。[182]5月1日，方志敏率紅軍圍攻崇安縣城，守城陸戰隊第二旅旅長林秉周呈報福建省政府及海軍馬尾要港司令部，請求增援。爾後援軍到達，紅軍見狀撤離。[183]

---

[176] 《中華民國海軍史事日記（1912.1-1949.9）》，頁555。
[177] 《中華民國海軍史事日記（1912.1-1949.9）》，頁556,557,558。
[178] 《中華民國海軍史事日記（1912.1-1949.9）》，頁559。
[179] 《海軍大事記》，第二輯，頁64-65。
[180] 國防部史政局編印，《剿匪戰史》（八），民國51年，頁738。
[181] 《中華民國海軍史事日記（1912.1-1949.9）》，頁451,452。
[182] 《中華民國海軍史事日記（1912.1-1949.9）》，頁454,455。
[183] 《中華民國海軍史事日記（1912.1-1949.9）》，頁456。

7月17日，紅軍進襲閩北鹽田、基德等處，陸戰隊第一旅奉令前往清剿，擊退鳳洛、后訾等地紅軍。紅軍方志敏部進犯崇安、坑口等地，準備襲取浦城，陸戰隊第二旅即開往建陽堵截紅軍。8月上旬，閩北紅軍由古田進襲平溪，陸戰隊第一旅派隊馳往解圍。同時紅軍再陷崇安縣城，進迫建陽，陸戰隊第二旅奉令進剿，20日再度收復崇安縣城，並向武夷山溫林關追擊紅軍。[184]27日林秉周旅長率陸戰隊第二旅向崇安縣屬長汀、四渡橋搜索清剿，擊潰紅軍1,000餘人。28日摧毀順昌縣屬坑口當地「蘇維埃政府」。[185]10月上旬，紅軍復圍攻崇安縣城，陸戰隊第二旅第三團奉命驅逐紅軍，雙方互有傷亡。[186]陸戰隊第二旅因與中共「閩浙贛邊區」紅軍多次交戰，官兵頗有傷亡。[187]12月27日，陸戰隊第二旅清剿崇安縣赤石鎮附近錢嶺一帶的紅軍，戰鬥甚烈。[188]

22年7月，盤據閩西紅軍轉向侵犯閩北，延平告急，省垣震動。海軍部派艦艇前往閩境巡弋，另將駐南京、湖口、浙江象山、閩南廈門等地陸戰隊，陸續調回福建，協同友軍清剿共軍，閩北赤禍暫告緩和。[189]

2、清剿閩南紅軍

民國21年2月，中共紅軍由贛南進犯閩西及閩南。4月上旬，紅軍攻陷龍岩，聲勢日熾。廈門吃緊，海軍部急電海軍馬尾要港司令部抽派陸戰隊乘靖安運輸艦赴廈門增防。同（4）月紅軍攻陷漳州、石碼，在漳州成立「蘇維埃政權」，緊接著繼續向漳浦、雲霄進犯，閩南赤禍漫延，形勢危急。海軍部聞警，飛檄廈門要港司令部嚴密戒備，令馬尾要港司令部增防廈門，派海軍部政務次長兼第一艦隊司令陳季良率海籌、楚有、江元、江貞、海鷗等艦艇，協同陸戰隊，分駐通往廈門水陸各處，由陳季良司令指揮。另委任林壽國為「福建海軍陸戰隊剿赤指揮官」指揮2個陸戰隊營，由浮宮向石碼挺進，會同海軍艦艇作戰。同時福建省防軍復向漳州進擊，水陸夾攻紅軍，紅軍不支潰退。陸戰隊協同海軍第一艦隊及省防軍，先後收復石碼、漳州，閩南情

184 《中華民國海軍史事日記（1912.1-1949.9）》，頁462,463,464。
185 參閱一、《剿匪戰史》（八），民國51年，頁740。二、《中華民國海軍史事日記（1912.1-1949.9）》，頁464。
186 《中華民國海軍史事日記（1912.1-1949.9）》，頁468。
187 楊廷英，〈舊海軍駐閩陸戰隊〉，頁63。
188 《中華民國海軍史事日記（1912.1-1949.9）》，頁478。
189 《海軍抗日戰史》（上冊），頁331。

勢得以轉危為安。[190]

3、清剿閩東紅軍

民國 19 年，「中共福建省委」在閩東建立組織，以寧德、福安、霞浦 3 縣之間，賽岐、赤溪一帶為中心，建立紅軍游擊區。[191]20 年 9 月，陸戰隊第一旅第一團奉令清剿寧德境內紅軍。[192]21 年中共大肆滲透閩東鄉間，在福安、寧德、壽寧、連江等縣，組建紅軍及赤衛隊，與當地幫派組織「大刀會」相互奧援，為害鄉里甚烈。陸戰隊第二旅奉命清剿，與紅軍、大刀會爆發多次激烈戰鬥。22 年 2 月、3 月，陸戰隊第二旅奉命清剿寧德、霞浦、拓洋一帶大刀會，搜捕其成員。[193]10 月，駐福安賽岐陸戰隊於甘棠鎮遭閩東工農游擊隊與赤衛隊之阻擊，造成陸戰隊 9 人傷亡。11 月 20 日，「閩變」發生後，中共於福安鶴里召開擴大會議，決定趁此時機，發動全區性武裝暴動，攻取賽岐。[194]12 月福安赤衛隊與當地大刀會聯合，圍攻駐賽岐溪柄鎮陸戰隊第一旅第三團第七連，陸戰隊第三團第五連適時增援，赤衛隊與大刀會不支退去。[195]

民國 23 年 1 月 7 日，中共閩東工農游擊隊與赤衛隊數千人，攻陷賽岐、溪柄與穆洋，福安縣幾乎被赤化。接著紅軍在壽寧、福鼎、霞浦、連江等縣進行武裝暴動，成立「縣革命委員會」。同月中共在賽岐成立「閩東蘇維埃政府」控制福安、壽寧、福鼎、寧德、霞浦、連江及羅源等 7 縣，100 多萬人口。[196]

民國 23 年 1 月底，「閩變」戡平後，國軍即著手綏靖閩東。3 月駐福州地區的陸戰隊奉命協同陸軍第八十四師、第十師及福建省保安部隊清剿連江、羅源、福安、古田等縣紅軍。[197]4 月海軍馬尾要塞司令李世甲為澈底肅清閩省紅軍，特制定「剿共」計畫，為陸戰隊劃分防區，限期肅清，並請准海軍部

[190] 閩南剿匪部分參閱參閱一、《海軍抗日戰史》（上冊），頁 330。二、《海軍大事記》，第二輯，頁 43。三、《中華民國海軍史事日記（1912.1-1949.9）》，頁 486,489,492。
[191] 徐學初，《大將粟裕》（哈爾濱：黑龍江人民出版社，2003 年），頁 99。
[192] 《中華民國海軍史事日記（1912.1-1949.9）》，頁 465。
[193] 《中華民國海軍史事日記（1912.1-1949.9）》，頁 514。
[194] 《葉飛回憶錄》，頁 47。
[195] 《中華民國海軍史事日記（1912.1-1949.9）》，頁 505,508。
[196] 《葉飛回憶錄》，頁 47-48。
[197] 參閱一、《中華民國海軍史事日記（1912.1-1949.9）》，頁 539。二、《葉飛回憶錄》，頁 53,54。

電令駐霞浦東沖之艦艇，隨時巡弋沿海，以資防堵，水陸夾擊。[198]10月駐閩海軍出動威寧、江寧、肅寧、崇寧等砲艇協同陸戰隊清剿連江黃岐、下湖、石湖、北斗邱、寧德三都澳、羅源等地紅軍。12月陸戰隊協同楚觀、楚謙、江元、長寧、正寧、仁勝等艦艇清剿閩省沿海南日島、三都澳、霞浦、平潭、三沙等地紅軍。[199]陸戰隊與海軍艦艇雖多方努力清剿，但紅軍往往聞警，主力即先行撤離，未能將其澈底殲滅。

民國24年2月，紅軍方志敏部進犯寧德縣城，陸戰隊第二旅第三團第一營林耀東率部力守，擊退紅軍。馬尾要港司令李世甲特為林營長向海軍部請獎。海軍部轉呈軍事委員會核准，為林耀棟營長頒發黨徽獎章乙枚。[200]爾後國軍增加第兵力，加上地方保安部隊與民團約10萬人，對閩東紅軍採取所謂「重點進攻，分區清剿」之方針，自此紅軍不敵國軍優勢兵力，被迫改以游擊戰於鄉村或山區騷擾。[201]

4、清剿閩江口紅軍

民國22年春，紅軍進犯福州附近，駐省垣第十九路軍向中央告急。海軍部派政務次長兼第一艦隊司令陳季良率艦艇入閩協防，並派陸戰隊1個團，擔任福州橋南倉前山一帶之防務，保護各外國領事及僑民。[202]6月紅軍侵擾閩江口連江、羅源2縣。陸戰隊第一旅第一團、地方保安團，配合陸軍第八十七師包圍侵擾長龍、下洋一帶的紅軍，雙方在洪塘、外澳地方交戰多次，紅軍不支，化整為零突圍。12月陸戰隊第一團協同第八十七師清剿連江縣透堡鄉的紅軍，在包袱山、白鶴山斃傷紅軍甚眾。稍後陸戰隊第一團協同第八十七師在透堡、官板、下洋、潘渡等地進行清鄉工作。[203]

民國23年1月底，「閩變」戡平後，海軍部命令陸戰隊第一旅在福州地區進行清鄉工作。陸戰隊第一團於2月12日，清剿福州山亭鄉紅軍；26日清剿福州西門外洪塘鄉紅軍。3月陸戰隊清剿連江、羅源、福安、古田等

[198] 《中華民國海軍史事日記（1912.1-1949.9）》，頁541。
[199] 《中華民國海軍史事日記（1912.1-1949.9）》，頁551,553。
[200] 《中華民國海軍史事日記（1912.1-1949.9）》，頁557。
[201] 《葉飛回憶錄》，頁56-57。
[202] 參閱一、葉心傳，〈閩變見聞紀略〉收錄在《中國海軍之締造與發展》，頁102。二、孫淑文，〈閩系海軍陸戰隊興衰之研究〉，頁204。
[203] 參閱一、楊廷英，〈舊海軍駐閩陸戰隊〉，頁65。二、孫淑文，〈閩系海軍陸戰隊興衰之研究〉，頁205。

縣紅軍。[204]7月中共紅軍第七軍團由贛南犯閩。[205]31日攻陷古田水口，逼近福州北郊大、小北嶺，襲擊城郊王莊機場，福州告警。海軍聞訊，急令陸戰隊進駐福州近郊，協同陸軍第八十七師及憲兵團，分別防剿。[206]8月10日，紅軍進犯梧桐山受挫，損失慘重，被迫撤離福州，續向閩東地區侵擾。[207]

自民國19年至25年間，海軍部所屬艦艇參與清剿中共紅軍的任務累計總數計分；19年212次，20年77次，21年74次，22年40次，23年70次，24年40次，25年28次。海軍剿匪的主要戰鬥大致分為5類；一是掩護協助友軍進剿或擊退進犯的紅軍。二是巡弋江面防堵紅軍渡河作戰。三是巡弋紅軍可能出沒地區，有效預防戰事發生。四是以艦砲、機槍等武器攻擊共軍，迫使其退卻逃逸。[208]海軍艦艇在長江及沿海地區機動支援區域清剿紅軍之有生戰力，而其所提供的貢獻雖然對於整個戰局並未能具有主導戰場形勢的關鍵地位，但對於所巡弋或支援的各區域戰場均達到有支援，主宰戰場、嚇阻紅軍之積極意義。[209]

（三）清剿海盜

民國20年3月，海軍部奉命執行護漁任務，調派通濟、順勝、誠勝、海鳧、湖鵬、張字各艦艇，集中江蘇南通會合清剿海盜。[210]

五、戡平閩變

民國22年11月20日，國軍第十九軍蔡廷鍇、蔣光鼐、陳銘樞等不滿中央對「一二八淞滬戰役」中，作戰有功的第十九路軍，調往福建之處置，遂在福州成立「中華共和國人民革命政府」，以李濟琛為主席，取消中華民國國號、國旗，以福州為首都，同時電飭各軍官兵取下青天白日帽徽及孫中山遺像。蔡廷鍇等人公開反叛中央，與南京國民政府分庭抗禮，該事件史稱為

---

204 《中華民國海軍史事日記（1912.1-1949.9）》，頁537,538。

205 民國23年7月，盤據贛南中共中央緊急組建「紅軍北上抗日先遣隊」，並命令先遣隊由瑞金出發，經福建進入浙江、皖南，建立游擊區及蘇維埃根據地。真實目的是為了掩護中共中央紅軍實施戰略轉移。

206 參閱一、《中華民國海軍史事日記（1912.1-1949.9）》，頁548。二、《葉飛回憶錄》，頁54。

207 徐學初，《大將粟裕》，頁98。

208 何燿光，〈抗戰以前海軍參與剿共戰爭之研究〉收錄在《中華軍史學會會刊》，第六期，頁405-407。

209 何燿光，〈抗戰以前海軍參與剿共戰爭之研究〉，頁424。

210 《海軍大事記》，第二輯，頁38。

「閩變」。[211] 蔡廷鍇等成立偽政府後，接著沒收中央在閩的金融、交通機關，派兵強占海軍馬尾基地暨閩江口要塞。[212]

「閩變」發生後，馬尾要港司令部聞訊，除急電報告海軍部外，即遵照指示；派遣大小火輪開赴長門，將要塞各台之大小火砲砲門，裝運至停泊馬尾江面江貞艦，並駛往上海繳呈貯存。[213] 駐閩陸戰隊名義上雖然納入「福建人民革命軍」序列，但未執行新政府的命令。11 月 23 日，第十九路軍進犯長門要塞及向馬尾布防，企圖控制閩江口。馬尾要港司令兼陸戰隊第一旅旅長李孟斌令駐長門陸戰隊向連江、羅源、寧德方面轉進，與陸戰隊第二旅聯繫。[214] 海軍部命令駐閩海軍艦艇以三都澳為基地，巡弋閩江口至泉州、漳州沿海，檢查往來商船，對第十九路軍實施海上封鎖，時有截獲，另令陸戰隊向三都澳集中，以一部兵力扼守寧德、羅源交界，以保寧德附近 5 縣。[215] 12 月中旬，中央調動 11 個師兵力，在海空軍協同下，由浙贛兵分三路向閩進擊。23 日李孟斌率楚有、楚泰 2 艦進擊長門、馬尾，第十九路軍被迫後撤。29 日海軍部政務次長兼第一艦隊司令陳季良乘海籌艦前往三都澳，統一指揮閩口、廈門兩要港司令部、各要塞、陸戰隊及所有駐閩艦艇之作戰。[216]

民國 23 年 1 月初，第十九路軍進犯羅源、寧德，在飛鸞嶺、白鶴嶺遭到陸戰隊第二旅之阻擊，第十九路軍被迫後撤，陸戰隊乘勝攻略丹陽及連江。[217] 閩變發生後，第十九路軍欲接收廈門各機關。駐廈門海軍楚謙、楚同 2 艦，協同陸戰隊扼守。1 月 8 日，海軍部令魚雷游擊司令王壽廷率領逸仙、中山、江寧 3 艦搭載 1 營陸戰隊，從三都澳駛往廈門，與楚謙、楚同 2 艦及駐廈門陸戰隊、要港部隊會合。10 日海軍接管廈門。[218]

1 月 11 日，海軍部部長陳紹寬由淞滬乘甯海艦南下，於 12 日抵三都澳

211 蔡廷楷，〈回憶十九路軍在閩反蔣失敗經過〉收錄在《文史資料選輯》，第五十九輯，頁 96。
212 國防部史政局編印，《剿匪戰史》（四），民國 51 年，頁 296。
213 葉心傳，〈閩變見聞紀略〉，頁 102。
214 〈閩變見聞紀略〉，頁 102,114。
215 參閱《中華民國海軍通史》，頁 327。另《剿匪戰史》（四），頁 302 記：閩變發生後，軍事委員會命令海軍陸戰隊，由海道直趨福州、廈門。
216 《民國海軍的興衰》，頁 167。
217 參閱一、《近代中國海軍》，頁 881。二、《海軍大事記》，第二輯，頁 56。
218 參閱一、《近代中國海軍》，頁 881-882。二、《中華民國海軍通史》，頁 329。三、《海軍大事記》，第二輯，頁 56。

海面，命令各部向福州挺進。13 日海軍艦隊及陸戰隊逼近福州市區。[219] 同日福建人民政府見大勢已去，蔡廷鍇則經由海軍元老薩鎮冰從中斡旋，同意第十九路軍撤離福州，向泉州轉進。[220]16 日第二路軍總指揮蔣鼎文率部與陸戰隊 3,000 餘人進駐福州，楚泰艦砲擊福州附近萬壽橋、中洲的第十九路軍，陸戰隊從陸路進攻，將第十九路軍擊退。中央軍在海軍協同下，收復福州。稍後陸戰隊攻克連江及羅源，歷時 2 個月的閩變遂告失敗。南京國民政府以此次海軍不附逆變節，與迅赴事機，勘定閩江，頗可矜式，均下令嘉獎。[221]

伍、抗戰前海軍建設的成就與缺失

一、海軍建設的成就

（一）整頓海軍

海軍部成立後，有鑑於原有各要港，實不足以資停泊之用，而浙東象山港形勢便利，決定在象山港實施建港。民國 20 年 1 月間，調海軍特務營移駐象山港，從事築港工程，派通濟艦艦長高憲申常駐象山督導一切。此外，對原有馬尾、廈門等要港，逐漸實施改良。[222]

民國 17 年海軍總司令部籌議擴展教育，培植人才，擬於浙江象山港興建大規模的海軍學校，派第二艦隊司令陳紹寬率員前往相度。[223] 海軍練營遷閩之後訓練成績，較在煙台時有長足進步。[224]

陳紹寬擔任海軍部部長期間，對海軍風紀之整頓，接待外賓的禮節，及

---

219 《民國海軍的興衰》，頁 168。

220 蔡廷楷，〈回憶十九路軍在閩反蔣失敗經過〉，頁 106。第十九路軍在渡烏龍江時，陳紹寬所部暗中留情放水，讓第十九路軍官兵全部渡江。

221 參閱一、《近代中國海軍》，頁 882。二、《海軍大事記》，第二輯，頁 56。三、《中華民國海軍通史》，頁 328-329。四、周天度，《中華民國史》，第三編，第二卷，（北京：中華書局，2002 年），頁 257。五、《中華民國海軍史事日記（1912.1-1949.9）》，頁 536。六、孫淑文，〈閩系海軍陸戰隊興衰之研究〉，頁 204。另《剿匪戰史》（四），頁 306-307 記：民國 23 年 1 月 8 日，蔡廷鍇於福州，迭接前方敗訊，知事不可為。1 月 13 日開始，由淇山橋、峽兜兩處南渡閩江，向閩南逃竄，妄圖保全實力。

222 《中華民國海軍通史》，頁 279。

223 《海軍大事記》，第二輯，頁 21。

224 《中華民國海軍史料》，頁 30。

海軍官兵生活作風都有很大的改進。[225] 民國25年6月18日，在南京舉行軍官考試，凡駐京各艦艇機關之航輪電尉官，一律與考，其餘由海軍部頒發試題，各就駐地分別舉行考試，所有考卷，均呈海軍部核定，以重考政。[226]

（二）造艦與購艦

1、造艦

民國18年3月，海軍部成立伊始，即積極推動海軍建設；一方面在求組織型態的統一，另一方面將原有的艦艇兵力加以整建與維護。當整建初期，海軍艦艇44艘，排水量僅3萬餘噸，為擴展海軍兵力，乃積極加強艦艇的製造。除了就國內造船能力自行建造外，亦向國外訂購派員監造。抗戰前海軍造艦成果如下：18年1月，咸寧艦造成，編歸海軍第二艦隊遣用。[227]8月永綏艦建造完竣，編歸海軍第二艦隊遣用。19年4月，民權艦建造完工，編歸第二艦隊遣用。[228]11月12日，逸仙艦建成下水。[229]20年11月，民生艦完工下水，編歸第二艦隊。21年委由日本建造甯海艦。21年海軍部以沿海沿江盜匪出沒無常，軍艦巡防不敷分配，決定添建「寧字號」淺水砲艇10艘分期建造。[230]23年3月，江南造船所完成威寧、肅寧2砲艇之建造，2艇歸海岸巡防處遣用。[231]24年9月28日，江南製造所舉行平海艦下水典禮。[232]26年4月2日，平海巡洋艦於江南造船所舉行正式成軍儀式，編第一艦隊遣用。[233] 上述17艘新造艦艇，除甯海艦為委由日本建造外，其它16艘均由江南造船所承造。[234]

---

225 程法侃，〈陳紹寬在海軍部長任內的業績回憶〉收錄在《舊中國海軍秘檔》，頁173。

226 《海軍大事記》，第二輯，頁72。

227 《海軍大事記》，第二輯，頁23。另《海軍抗日戰史》，上冊，頁91記：咸寧艦於民國17年造成。

228 《海軍大事記》，第二輯，頁27,33。

229 陳悅，《民國海軍艦船志1912-1937》（濟南：山東畫報出版社，2013年），頁237。

230 《海軍大事記》，第二輯，頁41,42。

231 《海軍大事記》，第二輯，頁59。《海軍抗日戰史》，上冊，頁91-92記：自民國21年至23年分別完成江寧（21）、海寧（21）、撫寧（22）、綏寧（22）、肅寧（22）、威寧（22）、崇寧（22）、義寧（23）、正寧（23）、長寧（23）等10艘寧字號砲艇。

232 參閱一、《海軍大事記》，第二輯，頁67。二、《民國海軍艦船志1912-1937》，頁338。

233 參閱一、《海軍大事記》，第二輯，頁75。另、《民國海軍艦船志1912-1937》，頁347記：26年4月1日，平海巡洋艦正式服役。

234 陳孝惇，〈抗戰前國民政府時期海軍之建設與發展〉收錄在《海軍歷史與戰史研究專輯》（台北：海軍學術月刊社，民國87年），頁110。

2、改造與改編艦艇

民國19年3月，江南造船所改造建安廢艦，改製船殼，更換脅骨，更換鍋爐及水管，添裝長波無線電機，重新命名為大同艦。7月江南造船所改造正勝艇，將該艇首尾添加砲位，命名為仁勝。11月大同、仁勝2艦艇改造完成，分編第一艦隊及海岸巡防處遣用。聯鯨砲艦更名皦日，編入測量艦隊遣用。20年7月，自強艦（原名建威）由江南造船所改造完成，編歸第一艦隊遣用。[235]25年4月，誠勝、公勝2艘砲艇改編為測量艇。[236]抗戰前海軍改造艦艇計有12艘，分別為中山、大同、自強、德勝、威勝、順勝、仁勝、公勝、義務、勇勝、誠勝、青天。[237]總計17年至26年10年間，海軍共淘汰逾齡老舊艦艇20艘，其中廢置或停用18艘，撥交民用2艘，觸礁沉沒1艘，改造舊艦艇4艘，收編艦艇2艘。[238]

3、購艦

民國16年2月，海岸巡防處購置運輸艦1艘，定名瑞霖，歸東沙台遣用。[239]自海軍部成立至抗戰前夕，海軍連同原有艦艇44艘增至57艘，排水量由30,201噸增至44,038噸。[240]

（二）飛機製造與外購

1、海軍馬尾飛機製造處

民國16年4月，製成江鷺拖進式雙桴水上飛機。6月製成海鷹海岸巡邏飛機。18年3月，拖進式雙桴水上飛機海鵰製成。19年8月，製成萊提拖式雙桴水上飛機1架，命名江鴻。10月製成萊提拖式雙桴水上飛機1架，命名江雁，形式尺寸與江鴻同。20年10月，製造江鶴、江鳳2水陸交換飛機完成。[241]

---

235 《海軍大事記》，第二輯，頁32,34,36,38,40。
236 海軍大事記》，第二輯，頁69。
237 《海軍抗日戰史》，上冊，頁89。
238 陳孝惇，〈抗戰前國民政府時期海軍之建設與發展〉，頁111-112。
239 《海軍大事記》，第二輯，頁1。
240 《海軍抗日戰史》，上冊，頁89。
241 《海軍大事記》，第二輯，頁6,19,23,3,40。20年2月飛機製造處併入上海海軍航空處。海軍馬尾飛機製處自民國8年製造第一架水上飛機甲型一號，至19年10月，共計製造19架飛機。參閱福州市地方志編纂委員會，《福州馬尾港圖志》（福州：福建地圖出版社，1984年），頁105。

咸寧軍艦

2、海軍江南造船所飛機處

民國23年10月，海軍江南造船所附設飛機處，添建飛機合攏廠。[242]24年5月，江南造船所為甯海艦巡洋艦設計及製造了1架雙桴水上偵察飛機（即甯海第二號），飛行良好。7月製成水陸交換式飛機江鵲號飛機，由海軍航空處處長陳文麟親自駕機由上海飛經徐州、濟南、天津、北京、保定、鄭州、駐馬店、漢口、安慶、杭州、福州、廈門等地，安全完成一次有意義的長途飛行。[243]至26年1月，江南造船所製造的飛機有江鶥、江鴻、江鸚及江鶚。[244]

3、外購飛機

民國17月6月，海軍向德國容克斯廠購得江鷗飛機。7月向法屬安南政府購得海鷺、海鵟（海鵞）、海鸞、海鳳、海鵠、海鶻等飛機。[245]18年8月，

[242] 《海軍大事記》，第二輯，頁62。
[243] 《福州馬尾港圖志》，頁106。
[244] 參閱一、《海軍大事記》，第二輯，頁68,74。二、陳孝惇，〈抗戰前國民政府時期海軍之建設與發展〉，頁111-112。
[245] 參閱一、《海軍大事記》，第二輯，頁19。二、《海軍抗日戰史》，上冊，頁95記：海鵟為海鵞。

平海軍艦

向英國愛維羅公司購得江鵜、江鴿、江鵟等 3 架飛機。[246]11 月海軍以原有飛機不敷教練，特向英國特海佛倫公司購買江鳶、江鶩（江鶩）、江燕等 3 架教練機，俾供教練人才之用。[247]19 年 5 月，海軍部向英國倫敦特海佛倫公司訂購陸用摩斯飛機 3 架，命名為江鸞、江鷁、江鵷。20 年 4 月，海軍航空處向特海佛倫公司訂購飛機 3 架，命名為江鷗、江鵬、江鸝。[248] 自 17 年 7 月至 26 年，中央海軍向英德等國外購飛機共計 20 架。[249]

（三）海岸與水道的水文測量

民國 18 年 7 月，海軍部以我國測繪機關紛歧，各項水道圖表雜出不一，海道測量局參列國際水道測量公會，以昭劃一，並呈請政府將海關及滬江港務各局所擬製之水道海岸圖、潮汐信號各表，送交該局審查，轉呈海軍部核定，經奉國民政府令准。[250]

---

[246] 參閱一、《海軍大事記》，第二輯，頁 26。二、《海軍抗日戰史》，上冊，頁 95 記：向英國愛維羅公司外購有 4 架飛機，另 1 架為廈門號教練機。

[247] 《海軍大事記》，第二輯，頁 28。

[248] 《海軍大事記》，第二輯，頁 33,39。

[249] 《海軍抗日戰史》，上冊，頁 89-90。另包遵彭，《中國海軍史》，下冊，頁 604 記：飛機製造處自民國 8 年至 26 年止，共製成各式飛機 21 架。

[250] 崔怡楓，《海軍大氣海洋局 90 周年局慶特刊》，頁 15。

海軍馬尾飛機製造處

民國18年10月，英國派赫洛德（Herold）艦測量香港西岸海面群島，海軍部派海道測量局測量員葉裕和赴香港，留駐英艦參加測量。[251]19年4月，海軍部飭令海岸巡防處由嵊山報警台接收浙江倒蹄礁燈塔，東沙觀象台接收東沙島燈塔。[252]

測繪江海事屬海軍主政，長江由淞滬至武漢水道，送經海軍派艦分段測，並以製圖發行，自應收回管理，以明主權。民國20年11月1日，海軍部奉行政院令准，派海道測量局局長吳光宗與海關巡工司奚理滿接洽，正式接管淞澄水道測務，由雙方登報通告，並呈行政院備案。[253]

民國21年海道測量局派甘露、暾日2測量艦及同大號汽艇，赴浙江乍浦開測東方大港。[254]22年8月，海軍部飭海道測量局就景星測量艦員兵組成浙洋測量隊，派葉裕和為隊長，乘長風巡艇帶同甘露二號汽艇，前往樂清

[251] 參閱一、《海軍大事記》，第二輯，頁28。二、《中華民國海軍史料》，頁12。
[252] 參閱一、《海軍大事記》，第二輯，頁33。二、《中華民國海軍史料》，頁15。
[253] 《海軍大事記》，第二輯，頁41。
[254] 《中華民國海軍史料》，頁12。

灣測量。9月海道測量局代局長劉德浦率測江測量隊前往福建羅源灣複測水道。[255]25年7月，派誠勝測量艇出測黃河河口水道，並添購測量新儀器。11月公勝測量艇由黃埔開測珠江伶仃洋至獅子津水道。[256]26年間分派甘露、曒日、青天、公勝、誠勝等測量艇暨海州測量隊，完成測量漁山列島至北箕山沿海、長江口、九江至漢口、連成洲至九江、鎮江至南京、珠江由海至黃埔，黃河口沿岸及深度，長江口至海州灣沿海堤岸各段重要工作。[257]

二、建軍上的缺失

民國17年夏間，國民革命軍總司令部曾設立軍事研究會，遵奉國父孫中山先生遺教籌議軍事建軍整建事宜，海軍總司令部派員與會，並擬定海軍全部建設計畫、海軍防守計畫及建築要塞計畫。之後海軍部成立復擬定「訓政時期之海軍建設計畫」。內分軍務、艦政、軍械、海政、軍學、經理等6部分。惜多未能盡善推行。[258]其原因主要為經費不足、戰亂不斷及人事等因素。

（一）經費不足影響海軍各項建設

北伐統一至抗戰軍興此十年間，中國海軍表面統一，實則是分裂為中央、東北、廣東及電雷4大系統，東北及廣東海軍直隸中央軍事委員會，不接受海軍部的指揮；電雷學校則屬軍政部，因此中央海軍雖然位居中央，但實際上並得不到國民政府的支持，以致經費常感不足。[259]海軍部的編制預算由立法院掌控，至民國27年該部被撤銷，一直未能自主，海軍全軍經費，每個月僅30萬元（海軍陸戰隊不計在內），須向軍政部支領。經濟如此，彈藥供給亦不例外。[260]經費不足影響海軍各項建設如下：

---

[255] 《海軍大事記》，第二輯，頁51。

[256] 《海軍大事記》，第二輯，頁71,72。

[257] 《中華民國海軍史料》，頁13。海軍於北伐至抗戰前夕此一時期建樹頗多；劃一海道圖表，接收澄段測量業務，開闢東方大港（乍甫），測量樂清灣、羅源灣、泉州、浙洋、海州、江陰、九江、漢口、珠江等水道。設立楊樹浦測艦浮椿，整理狼山水道，籌建鄱陽湖航行標誌，擴充各台觀象警報設備，收管倒蹄礁燈塔；參加萬國海道測量公會、參加國際海上人命安全公約暨領海界線之劃定。參閱包遵彭，《中國海軍史》，下冊，頁534。

[258] 《中國海軍史》，下冊，頁529。

[259] 王家儉，〈近百來中國海軍的一頁滄桑史：閩系海軍的興衰〉，頁181-182。

[260] 李世甲，〈我在舊海軍親歷記（續）〉，頁15。

1、飛機製造

海軍製造飛機處成立本依按海軍需要狀況產製飛機，以供海軍練習、偵察及戰鬥之用，然該處每年產製飛機數量有限，供不應求，以致海軍尚須向外洋訂購補充，此對軍略上及經濟上之根本計畫均有影響。又民國22年間，海軍部飭由製造飛機處添建水泥鋼骨飛機合攏廠1座，該廠於23年10月告成，如政府能多撥經費，非特海軍飛機可充量製造，且足為我空軍建設之輔助。可惜因工廠經費所限，原定製造飛機計畫未能實施。[261] 海軍部成立後，曾多次考慮發展海軍航空兵，如在23年的「國防計畫」中提出要在5年內添置海軍轟炸機150架，編成3隊，但需經費2,700萬元，由於當局經費無著落，計畫未能實現，以致抗戰爆發時，海軍艦艇由於缺乏空中力量的掩護，加上防空火力薄弱，大部分被日本飛機炸沈。[262]

2、造船與購船

北伐統一後，南京國民政府海軍部轄有江南、馬尾、大沽、廈門等4個造船所，除江南造船所業務興旺外，其它3所皆蕭條。[263] 馬尾造船所第一船塢自民國17年後，受疏濬閩江及福新墾田公司在青洲尾插竹影響，水勢變遷，塢口積沙陡增，船隻進出不便，乃籌議將前向外商讓購之第二船塢，撥款修造，歷時5載，費絀中止。[264] 廈門造船所在22年由薩夷接任所長後，管理不善，材料缺乏，業務收入益形衰落，員工薪水拖欠數個月，因而員工星散。[265] 海軍預算被縮減，造船所經費被拖欠，馬尾造船所因工程減少，經費不給，廠方為應付生產資困難，自21年9月起，縮短工時，實施每週五日工作制外，並採取大批解雇工人，延長工作時間等手段。[266] 由於海軍經費不足，以致向外購船數量十分有限，抗戰前海軍部曾向德國及日本外購艦艇，但僅買成日本製造的甯海巡洋艦，原先計畫在德國計畫訂購500噸遠洋潛艇1艘，250噸近海潛艇4艘及潛艇母艦1艘，其後真正撥款而開工者僅250噸近海潛艇2艘，且該2艘潛艇因抗日戰爭爆發後，於28年9月，被德國海軍部接收，

[261] 《中華民國海軍史料》，頁38。
[262] 高曉星，《民國空軍的航遺》（北京：海潮出版社，1992年），頁233。
[263] 《中國近代海軍職官表》，頁264。
[264] 《海軍大事記》，第二輯，頁57。
[265] 韓仲英，〈海軍廈門造船所概況〉收錄在《中華民國海軍史料》，頁930。
[266] 《福建船政局史稿》，頁423。

德方將已付之款願意退還。[267]

3、海軍兵工後勤建設

海軍水魚雷營的魚雷廠舊址簡陋，籌劃建造魚雷廠、水雷廠、無線電料廠3座，第一、二廠先後於民國24年3月及8月完工，第三廠則為財力所限，展期進行，遲至26年3月完工。[268] 其它後勤補給方面，抗戰前因經費不裕，對於械彈、燃料、糧食等項，未能多事準備。[269]

4、教育訓練

海軍天津醫學校因經費支絀，學校所屬天津醫院地產甚至被天津市政府盜賣（後交涉收回），學校於民國19年3月，畢業學生葉宗亮等21名後停辦。[270]23年初，海軍部曾籌備復辦天津海軍醫院校案，幾經開會討論，卒幾經費所需無著落，且政府無明確辦法，此案遂致延擱。[271] 同（23）年海軍馬尾造船所藝術學校，因造船所經費支絀，各廠幾乎停工，藝校學生出路困難，學校宣告停辦，由有關人士繼起設立勤工學校。[272]23年冬，海軍航空處第3屆航空學員畢業，嗣因海軍經費支絀，無力發展航空，飛行員畢業後無處可安插，乃停止招生。[273] 抗戰前中央海軍曾計畫在浙江象山港新建1所海軍學校，並已勘測完成，於20年間從事挖泥、築壩、砌基等工作，雖然具有基礎，但因經費關係而停工。[274]

5、海政建設

民國23年3月，我海軍有鑑於法國圖謀侵占西沙群島，向中央陳請在該島建立觀象台，藉杜法國窺伺，奉准由財政部撥興築，海軍部立即著手籌備，旋以財政部不給付，進行中輟。[275]

---

267 馬幼垣，〈抗戰期間未能來華的外購艦〉收錄在《海軍歷史與戰史研究專輯》，頁184-185。

268 《中華民國海軍史料》，頁31。

269 《抗戰史料叢編初輯》（三），頁244。

270 參閱一、《中華民國海軍史料》，頁22。二、《海軍大事記》，第二輯，頁32。

271 《海軍大事記》，第二輯，頁59。

272 參閱一、陳景薌，〈舊中國海軍的教育訓練〉，頁97。二、周日升，〈福州船政局述略〉收錄在《福建文史資料》，第八輯，頁89。

273 陳景薌，〈舊中國海軍的教育訓練〉，頁128。

274 〈海軍部要報〉收錄在《中華民國海軍史料》，頁127。

275 《海軍大事記》，第二輯，頁58。

（二）戰亂與紛亂影響海軍各項建設

對日抗戰前，因戰亂與紛亂影響海軍各項建設如下：

1、造船

平海艦於民國 20 年間交由海軍江南造船所開始建造，其間因民國 21 年「一二八淞滬戰役」江南造船所營業及工作均受影響，半年後始漸回復，[276] 但已影響工程進行，以致與原定期程略有出入。26 年海軍部計畫繼甯海、平海艦後，再造同型軍艦 1 艘，命名為泰寧，詎料工程進行尚未及半，8 月因日軍侵犯上海，江南造船所被炸，工程即無法進行。[277] 依「訓政時期之海軍建設計畫」，其中造艦部分列有各型艦艇，包括巡洋艦、潛水艦、航空母艦等 71 艘，果能依計畫分期完成，我國海上軍力亦殊可觀。[278] 然因「九一八事變」、「一二八淞滬戰役」及戡匪戰役等影響，成就未如理想。海軍部依孫中山先生的「實業計畫」中提出開發浙東象山港之建議，認為該地形勢極佳，曾經計畫欲將象山港建設為主要軍港及基地，惟準備工作未就，因日軍侵華擾亂不已，故計畫未能實現。[279]

2、教育訓練

海軍水魚雷營教室及營舍於民國 20 年春開始營造，原限 8 個月竣工，嗣因「一二八淞滬會戰」，工程停頓，迨 21 年秋方落成。[280]22 年 11 月間，因「閩變」發生，海軍部飭令海軍學校員生全體遷往南京教學，暫以海軍水魚雷營為校址。23 年 1 月，閩變敉平，海軍軍校復遷回馬尾恢復上課。[281]26 年 6 月，海軍第二艦隊在南京八卦洲、江西湖口舉行會操，旋以時局緊張，各艦艇均有軍事調遣，而匆匆結束。[282]

3、其它

民國 21 年「一二八淞滬戰役」期間，日本海軍進犯上海，海岸巡防處所在吳淞砲台淪為戰區，毀於砲火。2 月該處遷往上海辦公。迨日軍逐漸撤退，原址重修完竣，移回辦公。[283]

[276] 《中國海軍史》，下冊，頁 532。
[277] 《抗戰史料叢編初輯》（三），頁 242。
[278] 梁序昭，〈中國海軍締造之回顧與展望〉收錄在《中國海軍之締造與發展》，頁 17。
[279] 《池孟彬先生訪問紀錄》，頁 23。
[280] 《中華民國海軍史料》，頁 31。
[281] 參閱一、《中華民國海軍史料》，頁 19。二、《海軍大事記》，第二輯，頁 56。
[282] 《海軍大事記》，第二輯，頁 76。
[283] 《中華民國海軍史料》，頁 15。

（三）控制地方強徵賦稅

楊樹莊率海軍歸順國民革命軍後，為控制福建割據地盤的經濟命脈，在馬尾設立海軍支應局，直轄福清、長樂、連江、平潭、永泰等5縣，並在廈門及三都澳兩地設立分局。廈門分局轄思明（今廈門）、金門、東山等3縣，三都澳分局轄福安、福鼎、壽寧、霞浦、寧德、羅源等6縣，各局所轄的縣都設立辦事處，專司徵收捐稅，解送海軍閩廈警備司令部，作為統籌軍餉之支應。當時苛捐雜稅名目繁多，凡財政廳所有苛捐雜稅，支應局也應有盡有，特別是煙苗捐一項毒害最大，且各縣縣長貪污腐化，剝削中飽，所有人員大多為海軍有勢力的司令、艦長之親友故知，嚴重危害地方。[284]

（四）中央對閩籍將領顧忌及人事不和影響海軍建設

北伐統一後，原屬北洋政府的海軍一變為國民政府的中央海軍，海軍大權依然為閩籍海軍將領掌控，海軍高階將領楊樹莊、陳紹寬、陳季良、陳訓泳、李世甲等皆為閩人。[285] 以民國26年為例，海軍部所屬官佐總數2,563人，閩籍為2,139人，占83%。[286] 以致抗戰前的中央海軍被人稱為「閩系海軍」。[287] 蔣中正因海軍閩籍將領在北伐「反正」投效他，協助清剿內亂，故將中央海軍委諸閩籍將領（閩系）。另一方面蔣中正希望中央海軍能「國家化」，且自北伐統一後，中央海軍「閩系」色彩增強，引起其他地方海軍的敵視，因此蔣中正對中央海軍只好採取若即若離的態度。[288] 抗戰前中央海軍的靈魂人物是為海軍部部長陳紹寬，陳氏為人個性剛烈，與中央電雷學校校長歐陽格，及軍事委員會裡重要將領如何應欽、陳誠等人領之間素來不和或有矛盾，高層人事不和影響整體海軍建設。抗戰前中央海軍在海軍建設之「教育計畫」中建議，將現有中央海軍、東北海軍及廣東海軍所辦的各海軍學校合併調整，

---

284 《中華民國海軍通史》，頁274-275。

285 王家儉，〈近百來中國海軍的一頁滄桑史：閩系海軍的興衰〉，頁181。

286 包遵彭，《中國海軍史》下冊，頁540。

287 「閩系海軍」一詞；根據國內研究民國海軍史張力教授的說法：國民革命軍北伐完成以前，中國海軍已形成3個系統，廣東、東北2支海軍固然為明顯地方武力，而歸北京政府（北洋政府）節制的海軍，也是長期以來，以閩籍人士居多，而被稱之為閩系海軍。參閱張力，〈航向中央：閩系海軍的發展與蛻變〉收錄在《中華民國史專題第五屆討論會－國史上中央與地方的關係》（台北：國史館，民國89年），頁1563。

288 張力，〈中國海軍的整合與外援〉收錄在《國父建黨革命一百周年學術討論集》，第二冊，頁1。

統一招生，培養各類海軍人才。[289] 但因海軍高層內部人事不和而無法實現。[290] 抗戰前陳紹寬雖曾有擴充海軍的理想；增加各種類型軍艦到 60 萬噸，並擬修膠州灣、象山港、大鵬灣為軍港，但因與蔣中正的海軍建軍理念不合而落空。[291]

（五）後勤設備落後影響建軍

海軍江南造船所因設備陳舊，造船能力遠落後於其他先進國家，故甯海巡洋艦須向日本訂造，其姐妹艦平海艦，亦需參甯海艦圖樣設計，由江南造船所自造，但火砲不能自製，仍須向日本訂製。[292]

（六）海軍學校課程設計欠缺通才教育

民國 23 年考進海軍學校的海軍耆宿陳在和，就海軍學校的教育提出個人看法如下：學生在專科學術方面學習的很軋實，幾乎所有的課本都是英文本，且有英籍教官授課，但一般學識就顯得不足。這是陳紹寬部長時期的作風，非常重視學術，學生埋首書堆，很少看報紙、雜誌，缺少廣泛的知識；學生很單純，但幾乎與社會隔絕，不夠當一個有指揮能力的海軍軍官，更談不上與友軍之間的合作。陳在和認為這是個缺陷，認為學生除了要有專科學識外，也要對國際局勢，世界海軍現況，國內社會情形有所瞭解。[293]

（七）軍紀不彰

馬尾海軍練營原隸屬馬江港司令部，陳紹寬擔任海軍代部長後改隸海軍部，引起馬江要港司令部司令李世甲不滿，且李氏與練營營長葉可鈺不和互相攻訐，以致部分練營士兵與要港司令部士兵，常在市街上藉小事發生爭吵甚至鬥毆。[294]

民國 25 年 11 月，海軍軍校第 4 屆輪機班學生鄭練簡等 30 人，因於該年

---

289 高曉星，《民國海軍的興衰》，頁 122。

290 曾國晟，〈記陳紹寬〉收錄在《福建文史資料》，第八輯，頁 176-180。另王家儉，〈近百來中國海軍的一頁滄桑史：閩系海軍的興衰〉，頁 181-182 記：國民政府中的軍事強人蔣中正希望海軍統一於他個人領導之下，但陳紹寬則希望統一於閩系的領導之下，蔣深恐閩系海軍不易控制，彼此勾心鬥角，以致阻礙了海軍的建設。

291 王家儉，〈近百來中國海軍的一頁滄桑史：閩系海軍的興衰〉，頁 185。

292 程法侃，〈陳紹寬在海軍部長任內的業績回憶〉，頁 181。

293 張力，〈陳在和先生訪問紀錄〉收錄在《海軍人物訪問紀錄》，第二輯，（台北：中央研究院近代史研究所，民國 91 年），頁 4-5。

294 魏應麟，〈海軍馬江練營的幾件事〉，頁 214-215。

陳紹寬，江南水師學堂駕駛第六屆畢業，曾任海軍部長、海軍總司令。

6 月間違犯校規，照章開革。[295] 曾任陸戰隊第四團團長楊廷英對抗戰前的陸戰隊評價為；表面軍容雖有振刷，但紀律仍極敗壞，割據地盤，各樹一幟，盡失陸戰隊擔任警衛和協同海軍登陸作戰的性質，同地方軍閥並無兩樣。[296]

陸、結語

民國肇建，北洋軍閥掌控政權，海軍迫於現實，依附北洋政府。北洋不同派系軍閥長年混戰，政府財政十分困難，無心或無力從事海軍建設，以致海軍整體發展受限。民國 15 年 7 月 9 日，國民革命軍總司令蔣中正誓師北伐打倒軍閥。北伐大軍勢如破竹，盤據兩湖軍閥吳佩孚潰不成軍。海軍總司令楊樹莊以他長年在北洋政府為官的政治敏感度，研判北洋政府已是日薄西山，遂秘密與南方國民政府連絡，並私下命令各地艦艇集中九江，於 16 年 3 月 14 日，宣布脫離北洋政府，正式加入國民革命軍，楊氏被蔣中正總司令任命為國民革命軍海軍總司令，自此開創了中國海軍新時代的來臨。

[295] 《海軍大事記》，第二輯，頁 73。
[296] 楊廷英，〈舊海軍駐閩陸戰隊〉，頁 57,61。

楊樹莊率海軍歸附國民革命軍後，海軍果然不負眾望，在北伐龍潭戰役截擊北洋新直系軍閥孫傳芳部隊渡（長）江之企圖，粉碎了孫傳芳反攻南京的計畫，國民政府得以奠都南京。接著在寧漢分裂時，海軍擁護南京國民政府，奉命西征，協助友軍打敗唐生智，先後收復武漢及岳州，穩定了兩湖政局，鞏固以蔣中正為領導中心的南京國民政府。國民政府有鑑於海軍在北伐期間對南京政府的效忠與效力，於民國 18 年成立海軍部，以統制中央海軍。

自民國 17 年北伐統一至 26 年抗戰軍興，此十年間我國政局大致較為穩定，中央海軍在組織制度，軍艦與飛機製造及外購、海政與後勤建設、官兵及部隊教育演訓等各方面，均有一定程度的建設與發展，此時期海軍在艦艇的數量及噸位，較北伐統一前大幅增加，官兵及部隊之素質亦有所提升。

北伐成功統一全國後，外有日本侵華，占領東北三省；內則有地方實力派軍人反叛，及中共紅軍侵擾長江流域及東南省分。此時期中央制定「安內攘外」之國策，海軍則奉命令協助友軍討逆、剿共，先後平唐生智、桂軍、張發奎、西北軍等反叛，及戡平閩變。在剿共方面；海軍艦艇及陸戰隊屢次清剿侵擾湘鄂贛皖閩諸省的中共紅軍，殲滅及捕獲紅軍頗眾，對於打擊中共赤化與綏靖地方，有一定的貢獻。

海軍部成立後，曾釐定海軍長遠的建軍計畫，試圖改造自民國以來積弱不振的海軍。然而北伐統一後，國民政府的財政十分有限，海軍經費更是杯水車薪，難以致力於全面性的建設。且此時期我國海軍僅是名義的統一，東北海軍及廣東海軍仍是高度自主，不受中央統轄，加上戰爭與人事等紛亂，亦阻礙或削弱中央海軍建軍之成效，至抗戰前夕，中央海軍僅在艦艇與飛機的研製或外購上，及教育訓練上有些的成果，但艦艇數量、噸位及武器裝備等整體實力而言；遠遜於長期對我虎視眈眈的強敵日本。以致至民國 26 年 7 月，全面抗日戰爭爆發時，我國海軍整體實力仍無法與日本海軍抗衡。[297]

[297] 張力認為：南京國民政府的十年建國期間，慘淡經營後的海軍規模依然很小，不僅未達到蔣中正民國 17 年的期望，且在中日戰爭初期短暫抵抗後，幾乎完全毀於戰火。原因在於這 10 年間海軍並未脫胎換骨，成為一支可以有效抵禦外侮的國防力量。參閱張力，〈中國海軍的整合與外援〉收錄在《國父建黨革命一百周年學術討論集》，第二冊，頁 22。

附錄 北伐至抗戰時期海軍各軍校畢業生

資料來源：《海軍軍官教育一百四十年（1866-2006）》，上冊，（台北：海軍司令部，民國 100 年）。

福州海軍學校畢業生

第一屆航海　計二十三名　民國十九年五月畢業

陳瑞昌、陳書麟、蔣兆莊、黃劍藩、沈聿新、羅榕蔭、官　箴、林家熹、李有鵬、陳慕周、陳　洪、林祖煊、徐奎昭、張振藩、蔣　瑨、廖能安、盧詩英、王大恭、李　幹、楊崇文、陳孝樞、梁振華（改名劍光）、馬世炳

第二屆航海　計十八名　民國二十年三月畢業

周伯燾、李壽鏞、邵　侖、郭懋來、呂叔奮、林繼伯、黃廷樞、趙梅卿、陳鏡良、陳祖湘、鄭克謙、周建章、張鴻模、陳炳焜、倪錫齡、陳孔鎧、陳正望、魏衍藩

軍用化學班　計十名　民國十七年六月畢業

李可同、黃良觀、陳宗芳、丁　群、王衍紹、王衍錟、葛世樫、陳振鏵、鄭禮新、林逢榮

海軍學校航海畢業生（接福州海軍學校）

第三屆　計十五名　民國二十二年八月畢業

龔棟禮、薛奎光、陳慶甲、劉永仁、鄭天杰、高　舉、陳祖珂、劉兆棻、李長霖、薛寶璋、劉崇端、孟緒順、韓兆霖、林　溥、江　瀾（改名叔安）

第四屆　計二十四名　民國二十三年五月畢業

劉榮林、林葆恪、高聲忠、游伯宜、周仲山、陳　惠、林學良、林嘉甫、張昭熙、邵正炎、袁　濤、郭國錐、張則鋆、闕　疑、陳行源、王文芝、林斯昌、林人驥、吳貽榮、陳增麟、朱秉照、陳滬生、蔣亨森、潘成棟

第五屆　計三十名　民國二十六年三月畢業

鄭　昂、柳鶴圖、常香圻、薩師洪、高光暄、魏行健、魏濟民、陳家振、孔繁均、陳夔益、莊懷遠、孟漢霖、陳曙明、劉耀璇、林君顏、張家寶、高昌衢、蔡詩文、歐陽炎、孟漢鐘、楊光耀、劉　馥、郭允中、盧國民、何博元、葛世銘、林乃鈞、柴耀城、楊　簶、劉　祁

海軍學校輪機畢業生（接福州海軍學校）

第三屆　計十七名　民國二十一年二月畢業

官　賢、鄭海南、柯應挺、張雅藩、周發誠、魏兆雄、陳　昕、鄭貞和、闕曉鐘、林巽道、陳蔭耕、董熙元、薩本述、林　剛（改名子虞）、賴祖漢、傅恭烈、高飛雄

第四屆　計三名　民國二十六年七月畢業

夏　新、吳寶鏘、雲惟賢

煙台海軍學校

第十八屆　計三十名　民國十七年九月畢業

陳贊湯、林祥光、林　濚、林　夔、林　準（改名遵）、程法侃、高如峯、孟漢鼎、廖德棪、王廷謨、魏應麟、張大澄、李世魯、張天浤、陳訓瀅、李慧濟、翁政衡、陳壽莊、林克中、江　涵、杜功治、程豫賢、陳家榑、沈德鏞、郎鑑澄、謝為森、薛　臻、吳芝欽、江家騶、劉崇平

本章圖片來源

作者翻攝於海軍軍史館
頁 123（下）、131（下）、182。

沈天羽編著，《海軍軍官教育一百四十年》，台北：海軍司令部，2011 年。
頁 116、144、145、146、147、148、149、152、157、191。

《海軍艦艇圖說》，海軍部，約為民國二十一年。
頁 118、119、120、121 上下、122、123 上、124 上下、125 三張、126 上下、127 三張、128 上下、129 上下、130 上下、131 上、132、133 四張、134 四張、135 四張、136 四張。

沈天羽提供
頁 139、150、153、163、183。

褚晴暉著，《王助傳記》，台南：國立成功大學博物館，2010。
頁 184。

第三章　抗戰時期的中央海軍

摘要

民國 26 年 7 月抗戰軍興。8 月日軍進犯淞滬，海軍為數不多的艦艇在抗戰初期大多已損失。27 年 1 月為因應抗戰局勢，海軍部奉令暫行裁撤，2 月海軍總司令部正式成立，直隸軍事委員會，海軍部原有單位大幅縮編，為中央海軍自民國肇建以來編制最小時期，至 31 年 12 月僅存 10 艘艦艇，為中央海軍成軍以來艦艇最短缺及力量最薄弱時期。

抗戰軍興後，海軍學校由馬尾遷往貴州桐梓，期間學校教育繼續沿襲英國海軍的教育制度。32 年 9 月，我國依「軍火租借法案」向美英提出「租借艦艇計畫」，考選赴美英接艦官兵，由美英代訓，不但解決我海軍官兵教育訓練因無艦艇及設備可施教見習之困難，更可吸取英美海軍之新知與技術，對戰後海軍重建，提升海軍官兵素質助益頗大。

盧溝橋事變爆發之初，我海軍相較日本海軍處於絕對劣勢，無力與敵正面作戰，僅能採守勢。海軍對全般作戰之考量，首在集中兵力，專事江防，防範敵溯江西犯，以達成持久戰與消耗戰之目的。武漢棄守後，海軍以游擊布雷作戰分段封鎖長江，並以水雷作戰為戰術中心。宜昌會戰之後，海軍致力於川江防禦，拱衛重慶。抗戰期間海軍有效地消耗日軍的有生力量，且因海軍在長江、川江各口部署岸砲，使日艦懾於我方岸砲的威脅，不敢溯江長趨直入，對保衛陪都重慶之安全，居功厥偉。

壹、前言

民國26年7月7日「盧溝橋事變」，自此展開我國8年長期對日抗戰。抗戰軍興後，日軍沿長江進犯京滬，海軍部隨國民政府西遷，為因應局勢，精簡組織，海軍部被裁撤，另成立海軍總司令部，直隸軍事委員會。受到戰爭影響及沿海要港被日軍占領，原海軍許多機構相繼被裁撤。海軍為數不多的艦艇，在抗戰初期為阻止日軍沿江西犯，不是自沉長江阻塞水道外，或敵機所摧毀，以致民國31年底，中央海軍僅存10艘。此為自民國肇建以來，以閩系為主導的中央海軍，其組織編制上最小，艦艇數量最少時期。

抗戰時期，海軍學校被迫西遷貴州桐梓，為了培育海軍人才，海軍學校曾數次對全國招生。由於長期抗戰，國家財政困難，加上沿海被敵占領，對海軍建軍發展及教育訓育，影響極大。民國30年12月，太平洋戰爭爆發後，我海軍以參戰見習暨造船為名，派遣海軍軍官赴英美等同盟國留學深造。至抗戰後期，我國派遣大量海軍官兵與從軍知識青年赴美英兩國接艦及受訓，不僅解決戰時我海軍教育訓練環境的困難，此對於海軍人才的培訓及戰後我海軍的重建，貢獻極大。

由於我海軍整體實力遠不敵日本海軍，以致在抗戰初期，僅能以老舊的艦艇沉塞於長江，以阻敵西犯，我數量不多的主力艦艇亦因日軍掌握制空權，及我海軍防空武器薄弱，大多被日機所擊沉。自此海軍主要以要塞砲兵及江川布雷來對抗敵艦，其中運用布雷戰術，造成對敵艦艇及人員損害極大，使敵艦不敢沿長江直趨西犯，對於保衛川江，拱衛重慶貢獻良多。

有關抗戰時期我海軍相關議題的研究，在國內外的研究與著作雖然不少，但就探討研究抗戰時期閩系主導的中央海軍，其組織、教育及作戰等整體建軍發展，並不多見。因此筆者有感抗戰勝利迄今已屆70週年，而中央海軍在抗戰時期的艱苦經營，官兵奮勇犧牲及對國家民族之貢獻，應予以表彰，名留青史。因此筆者蒐整國軍檔案、臺海兩岸官方或民間出版之海軍史料與文獻，近人相關之著作或論文、曾參與抗戰之海軍耆宿的回憶錄或口述歷史，就抗戰時期中央海軍的組織發展、教育訓練、對日作戰、海軍對抗戰的貢獻，及其發展之困境與缺失，做一個綜整的論述及探討。

貳、海軍組織的發展與遞嬗

一、海軍部的裁撤與海軍總司令部的成立

民國 26 年 12 月，國民政府由南京西遷，海軍部依照軍事行動計畫，先後派遣各艦艇，分批載送海軍部及海軍駐南京各機關人員西遷，限期恢復辦公。海軍部辦公場所分設於漢口、岳陽兩處。陳紹寬部長則往返漢口、岳陽之間，並時赴前方視察防務。[1]

民國 27 年 1 月 1 日，海軍部奉令暫行裁撤，其經管事務，歸併海軍（戰時）總司令部辦理，並裁撤海軍練習艦隊等 17 個單位，海軍部於 1 月 31 日結束，所有經管事務，即日移交海軍總司令部接辦。原艦政司司長唐德圻、軍械司司長林獻圻、軍學司司長呂德元、海政司司長許繼祥、編譯處處長佘振興均派為少將候補員，各自遣散。[2]2 月 1 日，（戰時）海軍總司令部正式成立，直隸屬軍事委員會，掌理海軍全般事務，仍由前海軍部部長陳紹寬為海軍總司令。改組伊始，首先釐訂編制，於總司令下置參謀長乙員，即以原海軍部常務次長陳訓泳改任參謀長，一切人事編制，以適合作為主，將海軍部原有 8 司縮編為參謀、軍衡、艦械、軍需等 4 處，及上中校秘書 4 員，中少校副官 3 員，分掌各事。參謀處（處長楊蔓貞）置軍務、文書 2 科；軍衡處（處長林國賡）置銓敘、卹賞 2 科；艦械處（處長陳宏泰）置輪電、兵器 2 科；軍需處（處長羅序和）置會計、儲備 2 科。各處處長編階為少將編階，各科科長編階為上校。警衛營改為特務連，與軍樂隊、無線電台均附屬參謀處。雖然組織有所變更，而海軍應辦事項，仍按照其性質，就部內各處室及現有各艦隊機關中，歸併辦理，加緊工作，實於撙節軍費之中，兼寓增進效率之意。部外艦隊各機關則將直轄各艦艇編為第一、第二艦隊，俾便指揮。[3]

---

[1] 《海軍大事記》，第二輯，頁 85。26 年 11 月，上海撤守後，南京吃緊，海軍部將軍學司、海政司、軍務司及編譯處先撤往湖口。27 年 1 月，再遷至岳陽。參閱佘振興，〈佘振興回憶錄〉，收錄在《中國海軍的締造與發展》（台北：海軍總司令部，民國 54 年），頁 179。

[2] 佘振興，〈佘振興回憶錄〉，頁 179。

[3] 柳永琦，《海軍抗日戰史》，上冊，（台北：海軍總司令部，民國 83 年），頁 717。《海軍大事記》，第二輯，頁 86。《中華民國海軍史料》，頁 319。

抗戰時期海軍部於重慶山洞之正門

海軍總司令部成立後，為適應戰時需要，總司令陳紹寬率一部隨節人員駐咸寧旗艦辦公；咸寧艦沉沒後，改以永綏為旗艦，旋又駐節於江犀旗艦，往來馬當、漢口、岳陽、長沙等地指揮軍務。民國 27 年 2 月，海軍總司令部參謀長陳訓泳率總司令部人員駐岳陽辦公。8 月因戰況所迫，海軍總司令部由岳陽遷往湘陰。

10 月海軍總司令部由湘陰暫時移駐辰谿。同（27）年冬，武漢會戰結束後，國民政府為集中抗戰力量，各機關奉令遷移重慶辦公。12 月海軍總司令部人員陸續由辰谿遷往重慶集合辦公，辰谿部分僅留海軍醫院及水魚雷營。[4]

海軍總司令部遷渝後，飭令各處室集合重慶，原分別於重慶白象街、江北桂花街兩處辦公。民國 28 年 2 月，各處室均移至江北、常川辦公，白象街地址則留為處理公務之臨時場所。海軍總司令部遷渝後，由辰谿運輸公務案件甚多，為便利接運，於貴陽設臨時辦公處。[5] 迄後因日機不斷轟炸重慶，政

[4] 《海軍抗日戰史》，上冊，頁 718。《海軍大事記》，第二輯，頁 93,97,98；《中華民國海軍史料》，頁 319。

[5] 《海軍大事記》，第二輯，頁 100。《中華民國海軍史料》，頁 319-320。

府乃疏散各機關於重慶郊外，海軍總司令部江北辦公處因屢遭敵機轟炸，損壞頗多，於 29 年 6 月，遷至老鷹巖（俗稱山洞）辦公。[6]

民國 30 年 1 月 16 日，海軍總司令部以比年以來，作戰部門逐漸增加，發揮布雷任務範圍益擴，處理製雷案件日漸繁多，參謀、艦械 2 處各科編員不敷應用，為因應業務之要求，在參謀處增設訓練科，艦械處增設雷務科編制，奉軍事委員會核准成立，以邵新調任訓練科科長，曾國晟調代雷務科科長兼水雷製造所所長，至此海軍總司令部編制為轄 4 處 10 科。[7]

二、海軍艦隊

民國 26 年 7 月，盧溝橋事變爆發前，時中央海軍部直屬艦隊所轄艦艇如下：

（一）第一艦隊

轄海容、海籌、甯海、平海 4 艘巡洋艦；逸仙 1 艘輕巡洋艦；建康 1 艘驅逐艦；克安、定安 2 艘運輸艦；大同、自強、永健、永績、中山 5 艘砲艦。司令陳季良。

（二）第二艦隊

轄楚泰、楚同、楚謙、楚有、楚觀、江元、江貞、永綏、民生、民權、咸寧、德勝、威勝艘 13 砲艦；江犀、江鯤 2 艘淺水砲艦；湖鵬、湖鷹、湖鶚、湖隼 4 艘魚雷艇。司令曾以鼎。

（三）巡防隊

轄順勝、義勝、仁勝、勇勝、江寧、海寧、肅寧、威寧、撫寧、綏寧、崇寧、義寧、正寧、長寧 14 艘砲艇。

（四）練習艦隊

轄應瑞、通濟 2 艘練習艦。

---

6 《海軍抗日戰史》，上冊，頁 718。《海軍大事記》，第二輯，頁 118。

7 《海軍抗日戰史》，上冊，頁 718。《中華民國海軍史料》，頁 320；《海軍大事記》，第二輯，頁 118。

（五）測量隊

轄甘露、皦日、青天、武勝、誠勝、公勝6艘測量艦。

另未編隊則有普安運輸艦，辰字及張字2艘魚雷艇。[8]

民國27年1月，因抗戰以來，海軍各艦隊艦艇有所損失，艦隊進行改組，改組後仍編列第一、第二艦隊；以永績、中山、定安、克安、甘露、江元、江貞、楚觀、楚謙、楚同、楚泰、義寧、崇寧、成寧、肅寧、正寧、長寧等艦撥歸第一艦隊；永綏、民生、民權、威寧、江鯤、江犀、順勝、義勝、仁勝、勇勝、公勝、誠勝、海寧、撫寧、綏寧、湖鷹、湖隼等艇撥歸第二艦隊。練習艦、測量隊、巡防隊分別歸併。[9]

民國27年10月，武漢會戰結束後，海軍抗戰的方略方針為配合國軍整體作戰，重新調整。海軍各個單位及部隊，除海軍總司令部西遷重慶外，將剩餘艦艇兵力分別集中於長江上游宜昌和萬縣等水域；以第一艦隊（司令陳季良）防守重慶至萬縣一帶，擔任長江三峽上游的防務；第二艦隊（司令曾以鼎）以宜昌為基地，負責三峽要塞下游及指揮洞庭湖警備區、布雷隊；原江防要塞司令部撤編，所屬守備部隊撤至三峽要塞，繼續擔負守備任務。[10]

民國29年6月20日，宜昌失守，海軍倖存艦艇撤往三峽以西，共有各型艦艇14艘。[11]9月3日，甘露測量艦於巴東台子灣被敵機炸沉。[12]30年8月24日，江犀及江鯤2艘砲艇被敵機炸毀，海軍總司令部令飭取銷單位，2艦

---

8 《海軍大事記》，第二輯，頁65。另一說法抗戰前夕中央海軍計有；第一艦隊司令部轄海容、海籌、寧強、逸仙、大同、自強、永康、永績、中山、建康、定安、克安等12艘艦艇。第二艦隊司令部轄楚有、楚泰、楚同、楚謙、楚觀、江元、江貞、永綏、民生、民權、威寧、德勝、必勝、江鯤、江犀、湖鵬、湖鷹、湖鶚、湖隼等19艘艦艇。測量隊轄甘露、皦日、青天、誠勝、公勝、景星、慶雲等7艘艦艇。練習艦艇轄直瑞（係誤寫，正確為應瑞）、通濟。預備艦隊轄平海、普安、武勝、辰字及宿字魚雷艇。巡防隊轄順勝、義勝、勇勝、仁勝、海寧、江寧、撫寧、綏寧、肅寧、威寧、崇寧、義寧、正寧、長寧等14艘艦艇。王家儉，〈海軍對於抗日戰爭的貢獻〉，收錄在《海軍學術月刊》，第21卷第7期，頁12-13。

9 包遵彭，《中國海軍史》，下冊，（台北：臺灣書店，民國59年），頁862。

10 《海軍抗日戰史》，下冊，頁116。

11 海軍總司令部編，《海軍艦隊發展史》，第一冊，（台北：國防部史政編譯局，民國90年），頁28。

12 《海軍大事記》，第二輯，頁155。

員兵調派海軍各機關部隊服務。[13]31 年 12 月 17 日，定安艦被日機炸沉。[14] 至此中央海軍僅存 10 艘艦艇。

民國 31 至 33 年，英、美、法等 3 國陸續將其駐華艦艇贈與我國，分別命名為英山、英德、英豪、美原、法庫，與我海軍原有的 10 艘艦艇編為 2 支艦隊。時第一艦隊轄楚同、楚謙、楚觀、江元、咸寧、義寧、克安等 7 艦艇，以陳季良為艦隊司令。第二艦隊轄永綏、民權、英山、英德、英豪、美原、法庫、湖隼等 8 艦艇，艦隊司令為曾以鼎。[15]

民國 33 年 6 月，海軍總司令部參謀長陳訓泳病故出缺，第一艦隊司令陳季良繼任參謀長兼第一艦隊司令。[16]34 年 4 月，海軍總司令部參謀長兼第一艦隊司令陳季良病故，第二艦隊司令曾以鼎升任參謀長，第二艦隊司令遺缺由閩江江防司令兼陸戰隊獨立第二旅旅長李世甲調任；第一艦隊司令遺缺由宜巴要塞第一總台長方瑩升任。第二艦隊司令李世甲未到差前，由方瑩兼代第二艦隊司令。[17]8 月海軍總司令部呈准將第一艦隊司令方瑩調任第二艦隊司令，總司令部軍械處處長陳宏泰調任第一艦隊司令，原第二布雷總隊長劉德浦調廈門要港司令。[18]

三、海軍駐閩指揮機構

1、海軍馬尾要港司令部

民國 27 年 5 月，日軍入侵廈門，海軍廈門港司令部與海軍駐廈門各機關人員撤往馬尾後，與海軍馬尾要港司令部合併。[19]28 年 5 月，因敵圖閩日極，

---

13 《海軍艦隊發展史》，第一冊，頁 28。30 年 4 月 21 日，被日機炸傷擱泊福州南港的楚泰艦我海軍自行炸毀，以免資敵。《中華民國海軍史事日志（1912.1-1949.9）》，頁 686。

14 《海軍大事記》，第二輯，頁 154。

15 《海軍艦隊發展史》，第一冊，頁 30。

16 《中華民國海軍史事日志（1912.1-1949.9）》，頁 725。劉傳標，《中國近代海軍職官表》（福州：福建人民出版社，2004 年），頁 233。另《海軍大事記》，第二輯，頁 157 記：32 年 5 月，陳訓泳參謀長因病辭職，遺缺由第一艦隊司令陳季良兼任。

17 《海軍大事記》，第二輯，頁 170。時第二艦隊駐防川江，日軍已切斷西南交通，李世甲人在福建南平、永安等地等候第十四航空隊的飛機前往接事，經月未能成行。李世甲，〈我在舊海軍親歷記（續）〉，收錄在《福建文史資料》，第 8 輯，頁 38。《海軍艦隊發展史》，第一冊，頁 30 誤記：34 年 4 月 14 日，陳季良病故，由布雷第一總隊長陳宏泰繼任。

18 《中華民國海軍史事日志（1912.1-1949.9）》，頁 736。

19 李世甲，〈我在舊海軍親歷記（續）〉，頁 30。

閩口要塞要砲台迭遭敵機狂炸，馬尾要港司令部呈請將與抗戰工作無關之人員及公物，斟酌情勢，遷往南平。[20]30 年 5 月，日軍侵占福州後，有繼續西犯之企圖，14 日海軍馬尾要港司令部暨所屬特務排，海軍谷口要塞總台部及所屬各台、海軍馬尾修械所、彈藥庫、兵器庫、電台、監獄、煤棧、長門藥彈庫等奉海軍總司令部命令暫予裁撤。[21]

2、閩江江防司令部

民國 30 年 5 月 14 日，海軍馬尾要港司令部奉海軍總司令部命令暫予裁撤，另於南平谷口成立閩江江防司令部，任命李世甲為司令兼海軍陸戰隊獨立第二旅旅長，以谷口至閩清口為防區，由陸戰隊擔任防衛，所有水警大隊及水警巡艇隊均歸其指揮，並訂定閩江江防司令部編制，頒發遵守，以應閩省戰局之需要。[22]

34 年 5 月，閩江江防司令兼陸戰隊獨立第二旅旅長李世甲調任海軍第二艦隊司令，遺缺由布雷第二總隊長劉德浦升任。[23]

四、海軍陸戰隊

民國 26 年 7 月 7 日，抗戰軍興後，9 月日軍在杭州灣金山衛登陸，戰況急緊。11 月海軍陸戰隊第二旅第三團奉令由福建長樂增援杭州。未料陸戰隊第三團行抵金華時，杭州已陷落，遂留駐金華、衢州一帶，負責當地防務，配合陸軍作戰。陸戰隊獨立第一旅則分駐江西潯陽、湖口。[24]27 年 1 月，因應抗戰陸戰隊奉令僅保留第一旅及第二旅。[25] 時陸戰隊第一旅第一團調駐馬

---

20 《海軍大事記》，第二輯，頁 103。

21 《海軍大事記》，第二輯，頁 135。民國 27 年 6 月以撫寧、肅寧、正寧等 3 砲艇員兵，經馬尾要港司令部組成閩口巡防隊，以蔣元福為隊長。《海軍大事記》，第二輯，頁 91。

22 《中華民國海軍史事日志（1912.1-1949.9）》，頁 687。5 月 1 日，福建省主席陳儀委李世甲為閩江江防司令。李世甲，〈我在舊海軍親歷記（續）〉，頁 35。

23 《海軍大事記》，第二輯，頁 170。

24 何應欽，〈對臨時全國代表大會軍事報告〉，收錄在《抗戰史料叢編初輯》（三）（台北：國防部史政編譯局，民國 63 年），頁 209。《海軍大事記》，第二輯，頁 84。《中華民國海軍史事日志（1921-1949）》，頁 611-612。海軍總司令部編，〈海軍抗戰紀事〉，收錄在《抗日戰爭正面戰場》，下冊，（南京：鳳凰出版社，2005 年），頁 1746,1762。

25 《海軍大事記》，第二輯，頁 86。國防部史政編譯編印，《國民革命建軍史》（第二部），安內攘外，（一），民國 82 年，頁 321。

當。[26]2 月因武漢戰局變化，將原封鎖長江之任務，轉由陸軍負責，陸戰隊第一旅旅部及第二團，轉往江西彭澤布防。繼因湖口防務吃緊，復調湖口擔任警備，任當地陸軍之協防部隊。同（27）年春，陸戰隊第二旅第三團奉命由金華、衢州移防湖口，歸陸戰隊第一旅旅長林秉周指揮。[27]4 月敵機迭在粵漢鐵路轟炸，駐湖口的陸戰隊第一旅及第二旅第三團奉命開赴鄂湘，擔任粵漢鐵路之護路工作。[28]

民國 28 年 4 月，陸戰隊第一旅第一團、第二團移駐湘西，擔負維護湘黔公路及肅清匪禍之任務，所遺粵漢鐵路南段警衛之任務，由陸戰隊第二旅第三團接替。10 月陸戰隊第二旅第三團移駐衡陽，擔負衡（陽）寶（慶）公路護路任務。[29]29 年 9 月，陸戰隊第二旅第三團奉令移防鄂西，原衡寶公路護路任務，移交陸軍接替。[30]32 年軍事委員會制定海軍陸戰隊獨立旅編制表；陸戰隊獨立旅旅長為少將編階，獨立旅編制為官佐 236 員，士兵 2,315 名。[31]33 年 5 月，湘黔匪禍猖獗，軍事委員會對湘黔清剿股匪工作，重新再予部署，陸戰隊奉令調整防區；以第一旅駐防芷江、辰谿；以第二旅第三團駐防永順。5 月 9 日，陸戰隊第一旅第二團擔任芷江機場警衛。[32]8 月湘黔清剿區重新劃分；陸戰隊駐防地計轄辰谿、芷江、懷化、黔陽、會同、沅陵、瀘溪、大庸、桑植、永順及古丈等縣。[33]

---

26 《海軍大事記》，第二輯，頁 86。《海軍抗日戰史》（下冊），頁 632。

27 《海軍大事記》，第二輯，頁 87。《海軍抗日戰史》（下冊），頁 632-633。《中華民國海軍史事日志（1921-1949）》，頁 618。四、〈海軍抗戰紀事〉，頁 1762。

28 海軍總司令部編，〈海軍戰史〉，收錄在《中華民國海軍史料》，頁 368。〈海軍抗戰紀事〉，頁 1763。

29 〈海軍戰史〉，頁 369。

30 《海軍抗戰史》（下冊），頁 634。〈海軍革命史〉，收錄在《中華民國海軍史料》，頁 368-369。另外，〈海軍大事記〉，頁 1148。及《中華民國海軍史事日志（1921-1949）》，頁 669 均記：陸戰隊第 2 旅第 3 團奉令由衡陽調防黔江。

31 〈海軍海軍陸戰隊獨立旅編制表〉，收錄在《中華民國海軍史料》，頁 645-646。

32 〈海軍總司令部三十一年度中心工作計畫進度表〉。國軍檔案，《中央執行委員會軍事報告案（五屆九至十二中全會）》，〈海軍陸戰隊第一獨立旅司令部呈送民國三十三年度參謀長報告書－－一年來作戰概況〉，檔號：003.4/5000。孫淑文，〈閩系海軍陸戰隊興衰之研究〉，頁 210。

33 國軍檔案，《中央執行委員會軍事報告案（五屆九至十二中全會）》，〈海軍陸戰隊第一獨立旅司令部呈送民國三十三年度參謀長報告書－情報部分〉，檔號：003.4/5000。《海軍抗日戰史》（下冊），頁 637。孫淑文，〈閩系海軍陸戰隊興衰之研究〉，頁 210-211。另《海軍抗日戰史》（下冊），頁 637 誤記：第 6 區轄辰谿、芷江、懷化、黔陽、麻陽等 5 縣，第 3 區之大庸誤記為大康、古丈誤記為古文。

民國33年12月，海軍總司令陳紹寬將原有布雷任務及要塞任務交由陸戰隊替代。經軍事委員會核准，飭令陸戰隊趕赴宜（昌）萬、巴（東）萬各要塞替換防務。[34]海軍總部獲令後，將陸戰隊第一旅第一團駐萬縣；第二團駐梁山，擔任拱衛梁山機場、警備巡查及守衛倉庫等任務。陸戰隊第二旅第三團仍駐湘西綏靖地方，防範盜匪。[35]

陸戰隊第一旅及第二旅第三團自離閩遠調外省抗戰後，至民國27年年初，僅剩下陸戰隊第二旅第四團隨旅司令部留駐福建，擔任閩江江防任務。時陸戰隊第二旅司令部駐馬尾，馬尾要港司令部司令李世甲兼任旅長，第四團（團長陳名揚）團部駐下岐，團主力部署在長門要塞、下岐與閩江東岸。[36]30年4月21日，日軍攻陷福州，陸戰隊第二旅第四團移駐谷口，團長陳名揚畏戰潛逃，暫由第3營營長戴錫余代理團長。[37]5月海軍閩江江防司令部於谷口成立，陸戰隊第二旅隸屬閩江江防司令部，司令李世甲兼任旅長，[38]9月日軍撤離福州，陸戰隊第二旅第四團重返馬尾、長門駐地。[39]33年10月，日軍再度攻陷福州，閩江江防司令部與陸戰隊第二旅第四團轉進桐口、甘蔗、白沙等地。[40]34年4月，閩江江防司令兼陸戰隊第二旅旅長李世甲調升海軍第二艦隊司令，陸戰隊第二旅旅長由旅司令部參謀長何世興代理（6月28日，真除旅長）。[41]8月中旬，抗戰勝利，陸戰隊第四團一部奉派到臺灣、澎湖等海軍要港，擔任接收日軍受降工作。[42]

民國34年6月，海軍總司令部奉軍事委員會令飭將陸戰隊第一旅與陸戰隊第二旅第三團撤銷番號，分別編併，改隸第六戰區（第六十六軍）及第

[34] 國軍檔案，《選派官兵赴美自由輪服務案》（三）〈陸戰隊赴宜巴巴萬區各要塞替換防務〉，檔號：322.3/3730。

[35] 《海軍抗日戰史》（下冊），頁638。〈海軍戰史續集（30年10月-34年12月）〉，頁1807。林培堃，〈戰前海軍陸戰隊之創建經過概況〉，收錄在《中國海軍的締造與發展》，頁87。

[36] 李世甲，〈我在舊海軍親歷記〉（續），頁27,29。

[37] 李世甲，〈我在舊海軍親歷記〉（續），頁32。孫建中，《中華民國海軍陸戰隊發展史》（台北：國防部史政編譯室，民國99年），頁53。

[38] 《海軍抗日戰史》（下冊），頁287。

[39] 李世甲，〈我在舊海軍親歷記〉（續），頁35-36。《中華民國海軍陸戰隊發展史》，頁53。

[40] 《中華民國海軍史事日志（1912.1-1949.9）》，頁727。

[41] 李世甲，〈我在舊海軍親歷記〉（續），頁38。《中華民國海軍陸戰隊發展史》，頁53。

[42] 林培堃，〈戰前海軍陸戰隊之創建經過概況〉，頁87。

抗戰時期位於四川木洞鎮之槍砲班教室

四方面軍。海軍總司令陳紹寬呈請免予裁併，但未獲准。[43] 遲至34年秋，駐川陸戰隊始開始奉令整編。同（34）年8月28日，駐閩之陸戰隊第二旅旅部及陸戰隊第四團及駐浙之第三團第一營，據遵軍事委員會指示，番號亦予以取銷。[44]

五、海軍水魚雷營

民國26年7月，抗戰軍興。12月水魚雷營所駐地南京陷敵，海軍水雷營先是將奉令將所儲各項水雷、魚雷、械火及各艦艇寄營之槍砲機械等，移往長江上游各地工作，並移駐吳城辦公。[45]12月28日，復由吳城遷往湖南湘

[43] 《海軍抗日戰史》（下冊），頁637。《中華民國海軍史事日志（1921-1949）》，頁733。《海軍大事記》，第二輯，頁171。

[44] 國軍檔案，《陸戰隊編制及整編案》（一），頁11，檔號：584.3/7421。

[45] 〈海軍建軍沿革〉，收錄在《中華民國海軍史料》，頁32。

陰。[46]27 年 11 月，水魚雷營由湘陰移駐辰谿，[47] 任鄧兆祥為營長。同（27）年冬，水魚雷營在辰谿興建營舍、庫房，以從事長期抗戰。[48]

六、海軍砲台

海軍自民國 26 年 9 月至 30 年 1 月，先後於江陰烏山（26 年 9 月）、江陰巫山（26 年 9 月）、潯鄂區要塞（27 年 1 月）、馬當（27 年 1 月）、田家鎮南岸（27 年 2 月，歸江防要塞司令部指揮）、田家鎮北岸（27 年 2 月）、川江（28 年 3 月，歸第一艦隊司令管轄）、田家鎮葛店（27 年）、湖口（28 年）、葛店（27 年 3 月）、甌江（30 年 1 月）等成立 11 處砲台，各砲台設有台長。[49]

七、海軍砲隊

軍事委員會准照海軍部集中力量鞏固江防計畫，飭令將軍艦大小艦砲，分別拆卸，安裝長江沿岸，選派諳練砲術之員兵，組設砲隊。民國 26 年 10 月，先成立海軍太湖區砲隊，以羅致通為隊長。11 月鎮江組海軍砲隊，派海籌艦艦長林鏡寰為海軍鎮江區砲隊隊長。江陰方面；派海軍第二艦隊司令曾以鼎設計組織，於籌設總台部，以逸仙艦艦長陳秉清、永健艦艦長鄧則勳，分充江陰區砲隊第一、第二兩隊隊長，擔任巫山六助港兩台職務。12 月江陰、南京先後失守，海軍部著手設計，就馬當、湖口、田家鎮等區，各組砲隊；原太湖區砲隊改編為湖口砲隊。[50] 南京陷敵後，武漢成為軍事及政治中心，海軍為增強防衛力量，添設武漢區砲隊，安裝艦砲 10 尊，以黃家磯、白滸山為陣地，派方瑩為隊長。[51]27 年 5 月，成立田家鎮區砲隊，安裝艦砲 8 尊，以宅山、象山為陣地，作為長江第三道防線。[52]28 年 3 月，川江方面防務緊要，

[46] 《海軍大事記》，第二輯，頁 85。
[47] 《海軍大事記》，第二輯，頁 97。
[48] 〈海軍建軍沿革〉，頁 32。
[49] 劉傳標，《中國近代海軍職官表》，頁 242-245。
[50] 〈海軍建軍沿革〉，頁 46-47。《海軍大事記》，第二輯，頁 83-84。
[51] 《海軍大事記》，第二輯，頁 87。
[52] 《海軍大事記》，第二輯，頁 88。

編組海軍砲隊。[53] 總計抗戰期間，海軍成立之砲隊計有：洞庭區砲區、田家鎮區砲隊、馬當區砲隊、湖口區砲隊、乍浦砲隊、金山衛砲隊、洞庭砲隊、太湖區砲隊、鄂贛區砲隊、江陰區砲隊、鎮江區砲隊、武漢區砲隊、葛店砲隊、閩口紅山砲隊、溫州砲隊（30 年 1 月改名為甌江砲台）。[54]

八、海軍布雷隊

海軍布雷隊成立於民國 26 年 12 月，隊長為薛家聲，為一臨時編組。至 28 年 6 月，始制定海軍布雷隊編制表，隊部下轄 6 個布雷分隊及 2 個布雷測量隊。另布雷隊隊部、各布雷隊暨各布雷測量隊均歸海軍第二艦隊司令部節制，其中布雷第一、三、四、五各分隊，歸水雷製造所就近指揮；布雷第二隊歸派駐桂林水魚雷營營長鄧兆祥就近指揮。各隊長督率員兵，就駐防之雷區，執行工作，以重責成。[55]29 年 4 月，增設海軍布雷第七分隊，擔任贛江防務。同（4）月派駐西江布雷隊奉令調它區，該方面布雷任務，改由粵桂江防部接管。[56]

九、海軍游動漂流隊及游動漂雷隊川江漂雷隊

海軍游動漂流隊及游動漂雷隊川江漂雷隊分別於民國 28 年 7 月制定編制表，游動漂流隊作戰編組轄 7 個游動漂雷隊，分別駐防湖北黃金口、湖北藉池、調弦、磚橋、塔市驛、石首、松滋。川江漂雷分設 6 個分隊，分別駐防石碑、廟河、洩灘、中口、巫山、萬縣。各隊均派隊長負責指揮，其員兵定額、存雷數量及屯駐地點，按照作戰情勢，分別配置。[57]

十、海軍長江中游布雷游擊隊

民國 28 年 11 月，海軍長江中游布雷游擊隊成立。29 年 1 月，因海軍布

---

53 《海軍大事記》，第二輯，頁 100。
54 劉傳標，《中國近代海軍職官表》，頁 245-246。
55 《海軍抗日戰史》，下冊，頁 405-406。）《海軍大事記》，第二輯，頁 105。
56 《海軍大事記》，第二輯，頁 115。
57 《海軍抗日戰史》，下冊，頁 406-407。《海軍大事記》，第二輯，頁 106-107 記：游動漂雷隊分設 6 隊，必要時添編 3 隊。

雷工作效率日增，為推進沿江布雷戰略計，修正海軍長江中游布雷游擊隊編制，擴充組織，仍設 1 個總隊部，轄 5 個隊部，11 個分隊及 5 座移動電台，以劉德浦為總隊長，楊希顏、嚴智、鄭震謙、陳挺剛、林遵分充第一、二、三、四、五隊隊長。[58] 總隊部設在第三戰區長官部所在江西上饒，歸顧祝同長官指揮。駐長江中游地區之各大隊，配屬陸軍第二十三集團軍所屬各軍師師，相機協同出擊。在行政後勤方面；則受海軍總司令部及布雷總隊部指揮。各大隊配備有輕便電台，使用 5 瓦特手搖電機，與重慶海軍總司令部、上饒總隊部及各大隊間構成通訊網。[59] 第一至第十等 10 個分隊歸第一至第五等 5 個隊隊長指揮，第十一分隊直屬總隊部，派劉德浦為總隊部上校總隊長，各隊均設少校隊長，每隊各設移動電台 1 座，俾利軍訊，抽調員兵 300 餘員名，分配編組，實施布雷技術訓練。[60]29 年 4 月，海軍為增加作戰效率起見，於長江潯鄂區，增置海軍布雷游擊隊，先期抽調湘陰、沅江、長沙 3 隊已有布雷工作經驗士兵，並配合水雷製造所訓練完畢之特務隊，準備編組 4 隊，先於 3 月底，集合長沙。籌備就緒，海軍總司令部趕即派員分別組織成立，以林祥光、沈聿新、周仲山、薛實瑋分任第一、二、三、四隊隊長，各隊歸海軍水雷製造所所長曾國晟督率，以統一事權。[61]9 月再增設海軍長江中游布雷游擊隊第六中隊、第十二及第十三分隊，第六移動電台。第十二、第十三分隊歸第六中隊指揮。[62]

十一、海軍布雷總隊

1、海軍第一布雷總隊

民國 30 年 5 月，海軍布雷游擊隊駐長江監利至城陵磯段與鄂城至九江段，策劃進展，重加調整，改為潯鄂、湘鄂 2 區，每區各組各設挺進布雷隊 2 隊。各隊員兵，分別由海軍水雷製造所、海軍布雷隊暨原潯鄂區布雷游擊

---

[58] 《海軍大事記》，第二輯，頁 112。
[59] 趙梅卿，〈長江中游海軍布雷游擊戰記〉，收錄在《海軍學術月刊》，第 21 卷第 7 期，頁 111-112。
[60] 《海軍大事記》，第二輯，頁 110。
[61] 《海軍大事記》，第二輯，頁 114-115。
[62] 《海軍抗日戰史》，下冊，頁 407。

湘陰佈雷隊合影

隊調補，組織完成，準備與各友軍，密切連絡，奮勇挺進，執行游擊任務。[63]9月因海軍各區布雷游擊隊收效日著，及時調整機構，發展工作。沿長江劃分4區；組織第一、二、三、四布雷隊。海軍第一布雷總隊飭於9月1日組織成立，以海軍總司令部艦械處處長陳宏泰兼任該總隊部總隊長（10月真除總隊長），隸屬水雷製造所之長沙辦事處及電台等，均併入組織。其原歸該所管轄指揮之海軍布雷第三、四、五各分隊，暨湘鄂區挺進布雷隊第一及第二隊、潯鄂區挺進布雷隊第一及第二隊，改由該總隊部管轄指揮。旋經訂定編制，頒發遵辦。[64]第一布雷總隊布雷區域為長江九江至漢口段；漢口至岳陽段，以及洞庭湖區湘江、沅江各水道，配屬第九戰區作戰。[65]31年3月，派駐鄂湘一帶擔任挺進工作之海軍第一布雷總隊及所屬之第四、五、六、七大隊士兵與駐荊河一帶之海軍布雷士兵，互調服務，各仍支原有薪俸，以均勞

[63] 《海軍大事記》，第二輯，頁135。
[64] 《海軍抗日戰史》，下冊，頁410。《海軍大事記》，第二輯，頁141。
[65] 《海軍抗日戰史》，下冊，頁396。

逸。[66]33 年 11 月，第一總隊所屬第一大隊、第六大隊番號撤銷，員兵分別派補第三總隊所屬各大隊。[67]

2、海軍第二布雷總隊

民國 30 年 10 月 3 日，海軍長江中游布雷游擊隊改編為海軍第二布雷隊，是（3）日頒編制及改編辦法，設總隊部於江西上饒，轄 7 個大隊，14 個中隊，7 座移動電台，調劉德浦任該總隊長。[68]第二布雷總隊布雷區分布在長江下游蕪湖至湖口段，協同第三戰區作戰，該布雷區域較廣，除上述地域外，另福建之晉江、閩江、九龍江、韓江、涵江；浙江之富春江、甌江、飛雲江、浦陽江、桐江、曹娥江、鎮海口；江西之鄱陽湖、贛江、昌江；廣東及廣西之西江等水道，亦為該隊布雷防區。34 年 1 月，第二布雷總隊第七大隊暨第十三、第十四 2 個中隊番號撤銷，所屬員兵合併編為第一大隊，改隸於第一布雷總隊。[69]

3、海軍第三布雷總隊

民國 30 年 11 月，海軍總司令部將派在荊河工作的原海軍游動漂流隊，改編為海軍第三布雷總隊，並訂定編制，該總隊部所屬第一至第七各大隊由原海軍第一至第七游動漂雷隊改編，以薛家聲擔任該總隊部總隊長，歸第二艦隊司令部指揮節制。[70]第三布雷總隊布雷區域分布在湖北荊河及東南隅一帶水域，配屬第五戰區作戰。[71]32 年 2 月，荊河南北岸均告失守，河道無法控制，飭海軍第三布雷總隊退守華容、南縣、安鄉守衛腹地河流，荊河正流之布雷任務，暫告停止。[72]

4、海軍第四布雷總隊

民國 30 年 11 月，海軍川江漂雷隊改編為海軍第四布雷總隊，總隊部駐安鄉，下轄 7 個大隊，分別由海軍布雷第六分隊及川江第一至第六各漂雷隊

---

[66] 《海軍大事記》，第二輯，頁 150。

[67] 《海軍大事記》，第二輯，頁 150,166。

[68] 《海軍大事記》，第二輯，頁 143。《中華民國海軍史事日志（1912.1-1949.9）》，頁 696。

[69] 《海軍抗日戰史》，下冊，頁 413。《海軍大事記》，第二輯，頁 169。

[70] 《海軍抗日戰史》，下冊，頁 413。《海軍大事記》，第二輯，頁 144。

[71] 《海軍抗日戰史》，下冊，頁 396。

[72] 《海軍大事記》，第二輯，頁 155-156。

改編，第四布雷總隊歸第二艦隊司令部指揮節制。[73]第四布雷總隊7個大隊分別駐防湖北黃金口、藕池、調弦、磚橋、塔市驛、石首、松滋，[74]以嚴智為第一大隊長兼代總隊長職（旋改派鄭震謙為總隊長）。[75]第四布雷總隊布雷區域為湖北宜昌川江一帶，以施放漂流水雷為主，防止日艦溯江西上，拱衛重慶安全。[76]

十二、海軍臨時部隊－海軍特務隊

民國26年7月，抗戰軍興後，海軍被炸及沉塞各艦艇的員兵，計有1,000餘人，由前線經南京至大通。因人數眾多，艦艇不敷運送，於該（26）年12月起，分沿長江西行，先後到漢口，派艇載運入湘，暫駐岳陽中學，編隊調整。27年2月，海軍特務隊正式在岳陽成立，以中山艦艦長薩師俊兼任隊長，姚璵副之，分隊訓練，備應戰時補充部隊。旋於5月移駐湘潭，經將殘廢官兵分批護送馬尾海軍抗戰受傷士兵休養所療養，其留隊訓練之員兵陸續補充各艦艇，及武漢、洞庭等區砲隊，隊務暫告結束。10月間田家鎮、武漢、洞庭各區砲隊、田家鎮區補充隊、水雷祕發隊，及被敵空襲炸毀之永績、中山、咸寧、海寧等艦艇員兵計843員，均撤至四川巴縣木洞鎮，集合訓練，並於12月19日，組成特務隊，設總隊部於海軍修械所內，以林元銓所長兼任總隊長，釐訂編制，分設5隊，各派隊長負責管理。[77]28年3月，因特務隊員兵陸續派赴各地執行抗戰任務，木洞鎮特務隊留鎮員兵僅為266員，縮編為3隊。[78]

十三、海軍後勤機關

1、江南造船所

江南造船所於民國26年8月13日淞滬會戰爆發，所有可遷動之重要機

73 《海軍抗日戰史》，下冊，頁414-415。《海軍大事記》，第二輯，頁144。
74 《海軍抗日戰史》，下冊，頁116。
75 《中華民國海軍史事日志（1912.1-1949.9）》，頁712-713。《海軍大事記》，第二輯，頁153
76 《海軍抗日戰史》，下冊，頁396。
77 《海軍大事記》，第二輯，頁98。
78 〈海軍建軍沿革〉，頁48,49。《海軍大事記》，第二輯，頁85,98,100。

件，由海軍部飭令妥為移存，免資敵用。[79] 江南造船所部分機件搬至內地和上海租界，有的送往湖南辰溪開辦水雷魚廠，有的送往重慶開辦海軍工廠。[80]

2、馬尾造船所

民國 26 年 7 月，抗戰軍興後，駐閩海軍各機關迭遭日機轟炸。馬尾造船所亦被波及，該所事務仍在可能範圍內照常進行，所有員兵工匠，一律參加防戰工作。[81] 又因抗戰爆發後，閩江口被日軍軍艦封鎖，修造業務日益減少。27 年 4 月，曾為海軍馬江要塞製造一批水雷。是（27）年，馬尾造船所把輕便的機件疏散到南平縣峽陽鎮。[82]

3、廈門造船所

廈門造船所自民國 22 年由薩夷擔任所長後，因管理不善，材料缺乏，收入減少，員工星散，此狀況一直到 27 年廈門淪陷為止，（27）同年 10 月造船所被裁撤。[83]

4、海軍製造飛機處

民國 26 年 8 月，因日軍進犯淞滬，海軍製造飛機處由上海遷移宜昌，最後撤至成都，併入中央航空委員會，改組為第八修理工廠。[84]

5、海軍軍械處

民國 26 年 8 月 20 日起，軍械處辦公室、庫房及楊思港各庫房先後被炸，密秘將重要案卷暨機件、械火暫移安全地區工作。10 月海軍軍械處由上海移駐湖口辦公。12 月遷湖南靖港。27 年 1 月，海軍軍械處縮編為海軍修械所。11 月修械所由靖港遷往四川巴縣木洞鎮，海軍砲隊應需砲械，飭由該所隨時修整配發，以應抗戰需要。至此海軍軍械機關除海軍修械所外，僅轄有馬尾修械所及兵器庫、長門藥彈庫等。[85]

---

79 〈海軍建軍沿革〉，頁 35。
80 陳書麟，《中華民國海軍通史》，頁 282。
81 〈海軍建軍沿革〉，頁 37。
82 周日升，〈福州船政局述略〉，收錄在《福建文史資料》，第 8 輯，頁 89。陳書麟，《中華民國海軍通史》，頁 283-284。劉傳標，《中國近代海軍職官表》，頁 267 記：30 年福州淪陷，造船所停辦。
83 《中華民國海軍史料》，頁 930。劉傳標，《中國近代海軍職官表》，頁 268。
84 《中華民國海軍史料》，頁 937。
85 〈海軍建軍沿革〉，頁 34-35。

6、海軍製雷廠（海軍水雷製造所）

海軍在上海籌設製雷廠，集合諳悉水雷技術人員曾國晟等開始製造。抗日戰爭爆發後，海軍注重水雷製造，調集海軍優秀官兵，協力推進，以海軍新艦監造室綜理其事。淞滬會戰期間，設製雷廠於上海，以南市各廟宇為臨時工廠，上海各港灘，如董家渡、爛泥渡、姚家渡、蘇州河等處，遍布小型水雷，敵艦備受極大阻礙。[86]製雷廠最初設於上海，隨戰局演變，先後西遷無錫、武昌、長沙、岳陽、常德，最後移駐辰谿。[87]海軍新艦監造室以所在之湖南常德接近戰區，交通雖較便利，但遇時局緊張時，電廠工作恐未能照常運作，遂派員至辰谿籌備設廠，暨屯存機件材料等事宜，並擇地分設辦事處及建築倉庫。[88]28年6月，裁撤海軍新艦監造室，改為海軍水雷製造所，釐定編制，頒布施行，派曾國晟兼任所長，所長係中校級，製造所設總務、工務、機務、材料、運輸及會計等6股，並附設各地辦事處、轉運站及各電台等，該所員兵由原海軍（新艦）監造室員兵分別調補。[89]29年1月6日，海軍水雷製造所昆明轉運站正立成立，設置主任辦事員，內分運輸、材料、車務、修車等組，並附設短波無線電台，修達軍訊。[90]30年7月，海軍水雷製造所任務日趨擴展，分別添建機器廠、打鐵廠、藥庫、屯雷處，並於9月完工。[91]

7、海軍工廠

民國29年2月16日，海軍水雷製造所駐渝辦事處製造川江應用水雷業務結束後，籌設海軍工廠，擔任海軍工程事項，並以餘力兼管海軍以外關於機械工事上業務，其組織暫設管理委員會主持一切，以王致光為廠長，內分設總務、工務及財務3課。工廠部分則調抽前江南造船所工匠及添僱翻砂匠、鉗床匠、車床匠等10餘人，並招募學徒30人。另以重慶原有廠屋不敷，添建翻砂棚、打鐵棚、烘模棚各1所，修改機器廠，增造翻砂爐、打鐵爐，進

---

[86] 《海軍大事記》，第二輯，頁77,81。
[87] 趙梅卿，〈長江中游海軍布雷游擊戰記〉，頁112。
[88] 《海軍大事記》，第二輯，頁101。
[89] 〈海軍建軍沿革〉，頁43。《海軍大事記》，第二輯，頁105。
[90] 《海軍大事記》，第二輯，頁112。
[91] 《海軍大事記》，第二輯，頁140。

行各種業務，以應抗戰工事之需要。[92]30 年 1 月，海軍工廠開始編組。[93]31 年訂頒海軍第二工廠編制，上校廠長職缺由海軍水雷製造所所長曾國晟兼任。[94]33 年 1 月，海軍水雷製造所業務歸併海軍第二工廠，下設製雷、機械及煉油各部。[95]34 年 2 月，海軍第三工廠於福建南平設立，以陳兆俊為廠長。[96]

8、海軍南京醫院

民國 26 年 10 月間，海軍南京醫院以療治病傷工作日繁，奉令西遷，先遷湖口。12 月初，再遷往湖南湘陰。27 年 12 月，醫院遷往辰谿，先設臨時醫院於張家花園內，海軍所有戰負傷員兵，送入該院治療，原有醫務人員乃不敷分配，乃增設醫官、看護以應戰時需要。[97]

9、海軍馬尾醫院

海軍馬尾醫院因敵機空襲頻繁，在魁歧設分立院，馬尾本院僅設辦公處及門診部，其病傷住院者，以一部分員兵，移住分院。27 年 6 月，該院房屋被炸遷移，旋以閩局緊張，復於 28 年 5 月，移設朏頭鄉，同（6）月遷回馬尾，暫在海軍學校舊址內辦公。[98] 另馬尾醫院設有殘廢休養所，收容各方抗戰重傷治療無效之殘廢員兵。[99]

參、教育與訓練

一、抗戰時期的海軍學校

（一）海軍學校的內遷與編制

民國 26 年 9 月，為避免日機轟炸，海軍學校由馬尾遷至福州鼓山湧泉寺

92 《海軍大事記》，第二輯，頁 113-114。
93 《中華民國海軍史事日志（1912.1-1949.9）》，頁 679。
94 《海軍大事記》，第二輯，頁 151。
95 《海軍大事記》，第二輯，頁 161。同書頁 162 記：33 年 3 月裁撤。
96 《海軍大事記》，第二輯，頁 169。
97 〈海軍建軍沿革〉，頁 41。
98 《海軍大事記》，第二輯，頁 113。
99 〈海軍建軍沿革〉，頁 41。

「海軍學校」在貴州桐梓時之校舍「金家樓」

授課。湧泉寺深藏山中，目標不大，未受日機干擾。隨校遷移的學生班別計有：第七、八、九屆航海班及第六屆輪機班。[100]27年6月25日，海軍學校由鼓山遷往湖南湘潭「李家大院」祠堂授課。[101]8月27日，海軍學校新校址選定在貴州桐梓縣城內金氏節孝祠（又稱金家樓）。10月中旬，學校師生由湘潭陸續遷到桐梓上課。[102]同（10）月校長李孟斌調派海軍總司令部候補員，

[100] 沈天羽，《海軍軍官教育一百四十年》，上冊，（台北：海軍司令部，民國100年）頁245。遵義市地方志編纂委員會、桐梓縣人民政府編，《中華民國桐梓海軍學校》（北京：中國文史出版社，2012年），頁15。張力，〈林鴻炳先生訪問紀錄〉，收錄在《海軍人物訪問紀錄》，第一輯，頁114。張力，〈陳在和先生訪問紀錄〉，收錄在《海軍人物訪問紀錄》，第二輯，頁3記：上課地點為湧泉寺旁一幢福建省政府前代主席兼財政廳廳長陳培根所建樓房。

[101] 《海軍軍官教育一百四十年》，上冊，頁245。《中華民國桐梓海軍學校》，頁5。張力，〈陳在和先生訪問紀錄〉，頁3-4記：海軍學校校生由馬尾乘船到延平，換公車到浙江江山，再搭火車經江西南昌抵湖南湘潭，到了湘潭學校暫租一座大院子。

[102] 《中華民國桐梓海軍學校》，頁5,16。《海軍軍官教育一百四十年》，上冊，頁245。

民國 32 年航海第 11 屆（長平隊）成立，薩鎮冰上將提賜隊訓及隊徽，
全體與訓育主任鄧兆祥合影紀念。

由高憲申繼任校長。[103]28 年 12 月，海軍學校航海第八屆（海軍官校 29 年班）學生葛敦華等 17 名，因對日抗戰全面展開之需，提前 1 年畢業。[104]29 年 8 月，輪機第六屆學生張振亞等 18 員，依海軍總司令部令改習航海，編為第十屆航海班。[105]

海軍學校之編制，依據民國 32 年頒發之學校編制表如下：校長下轄訓育主任、學監 2 員、航海正教官 2 員、航海副教官 1 員、輪機正教官 2 員、

[103] 《海軍軍官教育一百四十年》，上冊，頁 245。另《中華民國桐梓海軍學校》，頁 5,16 記：27 年 12 月，高憲申調桐梓海軍學校校長。《海軍大事記》，第二輯，頁 100。記 28 年 2 月，高憲申調桐梓海軍學校校長，李孟斌後投靠汪偽政府。參閱劉傳標，《中國近代海軍職官表》，頁 270。

[104] 曾瓊葉，〈訪問葛敦華將軍〉，收錄在《大漢計畫口述歷史》（台北：國防部史政編譯室，民國 99 年），頁 48。葛敦華等人校課修業及考試完畢，派赴木洞鎮學習槍砲。參閱《海軍大事記》，第二輯，頁 111。

[105] 《海軍軍官教育一百四十年》，上冊，頁 245。《中華民國桐梓海軍學校》，頁 17。

民國 31 年海軍總司令部第六屆新招學生合影，此班學生係抗戰期間第二次招生，中坐者為海軍總司令陳紹寬上將。

輪機副教官 1 員、國文教官 3 員、正操練官 1 員、軍需 1 員、書記 1 員、庶務 1 員、司書 3 員、隊長 7 員。[106]

學校的行政制度方面；海軍學校屬軍級建制，校長（少將）和主任教官（中校）由海軍總司令部直接任免，稱簡任職；正副教官（中校、少校）、學監（少校）、少校國文教官由校長和主任教官推荐，報呈海軍總司令部任免，稱荐任職；上尉教官由校長直接任免，稱委任職。[107] 訓育處主任、學監及各隊隊長，督導學生生活，兼教務事宜。另學生組織方面；由各班級成立 1 隊，定名某隊，由訓育處輪流派組長 3 人，協助管理。[108]

（二）海軍學校招生概況

民國 30 年冬，海軍總司令部以訓練海軍人才，關係重要，添招新生，定 11 月 15 日起，在部舉行考試，先期分咨各省政府及僑務委員會，並通令全軍，招照考選簡章，保送與考。同時組織招生委員會，陳紹寬總司令為當然委員長。[109] 添招海軍學校新生在經測驗及格後，在海軍總司令部舉行考試，

106 《海軍軍官教育一百四十年》，上冊，頁 91。

107 《中華民國桐梓海軍學校》，頁 6。

108 李存傑，〈在烽煙中茁壯的海軍官校〉，收錄在《海軍學術月刊》，第 21 卷第 7 期，頁 175。

109 《海軍大事記》，第二輯，頁 138。《海軍軍官教育一百四十年》，上冊，頁 245 記：民國 30 年 8 月，海軍學校於抗戰期間首次招生，招收第十一屆航海班學生。

選取羅綺等68名，分正備取送往海軍學校肄業，旋經按英文、數學程度，分列甲、乙兩班。[110]12月復再通告各省及華僑，選送學生20名，於31年3月15日以前，送至重慶，連同前招學生，分習航海與輪機。[111]

民國31年3月20日，海軍總司令部續招海軍學校新生。[112]此次辦理全國招生，計錄取新生64人。3月底新生抵校，舉行分班考試，依成績特優者寧家鳳2人編入航海班第十一屆，次優者高孔榮等16人編入航海班第十二屆，其餘編入輪機班第六屆就讀。[113]32年4月，海軍學校對全國招生，招收航海班第十三屆及輪機班第七屆學生[114]，計錄取翁國樑等104名。[115]學校原本複試錄取104名，後加上山東省及其他地區遲到學生30名，共計134名，最後經過甄別考試，成績前66名編入航海班，其餘為輪機班。[116]

[110] 《海軍大事記》，第二輯，頁145。
[111] 《海軍抗日戰史》，下冊，頁689。
[112] 《海軍大事記》，第二輯，頁147。張力，《曾尚智回憶錄》（台北：中央研究院近代史研究所所，1998年），頁7記：31年3月，在重慶山洞海軍總司令部舉行考試，考試區分體檢、筆試、面試；輪機科錄取64名。
[113] 《中華民國桐梓海軍學校》，頁18-19。《海軍軍官教育一百四十年》，上冊，頁245。
[114] 《海軍軍官教育一百四十年》，上冊，頁245。
[115] 《海軍大事記》，第二輯，頁156。
[116] 《中華民國桐梓海軍學校》，頁19。時航海班第十三屆及輪機班第七屆及上一屆降級學生，共計有140員。其中福建省占了1/3，廣東省1/3，其他各省1/3。鄧克雄，《葉昌桐上將訪問紀錄》（台北：國防部史政編譯室，民國99年），頁28。

海軍學校輪機第六屆（定遠隊）學生足球隊合影

抗戰期間物價高漲，國人普遍營養不足，參加海軍學校應試各學生，體格不盡十分強健，其各門程度亦參差，以致挑選維難，僅將視力未達規定，及體重過於高重者，予以剔除，餘均從寬錄取，應考人數與錄取名額，俱未達期望。時沿海省分如廣東等所送者體格較佳，內地各省則遠不逮。英文程度尤低。惟各生來此不易，而各省考送亦耗費巨款。因此海軍學校在民國 32 年 4 月招生委員會會議上，經由海軍總司令兼招生委員長陳紹寬決議參照前兩次招生辦法，凡已測驗合格之新生 105 名，除各門筆試分數均太低劣不堪造就外，一律收取分正備概送海校分班肄習，60 分以上為正取，不及 60 分為備取，以免各生徒勞往返，藉廣海軍部育材之意。[117]33 年 6 月續招航海、輪機學生各 50 名。[118] 同（33）年 10 月，海軍學校對全國招生，招收航海班第十四屆學生，錄取新生 52 人，此後至抗戰勝利，海軍學校未再招生。[119]

民國 30 年 11 月至 33 年 10 月，海軍學校共招收航海班、輪機班學生 323 人。加上海軍學校在抗戰之前招生，於抗戰期間畢業者，共畢業 311 人，

117 《海軍總司令部招生委員會會議紀錄》，民國 32 年 4 月 11 日。

118 《海軍大事記》，第二輯，頁 163。

119 《中華民國桐梓海軍學校》，頁 20。《海軍軍官教育一百四十年》，上冊，頁 245。

海軍學校航海第十三屆學生合影

其中有 18 人於艦上見習時意外死於海難，僅 293 人分赴崗位。[120]

（三）海軍學校的學制與教育課程

抗戰期間，海軍學校教育沿襲採用英國海軍的教育制度，但考慮海軍急需用人，在課業安排上力求緊縮，密集授課，全年分為兩學期，無寒暑假，全年上課 300 多天，每週上課 6 天，周日上午為學生內務檢查校閱，午餐後放假 4 小時、晚餐前收假，1 年僅有元旦及農曆正月初一放假 1 天。考試有平常考、月考、期考。期考由海軍總司令部派員監考，考試不及格（60 分以下）者需補考，補考未及格者便淘汰，一律退學遣返回原籍。[121] 學校對於學生的學科、體能、品德及體格要求甚為嚴格；每學期學科、步兵操、游泳、品行，及每年體格檢查等，若有一項不及格者均須退學。[122]

抗戰期間海軍學校僅招航海、輪機兩班學生；航海班學生校課 5 年，艦

[120] 《中華民國桐梓海軍學校》，頁 8。

[121] 《中華民國桐梓海軍學校》，頁 6。學生平時表現不佳，週日下午會被禁假。參閱張力，〈徐學海先生訪問紀錄〉，收錄在《海軍人物訪問紀錄》，第二輯，24。

[122] 李存傑，〈在烽煙中茁壯的海軍官校〉，頁 177。海軍學校重視體能訓練，除了每日下午 16 時起，學校學生作 1 個半小時的運動或游泳外，常常舉行越野賽跑。參閱徐學海，《1943-1986 海軍典故縱橫談》，作者自刊，民國 100 年，頁 245。

抗戰時期海軍學校校長高憲申

課、實習、槍砲及水雷共3年；輪機班學生校課6年半，艦課、廠課及實習1年半。另甄別前3個月學習黨義、國文、英文、文法及算術。航海、輪機班校課課程如下：

1、航海班

航海班校課方面區分：（一）游泳、體育、步兵操、黨義、國文、英文等科目，教授5年。（二）文法、算術、本國地理（初中課本）、世界地理、代數、本國歷史（初中課本）、幾何（包括立體）、平三角、物理及實驗、弧三角、高等代數、解析幾何、化學及實驗、靜力學、微積分、動力學、水力學、羅經差、世界史、航海學、天文學、應用力學、地文學、海道測量，以上科目分別於5年10個學期內授完。[123]

2、輪機班

輪機校課方面區分：（一）游泳、體育、步兵操、黨義、國文、英文等

[123] 李存傑，〈在烽煙中茁壯的海軍官校〉，頁175。海軍基礎教育課程，沒有研讀中國史地，除了國文外，全部課程使用原文書，連三民主義也不例外。參閱鄧克雄，《葉昌桐上將訪問紀錄》，頁29。另曾尚智回憶：除國文及中國史地外，其它數理及專業課程，甚至連三民主義均用英文課本，及以英文教學。《曾尚智回憶錄》，頁12。

科目教授5年。（二）文法、算術、本國地理（初中課本）、世界地理、代數、本國歷史（初中課本）、幾何（包括立體）、平三角、物理及實驗、高等代數、解析幾何、化學及實驗、靜力學、微積分、動力學、水力學、世界史、應用力學、射影幾何、用器畫、機械畫、冶金學、電機工程、涼熱用法、材料強弱學、機構學、水力機、廠課、汽量學、鍋爐學、蒸汽主力機、馬力圖說、螺輪、輔機、內燃機、透賓機、爐艙實驗及管理法、鍋爐設計、船機設計造船大意，以上科目分別於6年半13個學期內授完。[124]

3、造艦班

抗戰期間因生活學習環境較差，海軍學校航海班第九屆及第十屆部分學生患近視眼，民國30年2月，海軍學校依海軍總司令部令應予退學，後經考慮學生出路困難，學校另開辦造艦班，將志學習造艦之退學生，開班改習計有王衍球等12名（其餘退學生改習陸軍官校或普通學校）。同（30）年底，造艦班學生移赴重慶海軍工廠授課，該班教務訓育事宜，派工廠設計股股長兼造艦班正教官徐振騏主持管理，另飭該廠廠長王致光負責監督。造艦班由徐振麒、鄭海南、傅恭列擔任教授，並由海軍學校擬具造艦班學生課程，呈海軍總司令部核准，頒發遵辦。[125]32年11月，造艦班學生王衍球等11名畢業，派往重慶海軍第二工廠見習。[126]

海軍學校學生校課修業完畢後，向來係派往練習艦實習，因通濟練習艦沉塞於江陰水道，應瑞練習艦在采石磯被敵機炸沉，因而航海學生在校課結束後，先至四川巴縣木洞鎮海軍修械所槍砲班學習槍砲（或先至湖南辰谿海軍水魚雷營學習魚雷、水雷）；課程先上室內課，教授完畢後，再到永綏艦或民權艦實習。或者槍砲班結訓後，至海軍水魚雷營學習魚雷、水雷；亦有水魚雷營課程結訓後，再至木洞鎮學習艦課（如艙面、輪機、纜索、拋錨等）。槍砲班、水魚雷班、艦課班各班受訓時間均約1年。[127]

---

124 李存傑，〈在烽煙中茁壯的海軍官校〉，頁175。

125 《海軍大事記》，第二輯，頁130,146。《中華民國桐梓海軍學校》，頁18,137。

126 《海軍大事記》，第二輯，頁159。《中華民國桐梓海軍學校》，頁140記：造艦班12人，1人在校病故，1人畢業前赴美學習造船，畢業僅10人。

127 張力，〈陳在和先生訪問紀錄〉，頁4。駐泊在木洞鎮的民權艦臨時充當練習艦使用，載著海軍學校實習生在川江航行，並將艦上搭載的舢板放入江中，供學員們練習舢板。參閱陳悅，《民國海軍艦船志》（濟南：山東畫報出版社，2013年），頁218。《中華民國桐梓海軍學校》，頁105：民權艦停泊木洞鎮，艦上一切設備可供艦課教學之用。

二、抗戰時期海軍其它教育訓練機構

（一）海軍修械所槍砲班

海軍修械所槍砲班位於四川巴縣木洞鎮，民國28年7月，首批海軍學校航海班學生陳心華等15人於校課修完畢，飭往修械所槍砲班學習槍砲，海軍總司令部派楚謙艦副長呂教奮為槍砲班（又稱艦課班）教授，掌管所有事務。29年1月，海軍修械所兼所長任光海奉令督察槍砲班教育訓練事宜。[128]

（二）海軍水魚雷營

海軍水魚雷營位於湖南辰谿，民國28年12月，首批海軍學校航海班學生陳心華等15人，於槍砲班受訓期滿，考試完畢後，派赴水魚雷營學習魚雷及無線電。[129] 水魚雷營開設的課程計有：魚雷學（包括發射法、壓汽機、射管）、水雷學（敷設法及掃海）、魚雷廠課、無線電原理、無線電收發、繪圖（該科分數包括防潛兵器、港灣防禦法、潛水艇大意、潛水人訓練法、黨義）等科目。[130] 稍早水雷營於27年4月，開設電信中興班，該班學員畢業後，派往各艦台實習。[131]

（三）海軍水雷製造所水雷訓練班

民國28年8月，海軍為籌組布雷游擊隊，令水雷製造所先行抽選勇敢志願兵20餘名，派股員陳慶甲負責訓練。旋調派大批員兵，集中常德，派股員龔棟禮等加以短期訓練。其計畫共分5組，受訓期間，每班各定為2週，授以水雷原理雷件拆卸等課程。[132]30年6月，首批海軍學校航海班學生陳心華等15人，派往海軍水雷製造所接受布雷訓練，結訓後分別派赴海軍布雷隊及長江中游布雷游擊隊服務。[133]

（四）要塞砲兵游動教育

民國29年1月，海軍宜萬區第一第二總台、渝萬區第三第四總台，重

[128] 《海軍大事記》，第二輯，頁106,112。
[129] 《海軍大事記》，第二輯，頁111。
[130] 〈海軍第八屆航海班學習水魚雷修業考試成績表〉（民國30年11月12日），海軍官校內部典藏史料。
[131] 《海軍大事記》，第二輯，頁88。
[132] 《海軍大事記》，第二輯，頁107。
[133] 《海軍大事記》，第二輯，頁136。

視戰時技術，施行短期訓練，並由軍政部派游動教育組，到台實施教練，先期制定要塞砲兵游動教育編制表及其實施計畫，並實施程序預定表等，由部令發到第一第二兩艦隊司令暨各總台查照。[134]

（五）海軍藝術學校

抗戰軍興後，海軍藝術學校改名為勤工高級工業職業學校，並先後遷閩北尤溪、將樂，培訓航空機械、造船、造機、電工、航海、輪機等專業人才。[135]

三、士官兵與部隊的教育訓練

（一）海軍練營

抗戰期間，海軍艦艇雖遭受慘烈犧牲，然而砲隊、特務隊、布雷隊同時成立，所任抗戰職務較平時尤為重要，而在營練習之練兵，加緊軍事訓練，增授戰時技術，並參加抗戰工作。馬尾練營練兵原定額 600 名，區分帆纜 400 名，輪機 160 名，信號 40 名；至 34 年練兵名額增至 1,000 名。[136]

（二）海軍學兵隊

民國 32 年 8 月，江防獨立總隊奉准成立學兵隊，考選各單位優秀士兵集中湖南永綏，實施 1 個月短期訓練。34 年 7 月，江防獨立總隊改編為海軍教導總隊，收容舊部士兵及軍事委員會學兵 500 餘名，旋予訓練。[137]

（三）海軍艦隊練習營

抗戰期間，海軍曾成立艦隊練習營，由海軍總司令部咨請陸軍總司令部轉飭閩海師管區撥兵一部，交由海軍馬尾要港司令部，從事訓練。[138]

（四）部隊教育訓練

抗戰時期海軍各砲台、各布雷隊按照所頒教育綱要，次第實施。至於派

---

134 《海軍大事記》，第二輯，頁 112。

135 陳書麟，《中華民國海軍通史》，頁 414。

136 〈海軍建軍沿革〉，頁 30,52。民國 32 年 9 月海軍練營編制表；練營名額 1,113 名，其中官兵 112 員名，航海練兵 800 名，輪機練兵 200 名。劉傳標，《中國近代海軍職官表》，頁 274。

137 《海軍大事記》，第二輯，頁 159,171。

138 《海軍抗日戰史》，下冊，頁 690-691。

至各要塞服務之艦艇士兵，則按年訓練進度表，實施各種戰鬥教練、防空、防毒及各種學術科目等。當時水雷製造所及布雷隊設有布雷訓練班、掃雷訓練班，以從事部隊之布雷、掃雷人才之培訓。其中海軍水雷製造所曾集合員兵，施行布雷訓練，自民國 28 年 8 月至 29 年 1 月止，分期受訓，以期培育專材，先後結訓員兵 327 名，以備充各區布雷工作。29 年 1 月至 6 月，水雷製造所繼續召集員兵，加緊布雷訓練，復分 4 期受訓。[139]

（五）陸戰隊的教育訓練

民國 27 年 9 月，海軍在長門成立「海軍陸戰隊新兵訓練所」，以周贊樞為所長。[140] 新兵訓練所的教育內容，大致同一般陸軍步兵入伍基本教練外，增加游泳訓練。29 年 4 月，陸戰隊第四團設立士兵訓練所，由馬尾要港司令部指揮管理。陸戰隊士兵除經新兵訓練所嚴加訓練外，在下部隊後，雖在各地區域擔任清剿土匪及守衛要塞之任務，但仍須隨時被抽調集中受訓。[141] 抗戰時期由於陸戰隊分駐閩湘浙等地，海軍部對各駐地陸戰隊部隊教育訓練有感難以落實。因此海軍部於民國 30 年呈奉軍事委員會核准制定「海軍陸戰隊整訓教育綱領」，對陸戰隊進行戰時之整訓。[142]

四、留學深造教育

抗日戰爭爆發後，海軍對於國外留學生之選派，不如戰前積極，但為培育海軍人才及應國防之需要，對於國外留學生之選派，仍繼續維持不輟。[143] 民國 26 年 7 月，派留學英國海軍軍官郎鑑澄、黃廷樞、韓兆霖 3 員，轉往德國留學，及選派林遵、齊熙 2 員赴德國學習海軍。[144]10 月派王致光、林惠平、徐振騏等人赴德國監造潛水艇；派夏新赴英國學習造艦，選送軍官張天浤等 5 員研究航空，備儲國用。[145]

---

[139] 《海軍大事記》，第二輯，頁 113,118。
[140] 〈海軍建軍沿革〉，頁 46。
[141] 〈海軍總司令部三十一年度中心工作計畫進度表有關教育設施〉影本。《海軍抗日戰史》（下冊），頁 691。
[142] 《中華民國海軍陸戰隊發展史》，頁 155。
[143] 《海軍抗日戰史》，下冊，頁 714。
[144] 《海軍抗日戰史》，下冊，頁 714。
[145] 《海軍大事記》，第二輯，頁 83。

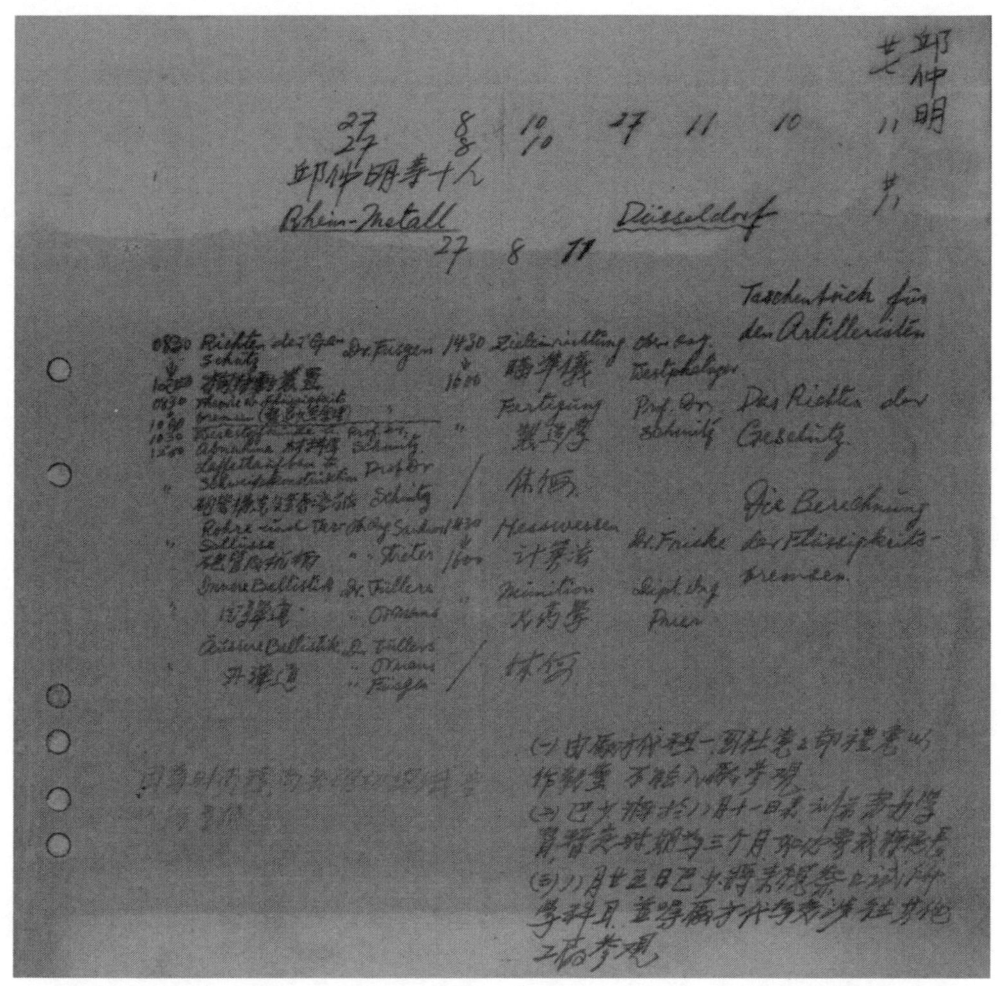

邱仲明留德時之筆記

民國 27 年 1 月，派海軍中校科員王榮鑛赴德國監造潛艇，派海軍學員高光佑、陳粹昌、程法侃、林祥光、程環、蘇鏡湖、李孔榮、陳爾恭（陳爾泰）等 8 員赴德國學習潛艇。[146] 派留學義大利學員龔棟禮、薛奎光、陳慶甲、劉永仁、高舉、陳兆棻等 6 員轉赴德國學習潛艇。[147] 6 月海軍學校邱仲明等 10 名校課修業完畢後，派赴德國留學。[148] 邱仲明等 10 員與原留學義大利陳慶甲

[146] 〈海軍建軍沿革〉，頁 28-29。李孔榮於 27 年 4 月在柏林車禍身亡。
[147] 《海軍抗日戰史》，上冊，頁 298。《海軍大事記》，第二輯，頁 87。
[148] 《海軍大事記》，第二輯，頁 91。

等8員（陳慶甲等8員已於26年8月完成義大利海軍軍官的專科及戰術教育，並派至義大利海軍潛艇上服務）一同在德國接受潛艇訓練，後因中德外交發生變化，留德海軍人員自28年7月後，陸續返國。[149]31年7月，派美國留學之柳鶴圖、夏新2員赴英海軍造艦部學習潛艇製造。[150]

五、選派海軍官員赴英美參戰與見習暨造船

抗戰期間，軍事委員會委員長蔣中正有感海軍殘破沒落，為海軍日後重建之需要，自民國30年起，海軍部奉令與英美協商，派員前往歐洲參戰未能實現，另計畫續派商選派30歲以下之尉官級10員，赴英國戰鬥艦及潛水艇練習服務。美國方面經呈請軍事委員會分別轉飭外交部、軍令部同時交涉。有關我國擬派海軍人員參加歐戰之意圖，係當時為圖積極籌劃海軍人員之培育，選派優秀海軍人員出國留學受訓，其所採取之步驟分別為：[151]

（一）選派海軍學校畢業者20名，赴美國學習領航轟炸。

（二）考選海軍學校畢業之海軍軍官99人，分派赴美國訓練參戰。

（三）選派造船工程師23人，赴美國實習造船技術，旋再派工程師12人，赴英國實習。

民國31年我國駐美國使館，有鑑於各同盟國均紛紛利用「租借法案」（The Lend-Lease Act），向美國要求借艦，並代訓作戰官兵，乃援成例與美國交涉，事成後我復循外交途徑，向美國政府協商同樣要求，旋亦經其同意。[152]7月17日，軍事委員會頒布「選派海軍官員赴英美參戰與見習暨造船考選辦法」如下：[153]

（一）本會為使海軍青年軍官參加同盟國海軍作戰，與受潛艇訓練暨造船等工作特考選海軍青年軍官，派遣赴英美艦隊及船廠服務與見習，以增進其學歷，而備為我國將來海軍整建之基礎。

（二）考選海軍官員總額為100名，分參戰軍官30名（航海科20名，

---

149 徐學海，《1943-1984海軍典故縱橫談》，頁538。

150 《海軍大事記》，第二輯，頁152。

151 《海軍抗日戰史》，下冊，頁714-715。

152 《海軍抗日戰史》，下冊，頁715。

153 〈交通部人事司關於奉發選派海軍官員赴英美參戰與見習暨造船考選辦法致郵政總局函〉（民國31年7月17日），收錄在《抗日戰爭正面戰場》，下冊，頁1777-1778。

接八艦軍官於美國邁阿密海軍訓練中心合影

輪機科10名），潛艇見習學員30名（航海科20名，輪機科10名），造船學員40名。

（三）應考學員資格如下：

1、曾在馬尾海軍學校、青島海軍學校、黃埔海軍學校、電雷學校、商船專科學校造船科畢業，或國外海軍學校畢業者（但商船學校造船科畢業生只得參與造船科學員考試）。

2、民國25年以前畢業者，曾在海軍艦船任職海上勤務1年半以上者，可應軍官考試，25年以後者，可應學員考試。

3、年齡在35歲以下者（潛艇見習學員年齡須在30歲以下）。

4、身體強健者確無暗疾及不良嗜好者（潛艇見習學員尤須有最強健之體格）。

接八艦軍官與美友人合影

5、為使全國優秀青年、海軍官員皆得參與考選，召法辦法分為機關保送及自由投考兩種。

（四）考試項目：1、體格檢查。2、筆試。3、口述試驗（儀表、言語、精神、軍人常識、海軍常試、航海經驗，均用英文問答）。

軍事委員會為接收英美贈艦，參加太平洋戰區反攻作戰，成立「海軍赴英美接艦參戰官兵選派委員會」，由國民政府辦公室賀國光主持其事，於民國 31 年 8 月 5 日頒布實施。同日令頒「選派海軍軍官赴英美參戰與見習暨造船考選委員會組織規則」通令全軍遵照。[154]

---

[154] 《海軍抗日戰史》，下冊，716。《海軍大事記》，第二輯，頁 153。《海軍抗日戰史》，下冊，716。時海軍總司令陳紹寬以海軍門戶見深，地域觀念太重，無法付託。因此改由軍事委員會軍訓部部長白崇禧為主任委員，成立「選拔海軍官員赴英美參戰與見習暨造船考選委員會」，籌辦考選事務。參閱《劉廣凱將軍報國憶往》，頁 19。

（一）海軍軍官赴美參戰見習暨造船

民國30年12月8日，太平洋戰爭爆發後，為加強中美並肩作戰，及培育我海軍人才考量，軍事委員會於31年11月，考選第一批優秀海軍軍官50員，於翌（32）年6月，赴美國登艦實習，由美國海軍指派翟瑞樂中校負責訓練事宜。之後我國以「參戰見習暨造船」和「借艦參戰」等名義，派遣海軍官兵赴美國受訓。32年10月28日，派遣海軍軍官黃錫麟等49名赴美「參戰見習暨造船」；其中25名航海軍官進入美國海軍研究院（PG School）進修，研習作戰、通訊、輪機、造船等科目。24名輪機軍官則至麻省理工學院（Massachusetts Institute of Technology）深造（其中22人獲得碩士學位）。[155] 此批「參戰見習暨造船」的軍官主要在美國學習新知，為我國重建海軍預儲人才，亦大多學成後返華。爾後我國再選派海軍學校畢業軍官20名，赴美國學習航炸。另先後考選海軍學校畢業軍官99人，分赴美國訓練及參戰。[156]

為因應盟軍之需要，並奠立戰後我國海軍重建之基礎，民國33年8月，軍事委員會徵調國內富有造船經驗之工程師23人，組織「中國造船人員赴美服務團」，赴美國實習造船技術。[157] 該團於12月18日，抵達美國，分赴紐約、波士頓、費城及諾福克等地，參加造船工作及實習造船技術。[158]

（二）赴美接艦官兵的教育訓練

民國32年9月13日，軍令部特送駐美副官海軍中校楊元忠條陳建立新海軍計畫。[159] 於是我國向美方提出之「中國海軍租借艦艇計畫」，當時以參

---

155 《海軍艦隊發展史》，第一冊，頁33。《中華民國海軍史事日誌（1912.1-1949.9）》，頁717。另《海軍抗日戰史》，下冊，頁715記：32年8月，派遣海軍軍官錢懷源等49員赴美國分別學習作戰、通訊、輪機、造船等科。

156 國防部史政編譯局編印，《國民革命軍建軍史》，第三部：八年抗戰與戡亂（一），民國82年，頁583。

157 《海軍抗日戰史》，下冊，781。何應欽，〈對六屆全國代表大會軍事報告〉，收錄在《抗戰史料叢編初輯》（四），頁291。軍事委員會特派參議馬德驥率同葉哲芳先行赴美，商訂曾任造船工作之優良人員中遴選卓韻湘等21員，派遣赴美。參閱《海軍大事記》，第二輯，頁165。

158 參閱《國民革命軍建軍史》，第三部：八年抗戰與戡亂（一），頁583。《第二次世界大戰中美軍事合作紀要》，頁41。

159 《海軍抗日戰史》，下冊，781。接艦參戰的緣起可能和中美兩國的情報合作有關；美軍在第二次世界大戰末期，曾打算在中國東南沿海登陸，與內陸之國軍夾擊日軍，此項計畫必定需要我海軍人員或艦艇配合。因此最初發動接艦參戰者可能是美國的情報單位，我國駐美大使館的海軍武官並非發動者。參閱張力，《黎玉璽先生訪問紀錄》，頁52-53。

戰見習為名在美國受訓的25名我海軍初級軍官，美方認為不足分配。我駐美副武官楊元忠遂向上級呈請「我國如能藉此機會加派多數作戰經驗之海軍官兵，則今後當可與美國海軍發生密切聯繫，增強戰後海軍建設基礎。」據此，仍照海軍學員赴英美學習之考選方式，由軍事委員會辦公廳主辦，以專責成。[160]

軍事委員會於民國33年7月，組織「海軍官兵選派委員會」，主辦赴美接艦參戰考選事宜，美方並未參與。[161] 軍官考選資格如下：1、審查報考人的學經歷。2、筆試包括共同科目：國文、英文、黨義。及專業科目：航海科：航海學、船藝學、兵器學。輪機科；內燃機學、鍋爐學、機艙管理法。3、口試。[162]12月考選赴美第一批接艦官兵由許世鈞率領出發。[163]34年1月28日，到達美國加州長堤（Long Beach）。[164]

赴美接艦士官兵名1,000人之考選；自民國33年11月中旬起，由各機關部隊選送之士兵，及自由報名登記之一般學校畢業或肄業生中考選。士官兵為公開招考，普通大學畢業或肄業者即占錄取人數的1/3，可見接艦士官兵素質之高。[165] 赴美接艦所需兵員為1,000人；其來源為江防大隊500人，從軍知識青年500人；從軍知識青年的背景有不同，有大學畢業生、交通大學航海、輪機系4年級學生、中央大學、西南聯大等校大學生及中學生。[166]

12月下旬，招考之接艦1,000名士官兵及學兵，在重慶唐家沱編成「赴美接艦參戰學兵總隊」，總隊長由陸軍中將潘佑強擔任，海軍中校魏濟民與許世鈞擔任副總隊長[167]。海軍學兵總隊（或稱海軍士兵總隊）轄3個大隊，

---

160 國軍檔案，《向美國租借艦艇案》，檔號：771/2722。
161 張力，《黎玉璽先生訪問紀錄》，頁53。
162 《海軍抗日戰史》，下冊，874。共錄取軍官70名。當時軍官報考者約100餘人，錄取人員電雷學校畢業者幾乎占一半。參閱張力，《黎玉璽先生訪問紀錄》，頁53。
163 《海軍大事記》，第二輯，頁169。
164 張力，《黎玉璽先生訪問紀錄》，頁55。
165 張力，《黎玉璽先生訪問紀錄》，頁53。另王業鈞回憶：當時高中在學學生拿著學校的推薦函，到軍事委員會第二廳報名（由潘佑強陸軍中將主持），不需考試，僅有體檢檢查是否有殘疾。參閱張力，〈王業鈞先生訪問紀錄〉，收錄在《海軍人物訪問紀錄》，第一輯，頁226-227。徐學海，《1943-1986海軍典故縱橫談》，下冊，頁638記：王文係誤記，負責美、英訓練接艦參戰官兵的選派是由軍事委員會之「海軍選派委員會」負責。
166 張力，〈王業鈞先生訪問紀錄〉，頁227。
167 學兵總隊下編成20個分隊，每分隊下轄3個班。參閱海斌，《留美海軍風雲錄》（北京：海潮出版社，1992年），頁15。

（上圖）第一批赴美接艦官員合影
（下圖）第二批赴美接艦官員合影

每一大隊轄 3 個中隊，每一中隊轄 9 個分隊。[168] 赴美接艦士官兵（含學生兵）報到後，穿著陸軍冬服，先集訓 2 至 3 個月，食宿均駐唐家沱江新、江順兩

168 《海軍抗日戰史》，下冊，885-886。

輪上。[169] 學兵總隊在集訓期間，每日在江邊實施軍事基本教練，由海軍軍官及軍士擔任分隊長及班長，使用英文口令，操作美式軍事動作，由美國海軍槍砲上士費士曼（CGM Fishman）擔任教官（後來費士曼隨隊同行赴美，擔任連絡工作）。[170]

民國 34 年 1 月 15 日，軍事委員會在重慶舉行最後一批赴美接艦參戰人員考試。[171]1 月 24、25 日「赴美接艦參戰學兵總隊」總領隊潘佑強，副總領隊魏濟民、許世鈞率第二批 10 名軍官和 983 名士兵，[172] 由重慶搭車至成都新津機場待命。2 月 3 日至 7 日分批飛往印度汀江，進駐中國駐印軍營區，換裝及注射預防針。[173]2 月 8 日至 14 日，分批乘火車至加爾各答美軍營區待命。2 月 20 日，再乘火車到孟買英軍營區候船，並配發美國陸軍便裝及軍毯。3 月 16 日，搭乘美軍運輸艦曼恩將軍號（General Mann AP120），取道印度洋經南太平洋駛往美國。接艦官兵在搭乘美軍運輸艦海運美國期間，在運輸艦上接受「機會教育」訓練（例如分批在運輸艦槍砲部位見習）。4 月 15 日，接艦官兵抵達美國加州聖彼得羅港（San Pedro）。21 日搭乘火車前往弗羅里達邁阿密。22 日全體接艦官兵換領美國海軍正式制服。[174] 接艦官兵抵達邁阿密後，進駐阿爾喀札兵營（Alcazar Barracks）。稍後，接艦官兵進駐邁阿密海軍訓練中心（Miami Naval Training Center），展開訓練。海軍訓練中心係美國海軍依據戰爭需要，培訓速成海軍官兵的訓練機構，訓練中心司令是豪海軍上校（Captain Howe）。

我赴美接艦官兵的交通工具暨在美國受訓所需費用，俱在「軍火租借法

[169] 戴行釗，〈八艦接艦大事記〉，收錄在《海軍學術月刊》，第 21 卷第 7 期，頁 166。同書同（166）頁記：志願從軍之知識青年編成 9 個中隊、前 8 中隊赴美接八艦，第九中隊赴英接伏波艦。張力，〈王業鈞先生訪問紀錄〉，頁 228。「江順輪」原為國營招商局的客輪，約 3,000 噸。另外，同時被徵用的還有「江新輪」。海斌，《留美海軍風雲錄》，頁 7。

[170] 戴行釗，〈八艦接艦大事記〉，頁 166。

[171] 劉光輝，〈從軍赴美接艦日記〉，收錄在《海軍學術月刊》，第 21 卷第 7 期，頁 155。

[172] 實際抵達印度赴美受訓接艦士兵為 988 人，抵達印度後，又有 1 名士兵住院，1 名遣送回國。徐學海，《1943-1986 海軍典故縱橫談》，上冊，頁 30。另《海軍抗日戰史》，下冊，781 記：海軍總司令部派梁序昭率接艦參戰軍官 60 員，士兵 983 名赴美。

[173] 戴行釗，〈八艦接艦大事記〉，頁 166。

[174] 接艦官兵離華抵美經過參閱國軍檔案，《向美國租借艦艇案》，檔號：771/2722，〈民國 32 年 12 月 7 日，陳紹寬電呈蔣中正〉。戴行釗，〈八艦接艦大事記〉，頁 167。劉光輝，〈從軍赴美接艦日記〉，頁 157-165。另在孟買候船時，美軍要求赴美接艦受訓官兵脫衣全身噴灑藥粉殺菌沐浴。參閱張力，〈王業鈞先生訪問紀錄〉，頁 228。

海軍赴美接艦官兵訓練情形

案」內由美方代為辦理。[175] 在邁阿密海軍訓練中心美方負責我國接艦官兵的教育訓練與後勤補給（含食宿與服裝）。為了管理接艦官兵，我方在邁阿密設立「中國海軍接艦官兵辦事處」，直接隸屬中國駐美大使武官處（前後任主任為宋鄂、許世鈞）。[176]

民國34年4月23日，邁阿密海軍訓練中心開訓；課程區分為半日操課，半日上英文課（英文課依照測驗程度後，區分20個英文班，以利教學）。[177] 開始接受美國海軍基本訓練，首先是體能訓練、陸操、游泳、基本英語，然後實施槍砲、船藝、損害管制、滅火、急救、基本電學（部分）。於8月底基本課程完成，8月28日，我方簽字接收美援8艘軍艦，分派各艦的水兵及輪機兵，即日登艦擔任維護保養工作及艦上在職訓練。所有士官則留岸繼續接受專科訓練，全體士官派艦、授階、按階任職，繼續海上組合訓練，先由少數美軍教官從旁指導，中國官兵操縱新式軍艦，漸至能獨立操縱為止。[178]

（三）海軍軍官赴英參戰的教育訓練

民國32年軍事委員會為培植戰後海軍幹部，準備各派50人赴英美兩國進修。第一批先錄取50人赴美，24人赴英，留26個名額給來不及赴考人員。[179] 6月海軍上校周憲章率領首批考選留英錄取人員林炳堯、黃廷鑫等24員離渝，空運印度，由印度乘船赴英，10月抵英國。[180] 海軍軍官白樹綿、牟秉利等21員，赴英國航海、槍砲各學校受訓；晏海波等4員進入英國皇家海

175 《第二次世界大戰中美軍事合作紀要》，頁42。

176 我方於邁阿密成立駐美海軍訓練處，與美方經常保持連絡，協定訓練計畫。參閱宋鍔，〈戰後海軍重建初期之回憶〉，收錄在《中國海軍的締造與發展》，頁133。

177 劉光輝，〈從軍赴美接艦日記〉，頁164165。

178 戴行釗，〈八艦接艦大事記〉，頁167。基本訓練為9週，科目為航海、船藝、通訊、防潛、槍砲及海軍行政。參閱徐學海，《1943-1986海軍典故縱橫談》，頁31。另《留美海軍風雲錄》，頁76則記：接艦官兵教育訓練區分兩階段：第一階段是共同科目訓練，有艙面水手當值、滅火、搶險堵漏、槍炮、軍艦識別、飛機及海上求生等訓練科目。第二階段為專業訓練，區分為航海駕駛、艙面帆纜、輪機、電機、無線電收發報、無線電修理、雷達、聲納、旗語信號、槍砲以及醫務、文書、軍需、炊事等專業。擔任各專業科目的教官都是具有豐富實際經驗的美國海軍軍官和資深的軍士。

179 張力，《池孟彬先生訪問紀錄》（台北：中央研究院近代史研究所，民國87年），頁37。戰時海軍軍官派赴英國留學要降階，如上尉降為中尉。參閱張力，〈何樹鐸先生訪問紀錄〉，頁132。

180 《海軍艦隊發展史》，第一冊，頁68。此次錄取留英美74名海軍軍官，於32年4月初，先赴中央訓練團25期受訓1個月，受訓內容主要是思想教育，結訓後便出國。參閱黃山松，《親歷與見證：黃廷鑫口述記錄：一個經歷諾曼第戰役中國老兵的海軍生涯》（北京：中國社會科學出版社，2013年），頁63。

抗戰時期海軍留英學員合影

軍輪機大學就讀。[181] 33 年 9 月，繼續考選第二批赴英留學海軍軍官，錄取劉廣凱、宋長志、池孟彬、何樹鐸等 26 名。10 月，第二批赴英留學海軍軍官 26 人，離渝空運印度，12 月 12 日，由孟買搭船前往英國。[182] 於 34 年 1 月抵達英國。[183]

第一批赴英參戰留學海軍軍官抵達英國後，先至格林威治（Greenwich）皇家海軍學院（Royal Naval College）接受 2 個月短期訓練，複習航海、船藝、操艇等基本課程，及加強英語會話。結訓後到恰塘（Chatham）兵營，接受 2 個月的槍砲訓練，使其熟悉英國軍艦的火砲及魚雷等。在恰塘兵營的教學係採類似「看電影式」（放映機播放教學圖片）的電化教學。槍砲訓練結訓後，24 名留英軍官分派至英艦實習，此實習相當於英國海軍初級海軍學校畢業生的上艦實習，重點學習航海與增進航海知識及經驗。[184] 艦上實習約半年結束

181 《海軍抗日戰史》，下冊，頁 715。

182 張力，《池孟彬先生訪問紀錄》，頁 41,42。《海軍抗日戰史》，下冊，781。《劉廣凱將軍報國憶往》，頁 19。時劉廣凱中校因軍階最高為領隊。

183 《海軍艦隊發展史》，第一冊，頁 68。

184 黃山松，《親歷與見證：黃廷鑫口述記錄：一個經歷諾曼第戰役中國老兵的海軍生涯》，頁 65-72。

後，24 名留英軍官派赴英國各海軍專科學校「上尉班」，學習航海、槍砲、信號、魚雷、雷達、隊務、航空、防潛等科目。原訂受訓時間為 1 年，因處於戰時縮短為 5 個月。上尉班結訓後，24 名留英軍官部分派至英國太平洋艦隊實習；黃廷鑫等 7 員留在英國接受 3 個月的潛艇訓練。[185]

第二批赴英參戰留學海軍軍官則先至布萊頓（Brighton）海軍後備軍人訓練中心接受 4 週的入伍訓練，複習海軍兵操、船藝及航海等基礎課程，英國海軍派 1 名上尉軍官及英文教官，為我留英海軍軍官複習船藝，加強英文會話，協助瞭解英國的生活文化及風土民情。布萊頓海軍後備軍人訓練中心結訓後，再赴格林威治皇家海軍學院初級班就讀，複習輪機、航海、物理、數學、船藝等課程，及加強英語。皇家海軍學院受訓約 6 個月，26 名留英軍官結訓後，分派到英艦實習。[186]艦訓結束後，至海軍槍砲、魚雷、雷達、航海、飛行等專科學校受訓，前後約 1 年，分科教育重點在實用（即訓即練，即練即用），很少涉及理論範圍，分科教育結訓後，再到軍艦見習 3 個月。[187]

（四）赴英接艦官兵教育訓練

軍事委員會在選派赴美接艦官兵同時，也選派赴英接艦官兵。民國 34 年 1 月，考選英接艦軍官 9 員及士兵 90 名，於 2 月由韓兆霖率領赴英受訓接艦。[188]第一批赴英接艦士兵 90 名；其一半係考選全國各省知識青年從軍者，

---

[185] 黃山松，《親歷與見證：黃廷鑫口述記錄：一個經歷諾曼第戰役中國老兵的海軍生涯》，頁 87-88。留英海軍軍官在格林威治皇家海軍學院進修，接觸英國海軍理論與實戰並進的軍事養成教育，學員不僅在課堂上學習理論知識，同時還要親身參與實際作戰，俾從理論與實務相互印證中，實踐及瞭解戰爭常識。參閱曾瓊葉，〈訪問葛敦華將軍〉，頁 48。葛敦華於英國受訓期間，適逢盟軍登陸諾曼第登陸作戰，在英國海軍輕型航空母艦參與北法諾曼第登陸，及南法砧龍作戰。參閱〈訪問葛敦華將軍〉，頁 49。33 年 6 月，許多在英國皇家海軍學院肄業的中國海軍軍官被英方派往各軍艦參戰實習。參閱《中華民國桐梓海軍學校》，頁 19。

[186] 張力，《池孟彬先生訪問紀錄》，頁 44,45,46,54。《劉廣凱將軍報國憶往》，頁 24-25 記：留英軍官在皇家海軍學院初級班學習 9 個月。

[187] 赴英海軍軍官在布萊頓海軍後備軍人訓練中心、皇家海軍學院，及魚雷、槍砲、航海和通信等專科學校受訓，前約 3 年。參閱張力，〈何樹鐸先生訪問紀錄〉，頁 132-133。根據黎玉爾將軍說法：我國赴英國留國的海軍人員除少數進入格林威治的海軍學院（Greenwich Naval Academy），最多是進入一般分科學校（海軍兵科分校）例如槍砲學校，或者只是修習幾門課程，沒有人進皇家海軍大學，留學外國的學歷多半是靠不住的。參閱張力，《黎玉璽先生訪問錄》，頁 65。

[188] 《海軍艦隊發展史》，第一冊，頁 85。

另一半為海軍現役士兵，將兩者混合編隊後，於重慶唐家沱江順輪集訓。[189]

第一批赴英接艦官兵抵達英國後，至英格蘭依布斯維琪海軍基地甘吉士營區受訓。先是實施海軍基本課程，課程十分紮實，要求嚴格，每科必須考試或測驗及格。基本課程結束後，接艦官兵按軍艦各部門類別，分發英國海軍專科學校學習專門技術，以4人1組，8人1隊，分別研習槍砲、航海、輪機、通信、雷達、反潛、補給等專門科目。英國海軍各專科學校設備與教學器材十分新穎，與軍艦環境配合一致。一些新式裝備尚未在軍艦上安裝使用，卻已供學校利用，做到一切以教學為先。教室內官兵一同上課、操作、實驗，彼此互助。海軍專科學校課程一般區分為初級、中級、高級等3個階段。專科學校結訓後，赴英接艦官兵分發至英軍各型軍艦上實習，實習目的是學以致用。[190]

民國34年3月，暫停赴英接艦官兵考選。5月1日起，恢復第二批赴英接艦官兵考選，計有錄取軍官41員，士兵214名。[191]同（5）月，在重慶覃家崗中正中學成立「赴英接艦參戰學兵總隊」。學兵總隊分設3個大隊，總隊長為姚樸。[192]6月辦理考選赴英接艦官兵，總計取軍官104名，士兵1,000名，共分3批赴英接艦受訓。[193]第二批赴英接艦官兵錄取後，先至唐家沱江順輪行集訓，接受陸軍式的徒手訓練及海軍常識、英美儀禮，及學唱美英海軍軍歌。[194]接艦士兵在唐家沱待命約4個月，遲至10月間，才從重慶出發，赴英接艦。[195]

---

189 侯宏恩，〈伏波號艦的傳奇－赴英接艦回憶〉，收錄在《海軍學術月刊》，第21卷第7期，頁145。

190 侯宏恩，〈伏波號艦的傳奇－赴英接艦回憶〉，頁149-150。

191 《海軍抗日戰史》，下冊，781。

192 王耀埏，〈重慶與靈甫兩艦接艦記〉，收錄在《海軍學術月刊》，第21卷第7期，頁141。另陳書麟，《中華民國海軍通史》，頁452記：學兵總隊成立於34年3月，下轄2大隊，第一大隊大隊長鄧兆祥，第二大隊大隊長馮　聰。

193 《海軍艦隊發展史》，第一冊，頁86。

194 《中華民國海軍通史》，頁452。

195 張力，〈李連墀先生訪問紀錄〉，收錄在《海軍人物訪問紀錄》，第一輯，頁29。同書同頁記：赴英接艦官兵在江順輪上主要學習國際禮儀、接艦及應注意事項，重新複習，並沒有訓練，僅在此等候。

肆、重要戰績

民國26年7月，當盧溝橋事變爆發之初，日本海軍支援其陸軍占領平津後，其海軍指向我青島海域及上海地區延伸。時我海軍處於絕對劣勢，無力與敵正面作戰，僅能採守勢，於沿海各要點，阻敵艦進攻，消耗其兵力，另於內河各要點設立作戰基地及封鎖，支援友軍作戰。軍事委員會對海軍所負之任務指示：海軍在於淞滬方面實行戰爭之同時，以閉塞吳淞口，擊滅在吳淞口內之敵艦，並絕對防止其通過江陰以西為主，另以一部協力要塞及陸地部隊之作戰。海軍對全般作戰之考量，首在集中兵力，專事長江防務，俾防範日軍溯江西犯，以達成持久戰與消耗戰之目的。為完成殲滅戰之任務，不為日軍所突破，海軍運用阻塞作戰，遂行任務，其全般作戰概分為4階段：

第一階段：（自七七事變起）海軍為保衛我國都南京之安全，並策應淞滬對敵之作戰，乃集中兵力於江陰的防禦。此一階段海軍必須阻止日軍突破江陰，支援友軍在淞滬陸上作戰，完成掩護政府西遷，達成長期抗戰的基礎，奠定後方防禦之準備。

第二階段：（自淞滬會戰結束後）即加強長江馬當、湖口、田家鎮、葛店之防衛作戰，並於武漢會戰前，完成江防戰力之充實，以要塞威力，配合水雷作戰，遏阻敵海軍西犯，爭取有利時間，俾予我第二期作戰之充分準備。

第三階段：武漢被迫棄守後，海軍以游擊布雷作戰方式分段封鎖長江，並以水雷作戰為戰術中心。其中歷經城陵磯戰役，及兩次湘北會戰，給予日軍重創，確保長沙安全。[196]

第四階段：宜昌會戰之後，海軍全力投注於川江防禦，拱衛重慶。同時對敵後展開攻勢，原擬計畫出海布雷，是項措施後因軍事委員會考量國際因素，而放棄實施。[197] 整體而言，抗戰時期我海軍的戰鬥行為，主要分為沉江阻敵、岸砲禦敵、水雷攻擊等3大範疇。其主要戰場在長江沿江的內陸水域作戰，至於其它各地如福建省閩江，粵桂西江，江西省之贛江、鄱陽湖，浙江省之富春江、浦陽江、曹娥江、清江、椒江、甌江，湖南省洞庭湖、湘江、

[196] 《海軍抗日戰史》，上冊，頁662-663。何燿光，〈抗戰時期海軍砲隊與布雷隊之研究：海軍意義詮譯方式的論證〉，收錄在《榮耀的詩篇－紀念抗戰勝利六十週年學術研討會論文集》，（台北：國防部，民國95年），頁306-307。

[197] 《海軍抗日戰史》，上冊，頁663。

資江、沅江、澧水等，亦有海軍要塞砲隊或布雷隊的防守。[198] 另外，我海軍陸戰隊在抗戰期間為鞏固後方軍運防務，對擔任護路與剿匪之任務，亦不遺餘力，其中以肅清湘黔閩諸省之地方匪患，對保護我軍運及維護地方治安厥功至偉。[199] 有關抗戰時期海軍參與之重要戰役及其戰績如下：

一、淞滬戰役

民國26年8月13日，日軍進犯淞滬，海軍部飭令駐滬海軍努力抗戰，固守防地，協助陸軍連絡作戰。14日海軍為嚴防日軍溯黃浦江上犯，以普安運輸艦沉塞董家渡水道，使日軍進路被阻，滬戰因而延長。自8月20日，敵機起迭向淞滬海軍各機關轟炸，海軍司令部、江南造船所……等先後被敵炸毀，25日永健艦被敵炸沉。直至11月11日，高昌廟失陷，海軍各機關均被敵占，而海軍警衛營仍隨留滬陸軍第五十五師部隊抗敵至最後。[200]

二、江陰戰役

民國26年8月上旬，日軍艦艇集結於吳淞口外，意圖溯江進犯京滬。8月6日，我國防最高會議決定封鎖長江，後因計畫外洩，[201] 原在長江中上游的日軍小型艦艇及人員迅速撤出，反而對上海造成的威脅。8月11日，為阻遏日艦進入長江，軍事委員會委員長蔣中正下達阻塞江陰水道命令。海軍部派甘露、皦日、青天、綏寧、威寧等5艘艦艇，先行毀除長江南通下游航路標誌，使敵艦失去目標，不易活動。同時從事布雷工作，將江陰一段敷布水雷，以期在國防上造成堅強封鎖。8月26日，皦日測量艦因執行摧毀南通標

[198] 何燿光，〈抗戰時期海軍砲隊與布雷隊之研究：海軍意義詮譯方式的論證〉，頁307。抗戰時期，中央海軍主要是在長江及其支流從事布雷工作，東北海軍分布要塞砲台，廣東海軍則在珠江流域布雷，電雷學校則在魚雷快艇，我國海軍全軍都在拼命與敵作戰。張力，《池孟彬先生訪問紀錄》，頁29。

[199] 劉和謙，〈發揚海軍抗戰精神〉，收錄在《海軍學術月刊》，第21卷，第7期，頁6。28年5月，陸戰隊奉令由第一旅旅長林秉周率該旅第一、二團駐防湘黔，擔任湘黔公路防護，原粵漢鐵路護路任務交由陸戰隊第二旅第三團負責。10月調陸戰隊第二旅第三團擔任衡陽至寶慶一帶公路護衛工作。參閱《中華民國海軍陸戰隊發展史》，頁259。

[200] 海軍總司令部編，〈海軍抗戰紀事〉（民國28年），收錄在《抗日戰爭正面戰場》（下），頁1740-1741。

[201] 8月6日中央最高機密會議決議的封鎖長江計畫，遭行政院秘書黃濬洩露給日方。參閱王家儉，〈海軍對於抗日戰爭的貢獻〉，頁17。

志任務時，遭日機與日艦擊沉。[202]

8月12日午夜，海軍部部長陳紹寬親率平海、甯海、逸仙、應瑞、海容、海籌等6艦駛抵江陰，指揮封鎖線；[203]並抽撥通濟、大同、自強、德勝、威勝、武勝、辰字、宿字等8艘（老舊）艦艇，連同招商局各輪船徵用的20艘商船，自沉於江陰水道。[204]14日普安運輸自沉於上海董家渡以堵塞航道。[205]9月20日，蔣中正委員長向海軍部下手令：海圻、海琛、海容等凡艦齡在40年以上之大艦，須將其艦砲卸下，準備沉沒，堵塞長江各段之用。同（20）日因日機開始轟炸江陰要塞，蔣委員長再明確指令將海圻、海籌、海琛、海容4艦速沉江陰，以增強該處防線。[206]25日海軍部調集海圻、海容、海籌、海琛等4艘老舊巡洋艦在江陰阻塞線自沉。[207]

海軍為拱衛南京鞏固江防起見，於江陰封鎖線初建時，派第一、二艦隊先後馳往防禦，平海、甯海、應瑞、逸仙等主力艦列為前線。民國26年8月16日起，日機開始向我軍艦空襲。我海軍各艦奮勇抗戰，益將艦隊各高射砲，構成江陰封鎖線之防空網，與敵機周旋30、40日之久，敵卒不獲一逞。9月22日，敵機大舉來襲，平海、應瑞2艦受創。23日敵機對平海、甯海2艦展開激烈空中攻擊，敵機分別各個方向進襲，陳紹寬部長見我軍各艦拋錨作戰甚為不利，便下令起錨作戰。我官兵英勇奮戰，傷亡頗多，最終平海、甯海2艦因遭敵機重創要害，擱淺沉沒。[208]

---

202 〈海軍建軍沿革〉，頁13。《中華民國海軍史事日誌（1912.1-1949.9）》，頁600。

203 《中華民國海軍史事日誌（1912.1-1949.9）》，頁592。

204 〈海軍部長陳紹寬關於徵船填塞長江下游航道等致行政院長蔣介石呈（民國26年8月13日）〉，收錄在《抗日戰爭正面戰場》，下冊，頁1,721。《海軍艦隊發展史》，第一冊，頁25。

205 《中華民國海軍史事日誌（1912.1-1949.9）》，頁596。

206 〈海軍部交通部為堵塞航道徵用軍艦商輪情況與行政院來往密呈指令（民國26年9月25日呈）〉，收錄在《抗日戰爭正面戰場》，下冊，頁1727-1728。《中華民國海軍史事日誌（1912.1-1949.9）》，頁604。

207 《海軍艦隊發展史》，第一冊，頁25。同書同頁記：江陰水道共沉大小艦船43艘，約64,000噸。

208 《海軍抗日戰史》，上冊，頁817-820。孟漢鐘，〈甯海作戰親歷記〉，收錄在《海軍學術月刊》，第21卷第7期，頁81-91。9月23日，平海、甯海兩巡洋艦在江陰抗戰遭日機轟炸，平海艦於十二圩擱淺，甯海艦被炸沉，陣亡官兵13人，艦長陳宏泰數十人受傷。參閱中華民國海軍史事日誌（1912.1-1949.9），頁60。甯海、平海先後在八圩、十二圩擱淺、半沉，後經日軍打撈及漫長修復改裝後，分別命名為五百島（甯海）、八十島（平海），並於33年6月，正式納編為日艦，2艦在日本海軍服役時甚短，分別於33年9月19日、11月25日，在太平洋戰爭中被美軍潛艇、飛機擊沉。參閱陳悅，《民國海軍艦船志》，頁360-365。

海軍損失平海、甯海2艦後，仍堅守江陰阻塞線，拒絕後撤。9月25日，逸仙艦在江陰在江陰鰻魚沙附近，遭16架敵機輪番攻擊，雖擊落敵機2架，然艦身因遭重創，不得不駛擱淺處，後被敵機擲彈，側翻於江中。[209] 當逸仙艦遭敵攻擊時，海軍部趕派建康等艦馳援，建康艦於25日被敵機炸沉，該艦艦長齊粹英、副長嚴又彬陣亡殉職，官兵傷亡40人。平海、甯海、逸仙、建康等艦被敵機擊沉後，官兵傷亡慘重，第一艦隊幾已潰不成軍，海軍部乃令第二艦隊司令曾以鼎率楚有艦赴江陰接防。[210] 第一艦隊司令陳季良率司令部人員移駐定安運輸艦。在第一艦隊主力艦損失殆盡後，海軍部決定在鎮江附近構築第二道阻塞線，後因淞滬戰局突變，日軍進占迅速，未能實現。[211]

9月26日起，楚有艦遭敵機輪番攻擊，雖經激烈抵抗，該艦最終因艦身受創嚴重，10月2日，沉沒於江陰六圩港。第二艦隊司令部隨即移駐江防總部，繼續辦理江防要塞各事宜。[212] 自10月起，敵機不斷空襲江陰，海軍各艦艇雖不畏艱險，迭次擊落敵機。10月2日，青天測量艦及湖鵬艇在江陰鰻魚沙；5日江寧艇在江陰封鎖線砲子洲；8日湖鶚艇在鰻魚沙；13日綏寧艇在十二圩被敵機炸射擱淺；23日應瑞練習艦在采石磯，遭日機炸沉。[213] 另海軍各艦艇或任軍事輸送，或任特殊任務，隨時往來江陰，屢遭敵機襲擊，躬冒萬險，達成任務。

有鑑於日軍擁有空中優勢，迫使我海軍對於防衛江陰阻塞線的戰略，不得不作重大改變，決定棄水就陸，於民國26年10月間，拆卸各艦艇重砲，組織砲隊，分配江陰、浦東、太湖、巫山、六助港等地設防。嗣以淞滬、無錫戰局突變，為阻日軍西犯南京，海軍砲隊奉命死守江陰要塞。11月30日，

209 《海軍抗日戰史》，上冊，頁821。《中華民國海軍史事日誌（1912.1-1949.9）》，頁605。〈海軍部關於日軍進攻海軍要塞等及海軍抗戰的有關文電〉，收錄在《抗日戰爭正面戰場》，下冊，頁1730-1731。

210 王家儉，〈海軍對抗日戰爭的貢獻〉，頁18。9月25日建康艦被敵機重創後沉沒，造成艦上官兵9人陣亡殉職。《中華民國海軍史事日誌（1912.1-1949.9）》，頁605。

211 馬俊杰，《中國海軍長江抗戰紀實》（濟南：山東省畫報出版社，2013年），頁203。

212 馬俊杰，《中國海軍長江抗戰紀實》，頁210。

213 《中華民國海軍史事日誌（1912.1-1949.9）》，頁607-608。《中國海軍長江抗戰紀實》，頁212-218。《中華民國海軍史事日誌（1912.1-1949.9），頁608。《中國海軍長江抗戰紀實》，頁216均記：應瑞艦上計有官兵19殉職，59人負傷，為抗戰以來傷亡最多的1艘軍艦。參閱〈海軍部關於日軍進攻海軍要塞等及海軍抗戰的有關文電〉，收錄在《抗日戰爭正面戰場》，下冊，頁1732-1733。《海軍抗日戰史》，上冊，頁823記：應瑞艦陣亡殉職為20人。

敵艦進犯六助港，六助港砲隊隊長陳秉清下令開砲，重創敵艦 2 艘，迫使敵艦退却。12 月 1 日，日軍侵抵江陰縣城，巫山砲台砲隊力戰至 3 日晚，於我方作戰部隊安全撤離後才後撤，時各區海軍砲隊先後後撤，移轉防地，繼續抗戰。[214]

三、馬當湖口戰役

民國 26 年 12 月間，海軍在馬當至湖口一帶，築有堅固砲壘，配以海軍新編之砲隊和陸戰隊，防守布置。同時派寧字、勝字各砲艇輪流於封鎖線，嚴密巡弋，以資監視。陳紹寬總司令亦隨時親赴前方指一切機宜。27 年 3 月，日本海軍軍艦因受困馬當封鎖線，遂利用飛機對我頻頻實施偵巡與轟炸。海軍為加強防禦，密布新式水雷，將敵駐防或經過馬當之敵艦炸沉或炸傷外，同時在馬當加布水雷 600 餘具，東流加布水雷 100 餘具，湖口方面亦布雷。因水雷線路密集，數量尤多，日軍對我海軍此作法，造成其軍事上之莫大阻力，故派遣大批飛機，從事搜索我布雷各艦艇，予以威脅。我布雷各艇於萬分困難中，冒險進行，雖將任務達成，然犧牲不少。義勝砲艇於 27 年 3 月 27 日，威寧砲艇於 6 月 24 日，先後被敵機炸沉。[215]

在砲台方面；自民國27年6月22日起，日本海軍艦艇大舉進犯馬當砲台，我砲台與敵艦艇展開激烈砲戰，擊傷敵艦艇多艘。26日日本陸軍採迂迴襲擊，近迫馬當，我駐馬當各分台雖極力抵抗，但在敵海陸軍夾擊包圍下，砲力失效，官兵有所傷亡。最後負責指揮作戰的陸軍馬當要塞司令王錫燾以電話命令海軍砲隊，將砲門掩埋及自行突圍。[216]

當駐馬當海軍砲隊與敵奮戰之際，海軍各布雷隊則加緊後方布雷工作，復於湖口段布雷 300 餘具，使敵艦無法進犯，乃由陸軍擔任前鋒。民國 27 年 7 月 1 日起，海軍加強九江地區布雷。時咸寧砲艇航經火燄山附近，與敵機遭遇，威寧砲艇發砲射擊，但遭敵機重創，最後被焚毀沉沒。同日長寧砲艇

---

[214] 海軍總司令部編，〈海軍抗戰紀事〉（民國 28 年），收錄在《抗日戰爭正面戰場》，下冊，頁 1745。

[215] 《海軍抗日戰史》，上冊，頁 1023-1024。

[216] 馬當湖口抗戰經過主要參閱海軍總司令部編，〈海軍抗戰紀事〉（民國 28 年），頁 1746-1748。

觸雷受創的日本軍艦

奉令由田家鎮開往九江，於將抵武穴途中，遭到為數不多的敵機攻擊，被長寧砲艇擊退。[217]7月4日，日軍進犯湖口，近迫湖口砲台。守備湖口的陸軍已陸續後撤，海軍湖口砲台官兵在敵機空襲威脅下，與敵奮戰，終因敵眾我寡，在將砲門拆出後撤退。[218]

四、鄱陽湖戰役（潯湖戰役）

馬當失守後，日軍溯江向湖口、九江進犯。鄱陽湖為入南昌之重要水道，為防範日軍深入江西腹地，西渡匡廬，及策應馬當、湖口後方安全起見，海軍部調派寧字號砲艇數艘，及多艘武裝火輪，擔任鄱陽湖防禦。當日軍進犯馬當，海軍即分別在湖口及姑塘敷布水雷。民國27年6月26日，義寧砲艇在白滸鎮巡弋時，遭敵機炸傷，艇長嚴傳經以下多名官兵殉職，長寧、崇寧2砲艇亦遭敵機炸傷後，復奉派另有任務，相繼在武穴及田家鎮犧牲。湖口失守後，鄱陽湖陷入孤立，該湖僅剩海寧砲艇守備。[219]7月14日，湖口江面

[217] 《海軍抗日戰史》，上冊，頁1051-1052。
[218] 〈海軍抗戰紀事〉（民國28年），頁1748-1748。
[219] 〈海軍抗戰紀事〉（民國28年），頁1750。

有敵艦出沒，企圖進犯姑塘，海寧砲艇單獨馳赴吳城附近丁家山截擊，遭敵機輪番轟炸沉沒。該艇官兵除犧牲殉職者外，其餘留組布雷隊，在鄱陽湖內擔任布雷工作。[220]

五、田家鎮及葛店戰役

田家鎮位於武漢下游，地處江北，與長江南岸之富池口，同為江防要地，該處江面狹窄，南北兩岸均築有要塞砲台，為防守長江之鎖鑰。自馬當、湖口相繼失守後，田家鎮成為保衛武漢之前進基地。民國 27 年 7 月，武漢局勢吃緊，海軍撥一部艦砲在田家鎮加強防禦，在田家鎮組武漢砲隊。另派永績、中山、江元、江貞、楚觀、楚謙、楚同、民生等 8 艦，擔任駐武漢軍事委員會之運輸工作。

7 月 3 日，崇寧艇於田家鎮布雷時，遭日機輪番轟炸沉沒。9 日起，湖口江面有大批敵艦艇集結，有進犯九江之勢，海軍即在田家鎮各區開始布雷。13 日綏寧砲艇在黃石港執行布雷時，遭敵機 4 次攻擊，因受創嚴重沉沒。8 月 9 日，湖鷹魚雷艇在航經蘭溪附近，遭敵機炸沉。另儲雷用之駁船亦復不少被敵炸沉，連同在田家鎮新執行布雷任務的平明、金大等 10 餘艘布雷小輪，均因執行布雷工作而相繼遭敵機炸沉，至是我海軍可供布雷之艦艇，幾已全部犧牲，但因前線正進行布雷，急需布雷艦艇支援，海軍乃將各砲輪、差輪及徵用之大小火輪，裝配布雷設備，繼續布雷工作，各布雷小艇在敵機轟炸下，冒死進行，雖分別完成任務，然犧牲不在少數，總計在 27 年 7、8、9 月等 3 個月，因執行布雷而為日機炸沉者計有 15 艘（受傷及雷駁船被炸者未列計），布雷分隊長李長霖以下 66 名官兵殉職。[221]

民國 27 年 9 月 9 日，日軍攻陷廣濟，由廣濟向西南進犯；敵一部由武穴方面會合，向田家鎮猛犯，復以飛機、艦砲連日猛轟馬頭鎮，於 14 日登陸，15 日攻陷馬頭鎮。馬頭鎮陷敵後，使武穴布雷區完全暴露，威脅田家鎮之守備。17 日起，日軍多次進犯田家鎮砲台，均被擊退，並擊沉多艘敵船艇。21

---

[220] 《海軍抗日戰史》，上冊，頁 1055-1056。

[221] 《海軍抗日戰史》，上冊，頁 1135-1141。《海軍艦隊發展史》，第一冊，頁 27。27 年 7 月咸寧、長寧 2 艇在武穴，海寧艇在吳城丁家山，綏寧艇在黃石港，崇義艇及湖鷹魚雷艇遭日機炸沉。

日日軍攻擊目標南移，集中射擊富池口要塞。是（21）日我砲隊以子母彈擊沉敵汽艇 8 艘。23 日日軍登陸田家鎮南岸，我軍撤退。入夜日本陸軍攻占富池口要塞，於富池口高地構築火砲，使田家鎮砲台在敵瞰制下，處於劣勢。

9 月 24 日及 25 日，日軍以陸海空進犯田家鎮砲台，敵我終日砲戰。日軍企圖以汽艇裝載陸軍在富池口登陸，當為我砲隊擊沉數艘。27 日田家鎮砲台已陷入敵重圍孤立中，我砲台將兵力集中，進扼沿江戰壕，以機步槍繼續抗敵。28 日敵再集結海空軍全力猛犯，田家鎮核心之海軍工事、各砲位及指揮所陣地全毀，無法保持。至是我軍已達消耗戰目的，要塞司令楊守鼎遂於當（28）日晚下令撤退，海軍砲隊奉命突圍，向武漢轉進。[222]

田家鎮陷敵後，武漢正面江防區，僅於葛店一處。民國 27 年 10 月下旬，日軍採取大迂迴戰略，武漢突受敵威脅，葛店頓時陷入敵三面包圍。10 月 22 日，敵艦由三江口溯江上駛，因觸雷被炸沉 2 艘後，即不敢前進，改採以巡洋艦遠程艦砲轟擊葛店砲台，我砲台猛烈還擊。24 日海軍總司令陳紹寬親赴葛店指揮。是（24）日午後，敵企圖在趙家磯登陸，被我砲台擊退，敵汽艇 4 艘被擊沉。日軍見我防務密不可犯，改採大迂迴戰略，三面包圍葛店。25 日敵以海陸對我砲台不斷砲擊，並以飛機輪番轟炸，但仍無法推進。是時要塞當局以葛店已失戰略守備價值，決定放棄。入夜將砲閂拆卸，整隊後撤。因突圍撤退較晚，後路斷絕，砲隊部分官兵後撤時多有散失，後續繞道至宜昌歸隊。葛店失守，武漢藩離已撤，亦於同日淪陷。[223]

六、荊河湘河戰役

國軍為圖長期抗戰之計，於武漢上游荊、湘兩河各重要防區作縝密準備之防禦設施。海軍總司令部除以城陵磯為荊湘門戶外，防務重要，組成洞庭區砲隊，於該區各適要地點之臨湘磯、白螺磯、洪家洲、楊林磯、道人磯等處，分設砲台，裝置艦砲、海砲，以資防禦外，並計畫將湘河、荊河各段，節節布雷封鎖。洞庭湖方面亦經分別劃作布雷區域。

222 田家鎮戰役經過，參閱〈海軍抗戰紀事〉（民國 28 年），頁 1751-1755。《海軍抗日戰史》，上冊，頁 1146-1150。

223 〈海軍抗戰紀事〉（民國 28 年），頁 1755-1756。《海軍抗日戰史》，上冊，頁 1151-1152。

海軍湘陰佈雷大隊官兵合影

當武漢會戰最激烈之際，海軍於岳陽、金口、新堤、城陵磯、長沙等水域，配置相當艦艇，以防禦洞庭湖及長江江面，其主力集中於岳陽。此際日軍在加緊進犯武漢外，敵機終日不斷搜索我艦艇。自民國 27 年 7 月 20 日起，敵機空襲岳陽，以我艦艇為目標，大肆轟炸，民生、江貞 2 艦遭敵機重創，江貞艦副長張秉燦殉職，另有數十名官兵傷亡。10 月 21 日，永績艦在新堤遭敵機轟炸受創擱淺；江元艦則在岳陽遭敵機轟炸，該艦雖中彈受損，官兵有所傷亡，尚能航行脫險。

永績、江元 2 艦相繼受創擱淺後，中山艦奉命於 10 月 22 日，移駐武漢以南約 60 里處金口。24 日敵機終日不斷於漢口以上，城陵磯以下，長江水道往來搜索，任意狂炸，中山、楚同、楚謙、勇勝、湖隼等 5 艘艦艇，均於同（24）日與敵機遭遇，發生惡戰。陳紹寬總司令於是日晚親率各駐武漢辦事人員乘永綏艦，於沿途備戰下，離漢上駛。我各軍艦與敵作戰之結果；楚謙、勇勝、湖隼 3 艦艇均脫重圍，楚同艦於嘉魚附近受創。中山艦則在敵機終日轟炸下，於金口北岸大金山被擊沉，艦長薩師俊以下 24 名官兵殉職，另有 23 人負傷。[224]

10 月 25 日，漢口失守。海軍總司令部於 24 日晚，即先撤離漢口移駐江犀艦，指揮策動武漢上游荊、湘兩河各項防戰設施，繼續抗敵，加緊布雷，另飭令城陵磯等處海軍各砲台，嚴行戒備。後因城陵磯、岳陽駐軍後撤，遂令將受創擱淺之民生、江貞 2 艦自行焚毀，以免資敵。11 月 11 日，義勝、勇勝、仁勝 3 砲艇，因護運水雷，被敵機發現被炸沉於藕池口，官兵各有傷亡。[225]

七、保衛川江

民國 28 年 3 月，海軍在宜昌至巴東間成立要塞第一、二總台，部署山砲、艦砲 59 門，巴東至萬縣間成立要塞第三、四總台，部署山砲、艦砲 47 尊。復設立川江漂雷隊，並將大部艦艇分駐宜昌、巴東、萬縣、重慶等地，擔任水上防務外，並協助當地防空部隊，參加對空作戰。

由於川江為重慶門戶，防務重要，海軍以全力守衛，除第一艦隊（司令陳季良）駐萬縣外，另第二艦隊（司令曾以鼎）駐廟河，大部分艦艇分駐川江各段，其中克安與定安 2 艘運輸艦，除執行戰時任務外，必要準備萬一日軍溯江西犯時，則立即下沉，以阻塞水道。另在重慶與涪陵間，勘擇雷區，預儲漂雷，備於必要時施放。[226]

民國 29 年 6 月，日軍攻陷宜昌，因我荊河雷區防禦堅強，敵海軍無法突破，川江防務未受到威脅，但敵機不斷向我海軍各砲台轟炸，我官兵堅強守衛，且砲陣地偽裝完善，敵機無法搜索。8 月 22 日，敵機 1 架在巴東附近

---

224 柳永琦，〈抗日作戰海軍中山艦金口血戰始末〉，收錄在《海軍學術月刊》，第 21 卷，第 7 期，頁 94-99。陳驥，〈記抗日英雄薩師俊艦長〉，收錄在《海軍學術月刊》，第 21 卷，第 7 期，頁 104-106。

225 〈海軍抗戰紀事〉（民國 28 年），頁 1756-1759。《海軍抗日戰史》，下冊 13-18。陳驥，〈對日抗戰海軍實力之研究〉，收錄在《海軍學術月刊》，第 21 卷第 7 期，頁 54-55。岳陽撤守後，原先擱淺的永績、民生、江貞等 3 艦則被我海軍自行燒毀，以免資敵。日軍攻占岳陽後，於 11 月 16 日，在洞庭湖邊發現空無 1 人的民生艦，該艦的艦體並未有任何焚燒而自毀的情況，推測是因國軍撤離倉促，以致未認真執行海軍總司令部的命令。參閱陳悅，《民國海軍艦船志》，頁 276。《海軍艦隊發展史》，第一冊，頁 28。

226 《海軍抗日戰史》，下冊，頁 209。

楊家沱被我擊落，駐防該地甘露測量艦揖獲敵 2 人，敵機因而於 9 月 3 日，對甘露艦進行報復性轟炸，該艦於巴東附近台子灣中彈沉沒，江犀、江鯤 2 艦受創。[227]

民國 30 年 3 月 5 日，日軍從宜昌頻渡長江南岸。7 月小平善壩失守，海軍川江要塞第一總台官兵奉令備戰，川江漂雷隊開始活動，於 9 日晚，在石碑實施漂雷，橫渡之敵頗受打擊。10 日平善壩失守，但因我海軍官扼守石牌砲台，使日本海軍徘徊在荊河口外不得前進，以致敵陸軍無法繼續深入進犯，被迫放棄平善壩，11 日敵撤回宜昌。[228]8 月 24 日，江犀、江鯤 2 艦在巴東台子灣遭敵機炸沉。[229]31 年 12 月 17 日，定安運輸艦遭敵機炸沉。25 日海軍租用順利差輪在川江塔洞灘遭敵機炸沉。32 年 4 月 22 日，駐泊川江廟河克安運輸艦亦遭敵機重創。[230] 我防守川江海軍兵力，因而受到削弱。

川江防務自荊河失陷後，漸形緊張，宜巴要塞進入戰備狀態。民國 32 年 5 月，鄂西日軍進迫三斗坪，並越過石牌陣地。海軍第四布雷總隊調派員兵進至平善壩，5 月 31 日起至 6 月 6 日止，多次實放漂雷，6 月 1 日，敵艦 1 艘被觸雷沉沒，敵艦聞風躲避。日本陸軍亦不敢孤軍深入，因而撤退，敵攻勢受挫。[231]

八、長江各布雷游擊區作戰

海軍的布雷工作區分為敵前布雷與敵後布雷。敵前布雷以襲擊敵艦為手段，阻斷日軍航運為目的。抗戰初期海軍艦艇因大量投入長江封鎖或遭敵擊毀，折損兵力無法迅速補充，遂改以布雷游擊戰為主。之後海軍為防敵艦進襲長沙各地，開始使用固定水雷，劃分雷區，節節布放，收效頗多。迨民國

---

[227] 《海軍抗日戰史》，下冊，210。《中華民國海軍史事日誌（1912.1-1949.9）》，頁 669。《海軍抗日戰史》，下冊，210 誤記：29 年 11 月江鯤、江犀 2 艦被敵機炸沉，克安運輸艦亦被炸傷。

[228] 《海軍抗日戰史》，下冊，頁 212。《中華民國海軍史事日誌（1912.1-1949.9），頁 682。另《中華民國海軍史事日誌（1912.1-1949.9）》，頁 682 誤記：3 月 11 日，甘露、江鯤、江犀及 7 號駁船先後被炸沉。

[229] 《中華民國海軍史事日誌（1912.1-1949.9）》，頁 691。

[230] 《海軍抗日戰史》，下冊，頁 211。《中華民國海軍史事日誌（1912.1-1949.9）》，頁 713,716。

[231] 保衛川江經過參閱〈中國海軍對日抗戰經過概要〉，收錄在《抗日戰爭正面戰場》（下），頁 1845-1847。

27年，海軍為掩護雷區安全，使敵艦無法遂行掃雷工作，研製漂流水雷。是（27）年9月編組漂雷隊，將固定水雷、漂流水雷參合使用。9月20日深夜，在貴池江心施放漂雷60具，用以緩和田家鎮之緊張局勢，收效宏至。自武漢放棄後，日軍扼控長沙之勢，利用航運，進可以沿江西犯，窺伺荊川。我海軍在長江各段上游實施水上游擊，發揮敵後攻勢，以遮斷敵水上交通。

海軍以發展水雷戰為抵抗日軍進襲長江之戰略中心，經陸續積極布雷，建立三大雷區，實施游擊攻勢後，凡屬水道之區，無不予敵以重大打擊。[232]自民國29年1月起，海軍將監利至城陵磯、鄂城至九江、湖口至江陰等3段，劃分為3個布雷游擊區，並重組海軍布雷隊，以遮斷敵水上交通為目的。[233]

日軍艦艇因我海軍各布雷隊在長江沿江各段活躍，整個長江航運幾陷崩潰。民國30年2月，我方調整各雷區工作，4月劃分為潯鄂、湘鄂兩區；以九江、漢口段，及漢口、岳陽段為其任務區。又因湘北防務緊張，潯鄂兩區雷隊調往洞庭湖，加入湘、沅各江工作。同（30）年5月，湘北局勢緩和，調回原防。31年5月，日軍在漢口、岳陽大量增兵，並有日艦集結，企圖4度進犯長沙，但因海軍布雷總隊於長沙附近各水道增設水雷400枚，日軍艦艇因水道難於通航，使日本陸軍未敢輕進。[234]6月潯鄂布雷隊分派至贛北、鄂南工作，續建戰績。32年11月，日軍發動常德會戰，海軍第一、第三布雷總隊分別於津市、牛鼻灘間各水道布雷，將水陸交通切斷，使敵艦艇無法運動。25日日軍雖然攻占常德，但因敵海軍被我水雷封鎖，無法支援，29日日軍被迫放棄常德。是役海軍雷隊之功績，實未可泯滅。[235]迄33年7月，湘北局勢再吃緊，再調湘鄂區布雷隊馳往漢壽布雷，途次被圍，隊長下落不明。同時潯鄂區布雷隊雖多方部署，終因情況不許，被迫折回，直至抗戰勝利後，始終止是項任務。[236]

---

232 〈中國海軍對日抗戰經過概要〉，頁1850。

233 韓祥林，〈抗戰時期海軍長江之佈防與抗敵〉，收錄在《中華軍史學會會刊》，第18期，頁142。

234 在長沙三次會戰中，海軍布雷隊保護陸上友軍之側翼之貢獻最為具體。劉和謙，〈發揚海軍抗戰精神〉，頁6。雲夢，〈海軍布雷作戰對長沙保衛戰的貢獻〉，收錄在《海軍學術月刊》，第21卷，第7期，頁128-129。

235 蔣緯國，《國民革命戰史》，第三部，抗戰禦侮，第八卷（台北：黎明文化事業有限公司，民國67年），頁56-57。

236 長江各布雷游擊區抗戰主要參閱〈中國海軍對日抗戰經過概要〉，頁1847-1850。

根據民國 34 年 5 月，軍政部部長何應欽對六屆全國代表大會軍事報告中，有關海軍在長江方面的水雷作戰情況及戰果如下：在民國 27 年 4 月以後，由大通起至漢口止，共敷布定雷 141 次，計 4,788 具，武漢上游敷布 12 次，計 800 具，荊河各段敷布 52 次，計 3,278 具，洞庭湖各江及腹地河流，敷布 166 次，計 8,690 具，閩省各江，敷布 29 次，計 325 具，浙省各江，敷布 42 次，計 711 具，粵桂之西江敷布 4 次，計 115 具，敵艦艇誤觸雷區，因而沉沒者，共 34 艘。此外，並於敵情緊迫之中，先後在長江、荊河、川江、洞庭湖、贛江、西江，及浙江甌江、甬江布放漂雷 39 次，1,478 具，擊沉敵艦艇 8 艘，各地雷區，確能達成阻塞任務，遲滯敵之行動。[237]

伍、抗戰海軍發展成就及缺失

一、海軍對抗戰的貢獻與建軍成果

（一）海軍長江抗戰之貢獻

1、擾亂了日軍侵華的戰略計畫

對日抗戰前，由於我海軍相較日本海軍薄弱，無法在海上阻止日軍，實現戰略計畫的條件，因此將中央海軍主力撤入長江，是發揮其作用的唯一正確選擇。在抗戰初期，海軍以軍艦沉江阻塞與岸砲禦敵，打破日軍速戰速決亡華的夢想。之後在武漢、湖南、湖北等各次會戰中，由於海軍對荊江和川江的嚴密封鎖，使得日本海陸軍無法確切協同溯江西犯，使重慶得確保以安全。其次，在抗戰期間，沿（長）江工業歷經淞滬及武漢會戰前的遷移，先是海軍的阻塞戰，延遲了日軍奪取上海的進度。南京陷敵後，日軍溯江進犯武漢，我海軍與陸軍配合，利用要塞及水雷節節抵抗，為沿江企業的內遷，取爭許多寶貴的時間，提供較安全的水上通道。最後是海軍有效地消耗日軍

[237] 何應欽，〈對六屆全國代表大會軍事報告〉，頁 290。日艦因觸雷導致重大的傷亡計有 2 起：30 年 3 月 12 日，日本海軍 1 艘載滿 500 餘士兵運輸艦，於安徽東流江面觸雷沉沒，敵兵幾乎全數溺斃。32 年 7 月 8 日，1 艘載有 800 餘人，及大批彈藥的日艦在長江馬當附近觸水雷沉沒，艦上日軍全部溺斃。《中華民國海軍史事日志（1912.1-1949.9）》，頁 683,718。

的有生力量，除利用要塞砲台外，並利用魚雷及水雷，造成敵艦艇、人員、裝備、物資等損失難以估算。[238]

2、海軍使用之戰術成功

抗戰期間，由於海軍在長江、川江各口部署岸砲，使敵艦懾於我方岸砲的威脅，因而不敢用使艦艇進犯，沿長江長趨直入，而陸軍協同海軍岸砲部隊使用迂迴戰術，拖遲了日軍侵略的時間及侵占之範圍。[239] 在抗戰期間，中央海軍最得意者即為布雷工作，當初日軍以為其船艦可自上海、南京一直溯江而上到達重慶，自中央海軍實施分段布雷及要塞砲台的封鎖後，敵艦簡直寸步難行，一直膠著在長江下游。[240] 到了抗戰後期，海軍的施放漂雷，令敵艦防不勝防，達到了嚇阻敵人的作用。[241]

（二）同盟國對華贈艦（向國外租借軍艦）以重建我國海軍

民國 26 年 7 月，我國曾與德國合保洛（Hapro）公司簽約，委由德國造船廠建造 1 艘 500 噸遠洋潛水艇、4 艘 250 噸近海潛水艇，及 1 艘潛艇母艦（已命名為「青島號」），配備魚雷 240 枚，水雷 500 枚。惟因德國元首希特勒，與日本結盟，該案遂被封殺。[242] 此後，海軍一直無法自外購艦艇，此困境直到30年12月7日，太平洋戰爭爆發後，英美基於同盟國立場，開始對華贈艦，或由我國向同盟國租借艦艇以重建海軍。

---

[238] 馬俊杰，《中國海軍長江抗戰紀實》，頁 413-423。另何燿光認為：武漢會戰時，海軍以要塞砲隊逐次抵抗，在武漢會戰後，海軍以分段封鎖與游擊布雷，在戰略選擇上，能運用的裝備武器受限於國防力量的不足，隨時間及戰局演變，其途徑愈趨單一化。然而因以砲隊及布雷隊在長江流域的成功封鎖，使敵艦艇被迫侷限於工作選擇的靈活度，進而使其水上運輸、部隊運動受到限制，最終喪失戰略選項的自由度，而我海軍長江抗戰的戰略亦得到成效。何燿光，〈抗戰時期海軍砲隊與布雷隊之研究：海軍意義詮譯方式的論證〉，頁 320-321。

[239] 劉崇平，〈抗戰時期國民黨海軍砲隊及砲台的分布和活動概況〉，收錄在《中國海軍秘檔》，頁 139。

[240] 蔣中正委員長曾於民國 28 年傳令嘉獎。張力，《池孟彬先生訪問紀錄》，頁 28-29。

[241] 馬幼垣，〈海軍與抗戰〉，收錄在《聯合文學》，第 9 卷第 9 期，頁 200。

[242] 徐學海，《1943-1986 海軍典故縱橫談》，頁 538-539。該潛艇完工者僅有 2 艘 250 噸潛艇，德方並於 28 年 9 月 1 日，退還我方已付之款項。參閱馬幼垣，《靖海澄疆－中國近代海軍史事新銓》，頁 386。

1、美國

民國31年3月6日，美國將駐泊重慶下游唐家沱之淺水砲艦－「圖圖拉號」（Tutuila），移交贈與我國，我國派民權艦艦長任光海前往接收。[243]海軍接收該艦後，命名「美原」，編入海軍第二艦隊，駐防川江。[244]「美原艦」裝載量可達百噸，國府軍事委員會以「川江軍運至關重要」為由，認為「尚合川江駛用」，指示「應予移交軍政部，改作運輸艦，俾益軍運」，經海軍總司令部極力爭取，終仍由海軍留用。[245]「美原艦」為抗戰期間美國援華艦艇之第一艘，亦是美國「512號法案」撥贈艦艇之一。[246]

對日抗戰期間，我海軍艦艇幾乎損失殆盡，加上我國工業落後，平時造艦已屬十分艱難，遑論戰時。而較快速取得船艦的方法，是利用美國「軍火租借法案」之規定，向美方借艦。32年8月間，我駐美副武官海軍中校楊元忠向重慶的軍令部寄呈「向美國借艦參戰意見書」，意見書中除說明其他國家運用美國「軍火租借法案」派員赴美受訓，並領用軍艦情形，又特別指出「美國現時輕型艦艇生產有餘，甚望我國能多派官兵前往受訓，協同作戰，美國海軍部準備接受中國政府之要求。」進而建議「我國應利用時機，派海軍官兵赴美受訓，並商洽領用艦艇，建立海軍之基礎。」對於我國選派官兵赴美借艦及受訓乙事，美國海軍部戰備處（Readiness Division）處長梅卓爾（Jeffrey Metzal）上校則表示：美國可依戰時「軍火租借法案」，把輔助艦艇，亦即護航驅逐艦、護航砲艦等8艘，撥借中國海軍，但需由我方主動提出申請。我政府即令駐美武官劉田甫少將復詢美國政府對於我方派遣有海上經驗官兵赴美受訓及協同作戰之意願。美方回覆願先以驅逐艦、佈雷艦各數艘，交我來美官兵運用。

民國33年1月29日，軍事委員會委員長蔣中正批准「中國海軍租借艦艇計畫」。2月8日，電駐美之「中國國防物資供應公司」董事長宋子文，

[243] 《海軍大事記》，第二輯，頁150。

[244] 國軍檔案，《美原軍艦接收及改裝意見案》，檔號771/8043，〈海軍總司令部訓令〉（民國31年3月14日）、〈海軍總司令部訓令〉（民國31年3月15日）。〈接收英美贈艦之經過〉，《海軍雜誌》第14卷第10期，頁1-3。《海軍大事記》，第二輯，頁150。

[245] 國軍檔案，《美原軍艦接收及改裝意見案》，檔號771/8043，〈國民政府軍事委員會蔣中正代電〉（民國31年4月2日）。

[246] 國軍檔案，《美國援華軍艦案》（三），檔號771.4/8043。國軍檔案，《海軍擴軍建軍案》（二），檔號570.32/3815.5。

請其正式向美方進行交涉。5 月 12 日，我方正式向美國海軍部長提出「租借艦艇參戰」申請；希望根據「軍火租借法案」，獲得 4 艘 1,500 噸的驅逐艦或護航驅逐艦，及 4 艘 1,000 噸左右的掃雷艦，此舉將使我國海軍在太平洋協助盟國對抗日本，亦能協助我國履行「聯合國憲章」和莫斯科「四強公約」所賦予的責任，與盟國合作對付戰時敵人，並維持戰後和平與安定。首批船艦應在 34 年間，由在美受訓的我國官兵結業後移交。[247]34 年 8 月 28 日，美方移交我國海軍計有護航驅逐艦 2 艘（太康、太平），掃雷艦 4 艘（永勝、永順、永定、永寧）及海岸巡邏艦 2 艘（永泰、永興）。[248] 此 8 艦返國後，為我國海軍增強了實力，而美國具體的海軍援華，亦可說以此為起點。[249]

2、英國贈艦與借艦

民國 31 年 1 月，英國將駐重慶之 Falcon 及 Dannet 兩淺水砲艦，贈與我國，我國派海軍中校許建鑣、蔣亨漫等分別接收，分別命名為英德、英山。3 月英國將駐泊長沙之淺水砲艦 Sand-Piper 贈與我國，我國派海軍少校聶錫禹接收，命名為英豪。[250]3 月 17 日，英國贈華 3 艘軍艦，在重慶唐家沱舉行正式接收儀式。由海軍總司令陳紹寬親自主持。英德、英山 2 艦分派駐川江，英豪艦駐防湘江，以補充原日機炸沉之兵力。[251] 另自從我國向美國接洽借艦參戰後，駐英軍事代表團團長商震於 33 年 8 月 16 日，向軍事委員會建議：「我國海軍尚無端緒，關於建立新海軍及目前人才之養成，實有積極籌備之必要。」海軍總司令部等奉命擬訂「海軍初步建立綱要」7 項，其第二項為「繼續向英美交涉租巡洋艦、驅逐艦、潛水艇等正規艦參戰。」是時美國已同意租借艦艇 8 艘，故而另向英國交涉租借艦艇 12 艘至 16 艘，以備參加太平洋戰爭。軍事委員會乃令駐英武官周應驄向英試探交涉。至 10 月初，英方

---

247 Foreign Relations of the United States, 1944, China, p. 71, “Sao-ke Alfred Sze to James V. Forrestal, May 12, 1944”. 轉引海軍總司令部編，《海軍艦隊發展史》，第一冊，頁 73。

248 楊元忠謂軍令部的指示是向美國要驅逐艦、潛水艦、佈雷艦、掃雷艦每種各 2 艘，最後定案的是護航驅逐艦（太字號）2 艘，護航砲鑑（永字號）6 艘，參閱楊元忠，〈借艦參戰與中國海軍重建〉，收錄在《傳記文學》，第 44 卷第 4 期，頁 33。《中華民國海軍史事日志（1912.1-1949.9）》，頁 735。

249 《海軍艦隊發展史》，第一冊，頁 125。

250 《海軍大事記》，第二輯，頁 149,150。另《海軍大事記》，第二輯，頁 149，將 Falcon 及 Dannet 兩淺水砲艦誤記為美國軍艦。

251 《海軍抗日戰史》，下冊，頁 211。《中華民國海軍史事日志（1912.1-1949.9）》，頁 706。

英國租借的重慶軍艦

根據「中英互助協定」將1艘三等砲艦送予我國，但移交之前，須先在英國受訓。[252]34年4月中旬，英國駐華海軍武官李璧洋送交我國備忘錄，說明英國預備贈送我國1萬噸級巡洋艦1艘，1,000噸驅逐艦1艘，750噸A級潛水艇2艘，28噸之巡弋快艇8艘。[253]

3、法國贈艦

民國33年9月28日，法國民族解放委員會為向我國表示友好，增進邦誼，將停泊重慶的砲艦「柏年」號，由貝志高將軍代表法國政府，正式轉交我海軍總司令部接收，經改名「法庫」編入第二艦隊。[254]

[252] 英國所贈之砲艦為伏波艦（Petunia）。

[253] 34年8月下旬，第二次世界大戰已告結束，英國改贈我國5,270噸之Aurora巡洋艦。《海軍艦隊發展史》（一），頁83-86。參閱何應欽，〈對六屆全國代表大會軍事報告〉，收錄在《抗戰史料叢編初輯》（四），頁291。

[254] 《海軍大事記》，第二輯，頁164。

（三）海軍人員赴英美見習和接艦參戰促進我國海軍之統一

抗戰初期，中國海軍面對強敵日軍海軍，自知實力相差太大，故採取沉船等消極戰術，有計畫阻敵前進，但在敵機無情轟炸下，海軍艦艇仍遭致慘重損失，至此海軍亦能配合陸軍作戰，而退居第二線，整個海軍及總司令陳紹寬也因此在軍事上失去了重要地位。[255] 又因 8 年長期對日抗戰，削弱了原海軍各派系的力量，使分立之勢發生變化，閩系海軍因有海軍總司令部之存，依然自詡為正統（中央海軍），且在有關海軍前途的論爭中，一向當仁不讓，冀圖維持戰時甚至戰後的領導地位。不過青島、黃埔、電雷 3 系統人員卻在排斥閩系領導的共同心理與軍政部安排下，逐漸融合，中國海軍逐漸成為閩

[255] 王家儉，〈近百年來中國海軍的一頁滄桑史－閩系海軍的興衰〉，收錄在《近代中國》，第 151 期，頁 182。

系與非閩系態勢，亦使國民政府尋求海軍之再統一，有所倚仗。民國32年以後派遣海軍人員赴英美見習和接艦參戰，為促進海軍之統一添加助力。選拔海軍人員出國的過程中，幾乎全由軍事委員會所主導及掌握。錄取之軍官人數雖然也顧及派系之分配，但閩系出身人員已不占多數，此批赴美英受訓人員具有重大之意義，不僅在獲得新型戰艦，多少打破海軍原有的派系藩籬，也為未來的合作奠定基礎，至此閩系海軍原有的優勢地位大為降低，以致抗戰勝利後中央海軍的重建過程中，已非閩系海軍人士所能掌握或主導。[256]

（四）藉由赴英美盟國見習接艦以教育訓練培育新一代海軍人才

民國32年起，我國派遣海軍人員赴同盟國英美見習和接艦參戰，不僅改變因抗戰我海軍艦艇大多為日軍擊沉，官兵無艦艇可供實習訓練之困境，更可藉由赴英美等見習或接艦之機會，透過其先進的教學設備及教育訓練方式，學習歐美海軍的最新之知識、船藝及戰技，此有助於培訓新一代的海軍人才，提供抗戰勝利之後，海軍重建時重要人力基礎。

二、抗戰時期海軍建軍發展之缺失

（一）組織機構過度裁撤縮編及被裁撤官兵缺乏妥善安置

民國27年1月1日，因應抗戰局勢及撙節經費，除海軍部令暫行裁撤，原有機構先後裁撤者計有：海道測量局[257]、海岸巡防處（抗戰軍興後，海岸巡防處由吳淞遷移上海，日軍占據上海後，巡防處執行職務益感困難，海軍部併於海軍總司令部時，巡防處亦暫裁撤，其業務歸海軍總司令部辦

[256] 張力，〈從「四海」到「一家」國民政府一海軍的再嘗試（1937-1948）〉，收錄在《近代史研所集刊》，第26期，頁313。此外，張力認為：整個抗戰期間，海軍總司令部名義上仍是中國海軍的最高領導機關，其所屬艦艇人員亦為海軍主力，但因屈居軍事委員會之下，且對日之作戰，海軍作用有限，因此海軍總司令部遷往重慶山洞後，所謂的中央海軍，其實力已大不如前。參閱同書頁272。

[257] 淞滬會戰爆發後，海道測量局無法正常工作，暫遷上海法租界中國中學旁三層樓房辦公，為保全單位種能，特將儀器、書籍及準則送法租界國際圖書館密藏。至27年1月，奉命暫行裁撤，關防繳交練習艦隊保管，人員多調海軍布雷隊服務。參閱崔怡楓，《海軍大氣海洋局90周年局慶特刊》（高雄：海軍大氣海洋局，民國101年），頁74。抗戰軍興後，海道測量局所屬測量艦艇多數沉在江陰及馬當封鎖線上，海道測量局人員及艦艇人員他調。參閱《中華民國海軍史料》，頁933。

理。[258]）、引水傳習所[259]、海軍編譯處、海軍航空處[260]、海軍上海醫院、海軍監造室、廈門要港司令部、廈門造船所、海軍軍械處（改編為修械所）海軍陸戰隊軍官研究班及補充營、海軍南京彈藥庫、海軍楊思港彈藥庫、海軍南京駁船、海軍煤棧（南京楳棧、上海煤棧、廈門煤棧）。所轄部隊裁撤者計有：海軍練習艦隊司令部、海軍第一及第二艦隊、海軍陸戰隊第一及第二獨立旅、海軍練營、水魚雷營、特務隊、砲隊、布雷隊、視發雷隊等，亦均迭次編併縮減。由於海軍很多機關單位撤裁，以致大部分人員只能供職陸上單位，甚至暫時離開海軍。[261]像是海軍部裁撤縮編為海軍總司令部，原海軍部舊有人員一律遣散或另行安排，有些人編入水雷隊或其它單位，有些人則發放一筆遣散費任其自由行動，其中不少人輾轉返回上海後，少數海軍人員被南京汪精衛政權海軍部所羅致，成為後來汪偽海軍中的重要成員。[262]

（二）陳紹寬為人剛烈與中央不合影響海軍建軍發展

抗戰時期主掌海軍的總司令陳紹寬因個性稟直，不善言詞，每出席軍政部或軍事委員會召開的會議，研討海軍議題時，稍不愜意，即挾著公文包拂袖而去，且因陳紹寬與抗戰期間先後主當掌軍政部的何應欽、陳誠等人不和，以致海軍在經費及軍需上受到軍政部的掣肘，陳紹寬又不肯示弱，終因位居人下，所以得節約開支，勉強維持。此情況到了抗戰後期，海軍因為經費緊縮，不僅不能有所發展，連維持現狀都十分艱難，甚至連中央海軍所剩的幾艘軍艦的煤碳費，也被中央核減，無法行動。另一方面軍事委員會委員長蔣中正藉由抗戰著手收回長期被閩人掌握的中央海軍，企圖一統海軍；蔣委員長在重慶成立「中國海軍整建委員會」，以白崇禧為主任，陳紹寬為副主任，直屬軍事委員會。整建委員會初期最重要的工作便是考選赴英美海軍留學生的辦法，以往海軍派選留學生由海軍部辦理，成員大多出自閩系，排斥其他派系，此次由整建委員會公開在各海軍學校畢業，及海軍軍官與青年軍中招

258 〈海軍建軍沿革〉，頁16。

259 抗戰時期，我國沿海均為日軍占領，全國引港權均為日軍掌握，海軍引港傳習所於26年冬奉令結束。〈舊中國海軍各學校及訓練機構沿革史〉，收錄在《中華民國海軍史料》，頁63。

260 26年9月，海軍航空處停辦，學員許成棨等14人先後投效航空委員會，參加空軍作戰。參閱《中華民國海軍史事日誌（1912.1-1949.9）》，頁606。〈海軍建軍沿革〉，頁39。

261 張力，〈從「四海」到「一家」國民政府一海軍的再嘗試（1937-1948）〉，頁270。

262 吳杰章，《中國近代海軍史》，頁392。馬幼垣，〈海軍與抗戰〉，頁193。

陳紹寬，江南水師學堂駕駛第六屆畢業，曾任海軍部長、海軍總司令，掌理我國海軍長達17年。

考，明顯削弱了陳紹寬及閩系的勢力。[263]

海軍總司令陳紹寬不滿軍事委員會辦公廳主辦考選非隸屬海軍總司令的海軍人員赴美英參戰見習暨造船，認為此批軍官不屬海軍總司令部管轄，無法調訓，並認為這些軍官紀少紀律精神，不應許其報考，但軍事委員會並未採議。之後考派官兵赴美英借（贈）艦官兵時，軍事委員會仍決定從各所海校畢業軍官中考選，接艦士兵來源則擴大為知識青年從軍者中選拔。陳紹寬為此結果是極端不滿，藉口艦隻不足，婉拒赴美英接艦官兵出國之短期訓練，迫使其登上江順輪受訓。[264]

中央海軍因抗戰實力大減，與其他各系統處於競逐局面，在此期間，陳

[263] 高曉星，《民國海軍的興衰》，頁214,216。海軍赴美接艦參戰之學員選派由軍事委員會組織考選委員會，以全國各海軍學校出身人員為選派對象，不限於學系或省籍之範圍。其結果延至民國32年4月，始將首批學員選定，8月出國，其遲滯原因，係海軍某派系之阻撓。參閱作者不詳，〈抗戰時間我國選派海軍學員與官兵赴美訓練的回憶〉，收錄在《抗日戰爭正面戰場》，下冊，頁1781。

[264] 張力，〈陳紹寬與民國海軍〉，收錄在《史學家的傳承：蔣永敬教授八秩榮慶論文集》（抽印本），頁21-22。在選派海軍人員赴美英受訓接艦的過程中，陳紹寬雖站在中央海軍的立場，試圖主導此事，抗拒軍事委員會的安排。無奈此時海軍總司令部不僅隸屬軍事委員會，且其力量更為微弱，只能消極地不與之配合。參閱張力，〈航向中央：閩系海軍的發展與蛻變〉，收錄在《中華民國史專題論文集第五屆討論會》，第二冊，頁1583。另王家儉認為：抗戰後期，以蔣中正為首的新海軍系與陳紹寬為首的舊海軍系在選派員赴英美接艦的人事方面爭執最激烈衝突最大；在派赴英美接艦及受訓的海軍軍官中，屬閩系舊海軍者僅10人，尚不及104名總數的1/10。至於派赴美英接艦參戰的學兵，大多非海軍出身與海軍無關，這對舊海軍是一大打擊。參閱王家儉，〈近百年來中國海軍的一頁滄桑史－閩系海軍的興衰〉，頁182。

紹寬仍排斥其他系統，但因自身實力已大不如前，軍事委員會無須與他妥協，蔣中正利用重建海軍機會，各系統平等對待，卻排除原中央海軍領導層的方式，逐步掌控海軍領導權。[265]

（三）派系鬥爭不斷影響團結與建軍發展

抗戰前海軍因派系問題，以致海軍官兵的教育訓練不統一，各海軍學校各自發展；至抗戰初期，馬尾海軍學校歸海軍總司令部管轄，電雷學校隸屬軍政部管轄，青島與黃埔海軍學校則歸軍事委員會管轄。直至抗戰後期，因我國與盟軍之間合作協議派官兵赴英美盟借參戰，國內應由海軍總司令部主辦，但卻是由軍事委員會主辦，以致海軍總司令部對此事並不積極。陳紹寬雖為海軍總司令，但電雷、黃埔、青島等海軍學校出身的海軍軍官並不受他管轄，他亦無可奈何。[266] 因海軍派系觀念重，赴美接艦的海軍軍官彼此之間難免有貌合神離之事。[267] 例如赴美接艦訓練官兵中，電雷學校第一期畢業的楊珍，原是赴美接艦的輪機長，到美國後卻以「出海暈船不能執行輪機長職務」被遣送回國；赴美接艦的總領隊許世鈞則因涉嫌貪污，被送回國後，由閩系海軍出身的林遵接任。黎玉璽認這些人事異動都是海軍派系鬥爭的結果。[268] 又第二批赴英接艦官兵錄取後，接艦官兵卻在唐家沱等候約 4 個月（海軍總司令部未能主導接艦官兵之選派，因而消極不配合），期間都已造好名冊，但時間一拖長，官兵不曉得能否去成，且因沒有向原單位辭職，長期在外受訓，以致原單位有意見，所以就宣布解散，各回崗位（但學兵仍舊集合訓練）。[269]

（四）部分制度規章不合時宜主事者墨守陳規不知變更

海軍規定海軍人員若要離開職守到別地去，必須得到海軍總司令的批准。根據海軍耆宿陳在和先生回憶；抗戰期間在桐梓海軍學校服務，當地醫

265 張力，〈陳紹寬與民國海軍〉，頁 24。抗戰時期海軍總司令部，完全是以總司令陳紹寬為首的閩系海軍組成的封閉機構，不與非閩系海軍單位接觸，亦不容納任何非閩系海軍學校之畢業生。參閱鍾漢波，《四海同心話黃埔》（台北：麥田出版社，1999 年），頁 163。

266 張力，〈陳在和先生訪問紀錄〉，頁 7。

267 張力，〈林鴻炳先生訪問紀錄〉，頁 117。

268 張力，《黎玉璽先生訪問紀錄》，頁 58-59。

269 張力，〈李連墀先生訪問紀錄〉，頁 30。

療設備不足，以致因患病需至重慶求診，雖得學校批准赴重慶就醫，但未向海軍總司令呈報，以致遭到海軍總司令視同「潛逃」被通緝，及罰薪1個月。[270]

海軍學校的章程是民國初年所訂定，一切依海軍學校章程辦事。抗戰時期海軍學校遷至桐梓時，該校校規早已不合時宜，學生曾向學校提出很多建議。例如桐梓當地氣候不好，瘴氣很重，因此學生常患病，但實際主管學校校務的訓育主任鄧兆祥卻墨守成規不知變通，甚至造成學生患病延誤就醫而病故。[271]

抗戰期間，海軍赴英美留學的考試由軍事委員會主辦，海軍總司令部不知考試時間，以致一些想參加留學考試的海軍軍官，只能在空等考試，而等候考試期間，海軍的薪餉僅足以支付幾餐飯錢，以致生活有困難，為了生計，不得不先遂自謀生計，心中非常苦惱。[272]

在教育方面；海軍學校學生入學後，除了國文外，其它科目全部課本都用英文本，在全國招生後，有些學生程度英文程度較差，突然念英文本便很難跟得上。歷史或地理課本內容很多，教官只能摘要講解，就算教完了，學習效果也有些打折。[273]

（五）海軍實力薄弱與敵作戰往往未能完全奏功

抗日戰爭爆發前（民國26年1月）我中央政府所擬定有關海軍的禦敵作戰計畫（民國26年國防作戰計畫）之構想，是在戰爭初期即迅速集中於長江，協同空軍、陸軍及要塞，殲滅長江內的敵艦。但實際上我國海軍質與量均差，此一作戰計畫顯得不切實際。[274]

民國26年7月，抗日戰爭爆發後，時我全國海軍噸位不過4萬餘噸，大小艦艇50餘艘，與日本海軍相較下，不僅數量少，且質量差，多為逾齡陳舊艦艇，實際上全軍艦艇堪與敵作戰者，僅平海、甯海、應瑞、逸仙等4艘軍艦。故從戰力來看，無法與日本海軍相比。[275] 艦艇不足，裝備之陳舊，幾無以復加，用以保衛長江，尚嫌不足，故當時海軍與敵作戰的中心戰略，以

---

[270] 張力，〈陳在和先生訪問紀錄〉，頁7。
[271] 張力，〈陳在和先生訪問紀錄〉，頁5。
[272] 張力，《池孟彬先生訪問紀錄》，頁38。
[273] 張力，〈林鴻炳先生訪問紀錄〉，頁126。
[274] 馬幼垣，〈海軍與抗戰〉，頁167。
[275] 吳杰章，《中國近代海軍史》，頁373。

確保長江安全為主要任務，嗣經江陰、馬當兩役，幾不能與敵作戰，大部軍艦沉沒於江陰以為阻塞，所餘實力，已屬無幾，不能為用，至民國 33 年 5 月以後，僅存一部艦艇，駐防江川。[276]

要塞防禦方面；全國要塞，歸海軍指揮者為閩廈要塞，曾於廈門設立臨時砲台 2 座，長江各段劃歸江陰、馬當、湖口、田家鎮、葛店、城陵磯、川江為要塞區，惟要塞各砲，因年代已久，射程有限，儀器配備亦甚簡陋，江陰以上，城陵磯以下各要塞，於民國 26、27 年間先後失陷，閩浙各要塞於 30 年後，亦經破壞無餘，僅有川江區要塞，恃天塹夔門之險，防務尚稱鞏固。[277]

抗戰期間從海軍幾次接戰的戰果來看；海軍所擊沉擊傷敵艇幾乎是各種使用水雷和砲隊的戰果，而我艦艇被敵擊沉主要是遭受敵機之轟炸；因此防空能力不足，及缺乏空軍的支援是我艦艇戰力耗損最主要的因素。[278] 我海軍艦艇缺乏空中掩護，係因海軍有限的飛機在抗戰爆發後全部撥給空軍，而空軍無能力給予艦艇有力的空中保護，海軍艦艇遭到敵機肆意轟炸時，只能以艦砲和要塞大砲還擊，有的艦艇沒有防空高射砲，只能用機槍甚至步槍還擊，而要塞大砲的彈藥亦嚴重不足，從而削弱艦艇空中的防衛能力。[279]

（六）陸軍掣肘及海軍派系間協調不力影響戰局

自抗日戰爭爆發後，長江江防由陸海軍協同，江中布雷由海軍負責，要塞砲台歸陸軍掌控，海軍各艦員兵上岸編入要塞砲隊，若海陸軍連絡不佳，極易影響彼此合作。隨著全面抗戰的階段目標，海軍在長江的防務，逐漸往武漢後撤，沿江要塞砲台防務愈為重要。海軍因艦艇損失極大，為使編餘官

---

276 何應欽，〈對六屆全國代表大會軍事報告〉，收錄在《抗戰史料叢編初輯》（四），頁 289。

277 何應欽，〈對六屆全國代表大會軍事報告〉，頁 289。

278 韓祥麟，〈抗戰時期海軍長江之佈防與抗敵〉，收錄在《中華軍史學會會刊》，第 18 期，頁 143。

279 呂偉俊，〈中國海軍長江抗戰初探〉，收錄在《抗戰勝利五十週年國際學術研討會》（台北：國史館，民國 86 年），頁 257。曾服役於甯海艦參與江陰作戰的甯海艦見習官孟漢鐘回憶：如果甯海艦有優良的防空設備，或者水陰有防空的戰鬥輔助作戰，甯海艦或許不致犧牲。參閱孟漢鐘，〈甯海作戰親歷記〉，收錄在《海軍學術月刊》，第 21 卷，第 7 期，頁 91。中山艦無防空設施，對敵機來襲，僅憑人力目視瞭望，敵機臨空，措手不及，只有挨打。同時防空砲火老舊，故障頻仍，無法發揮火力。參閱柳永琦，〈抗日作戰海軍中山艦金口血戰始末〉，收錄在《海軍學術月刊》，第 21 卷，第 7 期，頁 100。

佐士兵有工作報效之機會，海軍向軍事委員會荐請新成之砲台，由海軍相當人員充任，往往因陸軍不肯或反對，而海軍對要塞砲台歸屬陸軍管轄則無可奈何。又海軍布雷時，屢遭到陸軍強奪布雷所雇用之民間駁船，或攜械迫令布雷隊離船，所存該船上布雷用具、行李、糧食等不准攜帶，或強迫船員為其工作，使海軍布雷工作有時難以進行。[280]

除了陸軍的掣肘外，海軍之間因派系而協調不力；早在抗戰爆發前，海軍部對水雷的準備，如設廠、購備等已有詳細規劃，但中央政府因財政因素，未能付諸實施。雖然中央知道水雷在國防上的重要與價值，將此水雷外購與製造任務交給電雷學校負責辦理，但遺憾的是至抗戰爆發後，電雷學校不曾購備水雷，亦未能自製水雷，因而無法因應江海防務的需要，結果由海軍部在萬分困難中負起此製備水雷的任務。[281]

海軍製雷工作係由海軍部及電雷學校負責，但此二機構分別隸屬軍事委員會及軍政部，為請領製雷所需炸藥而浪費公文往返，此為事權不統一之結果，為此軍事委員會委員長蔣中正乃令電雷學校教育長兼江陰區江防司令歐陽格歸海軍部部長陳紹寬統一指揮，以解決指揮系統不統一的瑕疵。海軍在對日軍作戰時，因派系協調不一，因而影響戰局，著名的例子如；田家鎮南北砲台分別由東北海軍及中央海軍官兵守備，但因兩砲台卻不能精誠團結，密切配合，結果招致日軍個個擊破。[282]

（七）少數海軍官兵學生對抗戰缺乏信心叛逃、降敵或投共

少數海軍官兵學生因對抗戰及國家前途缺乏信心，以致叛逃或投敵；例如民國 28 年 2 月，前田家鎮第二台部總台長陳永欽、民生艦艦長鄭世璋，因案呈准通緝。3 月前廈門要塞總台長兼胡里山砲台台長張元龍，於廈門淪陷後失蹤，迄未報到，查係潛逃，3 月 7 日，海軍總司令部下令通緝究辦。[283] 海軍先後附逆及潛逃之軍官，業經撤職通緝，各員前授海軍官資，均以褫奪。30 年 9 月 20 日，海軍總司令部列單令附逆之海軍少將許建廷等 5 員，海軍

---

280 曾金蘭，〈試論武漢會戰前的長江佈雷阻塞戰〉，收錄在《近代中國海防－軍事與經濟》（香港：香港中國近代史學會，1999 年），頁 262,263,264。
281 海軍總司令部編譯處編印，《海軍抗戰事蹟匯編》，民國 30 年，頁 84,100。
282 呂偉俊，〈中國海軍長江抗戰初探〉，頁 257。
283 《海軍大事記》，第二輯，頁 100,101。

上校凌霄等 6 員，輪機上校謝浩恩 1 員，海軍中校孟琇椿等 15 員，輪機中校陳居敬等 2 員，海軍少校曾國奇等 13 員，輪機少校張文註 1 員，海軍上尉黃勳等 19 員；前潛逃之海軍上校陳永欽、海軍少校羅忠敏等 2 員，依法褫奪官資，俾昭炯戒。[284] 另外，海軍學校遷往鼓山期間，因舉國全面投入抗戰，及受到左派雜誌影響，部分學生認為讀書無法對抗戰直接貢獻，逐有意輟學，直接參加抗戰。當時海軍學校共有 20 餘人離校，部分投向延安。[285]

（八）長期抗戰衍生士氣低落及軍紀問題

民國 28 年秋，國統區通貨惡性膨漲，物價大幅波動，海軍陸戰隊士兵每月的薪餉買不到 30 斤大米，士兵吃不飽，軍心動搖。[286] 因戰時物價飛騰，海軍官兵生活艱困，海軍總司令部制定海軍戰時在勤員兵伙給辦法，於民國 30 年 1 月起實行，用資救濟。[287]

抗戰末期，派赴美國接艦參戰官兵，因國外受訓，衍生不少軍紀與管理上的問題；著名案例如赴美接艦的總領隊許世鈞，到美國不久，即因貪污有據，竟被士官兵囚禁在旅館的房間裡，此事後來刊登在美國的報紙上，因事情鬧得很大，許世鈞被調回國。[288] 美國海軍為此逮捕一些我國受訓士兵，經過濾後遣送 10 人回國。[289] 檢討赴美官兵管理困難之原因如下：

1、不論官員士兵，皆臨時召集而成，其中士兵出身不同，程度難齊，而在國內以時間關係，多未受嚴格軍訓，致不免有思想分歧之現象。

2、當士兵抵美之時，因接艦軍官須按時受訓，而士兵中又無幹練之軍士，故無人協助施行基本軍訓。

3、因新舊學兵程度不一，新兵有時須管理舊兵（各組組長皆係由大學生中挑選者），新舊之間難期融洽；當時士兵其學歷出身如下：大學及專科

---

284 《海軍大事記》，第二輯，頁 142。

285 張力，〈航向中央：閩系海軍的發展與蛻變〉，頁 1584。《中華民國桐梓海軍學校》，頁 15,103。民國 26 年底，海軍學校有學生郭添禮等 10 餘人自動退學，其中多數退學學生受共產黨影響，前往延安。參閱陳書麟，《中華民國海軍通史》，頁 413。

286 李世甲，〈我在舊海軍親歷記（續）〉，頁 31。

287 《海軍大事記》，第二輯，頁 118。

288 張力，《黎玉璽先生訪問紀錄》，頁 58

289 在美國邁阿密赴美接艦受訓的士兵，因懷疑美軍發給的受訓士兵的置裝費被帶官許世鈞所私吞（實則退回重慶），於是將許世鈞扣押在旅館裡形同「兵變」。參閱張力，〈王業鈞先生訪問紀錄〉，頁 230。

學校畢業者45人（新兵），大學及專科學校肄業者198人（新兵），高中初中畢業或肄業者255人（新兵），小學及行伍（舊兵居多）。我考選會因原有海軍士兵程度特低，不能接受美國戰時海軍學術，故招收知識較高之青年，實為最合實際之辦法。惟當時以時間急迫，不能在國內或國外行基本軍事訓練，故此批學兵不能視為有紀律之部隊。

4、該官兵等美抵美後，寄宿美國繁華市區之大旅館內，易受當地物質上之誘惑。

5、關於管理及經費、人事、應向國內請示者，雖用電報，有時亦不能如期奉到批示。[290]

6、赴美接八艦受訓從軍的知識青年，很多是大專學生，甚至已是大學畢業，他們腦筋靈活，學識亦佳，對於通信、電子、雷達、聲納等新知識學習的很快，不過也常有主見；有些軍官甚至感覺自己不如這些士兵，因此很難管理。[291]

（九）戰時日軍對我海軍機關學校的濫炸及破壞

抗戰期間，日軍對我海軍的破壞；除了造成艦艇大量的損失及官兵傷亡外，其它破壞及影響概述如下：

1、日軍對我海軍造船所的破壞及屠殺

抗日戰爭初期，江南造船所損失奇重，在建的25艘大小船隻全部損失，船塢、工廠大多被炸毀，添購之木模、木制輪機模型被炸化為灰燼，以致欲自鑄機器，竟無從著手。[292] 民國29年1月，馬尾造船所遭日機輪番濫炸，各車間嚴重燬壞，工人30多人遇難。30年4月，日軍第一次占領福州、馬尾，對馬尾造船所設備大肆洗劫，並有10多名工人慘遭日軍殺害。33年10月，日軍第二次占領福州、馬尾。翌（34）年5月19，日軍在撤離馬尾前，大肆破壞馬尾地區的海軍學校、練營、機關、發電廠、船塢，造船所幾成廢墟。[293]

2、日軍對我海軍機關及學校的濫炸與破壞

---

[290] 作者不詳，〈抗戰時間我國選派海軍學員與官兵赴美訓練的回憶〉，收錄在《抗日戰爭正面戰場》，下冊，頁1783。
[291] 張力，〈陳在和先生訪問紀錄〉，頁10。
[292] 陳書麟，《中華民國海軍通史》，頁282。
[293] 周日升，〈福州船政局述略〉，頁89。《中華民國海軍通史》，頁283。

民國 27 年 6 月 12 日，34 架日機入侵轟炸馬尾及羅星塔，海軍學校許多基礎設施被炸毀。[294]29 年 2 月 4 日，日機轟炸貴陽，海軍總司令部派駐貴陽辦事處職員鄭大澄、許伯欽及士兵徐開緒殉職。5 月 28 日、6 月 10 日、6 月 12 日，日機狂炸江北，以海軍總司令部為目標，造成職員黃恭威等 6 人殉職。9 月 4 日，日機炸辰谿，以海軍各機關為目標，辰谿的海軍倉庫、海軍南京醫院、海軍水魚雷營、海軍水雷製造所等均被炸，造成醫院院長吳清松、水魚雷營副營長梁炘等 42 人殉職。[295]

陸、結語

民國26年7月7日因「盧構橋事變」，自此抗戰軍興。8月日軍進犯淞滬，12 月海軍部隨國民政府由南京遷往漢口。27 年 1 月 1 日，為因應抗戰局勢，海軍部奉令暫行裁撤，並裁撤海軍練習艦隊等 17 個單位。2 月 1 日，海軍總司令部正式成立，直隸屬軍事委員會，掌理海軍全般事務，前海軍部部長陳紹寬任海軍總司令。海軍部原有 8 司縮編為參謀、軍衡、艦械、軍需等 4 處。此為中央海軍自民國肇建以來，編制最小時期。同（27）年8月日軍進犯武漢，海軍總司令部先是遷往湘陰。10 月再移駐辰谿。同（27）年冬，武漢會戰結束以後，為集中抗戰力量，國民政府各機關奉令移駐重慶。12 月海軍總司令部由辰谿遷往重慶郊外江北。因江北屢遭敵機轟炸，人員有所傷亡，及建築物損壞頗多，遂於 29 年 6 月，遷移老鷹巖（俗稱山洞）辦公。至 30 年 1 月，海軍總司令部因現有編員不敷應用，為應業務上之要求，乃在參謀處增設訓練科，艦械處內增設雷務科編制。至此至抗戰結束，海軍總司令部編制為轄 4 處 10 科。

中央海軍部直屬艦隊所轄艦艇第一艦隊、第二艦隊、江防隊、練習艦隊及測量隊，因抗戰軍興以來，海軍各艦隊艦艇有所損失，艦隊不得不進行縮編，縮編後僅編列第一、第二艦隊。民國 27 年 10 月，武漢會戰結束後，海軍抗戰的方略方針為配合國軍整體作戰，重新調整，將剩餘艦艇兵力分別集

[294] 《中華民國桐梓海軍學校》，頁 5,16。

[295] 《中華民國海軍史料》，頁 320。月 4 日，水魚雷營副營長梁忻及其他 25 名官兵均在轟炸中殉職，是為抗戰期間海軍陸上單位受空襲被炸傷亡最嚴重的一次。參閱《中華民國桐梓海軍學校》，頁 105。

中於川江；至 31 年 12 月 17 日，中央海軍僅存 10 艘艦艇，此時期可謂是中央海軍成軍以來，艦艇最短缺、最薄弱時期。

原本我海軍為數不多的艦艇在抗戰初期大多已損失，因此海軍對敵布雷日益重要，在抗戰期間因應戰局發展，先後成立海軍布雷隊、海軍游動漂流隊、游動漂雷隊川江漂雷隊、海軍長江中游布雷游擊隊、海軍布雷總隊等單位，其中布雷總隊更擴編為 4 個總隊，此為抗戰期間，中央海軍在組織編制上的一大特色。

民國26年9月，海軍學校為避免日機轟炸，由馬尾遷至福州鼓山湧泉寺。27 年 6 月，海軍學校由鼓山遷校湖南湘潭。10 月中旬，學校由湘潭再遷往貴州桐梓。30 年 11 月，海軍學校於抗戰期間首次招生。因抗戰期間物價高漲，國人普遍營養不足，參加海軍學校應試各學生，體格不盡十分強健，其各門程度亦參差，以致挑選維難，僅將視力未達規定，及體重過於高重者，予以剔除，餘均從寬錄取。抗戰期間，海軍學校教育沿襲採用英國海軍的教育制度，但考慮海軍急需用人，在課業安排上力求緊縮，密集授課，全年分為兩學期，無寒暑假。學校對於學生的學科、體能、品德及體格要求甚為嚴格；若有不及格者均須退學。

抗戰期間海軍學校僅招航海、輪機兩班學生；航海班學生校課 5 年，艦課、實習、槍砲及水雷共 3 年；輪機班學生校課 6 年半，艦課、廠課及實習 1 年半。學校課程教授及管理規章均仍舊貫，惟水魚雷營、造船及練艦等，受戰事之影響，已有變遷；故關於學校練生學習槍砲、水魚雷及廠課等，由海軍總司令部相度情形，分別部署肄習地點，雖不無沿革，而海軍教育方針則始終一貫，並更注重海軍之新科學及新戰略，並加強學校學生體育訓練，以期培養與訓練出接受現代化完整教育的海軍軍官。

民國 31 年我國利用「租借法案」，向美國要求借艦，並代訓作戰官兵，軍事委員會選派海軍官員赴英美兩國參戰與見習暨造船。32 年軍事委員會為培植戰後海軍幹部，各派 50 人赴英美兩國進修。同（32）年 9 月，我國向美方提出「中國海軍租借艦艇計畫」，考選赴美接艦官兵。赴美接艦官兵的交通工具暨在美國受訓所需費用，俱在「軍火租借法案」內由美方代為辦理。在「邁阿密海軍訓練中心」美方負責我國接艦官兵的教育訓練與後勤補給。

軍事委員會在選派赴美接艦官兵同時，也選派兩批赴英接艦官兵。赴英接艦官兵抵達英國後，先是實施海軍基本課程，基本課程結束後，接艦官兵按軍艦各部門類別，分發英國海軍專科學校學習專門技術，分別研習槍砲、航海、輪機、通信、雷達、反潛、補給等專門科目。

抗戰期間赴英美參戰接艦官兵，利用英美較我國先新的教學設備及方式，實施基本訓練及專業訓練，及在英美軍艦上艦訓與實習，不但有助解決抗戰期間，我海軍官兵教育訓練因無艦艇及設備可施教見習之困難，更可吸取英美海軍之新知與技術，對戰後我海軍之重建，及提升我海軍官兵之素質助益頗大。

民國 26 年 7 月，當盧溝橋事變爆發之初，我海軍相較日本海軍處於絕對劣勢，無力與敵正面作戰，僅能採守勢。海軍對全般作戰之考量，首在集中兵力，專事長江防務，俾防範日軍溯江西犯，以達成持久戰與消耗戰之目的。首先海軍為阻止日軍突破江陰，支援友軍在淞滬作戰，掩護政府西遷，達成長期抗戰的基礎，奠定後方防禦之準備。爾後軍事委員會委員長蔣中正下令阻塞江陰水道，海軍部抽撥老舊艦艇，連同招商局各輪船徵用的商船，自沉於江陰水道。

海軍為拱衛南京鞏固江防起見，於江陰封鎖線初建時，派第一、二艦隊先後馳往防禦。自民國 26 年 8 月 16 日起，日機開始向我軍艦空襲。我海軍各艦奮勇抗戰，益將艦隊各高射砲，構成江陰封鎖線之防空網，與敵機周旋 30、40 日之久，敵卒不獲一逞。然因日軍握有制空權，平海、甯海、逸仙、建康等艦相繼被敵機擊沉，我第一艦隊在主力艦損失殆盡後，有鑑於日軍的空中優勢，迫使我海軍對於防衛江陰阻塞線的戰略，不得不作重大改變，於是決定棄水就陸，拆卸各艦艇重砲，組織砲隊死守江陰要塞。12 月 1 日，日軍進抵江陰縣城，海軍砲隊先後後撤，移轉防地，繼續抗戰。

自淞滬會戰結束後，海軍即加強長江馬當、湖口、田家鎮、葛店之防衛作戰，並於武漢會戰前，完成江防戰力之充實，以要塞威力，配合水雷作戰，遏阻敵海軍西犯。武漢被迫棄守後，海軍以游擊布雷作戰方式分段封鎖長江，並以水雷作戰為戰術中心。宜昌會戰之後，海軍全力投注於川江防禦，拱衛重慶。我海軍陸戰隊在為鞏固後方軍運防務，對擔任護路與剿匪之任務，亦不遺餘力，其中以肅清湘黔閩諸省之地方匪患，對保護我軍運及維護地方治安，及在閩江抗日禦敵，厥功至偉。

抗戰期間海軍有效地消耗日軍的有生力量，除了利用要塞砲台外，並利用魚雷、水雷，造成敵艦艇、人員、裝備、物資等損失難以數計。且因海軍在長江、川江各口部署岸砲，使日艦懾於我方岸砲的威脅，因而不敢沿長江長趨直入，對於保衛陪都重慶之安全，功不可沒。另一方面八年抗戰，我海軍損失極重，不僅編制精簡縮小，艦艇所剩不多，更重要的是原以閩系陳紹寬主導的中央海軍因實力被削弱，自此難以與蔣中正為主導的中央政府抗衡。此有助於戰後我中央政府打破海軍原有以閩系、東北、廣東及電雷等四大系統獨立自主發展之現象，將全國海軍重新統一在中央政府的控制領導之下。

附錄　抗戰時期海軍學校畢業生

資料來源：《海軍軍官教育一百四十年（1866-2006）》，上冊，（台北：海軍司令部，民國 100 年）。

海軍學校航海畢業生

第六屆　計二十七名　民國二十七年六月畢業

邱仲明、林濂藩、何樹鐸、劉純巽、廖士爛、歐陽晉、黃發蘭、劉　震、盧如平、蔣　菁、王國貴、李後賢、陳智海、林鴻炳、池孟彬、劉鈞培、陳景文、章國輔、曾耀華、周福增、張書城、鄧先滌、牟秉鈞、康健樂、吳建安、饒　翟、劉英偉

第七屆　計十五名　民國三十年六月畢業

陳心華、張敬榮、張哲榕、甘　敏、陳國榮、王大敏、朱星莊、陳念祖、王道全、俞　信、鄭儀璋、陳　簡、倪行祺（原名鄭恆錚）、方子繩、林文杰

第八屆　計十七名、、民國三十年十一月畢業

葛敦華、陳在和、陳嘉鑌、王庭棟、宋季晃、郭成森、劉　淵、何宜莊、江濟生、陳水章、李景森、王海東、周謹江、陳以謀、李耀華、謝曾鏗、李護為

第九屆　計二十三名　民國三十二年六月畢業

盧振乾、陳慕平、何鶴年、陳明文、林蔭平、李作健、周正先、張孟敭、林　密、易　鶚、馬須俊、莊家濱、何友恪、鄭宏申、陳宗孟、俞　平、石　峯、陳　克、張甯榮、方　振、徐君爵、錢　燧、伍　岳

第十屆　計十名　民國三十二年十一月畢業

張振亞、雷樹昌、曾幼銘、童才亨、周　唯、王良弼、林蟄生、雷泰元、戴熙愉、黃肇權

造艦班　計十一名　民國三十二年十二月畢業

馮家溱、朱于炳、林　立、王衍球、官　明、周家禮、林金銓、王綬琯、鄭振武、吳本湘、陳　琦

海軍學校輪機畢業生

第五屆　計二十一名　民國二十七年六月畢業

王　麟、張傳釗、黃　典、陳允權、李達生、南登衡、劉洛源、許　鋆、葉　溙、柳炳鎔、楊熙齡、張　祁、張奇駿、徐登山、宋紹龍、鄭民新、陳鳴錚、鄭永相、趙以煇、沈克敭、龍家美

抗戰期間入學，後併入海軍軍官學校畢業生

三十六年班（原航十一）航海　計二十二員

朱成祥、朱德穩、邱　奇、查大根、胡繼初、范家槐、倪其祥、秦和之、秦慶華、區小驥、常繼權、莫如光、甯家風、曾國騏、馮國輔、黃文樞、萬鴻源、廖厚澤、劉用沖、劉和謙、鄭本基、羅　錡（原名羅綺）

三十七年班

航海科（原航十二）　二十八員

王熙華、江宗鏘、吳偉榮、吳樹侃、宋開智、李贛驌、杜世泓、林大湘、徐鐘豪、高孔榮、張　浩、張俊民、郭志海、陳　霫、陳其華、陳國禾、陳萬邦、陳駿根、麥同丙、謝中望、黃錫驥、楊樹仁、萬從善、葉元達、虞澤松、潘緒韜、鄧國法、黃慧鴻（改名文干）

輪機科（原輪六）　二十四員

王家驤、吳挺芳、李光昌、李聯燦、周百寅、胡運龍、張文煜、莫餘襟、陳心銘、陳啟明、曾尚智、黃承宇、黃剛齡、楊才灝、楊拱華、楊運時、趙令熙、劉翼騏、潘啟勝、鄭有年、魯天一、蕭官韶、糜漢淇、聶顯堯

三十八年班（原航十三）　計三十九員

王士吉、王季中、王耕滋、王鐵錚、王顯亮、古國新、
朱　端（原名朱啟湯）、宋　烱、李仕材、李用彪、李光國、李和發、李振強、邱華谷、林天賜、林永森、郁文弼、宮湘洲、徐廉生、徐學海、翁國樑、陳梓之、陳連生、陳慶祥、陳廣康、黃忠能、黃漢翔、張天欽、張福生、傅濱烈、葉昌桐、葉潤泉、葉德純、蔡龍豪、趙樹森、廖乾元、鄧大明、劉達材、劉溢川（原名劉建勳）

三十九年班（原輪七）　計二十四員

吳允生、董愈之、杜森祥、周官英、蔡文彥、周幼良、馮吉昭、王俊昌、陳鼎武、林　開、許耀武、蕭楚喬、歐陽良、李存傑、商道燦、李宗傑、何淦泉、黃瑞祥、林兆鈞、蔣競莊、趙士驤、趙觀耀、張宗仰、
陳瑞謙（原名陳瑞麟）

作者按：海軍官校三十九年班共計畢業一百六十人，其中上述二十四員為原輪七併入。

四十年班（原航十四）　計十八員

王亮初、王祥籌、王聖民、丘　熏、安可立、佘時俊、吳其昌、林大森、洪　節、洪紹堡、張天賜、黃種雄、韓景裕、蘇映虹、劉　宣、宋心謀、戴德輔（原名戴德成）、張壽坤（原名張壽椿）

作者按：海軍官校四十年班共計畢業二百0三人，其中上述十八員為原航十四併入。

本章圖片來源

沈天羽編著，《海軍軍官教育一百四十年》，台北：海軍司令部，2011 年。
頁 199、206、216、217、218、220、222。

沈天羽提供
頁 210、221、227、229、230、233 上 下、235、237、245、248、256、260。

第四章　民國時期的廣東海軍

提要

民國廣東海軍主要沿自清末廣東水師，自民國肇建後，一直侷限於廣東偏安獨立發展，其間也多次涉入國內政爭。尤其在民國初年，粵人程壁光率海軍南下粵省，頓時成為孫中山護法政府之主力。

民國 17 年，國民革命軍北伐成功，全國統一後，中央著手海軍之整建；廣東海軍奉國民政府編遣會議之決議，納編為國民政府海軍第 4 艦隊。陳濟棠主政廣東期間，致力廣東海軍的建軍發展，加上東北海軍三艦南下投靠陳氏，一時廣東海軍實力大為增強。但好景不常，隨著東北海軍三艦的北返，及陳濟棠在「兩廣事變」後失勢。自此廣東海軍被國民政府接管，淪為地方性海軍，發展停滯，整體戰力大不如前。

在抗戰期間，廣東海軍艦艇呈現的是艦齡老舊、噸位小、火力差，以致在抗戰初期，除了曾在虎門海戰力戰敵艦外，之後大多數的艦艇遭到日軍飛機炸沉於江河內。於是廣東海軍改採在粵桂兩省江河布雷，使日軍溯江西上受阻，功不可沒。最後隨著抗戰勝利，廣東海軍被裁撤，走入歷史。

壹、前言

民國時期的廣東海軍主要沿續前清的廣東水師，然而廣東海軍在民國時期的發展卻是高潮起伏，大起大落，變化無常。由於民國肇建後，軍閥割據混戰，國事全非，因而孫中山先生倡導護法，獲得部分海軍支持南下廣東，成為護法政府主力之一。隨後護法海軍變質，背離孫中山之理念，先後與桂系軍閥、廣東地方實力派軍人陳烱明等掛勾，介入粵省政爭，淪為軍閥奪權爭利之工具。最後護法海軍甚至北返投靠北洋軍閥，導致護法失敗。

民國 13 年春，孫中山先生在黃埔建軍，以廣東為基地，圖謀北伐統一中國之大業。15 年 7 月，國民革命軍蔣中正總司令率師展開北伐。在北伐戰爭期間，廣東海軍因戰力薄弱，留守廣東，未能北伐征戰。北伐成功全國統一後，中央著手海軍之整建；廣東海軍奉國民政府編遣會議之決議，納編為國民政府海軍第 4 艦隊。

陳濟棠主政廣東期間，力圖發展海軍，向外購艦，黃埔海校復校，組建海軍陸戰隊，加上東北海軍三艦南下投靠，一時實力大增。然而好景不長，先是陳濟棠與廣東海軍司令陳策的內訌，兩方兵戎相見，互有損失。接著東北三艦叛離北返，使廣東海軍實力大衰。更甚者是陳濟棠在政治富有野心，結果問鼎中原不成，反而在「兩廣事件」眾叛親離，失敗被迫下台出走。廣東海軍隨著陳濟棠失勢，被中央接管改編，自此淪為地方性海軍。直至抗戰前夕，廣東海軍相較於中央海軍、東北海軍而言，其噸位最小，艦艇最老舊，整體戰力最差。

抗戰期間廣東海軍因為力量薄弱，大部分艦艇遭到日機炸沉，於是改從事江防布雷防禦工作，多次成功阻止日軍溯西江西犯，對於保衛粵桂黔滇諸省，貢獻良多。抗戰勝利後，因廣東海軍艦艇早已不存在，且隨著日軍投降，布雷工作停止，中央認為廣東海軍已無存在之價值，遂將其裁撤，自此走入歷史。

由上述史實可證，廣東海軍不論在民國歷史或我國海軍建軍史上，應有其重要地位。然而迄今不論是官方、民間或國內外學界，對民國時期廣東海軍相關之研究或論著，卻寥寥可數，探究其原因，可能與長期以來學界對於中華民國海軍歷史研究的大環境，及史料獲得不易有關。現今有關民國時期廣東海軍的史料與文獻，大都分散在兩岸出版論述中華民國海軍方面的專史、戰史、日誌，或廣東地方文史資料內。為了保存民國廣東海軍史料，及彰顯其對國家之貢獻，筆者欲以有限的史料，就廣東海軍在民國肇建後，歷經民初、護法、北伐、陳濟棠主政粵省與對日抗戰等不同時期，其組織編裝演變、教育訓練與參與抗戰等幾個課題，作一個論述與探討。

貳、民國肇建至國民革命軍北伐前的建軍發展

一、民國初年廣東海軍組織之變革

滿清時期清廷在廣州設立廣東水師提督，掌管粵省江海防務，水師行營設在廣州南堤。清宣統 3 年（西元 1911 年）11 月，「辛亥雙十革命」爆發後，廣東水師末代提督李准迫於形勢，率水師反正。革命黨人光復廣東後，成立廣東軍政府。

民國元年（西元 1912 年）2 月，廣東軍政府（廣東都督府）成立海軍司，以胡毅生為司長，接管前清水師任務，管轄粵省內河與外海所有兵輪、各路砲台、魚雷兵營、水師學堂、黃埔船局、無線電局及官煤局等。後因江防與海防分開管理，分別成立海防辦事處和江防辦事處；李和任海防辦事處幫辦，統率廣海、廣金、廣玉、寶璧、保民、廣庚等艦。李景華任江防辦事處幫辦，管理江大、江清、江漢、江鞏、江固、廣元、廣貞、廣利、廣亨、東江、北江、龍讓、廣安、雷龍、雷虎、雷中、雷乾、雷坤、雷坎、雷離、雷震、雷兌、雷艮、雷巽等大小內河船艇百餘隻。[1] 同年 12 月 6 日，廣東都督胡漢民將海軍司裁撤，改組為江防、海防兩個司令部，分別以李和、黃倫蘇為司令。[2]

---

1 參閱廣東省地方志編纂委員會編，《廣東省－軍事志》（廣州：廣東人民出版社，1999 年），頁 147。《中華民國海軍通史》，頁 168。李傳標，《中國近代海軍職官志》（福州：福建人民出版社，2004 年），頁 122。高曉星，《民國海軍的興衰》（北京：中國文史出版社，1989 年），頁 67。蘇小東，《中華民國海軍史事日志（1912.1-1949.9）》（北京：九州圖書出版社，1999 年），頁 29。

2 參閱《民國海軍的興衰》，頁 67。《中華民國海軍史事日志（1912.1-1949.9）》，頁 29。

民國2年2月，民國政府下令將長江及各地水師改編為水上警察，將原廣東江防辦事處改編為「廣東水上警察廳」，以蔡春恒為廳長。[3]5月，廣東江防司令部改組為廣東海防司令部，並制定巡艦布置與砲壘布置兩項計畫。[4]7月，國民黨籍廣東都督胡漢民反袁世凱之「二次革命」失敗，袁氏黨羽龍濟光率兵進佔廣州，自任廣東都督，掌控粵省軍政大權。龍氏入主粵省後，初以其兄龍覲光為廣東海軍（海防）司令。由於龍氏沒有自己海軍骨幹可以接收各艦艇，遂從陸軍部隊選派一批軍官充任艦長，以監督控制；副艦長、副艦長以下官員則照舊留用。[5]稍後龍濟光改委其親信黃倫蘇、蔡春恒分別擔任海防辦事處幫辦、水上警察廳廳長。

民國3年，廣東海軍海防辦事處改編為廣東省艦隊司令部，司令先後為黃倫蘇、周天祿。5月，廣東艦隊歸北京政府海軍部管轄。[6]7月，北京政府將廣東省所屬的寶壁、廣海、廣庚、廣金、廣玉等5艦收歸海軍部。[7]

二、護國戰爭中的廣東海軍

民國5年3月，袁世凱復辟帝制，粵桂黔滇等西南各省首先發起「護國運動」，反對袁氏稱帝。廣東海軍方面；3月7日，陳策、楊虎、馬伯麟率革命黨人企圖對肇和艦進行奪艦，但未成功。[8]4月5日，停泊廣州的寶壁、江大、江固等3艦官兵起義反袁，歸附廣東護國軍，進迫廣州。翌日，龍濟光被迫於廣州宣告獨立。[9]

5月1日，粵桂兩省於廣東肇慶組織護國軍都司令部及軍務院，推舉岑春煊主持其事，討伐龍濟光，龍氏敗走。自此粵省軍政落入桂系軍閥手裡。桂系入主粵省後，初由陸軍第3師師長莫榮新主掌廣東軍政，莫氏兼任護國軍都司令部江防司令，另以蔡春華為江防艦隊司令，下轄寶壁、江大、江固、

3 參閱《廣東省志－軍事志》，頁147。《中國近代海軍職官志》，頁122。
4 《中華民國海軍史事日志（1912.1-1949.9）》，頁47。
5 吳杰章，《近代中國海軍》（北京：解放軍出版社，1989年），頁795-796。
6 參閱《廣東省志－軍事志》，頁147。李傳標，《中國近代海軍職官志》，頁122。另《廣東省志－軍事志》，頁148。蔡春恒繼任司令。魏邦平因迎龍濟光入粵，復任水上警察廳廳長。
7 《中華民國海軍史事日志（1912.1-1949.9）》，頁85。
8 《民國海軍的興衰》，頁60。
9 《廣東省－軍事志》，頁48。

雷坤、廣保、安南、安新、福威、平江、保捷等艦艇。[10]10月，陸榮廷出任廣東省督軍，莫榮新改任廣惠鎮守使兼廣東海防司令，周天祿為副司令。另魏邦平因策動海軍參加討伐龍濟光有功，被任命為廣東省水上警察廳廳長。6年11月，莫榮新接任廣東省督軍，周天祿升任為海防幫辦，申葆藩、馬濟先後擔任水上警察廳廳長（江防司令，轄內河艦艇30餘艘）。[11]

三、海軍南下粵省護法

民國6年5月29日，安徽省督軍倪嗣沖領導由各省督軍所組成之督軍團，宣布獨立，紛紛電請大總統黎元洪辭職下野。段祺瑞假藉「督軍團叛變」解散國會。6月4日，海軍總長程璧光眼見國事危迫；電飭第1艦隊司令林葆懌率艦駐紮大沽，並勸黎元洪離京南下。但黎元洪無意出走，惟命程璧光先行出京，集中艦隊，相機行事。[12]

6月6日，孫中山先生有鑑國事益急，與章炳麟聯名兩廣巡閱使陸榮廷、雲南督軍唐繼堯及西南各省督軍，討逆救國，並派胡漢民到廣州向各界說明護法討逆之必要。為了獲得海軍的全力支持，程璧光於6月9日，抵達上海後，孫中山先生遂親自拜訪程璧光與林葆懌。程、林兩人以為餉項、經費為慮，若能解決，海軍南下護法當可成為事實。孫中山先生籌足餉項，交付程璧光，至此海軍決定南下護法。[13]

6月13日，張勳率部入京，宣布擁立清廢帝溥儀。「復辟事件」發生後，孫中山先生決定南下護法，於6月17日，由滬抵穗，當即發表演說：希望海軍南下護法。程璧光接獲廣東省省長朱慶瀾歡迎海軍之來電後，遂於7月21日，偕第1艦隊司令林葆懌率艦南下赴粵，並發表討賊檄文；號召擁護約法，恢復國會，懲辦禍首。[14]北京政府於24日與26日，先後革免程璧光、林葆懌兩人職務。[15]8月5日，程璧光率艦駛抵黃埔。翌日，粵省各界在廣州東堤

[10] 《中華民國海軍史事日志(1912.1-1949.9)》，頁102,103。另《民國海軍的興衰》，頁67記：龍濟光離開廣州，率保民、廣元等艦去海南島。

[11] 參閱《中華民國海軍通史》，頁169。《民國海軍的興衰》，頁67。

[12] 李澤錦，〈程璧光護法前後〉，收錄在《中國近代海軍史話》（台北：新亞出版社，民國56年），頁133-134。

[13] 李澤錦，〈林葆懌的功與罪〉，收錄在《中國近代海軍史話》，頁155。

[14] 李澤錦，〈程璧光護法前後〉，頁133-134。〈林葆懌的功與罪〉，頁155。

[15] 李澤錦，〈林葆懌的功與罪〉，頁156。

東園舉行盛大的歡迎海軍大會。[16]

計此次參與南下護法之海軍艦隊，計有程璧光率領之海圻、飛鷹、永豐、福安、同安、豫章、舞鳳等 7 艦，連同留粵的海琛、永翔、楚豫等艦，及民國 7 年由閩省抵粵的練習艦隊之巡洋艦肇和艦共計 11 艘，組成護法艦隊（時護法艦隊的總噸位居整個中國海軍的 44%），成為護法政府依靠的主要力量。[17]護法艦隊各艦駐地如下：海圻、海琛、飛鷹等大艦駐黃埔；永豐、永翔、福安、同安、楚豫、豫章、舞鳳等艦分駐省河白鵝潭等處。[18]

民國 6 年 9 月 1 日，國會非常會議選舉孫中山先生為「中華民國軍政府陸海空軍大元帥」。10 日，孫中山先生就職，並任命程璧光為軍政府海軍部總長，林葆懌為軍政府海軍總司令（即護法艦隊司令）。海軍部與海軍司令部設在珠江海珠島，並在天字碼頭成立海軍俱樂部。[19]

10 月，因桂系與北洋政府暗通款曲，原奉孫中山先生命令北伐的陳炯明部回師廣州，討伐桂系。海防幫辦周天祿亦率海防艦隊寶璧、廣金、廣玉、廣海等艦，宣布獨立，脫離桂系，並宣布就任廣東江防司令。陳炯明驅逐桂系後，將江防司令部改編水上警察，委龍榮軒為廳長，周天祿改任粵軍總司令部艦務處處長，掌握海軍艦艇，巡查於內江，維持水上交通與治安。[20]

海軍響應孫中山先生南下護法，是中華民國史上一個重大的轉捩點，因為有了海軍南下的護法，加速了民國 6 年中國呈現南北政府的形成。有了海軍南下護法，故當後來陳炯明叛變時，因為海軍對孫中山先生的忠誠，使孫中山先生才能得以到永豐艦避難，而未遭到陳炯明的傷害。更由於海軍南下廣州護法，奠定了廣州成為孫中山先生革命救國之基地，及日後黃埔建校與建軍的根據地。[21]

---

16 李澤錦，〈李國堂率艦南下護法〉，收錄在《中國近代海軍史話》，頁 177。

17 參閱包遵彭，《中國海軍史》（下冊）（台北：臺灣書店，民國 59 年），頁 890-891。《廣東省志－軍事志》，頁 285。另海軍抵達粵省之後，由於飛鷹艦官兵情緒不穩，林葆懌仍囑李國堂接任該艦艦長。參閱李澤錦，〈李國堂率艦南下護法〉，頁 178。

18 《中華民國海軍史事日志（1912.1-1949.9）》，頁 120。

19 參閱《民國海軍的興衰》，頁 65。《中華民國海軍史事日志（1912.1-1949.9）》，頁 123。《中國海軍史》（下冊），頁 891。李澤錦，〈林葆懌的功與罪〉，頁 156。另護法軍政府的原廣東艦艇編為江防艦隊，由江防司令部（司令魏邦平）管轄。參閱《廣東省志－軍事志》，頁 285。

20 《廣東省志－軍事志》，頁 151。

21 李澤錦，〈李國堂率艦南下護法〉，頁 166。

海圻軍艦

四、參與護法戰爭與討伐龍濟光

民國6年10月，孫中山先生在廣州頒令討伐段祺瑞，展開護法戰爭（或稱南北戰爭）。9日，孫中山先生召開軍事會議，討論援湘與入閩問題，桂系陸榮廷以出兵湖南自任，要求孫中山先生出兵福建，以牽制北方兵力，並推程璧光兼討閩軍陸海聯軍總司令。廣州軍政府遂組織討閩軍，於11月27日，由海軍總長程璧光召開珠海會議，籌議征閩方略；以海軍司令林葆懌為海軍總司令，陳炯明為征閩粵軍總司令，林虎為桂軍總司令，方聲濤為滇軍總司令，兵分四路進軍福建。12月7日，護法艦隊派海圻、永豐、同安、豫章、福安等5艘軍艦駛往潮汕，征閩海陸並進，閩省之廓清在望。12月14日，攻閩粵軍攻克潮汕，時北洋海軍海容、江亨、楚謙等3艦亦宣布護法。[22]

正當征閩粵軍挺進閩粵交界時，盤據海南島的龍濟光為段祺瑞所收買，段氏任命龍濟光為兩廣巡閱使，龍氏於12月17日，趁虛由海南島渡海抵陽江，緊接攻陷高州、雷州及廣東沿海數縣，企圖顛覆護法政府。廣東督軍莫榮新聞訊，即商請軍政府海軍總長程璧光派艦前往清剿。

[22] 《中華民國海軍通史》，頁116。

飛鷹軍艦

程璧光與海軍總司令林葆懌及護法艦隊各艦長商議後，決定護法海軍先中止援閩作戰，除在高州與雷州半島掩護陸軍外，令海琛、永翔、楚豫、飛鷹等 4 艦於民國 6 年 12 月 19 日，由黃埔發航，前往截擊。是日下午 4 艦抵陽江鬧坡口外，俘獲載運龍濟光部隊的廣金、廣玉兩艦及 4 艘鹽務緝私船，並押解回省。29 日，護法艦隊海圻艦於海南島海口附近捕獲龍濟光的保民運輸艦。[23] 次年 4 月，護法海軍配合陸軍作戰，載運步兵在海南島登陸，終將龍濟光部隊擊潰。5 月初，龍濟光隻身逃往北京，討龍戰役獲得勝利，使得孫中山先生在廣東護法根據地得以鞏固。[24]

護法艦隊在討伐龍濟光之役中，在高州、雷州一帶截獲龍氏所控制的廣東鹽務緝私艦艇多艘，由程璧光分配給各鹽務稽核分所使用。此後護法海軍以鹽務所稅收作為經費與軍餉之來源。[25]

[23] 《中華民國海軍史事日志（1912.1-1949.9）》，頁 129。
[24] 《近代中國海軍》，頁 728。
[25] 《中華民國海軍通史》，頁 116。

五、護法艦隊背離革命倒向桂系

自護法軍政府成立後，由於桂系軍閥與護法軍政府不合作，甚至雙方處於敵對狀態，以致軍政府始終無法開展。嗣後因桂系軍閥莫新榮誘殺軍政府派往潮梅進行軍事的金國治，孫中山先生大為憤怒，欲以護法海軍討伐桂系，但程璧光衡諸時局，考慮海軍糧餉有賴桂系支助，因而認為不可。

民國 7 年 1 月 4 日，孫中山先生在未取得程璧光同意下，在海軍軍官陳策的護衛下，率少數親信，以「大元帥」的名義，登上駐泊在白鵝潭的同安艦，並親自指揮同安與豫章兩艦，砲擊觀音山莫新榮之督軍府，但因原先計畫配合孫中山先生行動的粵軍陳烱明部卻按兵不動，以致驅逐莫新榮之計畫失敗。[26]

孫中山先生砲擊觀音山此事引起程璧光不滿，將同安艦艦長溫樹德、豫章艦艦長吳志馨兩人革職，稍後吳、溫兩人被孫中山先生保薦為廣東魚雷局局長。督軍府雖然挨了砲擊，但莫榮新憚於孫中山先生崇高之威望，未敢輕舉妄動。此後，孫中山先生與桂系之矛盾日趨尖銳，且孫中山先生與程璧光兩人亦產生隔閡。[27]

由於護法軍政府與桂系軍閥間無法信賴相互合作，以致各項事務難以推行，海軍又夾處孫中山先生與桂系之間，左右為難。於是程璧光在海軍、部分粵人支持，及「粵人治粵」口號下，有意出任廣東省省長，並派人向桂系首領陸榮廷洽商。程璧光之舉動，引起陸榮廷、莫新榮之不悅。2 月 26 日夜，程璧光於海珠碼頭被刺殺身亡。[28] 程璧光死後，孫中山先生任林葆懌為海軍總長，然而護法海軍卻更傾向桂系。軍政府失去本應設法爭取與緩衝桂系壓迫的中間力量，以致孫中山先生為首的軍政府與桂系、滇系軍閥間之衝突日益劇烈。[29]

民國 7 年 5 月，廣州非常國會在政學系岑春煊、桂系陸榮廷與滇軍唐繼

---

[26] 《中華民國海軍史事日志（1912.1-1949.9）》，頁 131。程璧光怕得罪桂系，拒絕執行，將各艦調往黃埔，宣布戒嚴，怕孫中山直接指揮護法艦隊。參閱《孫中山先生年譜》（第二輯）（北京：中華書局，1980 年），頁 156。

[27] 參閱《中華民國海軍史料》（北京：海洋出版社，1986 年），頁 951。《近代中國海軍》，頁 731。

[28] 李澤錦，〈程璧光護法前後〉，收錄在《中國近代海軍史話》，頁 142-146。李澤錦，〈林葆懌的功與罪〉，頁 156-157。

[29] 莫世祥，《護法運動史》（台北：稻禾出版社，民國 80 年），頁 70。

堯操縱下，倡議改組軍政府，以 7 位總裁集體領導制取代孫中山先生一人領導之大元帥制。非常國會議員選出孫中山、岑春煊、唐紹儀、伍廷芳、唐繼堯、林葆懌、陸榮廷等此 7 人為總裁。5 月 20 日，國會選舉政務總裁，孫中山先生認為軍政府已變質，憤而辭職，離穗赴滬。[30] 孫中山先生離粵後，廣東境內海軍完全倒向桂系，林葆懌擔任軍政府總裁仍兼海軍總司令，湯廷光升任海軍部部長。[31]

六、孫中山先生重返護法政府及討伐桂系

民國 9 年 8 月，陳炯明與許崇智在「粵人治粵」口號下，率援閩粵軍在閩南漳州宣誓討伐盤據廣東之桂系軍閥。林葆懌則率海軍抵汕頭，配合桂軍作戰，桂軍敗北。時北洋政府又許以“閩督”為誘餌，要林葆懌在廈門宣布“海軍統一”，引艦北返。江大、江鞏等艦在國民黨人策動下起義。林葆懌於 10 月中旬，棄職離粵。因援閩粵軍在軍事上節節勝利，岑春煊宣布取消廣州軍政府。10 月 29 日，粵軍克復廣州，岑春煊、莫榮新離開廣州。

11 月 28 日，孫中山先生重返廣州，次日宣布恢復護法軍政府，任命陳炯明為粵軍總司令兼廣東省省長，海圻艦艦長林永謨為護法艦隊司令。不久，艦隊參謀長饒鳴鑾亦離粵出走，永豐艦艦長毛仲芳繼任艦隊參謀長。12 月，任命湯廷光為海軍部總長，於是歸附桂系的護法海軍重返孫中山先生領導的軍政府。[32]

民國 10 年 5 月 5 日，孫中山先生於廣州就任「中華民國大總統」後，桂系加緊部署攻粵。6 月中旬，孫中山先生派粵軍對桂系全面反擊。粵軍兵分三路，中路由總司令陳炯明指揮，沿西江先進取廣西重鎮梧州。時廣東江防艦隊（司令魏邦平），統轄江大、江漢、江鞏、江固、寶璧、廣金、廣乾

30 參閱《中華民國海軍史料》，頁 956。李澤錦，〈林葆懌的功與罪〉，頁 157。

31 參閱《中華民國海軍史料》，頁 956。尹壽華，〈孫中山整頓海軍的經過〉，收錄在《孫中山三次在廣東建立政權》（北京：中國文史出版社，1986 年），頁 121。自民國 6 年 10 月起，桂系決定每月撥 10 萬元作為海軍軍餉，並按月籌撥艦隻用煤，海軍中不少官佐逐漸傾向桂系。參閱《護法運動史》，頁 69。

32 參閱《廣東省志－軍事志》，頁 286。《中華民國海軍通史》，頁 181。尹壽華，〈孫中山整頓海軍的經過〉，頁 122。李澤錦，〈李國堂率艦南下護法〉，頁 182。民國 9 年春，陳炯明，蕩平盤據雷州半島與陽江一帶的龍濟光殘部，返回廣州後，七總裁岑春煊等皆遁隱，由湯廷光繼任海軍總長，李國堂就任海軍次長。

永翔軍艦

等大小 30 餘艘，水兵約千餘人，[33] 協同陸軍作戰。江防艦隊溯西江直上，先聲奪人，桂軍一觸即潰。粵軍以江防艦隊協同步兵沿江追擊，桂軍則沿江棄守。8 月 4 日，粵軍長驅直進，攻佔桂軍最後根據地南寧。桂軍澈底戰敗，陸榮廷逃往上海。[34]

七、護法艦隊的內鬨與北歸

陳炯明出任粵軍總司令兼廣東省省長後，只想割據一方，在廣東為王，反對孫中山先生的北伐大計，並與吳佩孚、趙恒惕等北洋軍閥暗中勾結。民國 11 年春，陳炯明叛亂跡象日漸顯露。孫中山先生有感於海軍之前曾勾通北洋，倒向桂系，今又受陳炯明賄賂，排斥異己，依附於陳氏，遂決意整頓，改革海軍。[35]

33 駱鳳翔，〈粵軍援桂戰役親歷記〉，收錄在《孫中山三次在廣東建立政權》，頁 152。
34 《近代中國海軍》，頁 798-799。
35 尹壽華，〈孫中山整頓海軍的經過〉，收錄在《孫中山三次在廣東建立政權》，頁 123。

豫章軍艦

此時護法艦隊內閩籍官兵與魯、粵、蘇、浙等他省官兵間衝突嚴重；以魚雷局局長溫樹德（魯籍）、長洲砲台司令陳策（粵籍）為正、副指揮，連絡非閩籍官兵，於4月27日，採取非常手段，趁司令林永謨、參謀長毛仲方不備，先奪海圻、海琛、肇和等3艦，進而制服諸艦，順利解決海圻艦等11艘軍艦的歸附問題。林永謨、毛仲芳被拘，閩籍1,100餘名官兵（有20餘名士兵被擊斃）被關在長洲陸軍小學內，之後由護法軍政府給予資遣，離粵返閩，史稱為「奪艦事件」。[36]

護法艦隊內閩籍官兵被驅逐離粵後，溫樹德派員到上海、煙台、威海衛號召北洋海軍外省官兵到廣東補足缺額。[37]廣東護法政府以溫樹德奪艦有功，及非閩籍官兵擁載溫氏為護法艦隊司令。4月28日，孫中山先生任命溫樹德為艦隊司令兼海圻艦艦長，常光球為參謀長，李國堂為軍政府海軍次長，陳

[36] 參閱《中華民國海軍史料》，頁908,960。《廣東省志－軍事志》，頁287。《民國海軍的興衰》，頁69。《中國近代海軍職官志》，頁124,125。李毓藩，〈從護法艦隊到渤海艦隊〉，收錄在《舊中國海軍秘檔》（北京：中國文史出版社，2006年），頁56-57。

[37] 李毓藩，〈從護法艦隊到渤海艦隊〉，頁58。

策為海防司令，楊廷培為江防司令，孫祥夫為海軍陸戰隊司令。時海防司令部下轄主要艦艇初為海圻、海琛、同安、永翔、楚豫等艦。同年冬，汕頭獨立艦隊解編後，飛鷹、永豐兩艦歸隊。江防司令部主要下轄定海、江平、江固等艦艇。[38] 廣東海軍各艦也重新分派艦長，從此廣東海軍幾乎全是魯籍、粵籍等非閩籍人任事。[39]

民國 10 年年底，粵軍內部分裂為兩部；一部分是擁護孫中山先生的北伐軍，一部分則擁護反對北伐的陳炯明。時吳佩孚與陳炯明暗中勾結，以共同反對張作霖為名，掣制北伐。11 年 2 月，堅決擁護北伐留守廣州的粵軍參謀長兼第 1 師師長鄧鏗為陳炯明親信暗殺。4 月 21 日，孫中山先生下令免去陳炯明廣東省省長兼粵軍總司令、內務部長等三職，但仍保留其陸軍部總長一職，把廣東陸海軍改歸大本營直轄。[40]

6 月 16 日凌晨，陳炯明叛變，所屬洪兆麟部 4,000 餘人，圍攻總統府及孫中山先生在觀音山的住所粵秀樓。溫樹德聞訊派寶壁艦接應孫中山先生脫險後，至海珠海軍總司令部與溫樹德一同登上永翔艦。時永豐艦艦長馮肇憲有感溫樹德態度曖昧，遂請孫中山先生轉搭永豐艦，號召各軍討平陳炯明。17 日下午，廣東海軍全體官兵通電討伐陳炯明。[41] 溫樹德座駕永翔艦，率永豐、楚豫、豫章、同安等艦，江防司令陳策座駕寶壁，率廣庚、廣玉、廣亨、廣貞等艦，沿省河前進，向叛軍砲擊。未料廣州衛戍司令魏邦平竟擁兵觀望。於是全部艦隊退出廣州，駐泊黃埔與長洲要塞砲台互相呼應。[42]

陳炯明深知，孫中山先生此刻依賴海軍，遂以鉅資收買分化海軍。6 月 21 日，湯廷光、魏邦平等人聯名發出布告，請孫中山先生停止軍事行動並下野。以溫樹德為首的護法艦隊亦漸有貳心。7 月 4 日，湯廷光及溫樹德兩人領銜通電，請孫中山先生下野。7 月 8 日晚，溫樹德率海圻、海琛、肇和等 3 艦駛離黃埔，脫離孫中山先生指揮。次日駐長州砲台的陸戰隊司令孫祥夫率

---

38 參閱《廣東省志－軍事志》，頁 287。《中國近代海軍職官志》，頁 124-125。
39 《中華民國海軍通史》，頁 185。
40 《中華民國海軍通史》，頁 187。
41 《民國海軍興衰》，頁 70。
42 胡應球，〈孫中山移駐永豐艦經過及以後的活動〉，收錄在《孫中山三次在廣東建立政權》，頁 201。另王曉華，《民國第一艦－中山艦傳奇》（青島：青島出版社，1998 年），頁 136 則說：溫樹德派楚豫艦接應孫中山先生脫險。

部附逆，引敵登陸，砲台易手，被叛軍控制。[43]10日，孫中山先生率領永豐、永翔、楚豫、豫章、同安、廣玉、寶璧等7艦，由黃埔突圍，直駛往白鵝潭駐泊。[44]

7月23日，溫樹德致函孫中山先生，請他早日離粵，並飭令永豐等4艦歸隊。同月底，海圻、海琛、肇和等3艦，受人挑撥駛出虎門附逆。8月初，孫中山先生得知北伐軍回師靖亂已失利，駐白鵝潭海軍官兵士氣日漸低落，遂被迫率汪精衛、蔣中正、陳策等人，於9日搭乘英艦離粵，前往上海。[45]陳炯明則收編停泊白鵝潭的軍艦，並重新委派艦長。[46]

孫中山先生離粵後，陳炯明僭任粵軍總司令，護法海軍歸其管轄，並委任陳永善接充水上警察廳廳長，管理各艦艇。另外，溫樹德收編永豐等4艦，護法艦隊內原屬於廣東海軍的各艦長，均於孫中山先生離粵後被離職，由溫氏另行調整和委派各遺缺。[47]

民國11年12月，以孫中山先生大元帥名義，滇桂粵聯軍討伐陳炯明。次年1月16日，滇桂聯軍進入廣州，滇軍委麥勝廣接任由水上警察廳改編為江防司令部的江防司令。2月17日，孫中山先生由滬返粵。21日，續行大總統職權，並委任陳策為江海防司令。但麥勝廣不接受陳策的任命，陳策率江大等20艘大小軍艦，離開廣州，至新會北街集中，另設江海防司令部。時滇軍利用陳策部分留置廣州的艦艇，在廣州成立江防司令部，委楊廷培為江防司令，於是廣東海軍出現兩個江防司令部；陳策的艦艇控置西江，而楊廷培的艦艇則控制廣州附近水域。[48]

當桂粵聯軍擁護孫中山先生重返廣東之初，溫樹德即見風轉舵，偕海軍各艦長電請孫氏回粵主持大計。孫中山先生對溫樹德寬大為懷，保留其護法艦隊司令職務，要其整飭艦隊。但溫樹德一方面加強控制護法艦隊，一方面

---

43 參閱《近代中國海軍》，頁735。胡應球，〈孫中山移駐永豐艦經過及以後的活動〉，頁202。《護法運動史》，頁220。

44 海軍總司令部編印，《中國海軍之締造與發展》，民國54年，頁24。永豐等6艦由陳策統一指揮突圍。參閱〈歐陽煦〉，《海軍歷史人物》，海軍學術月刊社，民國77年，頁165。《護法運動史》，頁220-221。

45 《近代中國海軍》，頁736。《護法運動史》，頁223。

46 《民國海軍的興衰》，頁73。

47 《中華民國海軍通史》，頁191。

48 參閱《中華民國海軍通史》，頁192-193。〈歐陽煦〉，收錄在《海軍歷史人物》，頁165。

則與逃亡香港的陳炯明暗中勾結，甚至與北洋政府派往香港的代表談判北歸條件。

民國 12 年 4 月，沈鴻英叛亂，進犯廣州，逼近三水，要求孫中山先生下野。北洋政府欲利用沈鴻英，委沈氏督理廣東軍務。5 月上旬，永翔、楚豫、同安、豫章等 4 艦協同粵軍擊潰沈鴻英後，返航回廣州。25 日，效忠陳炯明的叛軍攻佔潮汕。此時溫樹德認為離粵北歸之時機已到，於 5 月 31 日，秘密前往香港。同（31）日，孫中山先生以溫樹德勾結北洋政府、陳炯明及煽動護法艦隊叛變為由，下令免除溫氏護法艦隊司令職務（加以通緝），改由參謀長趙梯昆暫代司令，並改委各艦長，由大本營直接指揮。[49]

孫中山大元帥府建立後，護法艦隊糧餉發生困難，加上艦隊內多北人，南下多年，思鄉心切，北洋政府直系軍閥吳佩孚趁機策動。另一方面，溫樹德雖然潛逃香港後，私下卻仍然掌控護法艦隊。[50]6 月 9 日，溫樹德在汕頭通電擁護北洋政府。10 月 27 日，溫樹德策動駐泊廣州的永翔、楚豫、同安、豫章等 4 艦叛變，開赴汕頭，與效忠溫氏的海圻、海琛、肇和等 3 艦會合。12 月 17 日，溫樹德率海圻、海琛、肇和、永翔、同安、楚豫、豫章等 7 艦由汕頭駛往青島投效吳佩孚，被編為渤海艦隊，護法艦隊歷史至此結束。[51]

八、粵系海軍之形成與陸戰隊的整建

（一）粵系海軍之形成

溫樹德叛變率艦北歸後，廣東海軍僅剩下飛鷹、舞鳳、永豐（後改名中山）、福安等 4 艘大型軍艦，其餘多為百餘噸以下的小艇，且多損壞，廣東海軍實力重挫。護法艦隊離粵後，孫中山先生改委留粵各艦艦長，並改編為練習艦隊，由大元帥大本營直接指揮，以陳策為海防司令，從此廣東海軍自成一系，被稱為粵系海軍。[52]

[49] 參閱《中國海軍史》（下冊），頁 891-892。《廣東省志－軍事志》，頁 287。《中國近代海軍職官志》，頁 122-124。《中華民國海軍通史》，頁 193。《近代中國海軍》，頁 737。

[50] 《中國近代海軍職官志》，頁 125。

[51] 參閱《華民國海軍通史》，頁 194。《民國海軍的興衰》，頁 74-75。

[52] 參閱《廣東省志－軍事志》，頁 293。《中華民國海軍史料》，頁 908。〈歐陽煦〉，收錄在《海軍歷史人物》，頁 164。另豫章艦於北上途中修理，於汕頭被應瑞艦發現拖回，

民國13年1月16日，廣東海防司令陳策因軍紀問題被孫中山先生免職，遺缺由馮肇銘代理。[53]3月12日，孫中山先生任命大本營海軍委員林若時為海防司令，張漢為江防司令，[54]此為建立粵海艦隊之始。同年5月31日，成立「海軍練習艦隊司令部」，任潘文治為司令，並將福安、飛鷹、廣海等3艦編為「海軍練習艦隊」，由司令潘文治統帶，歸粵軍總司令節制調遣。[55]

8月10日，廣州發生「商團叛亂事件」，孫中山先生急令北伐軍回師靖亂。在鎮壓廣州商團叛亂期間（迄10月15日，首腦陳伯廉逃往沙面，商團繳械為止），海軍永豐艦則開到省河加強警戒，海軍艦艇日夜在珠江巡弋，對於安定時局，配合平亂起了一定作用。[56]

（二）廣東陸戰隊的整建

民國3年，廣東海軍陸戰隊成立，任蔡春華為統領。[57]6年7月，孫中山先生率舊國會議員及海軍，南下廣東，作護法倡導，獲得滇、桂實力派軍人支持。孫中山先生到穗後，要求廣東省省長朱慶瀾將「省長親軍」20個營兵力，撥充海軍，於10月12日成立海軍陸戰隊，作為護法北伐之師，並以省長親軍司令陳炯明為海軍陸戰隊司令。未料朱慶瀾遭廣東督軍桂系軍閥陳炳焜排擠離粵，「省長親軍」20個營兵力被陳炳焜所奪，陳炳焜將其編入「廣東省警衛軍」。[58]

民國7年5月，在桂系及政學系操作下，運動國會議員提出軍政府改組法案，將大元帥制改為七總裁制。孫中山先生在滇桂軍閥排擠下，離粵赴滬，第一次護法運動失敗。孫中山先生離粵後，廣東海軍完全倒向桂系。桂系見海軍就範，乃撥「民軍」3個營編成海軍陸戰隊，以護法海軍總司令部參謀

後被閩系中央海軍截獲，編入第2艦隊。

53 參閱《中華民國海軍史事日志（1912.1-1949.9）》，頁262。《民國海軍的興衰》，頁75。

54 參閱《廣東省志－軍事志》，頁52。《中國近代海軍職官志》，頁124。

55 參閱《中國海軍史》（下冊），頁892。《中華民國海軍通史》，頁196。另許崇智率粵軍回師廣州後，奉孫中山之命令成立建國粵軍總司令，內設艦務處，取代江海防司令部，以招桂章為處長，海軍歸粵軍總司令節制調遣。參閱《廣東省志－軍事志》，頁293。《民國海軍的興衰》，頁75。《中國近代海軍職官志》，頁130記：艦務處成立於8月7日。

56 《近代中國海軍》，頁800。

57 《中國近代海軍職官志》，頁124。

58 參閱尹壽華，〈海軍南下護法始末〉，收錄於《孫中山三次在廣東建立政權》，頁46。《中華民國海軍通史》，頁170。《廣東省志－軍事志》，頁285。

長饒鳴鑾兼任海軍陸戰隊統領，並添設海軍司令部警衛隊1營（營長梁渭華）。[59]

民國8年3月，陸戰隊統領改稱陸戰隊司令，以鈕永健為司令。9年7月改稱總指揮，以李綺為總指揮。15日，復稱司令，以陳策為司令。[60]8月中旬，1,000名陸戰隊官兵乘福安艦配合親桂系的護法海軍，駛往粵東汕頭，圖謀攻入閩省，予以佔領，作為根據地。後因桂軍失利，陸戰隊圖閩未能成功。[61]

民國11年4月27日，孫中山先生有鑑於護法艦隊官兵省籍對立嚴重及軍紀不彰，決定對護法艦隊實行改組，任命溫樹德為司令兼任陸戰隊司令。未幾陳策調任廣東省海防司令，陸戰隊改番號為「護法軍政府大元帥府（大本營）海軍陸戰隊」，司令為孫祥夫。[62]

民國13年8月10日，廣州發生商團叛亂事件，廣州軍政府重組海軍陸戰隊，下轄2個支隊及2個獨立連。[63]

九、教育訓練

（一）幹部養成教育機構－黃埔海軍學校

清光緒3年（西元1877年），兩廣總督劉坤一奉捐前兼粵海關所得平餘銀15萬兩，發商生息，館興學，為儲養洋務人才之用，得旨允行。光緒6年，張樹聲繼任，始踵成之，旋於珠江下游，新會縣平崗（距縣城東南40里），仿福州船政局後學堂興建校舍。光緒8年竣工，名為實學館，考選學生50人，入館肄習。實學館初雖非海軍專門之學，而黃埔海軍學校實肇基於此。[64]

光緒10年4月，兩廣總督張之洞將實學館易名為博學館，學科仍舊。光緒13年春，張之洞與廣東巡撫吳大澂奏請將博學館更名為「水陸師學堂」，調福建船政提調吳仲翔擔任總辦，就博學館舊生考留40餘名，並調來閩省學生50名，各就志願，分習駕駛、輪機。復設公法、植物各一班。稍後所有肄

59 參閱尹壽華，〈孫中山先生整頓海軍的經過〉，頁121。《中華民國近代海軍職官表》，頁125。《廣東省志－軍事志》，頁286。
60 《中國近代海軍職官志》，頁124。
61 《近代中國海軍》，頁731。
62 參閱《中國近代海軍職官表》，頁124,129。《中華民國海軍通史》，頁185。
63 《民國海軍的興衰》，頁75。
64 參閱《中國海軍之締造與發展》，頁201。《中國海軍史》（下冊），頁775。

習公法、植物學生，均改習駕駛、輪機，統名水師學生。光緒 15 年新學堂建成，水陸師學堂分為水師誦堂與陸師誦堂。[65] 次年水陸師學堂以廣甲兵船為練習船，以讓船管帶劉恩榮為練習總管。[66]

光緒 19 年，兩廣總督譚鍾麟解散陸師學生，減少水師學生，並改水陸師學誦堂為廣東水師學堂，設駕駛、管輪兩專業，學制 3 年，以專門培訓海軍軍官。光緒 30 年，兩廣總督岑春煊調京卿魏瀚來粵，督辦兵工廠兼黃埔水魚雷局、船廠及水師學堂。另將魚雷學額 40 名，歸併水師，改名為水師魚雷學堂，各生均需兼習駕駛、管輪、魚雷，是為我國海軍早期航輪兼習之制。光緒 31 年，增設工業學額 100 名，期以 10 年畢業，分 5 次招考，兩年招考一班，改水師兼辦工業學堂。[67]

宣統 3 年（西元 1911 年）9 月，因「辛亥雙十革命」爆發，革命軍光復粵省。民國肇建後，水師魚雷學堂總辦魏瀚去職，學堂學務一度中斷，未幾即重行復課，任劉義寬為總辦，將工業學生歸併水師。[68]

民國肇建後，廣東軍政府於民國元年 11 月 20 日，將廣東水師學堂改名為黃埔海軍學校，由廣東省主持。黃埔海軍學校成立後，改總辦制為校長（校長先後為：李田、蕭寶珩、羅國瑞），下設學監 2 人，教官 10 餘人，並擴充學額為 150 名，施改為 130 名，招收高等小學畢業到初中程度的學生入學。黃埔海軍學校之教育宗旨為：以實施海軍教育，養成海軍人才。主要學習駕駛，兼學管輪和魚雷，學習期限為 6 年，區分為預科、正科（即本科），各修業3年，每年兩學期，共歷12學期畢業。預科學習算術、幾何、代數、量積、平三角、國文、英文、物理、化學、歷史、地理、繪圖、操練舢舨、游泳各項。正科學習弧三角、航海、天文、微積分、解析幾何、高等代數、運用術、砲術、輪機、水魚雷等科目。[69] 畢業後分派到艦艇見習 2 年，再分配到艦艇擔任候補副（准尉），遇有缺額如航海副、槍砲副，即升為少尉補用。[70]

民國 2 年 12 月，周淦接任校長。6 年 2 月，為使中國海軍教育制度籌劃

---

[65] 《中國海軍史》（下冊），頁 776。
[66] 《中國近代海軍職官表》，頁 69。
[67] 參閱《中國海軍之締造與發展》，頁 201。《中國海軍史》（下冊），頁 777。《廣東省志－軍事志》，頁 278。
[68] 《中國海軍史》（下冊），頁 777。
[69] 參閱《中國海軍史》（下冊），頁 777-778。《中華民國海軍通史》，頁 79。
[70] 《近代中國海軍》，頁 811。

民國 6 年國父與廣東海軍學校學生合影

統一，北洋政府海軍部接管黃埔海軍學校，更名為廣東海軍學校，並由北洋政府海軍部派鄧聰葆為校長。[71] 同年夏，孫中山先生在廣東護法，雖然南北政府對立，但廣東政府並未干涉廣東海軍學校，廣東海軍與護法艦隊也不與廣東海軍學校為敵。相反，以同是海軍為由，保持良好關係。校長鄧聰葆照常向北京政府海軍部請示報告，海軍部也照常撥給經費，使學校得以維持下去。[72]

黃埔海軍學校或後來改制的廣東海軍學校，其第 1 屆、第 8 屆、第 9 屆、第 10 屆、第 12 屆及第 13 屆的畢業生，送往北洋艦隊實習，並由北洋海軍使用，其餘各屆航海、輪機畢業生均留廣東省供外海、內河艦艇使用。[73] 直至民國 8 年，第 16 屆畢業生畢業，本該上艦實習。但因南北對立，該批學生無

[71] 參閱《中國海軍史》（下冊），頁 778。海軍總司令部編印，《海軍大事記》（第一輯），民國 57 年，頁 42。《中華民國海軍史事日志（1912.1-1949.9）》，頁 111。
[72] 《中國近代海軍職官志》，頁 144。
[73] 《中華民國海軍通史》，頁 79。

法分配到廣東海軍艦艇上實習。鄧聰葆校長為此請示北京，北洋政府海軍部命令學生們到吳淞海軍學校繼續學習。[74]

廣東海軍學校其後招有第 18 屆一批數十人，奈以學校因北洋政府海軍部撥不出經費，陳炯明主導的廣東地方政府也不予維持，加上學校派系傾軋，學校被迫於民國 10 年 1 月第 17 期航海科畢業後即停辦。未畢業的第 18 屆學生遂轉學吳淞海軍學校。[75]

（二）水兵訓練

清末與民國時期的海軍教育素來重視軍官，對軍官學習海軍技術，是由理論而至實踐，士兵則著重學習技術的運用，理論學習則從簡。因此，海軍軍官校課及艦課合計定為 8 年，而士兵營訓與艦訓則只定 3 年。[76]

清光緒 11 年（西元 1885 年），李鴻章於奉天旅順口創立水師練營，此為最早興辦的水兵訓練機構。[77] 光緒 29 年，廣東創辦水師練營，營址設於廣州南石砲台舊址。以北洋艦隊老砲首（槍砲軍士長）陳樹薌為管帶，北洋艦隊有經驗的帆纜頭目（帆纜軍士長）、槍砲頭目、管旗頭目（信號上士）、號目（號兵上士）數人為各科教習。招募略有文化及略知水性的健丁為練勇。練勇定額為 100 名，內分帆纜練勇 70 名，管旗練勇 20 名，鼓號練勇 10 名。營制與訓練方法悉仿旅順水師練營成規。水師營畢業各項練勇均先後派補廣東各艦艇的初級士兵（軍士）。宣統 2 年（西元 1910 年），廣東水師練營營址遷往廣州天字碼頭。[78]

民國元年，廣東軍政府將廣東水師練營改番號為廣東海軍練營，管帶改稱為營長，並重新選派海軍軍官為營長、副營長；派孫承泗為營長，陳景薌為副營長，練勇改名為練兵，練兵名額略有增加，其他仍按舊規辦理。[79] 時

---

74 《近代中國海軍》，頁 812。

75 《中國海軍史》，下冊，頁 779。另《海軍抗日戰史》（上冊），頁 227。鍾漢波，《四海同心話黃埔：海軍軍官抗日箚記》（台北：麥田出版社，1999 年），頁 33。及遲景德，《徐亨先生訪談錄》（台北：國史館，民國 87 年），頁 152 記：第 16 期畢業生為 42 名，黃文田記為黃文澄；第 17 期，畢業生為 39 名，畢業日期為民國 10 年 1 月。

76 《中華民國海軍通史》，頁 491。

77 《中國近代海軍史》，頁 368。

78 《中華民國海軍史料》，頁 53。另《中國近代海軍史》，頁 368 記：廣東水師練營營制與訓練方法悉仿煙台水師練營成規。練勇分習艦纜、管艙、管旗三科。

79 參閱《中華民國海軍史料》，頁 53。《中華民國海軍通史》，頁 492。

民國六年國父與黃埔海校教職員合影

海軍士兵招募資格為；16至18歲，具有高等小學文化程，略知水性的青年入伍，每期定額初為百名，後略有增加。

廣東海軍練營直屬廣東省管轄，新兵入伍後即為二等練兵，在海軍練習營受訓2年，合格者晉升為一等練兵，派登練習艦受訓1年，以習慣海上生活，學會海上作戰技能，1年期滿後，經過考試結業，給予證書，然後按名次順序派補各艦為三等水兵，其後按資歷與成績依次第晉升為二等水兵、一等水兵，直至軍士長。此間數十年，歷階七、八級，少有再受教育機會，全賴經驗。其中能自力進修，或少數有特殊功績者，亦可晉升為初級軍官。但恃年資晉升，不求上進者，亦屢見不鮮。[80]

練營分為艙面（帆纜、槍砲二班）、機艙（輪機、電機二班）、通信等3個專業，分班訓練。各班所學課程如下：帆纜班學習結解繩索、保管錨鏈、使用油漆、掌握舵盤、熟練羅經、操縱舢舨等。槍砲班學習槍砲射擊術、槍砲維修及保管彈藥等。輪機與電機班學習操作、裝卸及修理主機、輔機，掌握燒煤、燒油技術，各種電機、電器設備使用等。通信班學習旗語、燈光信號、航海常識與普通英語等。此外，還有步操、游泳等課程。專業教官一般由海軍學校畢業軍官與有經驗的軍士長擔任。另聘請陸軍軍官教練步操。海軍練營招收練兵的班數、人數與時間並不固定，主要視艦隊兵額需要而定。民國27年10月，日軍攻陷廣州，廣東海軍練習營停辦。[81]

（三）艦隊部隊訓練

民國初年，廣東海軍的艦艇部隊訓練係沿用英國海軍的訓練方法，以後逐步按美國海軍模式訓練。訓練程序一般是：軍官與專業士兵分別經過海軍學校與練營（或軍士學校）培訓，以掌握海軍基礎知識與專業理論，並進行海上實習，提高海上生活的適應能力，進行單艦（艇）、編隊技術、戰術基礎訓練，使船員掌握必要的基礎知識，熟練使用武器、裝備，密切單兵、戰位與部門之間的協同動作，使艦（艇）長學會操縱與指揮艦艇遂行戰鬥任務。先在港岸訓練，再到海上實際操練與進行遠航訓練。完成單艦、編隊訓練後，組織諸艦種、兵種的合同訓練，進行海上實兵演習，以提高協同作戰能力。[82]

十、後勤機構－黃埔造船廠

黃埔造船廠前身為廣東製造局的黃埔船塢，原為清末海軍四大廠塢之一。清光緒3年（西元1877年）兩廣總督劉坤一奏准購買香港黃埔船塢公司在黃埔的柯拜等3所船塢及附屬廠房設備，把軍裝機器局歸借至黃埔船塢，

[80] 參閱陳景薌，〈舊中國海軍的教育與訓練〉，收錄在《福建文史資料》（第8輯），頁133。《中華民國海軍通史》，頁491-492。《廣東省志－軍事志》，頁600-601。

[81] 參閱陳景薌，〈舊中國海軍的教育與訓練〉，頁133。《廣東省志－軍事志》，頁601。

[82] 《廣東省志－軍事志》，頁601。

改名為廣東製造局；包括黃埔船塢、軍火局、水雷魚雷廠及水陸師學堂等機構，使黃埔地區成為軍事工業，培育人才的基地。

光緒 11 年，兩廣總督張之洞把製造輪船與武器之機構分開，分設黃埔船局、黃埔水魚雷局與軍火局。光緒 19 年，兩廣總督李瀚章裁撤黃埔船局。光緒 27 年，船局雖又恢復，但已一蹶不振。「辛亥雙十革命」時，黃埔船局已暫時停止修造工程。

民國成立後，因廣東處於軍閥割據，紛亂不斷，以致黃埔船廠時開時關。民國 3 年，軍閥龍濟光主政粵省時，黃埔船塢為廣東實業廳接收，重開黃埔船廠，委派劉義寬為廠長。黃埔船廠廠內占地約 6,000 多平方米，包括兩座石船塢、船台及機器廠等設備，雇用工人約 1,000 人。民國 4 年至 6 年，船廠為廣東海軍建造了東江與北江兩艘淺水砲艦。

龍濟光下台後，廣東成立軍政府，繼以桂粵軍閥混戰，船廠費用支絀，船廠維持日益困難。民國 10 年以後，兩座石船塢因長期失修，漏水嚴重，無款修理，船廠先後停用，泥塢也崩塌廢棄。14 年，廠務工作停輟，部分機器與設備被當局盜賣。[83]

參、北伐前後至對日抗戰前的廣東海軍

一、北伐戰爭前國民政府統治下的廣東海軍

民國 14 年 6 月，正值廣東革命軍第一次東征戰事方酣之際，依附廣州革命政府的滇軍楊希閔與桂軍劉震寰暗中與北京政府勾結，於 6 月 4 日，在廣州發動叛變。時粵省海軍配合革命軍靖亂，以遠程艦砲砲擊車陂、石牌等地叛軍。7 日，江大與江固兩艦砲擊東堤的滇軍總部與東濠口的滇軍據點。11 日，革命軍發動總攻擊，海軍以艦砲射擊，掩護革命軍渡過珠江，攻克獵德、車阪、二頭沙等地，滇桂軍頃刻土崩瓦解。[84]

[83] 參閱《中華民國海軍通史》，頁 51-53。席飛龍，《中國造船史》（武漢：湖北教育出版社，2000 年），頁 328。

[84] 參閱《民國海軍的興衰》，頁 76。《近代中國海軍》，頁 801。

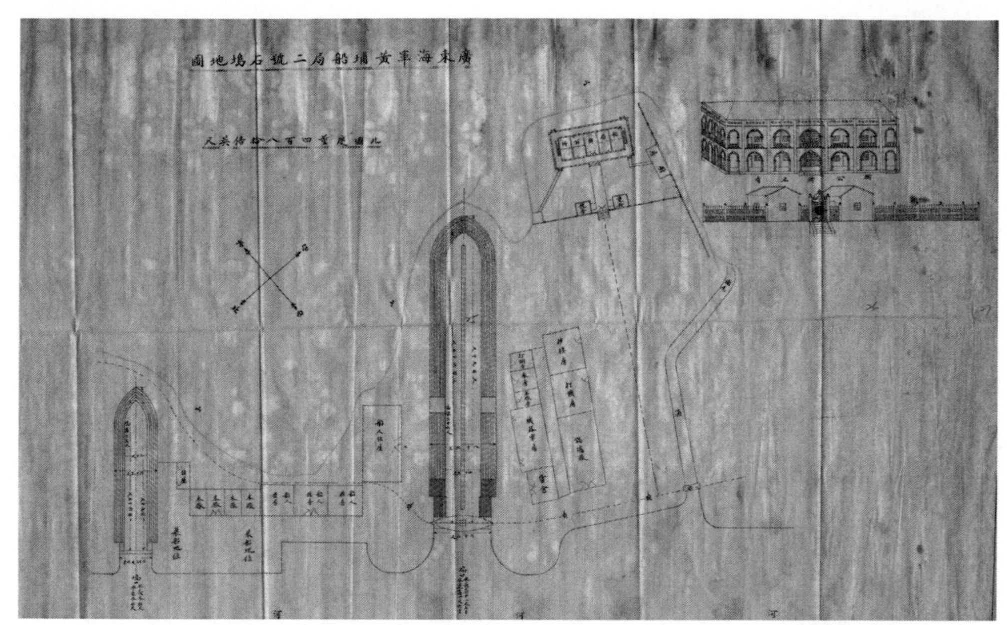

廣東海軍黃埔船局圖

7月1日，廣州大元帥府改組為國民政府，所轄軍隊統一稱為「國民革命軍」。3日，廣州國民政府成立軍事委員會，是日公布「軍事委員會組織法」，規定國民政府軍事委員會下設軍委員會海軍局，裁撤原建國粵軍總司令部艦務處，以蘇俄籍軍事顧問斯美諾夫為海軍局局長，李芝龍為海軍局政治部主任，統轄廣東練習艦隊、江防與海防司令所轄各艦，原江防、海防司令部併入海軍局。時廣東海軍艦艇除中山艦噸位較稍具戰力外，絕大多數為百噸以下，且年久失修的內河小艇。[85] 同年12月，國民革命軍第5軍李福林部會同江大、龍驤、江平等3艦分水陸攻克陳炯明所盤據之香山縣。[86]

15年2月，斯美諾夫返國，由海軍局參謀廳廳長兼中山艦艦長歐陽琳代理局長。歐陽琳代理局長僅1個月，於3月初，突然辭職，由李芝龍代理局長兼中山艦艦長。3月20日，李芝龍因「中山艦事件」被捕。4月7日，由潘文治代理局長。[87]4月14日，海軍局代局長潘文治召開局務會議，決定改

[85] 參閱《中華民國海軍通史》，頁196。《中國近代海軍史》，頁327。《中華民國海軍史事日志（1912.1-1949.9）》，頁302。

[86] 《中華民國海軍史事日志（1912.1-1949.9）》，頁308-309。

[87] 參閱《民國海軍的興衰》，頁77,80。《中國近代海軍職官志》，頁130。《中華民國海軍史事日志（1912.1-1949.9）》，頁314,315,321。

組海軍局內部，改組方案如下：（一）軍務廳（原參謀廳），內分軍法、軍衡、軍事、總務、輪機、軍醫等6科。（二）軍學廳（原教育廳）內分教育、訓練2科。（三）造船監（仍舊），增設建設科。（四）軍需處，內分給養、統計2科。（五）審計處（仍舊），增設秘書1人。（六）顧問處（原秘書處）增設英文秘書、書記各1人。以上均由代局長潘文治下手令新加委任，自民國15年4月15日起，照新組織法辦公，再呈報（國民）政府正式加委。5月11日，軍事委員會決議將前海軍局代局長歐陽琳所編之海軍警備隊（兵力1,000人）繳械遣散。[88]

二、北伐戰爭初期的廣東海軍

（一）海軍最高指揮機構幾度更名

民國15年7月9日，國民革命軍總司令蔣中正在廣州誓師北伐，北伐戰爭正式展開。時廣東海軍除飛鷹、中山兩艦外，多為噸位小的江防艦艇，加上船齡老舊，性能差，不能遠航作戰，故未隨國民革命軍北上參加北伐戰爭。同月26日，海軍局被裁撤，改為「國民革命軍軍事委員會海軍處」，以林振雄為處長，遷辦公地點於黃埔（即長洲）蝴蝶崗。9月，林振雄遭撤職，由潘文治接任處長。海軍處由蝴蝶崗遷回廣州，以南堤舊航空處為辦公地點。[89]

民國16年11月17日，張發奎、黃琪翔率第2方面軍，趁李濟深到上海參加國民黨中央會議，在廣州發動軍事政變，暫時掌控粵省軍政大權。張發奎主政粵省後，撤銷國民革命軍軍事委員會海軍處，另成立廣東軍事委員會艦務處，以馮肇銘為處長。[90] 迄16年年底，廣東海軍500噸以上軍艦，僅有福安（1,700噸）、飛鷹（850噸）、中山（750噸）等3艦，其它多為500噸以下江防小艦艇，大小艦艇共約60餘艘，計8,136噸。[91]

---

88 《中華民國海軍史事日志（1912.1-1949.9）》，頁321,322。

89 《中國近代海軍史》，頁353。

90 參閱《中國近代海軍職官志》，頁130。《海軍抗日戰史》（上冊），頁737。：民國15年前後，廣東江防司令部一度改為大本營江海防司令部，司令陳策。16年改為國民革命海軍處，隨即又改稱為軍事委員會艦務處。

91 《革命文獻》（第15輯），第44頁。

（二）弭平廣州暴動

民國16年12月11日凌晨，中共在廣州組織工人、農民及士兵，舉行大規模武裝暴動（部分海軍艦艇與陸戰隊的士兵亦參與），佔領珠江以北的廣州市區與部分郊區。時廣州的軍政要員聞訊紛紛出走；張發奎登上江大艦，薛岳登上江固艦。使這幾艘軍艦成為粵省軍政要員對外連絡與指揮國民革命軍鎮暴的主要交通工具。[92]

張發奎到了河（珠江）南，命令江防司令馮肇銘控制珠江，保衛河南不讓暴民渡河。馮肇銘奉令後出動砲艇巡弋珠江。[93]12月11日下午，廣東海軍江大與寶璧兩艦協同英美等國海軍，向盤據珠江北岸的暴民陣地進行砲擊，並掩護國民革命軍第5軍（李福林部隊）渡河，收復廣州城外制高點－觀音山，暴民則以迫擊砲還擊。

在中外軍艦的砲轟下，暴民傷亡劇增，戰鬥力減弱。12日下午13時，珠江南岸的國民革命軍第5軍在艦砲的掩護下，兵分三路渡過珠江，攻入廣州市區，中共領導的廣州暴動遂告失敗。[94]

三、北伐戰爭後期的廣東海軍

（一）國民政府與李濟深對廣東海軍的改編

民國16年12月下旬，黃紹竑率桂軍重返廣州，張發奎離穗出走，海軍艦務處處長馮肇銘亦隨之離去。次年1月4日，李濟深重返廣州，復任廣東省主席兼第8路軍總指揮。[95]時國民政府由廣州遷都武漢，直接管轄廣東各艦艇已不合時宜，遂將原海軍艦務處改為廣東艦隊司令部，隸屬第8路軍總指揮部管轄。於是廣東海軍回復到地方性質海軍的地位。[96]

---

[92] 參閱《近代中國海軍》，頁879。《中華民國海軍史事日志（1912.1-1949.9）》，頁357。

[93] 張發奎，《蔣介石與我－張發奎上將回憶錄》（香港：香港文化藝術出版社，2008年），頁155。

[94] 參閱《近代中國海軍》，頁879。《中華民國海軍史事日志（1912.1-1949.9）》，頁357。

[95] 參閱《民國海軍的興衰》，頁143。《廣東省志－軍事志》，頁305。

[96] 民國15年7月9日，國民革命軍誓師北伐後。14日，國民政府特任李濟深為國民革命軍總司令總參謀長，李濟深以總參謀長、第4軍軍長、北伐軍留守主任名義，留守廣東，於廣州設後方留守總司令部（曾一度改名為軍事委員會廣東行營），司令（主任）李濟深。

李濟深重新主政粵省後，改組海軍人事，成立廣東海軍司令部，以陳策為司令。陳策就任後，因前海軍處處長馮肇銘曾率海軍傾向張發奎、黃琪翔，且司令部下轄之艦隊指揮招桂章又獨攬實權，各艦艦長多為招氏之親信，故決定澈底整頓廣東海軍。陳策下令裁撤艦隊指揮部，並拘捕該部官員多人，接收各艦，重新委各艦長。[97]

（二）安定粵省政局

民國 17 年 2 月 7 日，前海軍局代局長李之龍（中共黨員）由香港潛抵廣州，企圖煽動海軍士兵叛變，但被海軍司令陳策偵知。翌日，陳策派兵將李之龍逮捕，交由李濟深訊辦後，以策動海軍叛亂罪，於衛戍司令部處決。[98]2 月 23 日，中山艦奉命駛往海豐、陸豐，圍剿當地中共武裝－「海陸豐工農革命軍」。中山艦以艦砲砲擊岸上叛軍長達數小時，迫使「海陸豐工農革命軍」向汕尾撤退。26 日，中山艦追擊「海陸豐工農革命軍」至汕尾東山，雙方激戰達 3 小時，「海陸豐工農革命軍」向鄰縣潰逃，中山艦則封鎖海陸豐海面。[99]

四、陳濟棠主政粵省時期的廣東海軍

（一）改編為海軍第 4 艦隊及參與兩廣戰爭

民國 17 年 12 月 29 日，東北張學良宣布易幟，國民革命軍北伐成功，全國統一。海軍部則著手中央海軍之整建。18 年 4 月 10 日，廣東海軍奉國民政府編遣會議之決議，改編為國民政府海軍第 4 艦隊。23 日，陳策被任命為司令。同年，李濟深、陳策至南京參加國民黨中央委員會議與編遣會議。詎料，李濟深被扣留於南京湯山。李濟深被扣後，支持李濟深的桂軍與擁南京國民政府的粵軍於 5 月 5 日爆發戰爭，是謂兩廣戰爭。

兩廣戰爭爆發後，海軍第 4 艦隊司令陳策擁護南京政府，下令所屬艦艇準備作戰，擬派遣艦隊開赴西江，以堵截桂軍東下，但遭到海軍副司令舒宗

---

16 年 8 月撤銷，所屬部隊歸第八路（討共）軍總指揮部統轄。參閱《廣東省志－軍事志》，頁 303。

[97] 《中華民國海軍史事日志（1912.1-1949.9）》，頁 360。

[98] 參閱《中華民國海軍史事日志（1912.1-1949.9）》，頁 362。《民國海軍的興衰》，頁 80。

[99] 《中華民國海軍史事日志（1912.1-1949.9）》，頁 363。

懋、參謀長陳錫乾、秘書長袁柳溪等人反對。[100] 5月9日，駐泊廣州的海軍艦艇在舒宗懋統率下，趁陳策去香港之機起事，將中山、飛鷹、海虎、寶璧、自由、澄江等艦艇，集結南石頭，駛離廣州。陳策與陳慶雲商派飛機轟炸舒宗懋等人所在飛鷹艦，但未命中。之後陳策與叛艦人員進行談判，叛艦人員以接受30萬元為條件，將各艦艇交還，起事的舒宗懋、陳錫乾及海軍艦長等紛紛走避香港。[101]

舒宗懋等人離粵去港，陳策將叛艦收撫後，即率中山艦同內河大小軍艦10餘艘，開赴西江協同粵軍，截擊桂軍入粵。時桂軍已到西江廣利、青岐一帶，欲要渡北江前進。陳策率艦隊由三水河口，駛上黃墟、蘆包等地，截斷桂軍。桂軍渡河受阻，乃轉向大塘墟，趁半夜偷渡，向白赤泥方面挺進，但終被粵軍擊敗，退返廣西。[102]

陳濟棠所屬的粵軍與陳策率領的海軍聯手擊退桂軍後，陳濟棠在廣東逐漸擴軍，鞏固自身勢力。陳策則致力整頓海軍，並提出三項計畫：1、修理飛鷹艦。2、添置艦用大砲。3、增編海軍陸戰隊一個團。[103] 陳策為了增強海軍實力，除在香港購進一艘商船，改裝為軍艦，命名為海瑞艦外。另接收李濟深執政時期在香港訂造的堅如、執信、仲元、仲凱等4艘鐵甲淺水艦。[104]

（二）廣東海軍改編為第1集團軍艦隊

民國20年2月28日，胡漢民被國民政府主席蔣中正軟禁於南京湯山，造成寧粵分裂；孫科等粵籍人士另於廣州成立國民政府以對抗南京中央政府。陳濟棠為拉攏孫科對抗南京中央政府，遂按孫科主張把廣東海空軍編制擴大。在海軍方面；將第4艦隊司令部擴編為海軍第1艦隊總司令部（又稱海軍總司令部），獨立於第1集團軍，直隸廣州國民政府。陳策任總司令，轄海防、內河艦艇數十艘與海軍學校、修船廠、倉庫等。另新編一個陸戰隊，駐防海南島。[105]

---

100 《中華民國海軍通史》，頁315。

101 參閱《中華民國海軍通史》，頁315。《中國海軍近代史》，頁353。〈粵系軍事史大事記〉收錄在《廣東文史資料》（第49輯），頁21。

102 《中華民國海軍通史》，頁315。

103 《中華民國海軍史事日志（1912.1-1949.9）》，頁397。

104 參閱《民國海軍的興衰》，頁144。《中華民國海軍通史》，頁315。堅如、仲元、仲凱等3艦由香港英商卑利船廠製造；執信艦由香港華商廣發船廠建造。參閱《中華民國海軍史事日志（1912.1-1949.9）》，頁382。

105 參閱《廣東省志－軍事志》，頁162。丁身尊，《廣東民國史》（下冊）（廣州：廣東人

民國21年1月1日，廣州國民政府被南京中央政府取消，同時設立中執委西南執行部、西南政委會與軍委分會。但廣東實質上仍為陳濟棠所控制。1月28日，日軍進犯上海，爆發「一二八淞滬戰役」。2月2日，陳濟棠派粵海軍組織水雷隊兩隊，赴滬參戰。[106]

陳濟棠為了名正言順控制廣東海軍，遂於5月1日，擬定將原第4艦隊司令部擴編的海軍第1艦隊收歸第1集團軍管轄，結果遭致海軍司令陳策及海軍中大多數官兵的強烈反彈。陳策聞訊，下令全軍戒嚴，將停泊省河的各艦艇駛往黃埔集中，然後分別駛往唐家灣、海南島。陳濟棠為阻止海軍艦艇叛逃，下令虎門砲台嚴密封鎖海口。陳策本人先赴香港，以表示對改編之抵制。[107]

5月3日上午8時，中山、海虎、廣金等3艦駛近虎門時，遭到虎門砲台砲擊，之後雙方互相砲擊。中山與海虎兩艦駛出虎門後，由陳濟棠操縱的西南政務委員會決議裁撤海軍總司令部，改組海軍，設廣東海軍司令部，將各艦艇直隸第1集團軍統轄，調陳策為第1集團軍高等顧問。[108]同（3）日下午，陳濟棠派第5師張達部赴黃埔收繳海軍陸戰隊軍械，但陸戰隊已登艦他駛，雙方遂發生激戰，廣金艦艦長李鍋熙被扣。「虎門事件」是廣東空軍總司令張惠長與海軍司令陳策，反對陳濟棠改組海空軍，引發的內戰。[109]

5月5日，廣東海軍參謀長陳鼎暨中山、飛鷹等20餘艘艦長通電擁護陳策。譴責陳濟棠擁兵自重，對海軍蓄意剪除，並表示為逃避陳濟棠壓迫，將艦隊移駐唐家灣。[110]11日，陳濟棠委任鄧龍光為第1集團軍海軍艦隊司令，另委招桂章為艦務處處長（6月6日，又委李慶文為副司令）。15日，陳策與張惠長在海南島另成立海空軍司令部，並命中山、飛鷹、福安、海瑞、海強等較大軍艦開赴海南島，部分艦艇側停泊唐家灣。6月17日，陳濟棠派陸軍梁公福團攻擊停泊唐家灣內效忠陳策的4艘海軍艦艇，艦艇不敵，紛紛逃離唐家灣。19日，陳濟棠派海軍司令李慶文率艦至澳門招降效忠陳策之艦艇。

民出版社，2003年），頁721。

106 《廣東省志－軍事志》，頁57。

107 參閱《中國近代海軍史，頁355。《中華民國海軍史事日志（1912.1-1949.9）》，頁490。《海軍抗日戰史》（上冊），頁737。

108 《廣東省志－軍事志》，頁162。

109 《中華民國海軍通史》，頁331。

110 《中華民國海軍史事日志（1912.1-1949.9）》，頁490。

自廣東爆發海軍風潮後，各方代表如胡漢民、唐紹儀、孫科、馬超俊等紛紛出面調停，均無結果。6 月 21 日，陳濟棠令廣東空軍司令黃光銳派飛機轟炸停泊伶仃洋的中山艦。25 日，陳濟棠再派飛機轟炸伶仃洋內效忠陳策的中山、飛鷹等艦艇，為躲避陳濟棠所派遣的空軍之轟炸，中山、飛鷹等艦艇逃往香港、澳門。同日，陳濟棠兵分兩路渡海攻打海南島，並以飛機轟炸停泊海口的福安、海瑞等艦。

6 月 30 日，中山艦艦長陳滌反陳濟棠，將中山艦由香港開赴福建東山島，投靠中央海軍，南京政府將其編入海軍第 1 艦隊。中山艦北歸後，陳濟棠請胡漢民調停。時陳策在海南島的艦艇分泊在白馬、海口等處。7 月 2 日，陳策通電接受南京方面的調解。未料 7 月 5 日，廣東空軍奉陳濟棠命令，開始轟炸飛鷹、福安等艦；由於遭到艦上高射砲射擊，飛機改轟炸海軍各機關及陸戰隊。7 月 7 日，為陳濟棠派空軍炸沉飛鷹艦，艦上官人兵死傷 20 餘人。福安艦則逃往香港。[111]

7 月 8 日，陳濟棠、陳策經蔡廷鍇調解，同意停火停，其條件如下：1、第 19 路軍譚啟秀旅赴海南島接防。2、廣東內河軍艦由第 1 集團軍收編，海防軍艦全移廈門，協同第 19 路軍剿共，陳濟棠每月資助海軍軍費 10 萬元，以 7 月為限。陳策俟爭端解決後，出洋考察。[112]12 日，陳濟棠派譚啟秀率警衛旅，將駐海口陸戰隊繳械遣散，澈底肅清陳策在海南島的勢力。

7 月 13 日，陳濟棠撤銷海軍第 1 艦隊總司令部，另成立第 1 集團艦隊司令部，任陸軍出身的張之英為司令。[113] 至於滯留在香港的軍艦，後來由南京國民政府派李仙根赴港，交涉接收。幾經數次談判，最後港英政府始允將各艦歸還廣東政府。[114] 廣東海軍風潮結束後，陳濟棠共收編海防艦艇海虎、福安、海瑞、江鞏、江固、舞鳳等 6 艘，內河小艇 32 艘，統一由第 1 集團軍艦隊司令部管轄。[115]

---

111 參閱《中華民國海軍通史》，頁 333-334。《中華民國海軍史事日志（1912.1-1949.9）》，頁 494-496。

112 參閱《中華民國海軍史事日志（1912.1-1949.9）》，頁 497。《民國海軍的興衰》，頁 148。

113 參閱《中國海軍史》（下冊），頁 893。《廣東省志－軍事志》，頁 162。

114 《中華民國海軍通史》，頁 334。

115 《中國近代海軍史》，頁 356-357。

（三）東北海軍三艦南下投粵與叛離

民國 22 年 6 月 26 日，東北海軍海圻、海琛、肇和等 3 艘巡洋艦，由姜西園（原名姜炎鍾）率領南下投靠陳濟棠。7 月 5 日，海圻、海琛、肇和等 3 艦抵達香港海面，要求廣東當局收編。第 1 集團軍總司令陳濟棠即電南京國民政府軍事委員會委員長蔣中正請示，旋經蔣委員長復電；暫准收容。7 日，駛抵廣東海面停泊赤灣。海圻、海琛、肇和等 3 艦代表姜西園、冉鴻翮、關繼周登岸，與陳濟棠商談收編 3 艦事宜。22 日，廣州西南政務委員會發布收編命令，將海圻、海琛、肇和等 3 艦編為第 1 集團軍粵海艦隊，艦隊司令部設在廣州惠福東路大佛寺旁。29 日，海圻、海琛、肇和等 3 艦駛抵黃埔，陳濟棠任命姜西園為第 1 集團軍粵海艦隊司令，艦隊每月經費為大洋 9 萬元。[116]

陳濟棠收編海圻、海琛、肇和等3艦後，卻對這3艦北來的官兵頗有戒心；怕他們反復無常，因此以升調的手段將艦長、副長和一些有影響力的軍官調走，然後以黃埔海軍學校畢業的粵籍軍官遞補其職缺。[117] 時南下三艦軍官內部亦發生矛盾；姜西園為鞏固自己的地位，排擠畢業於葫蘆島海校，掌握海圻、海琛、肇和等 3 艦實權的東北籍軍官，要求兼任黃埔海校校長，以便培植自己的勢力。[118]

民國 24 年 4 月 18 日，第 1 集團軍總司令兼廣東綏靖主任陳濟棠自認已控制北來的海圻、海琛、肇和等 3 艦後，遂宣布將撤銷粵海軍艦隊司令部。原粵海艦隊與第 1 集團軍江防艦隊合併，組成廣東海軍，改歸第 1 集團軍艦隊司令部統轄，陳氏自兼任海軍總司令，改任張之英、姜西園為副司令。[119]

海圻、海琛、肇和等 3 艦上的北方籍軍官認為若不及時防止陳濟棠，其前途堪虞。6 月 15 日，海圻、海琛、肇和等 3 艦官兵因不滿陳濟棠撤換艦長及發餉糾紛（將薪餉一律由原大洋改發廣東毫銀），除肇和艦因機件不能行駛外，海圻艦由唐靜海、許世均率領，海琛艦由張鳳仁、吳支甫率領駛離黃埔，航向香港再北返。

---

[116] 參閱《中華民國海軍史事日志（1912.1-1949.9）》，頁 520-523。《中國海軍史》（下冊），頁 893。《廣東省志－軍事志》，頁 57,162。鍾漢波，《海峽動盪的年代》（台北：麥田出版社，2000 年），頁 103。

[117] 《中華民國海軍史料》，頁 969。

[118] 參閱《中國近代海軍史》，頁 357。《民國海軍的興衰》，頁 149。

[119] 參閱《廣東省志－軍事志》，頁 58。《中華民國海軍史事日志（1912.1-1949.9）》，頁 559。《民國海軍的興衰》，頁 149。

雖然陳濟棠下令海軍副司令張之英以武力制止，並命令虎門要塞司令黃捷芝（有史料寫為李潔之）不惜擊沉叛逃兩艦，甚至派空軍飛機炸船，但海圻與海琛兩艦均未受損，成功駛出虎門後，寄泊香港。兩艦在走頭無路下，由南京政府派軍事委員會海軍軍令處長陳策來港接艦北上。7 月 9 日，海圻與海琛兩艦，駛離香港北上南京，被南京國民政府收編，隸屬海軍第 3 艦隊，由海軍部直轄。海圻與海琛兩艦出走後，陳濟棠對廣東海軍進行整頓，免去姜西園副司令兼黃埔海軍學校校長職務，解除肇和艦武裝，所留官兵聽候編遣。[120]

（四）外購與自製軍艦增強海軍實力

陳濟棠主政廣東後，便注意海軍艦艇的改裝與採購，民國 21 年，陳氏向葡萄牙購買 1 艘舊軍艦，改裝加強武裝後，命名為福游艦。不過陳濟棠在增強廣東海軍實力方面，主要是擴充輕型艦艇，像是建立魚雷艦隊及魚雷艦隊基地。23 年 1 月，陳濟棠向英國索尼克羅夫公司（Thotmycroft Co）購買 2 艘魚雷艇。同年冬，又向義大利購買魚雷快艇 2 艘，成立魚雷艦隊，任梁康年為艦隊長，隸屬於第 1 集團軍，並將黃埔船廠的一號船塢西面的黃埔魚雷局原址，改建為魚雷艦隊基地，增設魚雷工廠與倉庫。[121]

民國 24 年 5 月，陳濟棠命令第 1 集團軍總司令部艦隊副司令張之英向英國桑尼葛廠訂購巡防魚雷艦 2 艘，價款 45,400 英鎊。向義大利訂購魚雷 2 艘，價款為港幣 100 萬元。[122] 同年春，陳氏向法國外購價值港幣 30 萬元的掃雷艦 1 艘，加強武裝，命名為海維艦。另在廣州廣南造船廠建造 1 艘淺水砲艦－海周艦。翌年，向英國在香港以港幣 10 萬元向英國渣甸公司購買 1 艘 4,000 噸的舊貨輪改裝為運輸艦，命名為永福艦。[123]

---

[120] 參閱《中華民國海軍史料》，頁 969-970。《廣東省志－軍事志》，頁 58。《民國海軍的興衰》，頁 149-152。

[121] 參閱許耀震，〈廣東海軍〉，收錄在《廣州文史資料》（第 37 輯）「南天歲月：陳濟棠主粵見聞實錄」(廣州：廣東人民出版社，1987 年)，頁 189,191。《中華民國海軍通史》，頁 286。林華平，《陳濟棠傳》（台北：聖文書局，民 1996 年），頁 428-429。

[122] 《中華民國海軍史事日志（1912.1-1949.9）》，頁 559。

[123] 參閱許耀震，〈廣東海軍〉，頁 190-191。林華平，《陳濟棠傳》，頁 429-430。《中華民國海軍通史》，頁 286。《廣東省志－軍事志》，頁 163。李潔之，〈國民革命軍第一集團軍紀事本末〉，收錄在《廣州文史資料》，第 37 輯，「南天歲月：陳濟棠主粵見聞實錄」，頁 152。另丁身尊，《廣東民國史》（下冊），頁 721 記：鴉片煙承包商霍芝庭捐贈在香港製造的海維、海周兩艘小艦。

民國 25 年 7 月，「兩廣事變」爆發後，南京國民政府軍事委員會委員長蔣中正派軍政部軍令處處長陳策赴香港，策動廣東海軍反叛陳濟棠。陳策透過與其關係親密的魚雷艦隊隊長梁康年，以重金收買鄺文光、麥士堯、陳宇鈿、鄧萃功（上述 4 人均是黃埔海軍學校第 18 期畢業生）等 4 艘魚雷艇艇長倒戈，將魚雷艇駛往香港。7 月 13 日，鄺文光、鄧萃功率第 1 號與第 4 號魚雷艇離粵抵港，投靠南京國民政府。[124]

（五）海軍陸戰隊的組建與發展

民國 18 年夏，第 4 艦隊司令陳策在於黃埔組建海軍陸戰隊，由陳慶雲出任司令，以配合海軍作戰。陸戰團團長先後為陳明衡、陳籍。陸戰團編制轄 3 個步兵營及 1 個特務營；步兵第 1 營駐黃埔，步兵第 2 營駐嘉積，步兵第 3 營與特務營駐廣州。[125]

民國 21 年 4 月，陳策與陳濟棠交惡，陳策命令粵海軍第 1 艦隊艦艇集中黃埔，進入備戰狀態。5 月 3 日，陳濟棠派遣第 5 師張達部開赴黃埔，要海軍陸戰隊繳械，遭到抵抗，雙方發生激戰。陳策聞訊後，即率艦隊及陸戰隊主力 4 個團 7,000 餘人，移駐海南島，在海口（瓊州）建立反陳濟棠之根據地，與陳濟棠在廣東沿海與海南島展開軍事對抗。6 月 15 日，陳策因之前陳濟棠長期積欠海軍經費，為解決軍餉不足，遂派中山與海端兩艦載陸戰隊 3 個營兵力突至北海，劫走當地所儲存鴉片數十萬兩，並提走北海中央銀行現款 20 餘萬元後，從容返回海南島。[126]7 月 8 日，經由蔡廷鍇調停，陳策與陳濟棠接受有條件停戰。陳策反陳濟棠之戰事結束後，時駐海南島瓊州的廣東海軍陸戰隊被第 19 路軍譚啟秀部收編，乘船赴廈門，參與福建清剿紅軍作戰。[127] 廣東海軍陸戰隊被譚啟秀部收編後，不久陳濟棠於第 1 集團軍艦隊下重建海軍陸戰隊。陸戰隊重建後，第 1 團團長先後為蔡廷鍇（民國 21 年 7 月，

[124] 參閱《中華民國海軍史事日志（1912.1-1949.9）》，頁 571-572。林華平，《陳濟棠傳》，頁 431-432。

[125] 王苐林，〈陳策在革命中的堅強與勇敢〉收錄於《陳策將軍百齡誕辰紀念集》（台北：陳策將軍百齡紀念籌備會，民國 87 年），頁 121。頁 50,51。

[126] 參閱《民國海軍興衰》，頁 146。《中華民國海軍史事日志（1912.1-1949.9）》，頁 495。《中華民國海軍通史》，頁 331。

[127] 陳策率廣東海軍陸戰隊反陳濟棠經過參閱《民國海軍興衰》，頁 145-148。《中華民國海軍史事日志（1912.1-1949.9）》，頁 497-498。《中華民國海軍通史》，頁 331-334。王苐林，〈陳策在革命中的堅強與勇敢〉，頁 52。

司令兼任）、陳楷（民國 25 年初任，26 年免）。[128] 據民國 24 年統計，陳濟棠控制下的廣東海軍陸戰隊其編制為 1 個團（即海軍陸戰隊第 1 團，團長梁開成[129]），該團下轄 2 個步兵營（共轄 8 個連），1 個步砲連及 1 個特務連。

民國 25 年 7 月，因陳濟棠發動「兩廣事變」反抗南京國民政府失敗，由余漢謀主持粵省軍政。海軍第 1 艦隊改番號為「廣東省江防司令部」，由馮焯勳出任司令，海軍陸戰隊亦隨之改隸廣東省江防司令部。[130]

五、教育訓練

（一）黃埔海軍學校復校

廣東海軍學校自民國 11 年停辦後，一直未能復校，直至 19 年 6 月復校，校名定名為黃埔海軍學校，於黃埔第 4 船渠至第 5 船渠間，依山建築校舍，一切悉沿舊制（採取英制），以陳策兼任校長，劉永誥為教育長，[131] 並由陳策負責招考航海兵科練習生（練習軍官）一批。招考對象為高中畢業生，考試區分筆試與口試，計錄取徐亨等 28 人。最初因校舍修建未竣，學生改在飛鷹艦上授課，待課程即將結束時，才改到海軍學校上校。[132] 該批學生為啣接廣東海軍學校期別起見，遂定名為第 18 期，該期學生教育時間僅 1 年半，於 20 年 12 月畢業。畢業時授予海軍少尉軍階。[133]

民國 21 年，陳濟棠控制廣東海軍後，由劉永誥接替陳策出任校長，招收初中畢業學生，續辦第 19 期。第 19 期學生因程度參差不齊，舉行複試，依成績高低，劃分第 19 期與 20 期，該兩期學生採分科教育；即分航海（駕駛）、輪機（管輪）兩科。主要課程計有：天文、數學、力學、物理、化學、歷史、英語、中外地理、航海與輪機等專業科目。學生畢業後即上練習艦為

---

128 《中華民國近代海軍職官表》，頁 214。

129 《中華民國海軍史事日志（1912.1-1949.9）》，頁 570。

130 參閱《近代中國海軍》，頁 864-865。《中華民國近代海軍職官表》，頁 214。

131 《廣東省志－軍事志》，頁 341。民國 17 年，陳策擔任廣東海軍司令，海軍學校在飛鷹艦上復校，恢復第 18 屆學生學籍，並招收新生，遷回校址。參閱《廣東省志－軍事志》，頁 605。《中國海軍之締造與發展》，頁 202。

132 遲景德，《徐亨先生訪談錄》，頁 9。有些應試者甚至高中都未畢業；參閱張力，〈劉定邦先生訪問紀錄〉，收錄在《海軍人物訪問紀錄》（第一輯）（台北：中央研究院近代史研究所，民國 87 年），頁 145。

133 參閱《中國海軍史》（下冊），頁 779。《中華民國海軍通史》，頁 80。

見習生，學習船藝、戰術、天文觀測、海圖實用、避碰章程、萬國通語、值更日記記法等，並在航訓中增長海上經驗。學生實習期滿分派到各艦見習，艙面、機艙初級艦員出缺，按畢業時名次順序派補。[134] 第 19 期畢業生計有馮啟聰等 19 人，第 20 期計有唐廷襄等 38 人，兩期學生分別於 24 年 7 月及 25 年底畢業。[135]

民國 23 年初，由粵海艦隊司令姜西園兼任黃埔海軍學校校長。同年 7 月招考學制 5 年的航海科學生，計有陳慶堃等 22 人錄取為第 22 期學生。[136] 而第21屆學生改習輪機。[137] 第22期學生入學後，先至燕塘「廣東軍事政治學校」接受入伍教育 7 個月。入伍期滿後，於 24 年 4 月 1 日，送至海圻艦，接受為期 3 個月的艦上見學，但未滿 3 個月，因海圻艦叛變，使見習中斷。[138]

民國24年6月1日，黃埔海軍學校改由李慶文擔任校長。[139] 次年 7 月間，招考第 23 期航海科學生計桂宗琰等 48 人，24 期輪機學生劉鐵燊等 40 人。[140]

黃埔海軍學校學生起初以飛鷹艦作為練習艦，該艦於民國 21 年 7 月被炸沉。次年肇和艦南來，自此黃埔海軍學校開始擁有正規的練習艦，供學校的學生和練兵實習。[141]

（二）軍官的深造與進修教育

民國 18 年 8 月，南京國民政府海軍部電令第 4 艦隊司令陳策，謂海軍部現派航海學生赴英留學，茲正詳加遴選，第 4 艦隊可保兩人，如有合格航海學生，年齡較輕者，務即保送來部。聽候考試。惟此次學生學術、體格、品行均須並重，故希多保多人，俾便抽選。陳策致電海軍部要求增加第 4 艦

134 《廣東省志－軍事志》，頁 605。
135 《中國海軍史》（下冊），頁 779。
136 鍾漢波，《四海同心話黃埔：海軍軍官抗日箚記》，頁 34。
137 《中華民國海軍通史》，頁 80。
138 鍾漢波，《四海同心話黃埔：海軍軍官抗日箚記》，頁 38,42。同書頁 67,69,70 記載黃埔海軍學校第 22 期學生之教育內容與課程如下：學校教學分為普科學科及軍事學科兩大類。普通學科如：中文、英文、數學（由代數至微積分）、普通物理、化學、力學、電工學、應用力學及機械製圖等。軍事學科包括航海學（含各種航海術理、氣象學、船藝、信號）、槍砲學、魚雷學、輪機學。除了中文課目外，全採用英文原版本的教科書。另有體能訓練，以游泳為主。至於實習方面；廣東海軍運輸艦福游艦曾多次搭載海軍學校學生出海實習。第 22 期學生於抗戰時期（27 年 6 月）畢業。
139 鍾漢波，《四海同心話黃埔：海軍軍官抗日箚記》，頁 34。
140 《中國海軍史》（下冊），頁 780。
141 《近代中國海軍》，頁 934。

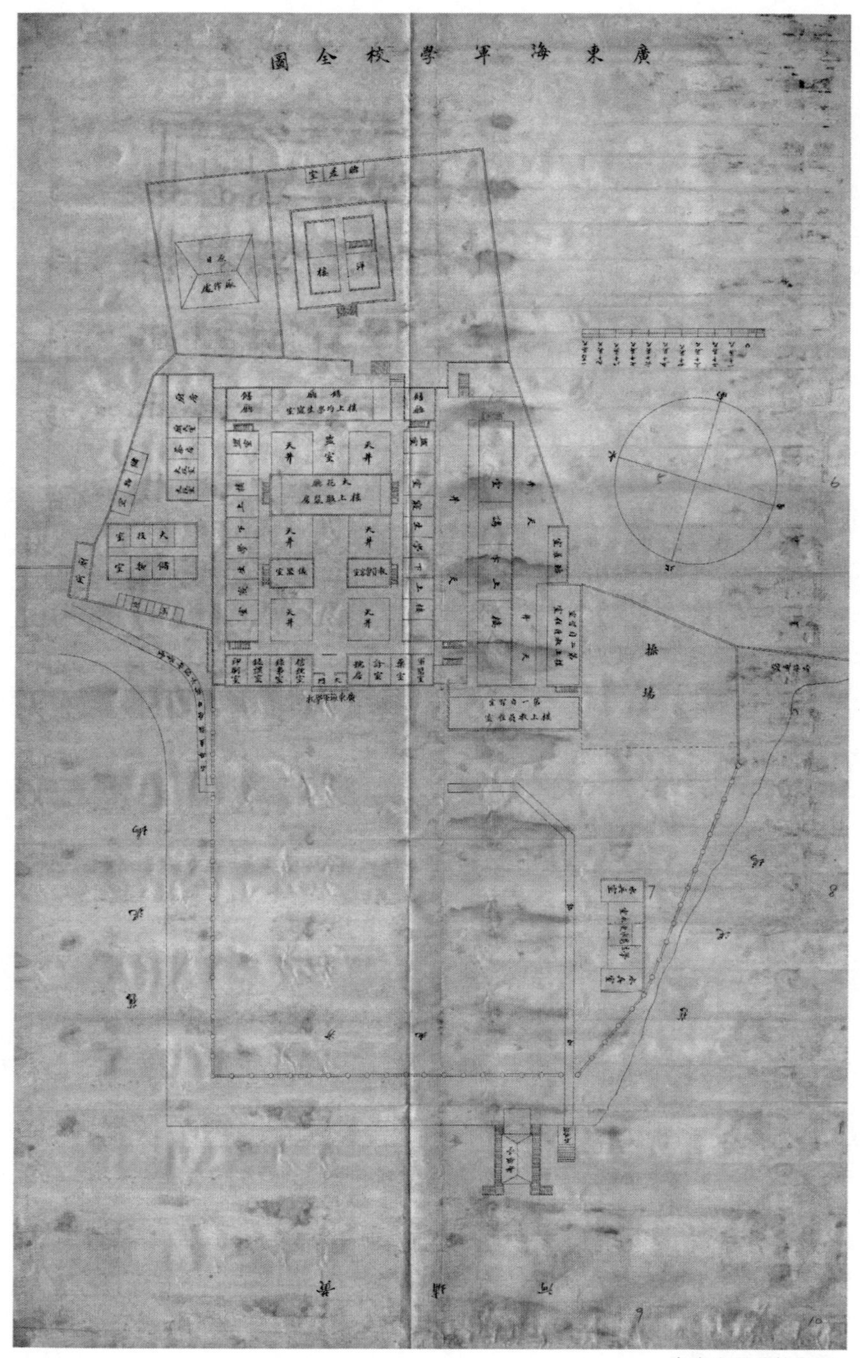

廣東海軍學校全圖

黃埔海軍學校第二十二期學生於海圻軍艦上合影

隊保送海軍學生赴英名額。[142]

陳濟棠主政廣東期間，曾派粵海軍官員赴英國、義大利兩國學習魚雷快艇的操作與保養技術。同時設營訓練水兵，恢復水雷隊，[143] 及派員到義大利學習水雷。[144]

姜西園擔任粵海艦隊司令期間，曾在肇和艦上設立「專科講習所初級軍官班」，訓期為 4 個月，招訓對象為黃埔海軍學校第 18 屆畢業的海軍軍官。[145]

（三）艦隊訓練

民國 18 年 1 月 7 日，廣東海軍司令部將具有戰鬥力的 10 艘軍艦分作兩

[142] 《中華民國海軍史事日志（1912.1-1949.9）》，頁 399-400。
[143] 李潔之，〈國民革命軍第一集團軍紀事本末〉，頁 152。
[144] 許耀震，〈廣東海軍〉，頁 186。
[145] 許耀震，〈廣東海軍〉，頁 187。

黃埔海軍學校大門

隊舉行會操。海防艦隊所屬的飛鷹、中山、海虎、安北、福安等 5 艦由虎門駛至伶仃洋操演，陳策司令前往校閱。次日，江防艦隊所屬江大、江漢、江鞏、光華等艦艇，在虎門海面操演，由陳策司令主持校閱。[146]

六、後勤建設－海軍廣南造船所

黃埔船廠於民國 14 年停辦後，部分機器設備被毀和盜賣。民國 20 年廣東政府收購大黃溝的商辦廣南船塢，改設為海軍廣南造船所，以備修理海軍船隻。廣南造船所將黃埔船塢的剩餘設備拆遷過來，加以利用，並將該廠二號船塢旁的空地劃給黃埔海軍學校應用。[147]

146 《中華民國海軍史事日志（1912.1-1949.9）》，頁 378。
147 《中華民國海軍通史》，頁 286。

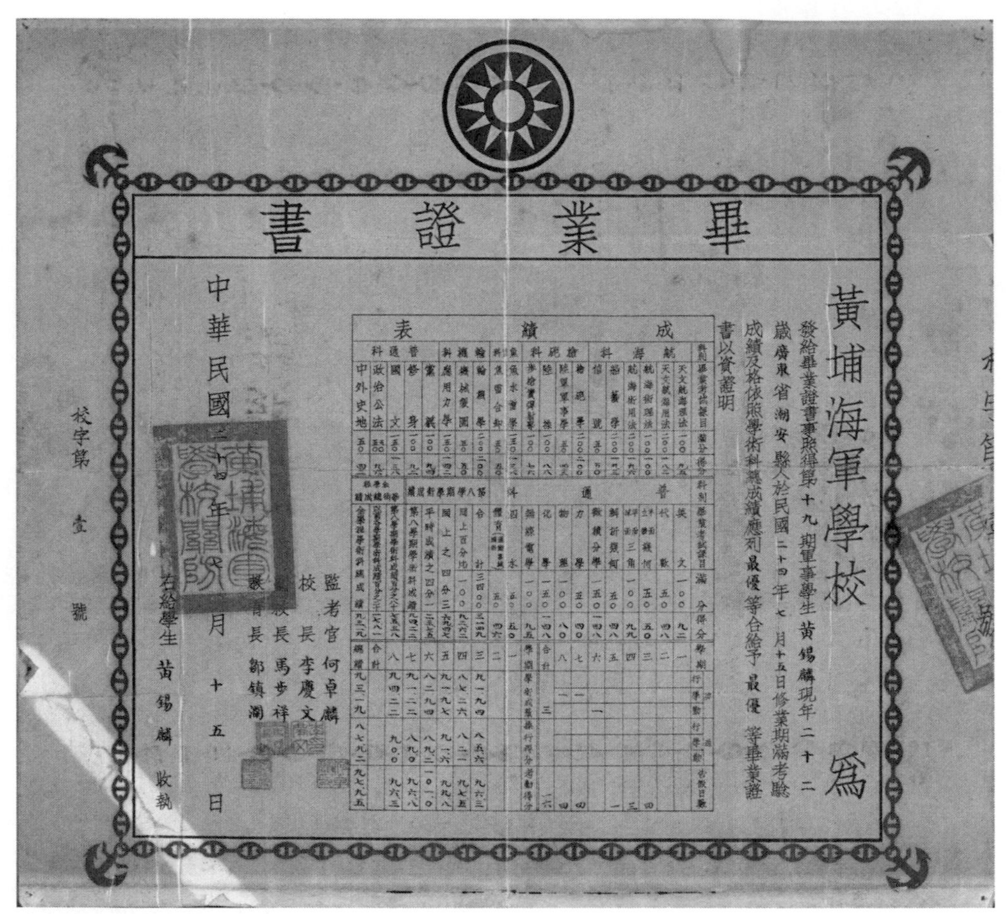

畢業證書

黃埔海軍學校　為

發給畢業證書事照得第十九期軍事學生黃錫麟現年二十二歲廣東省潮安縣人於民國二十四年七月十五日修業期滿考驗成績及格依照學術科總成績應列最優等合給予最優等畢業證書以資證明

成績表

監考官　何卓麟

校長　李慶文

馬步祥

教育長　鄧鎮澜

中華民國二十四年七月十五日

右給學生　黃錫麟　收執

校字第　壹　號

第十九期學生黃錫麟畢業證書

民國 23 年，海軍廣南造船所籌畫擴建為可以建造萬噸級的廣東造船廠，並進行籌備。25 年初，擴建工程停止，籌備處被裁撤。[148]

民國 27 年 10 月 11 日，日軍在廣東大亞灣登陸。21 日，廣州淪陷。在日軍進佔廣州之前，敵機多次空襲黃埔，船塢附近建築物多為日機炸毀。日軍佔領長洲後，大肆掠奪，廣南造船廠被破壞無遺。[149]

148　席飛龍，《中國造船史》，頁 328 記：廣南造船所為航商譚毓秀於民國 3 年創辦。

149　《中華民國海軍通史》，頁 286。

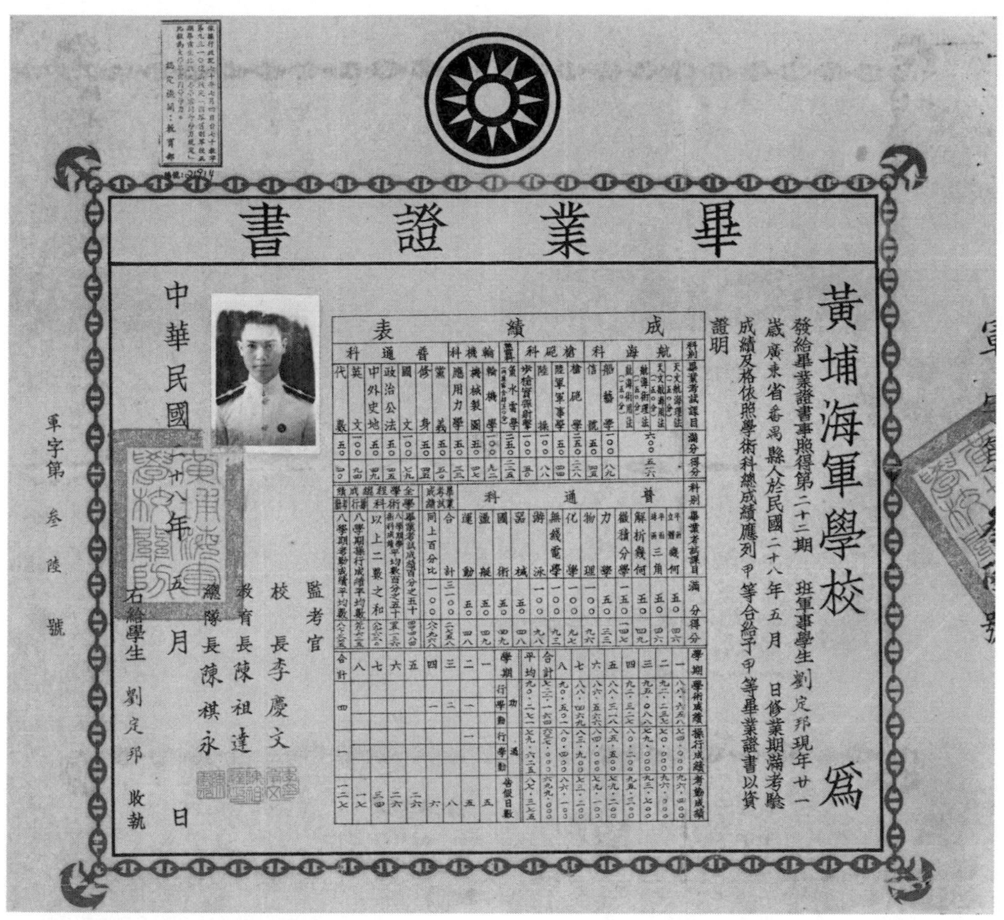

畢業證書

黃埔海軍學校 為發給畢業證書事照得第二十二期班軍事學生劉定邦現年廿一歲廣東省番禺縣人於民國二十八年五月日修業期滿考驗成績及格依照學術科總成績應列甲等合給予甲等畢業證書以資證明

成績表

科別	畢業考試課目	滿分	得分
航海科	天文航海理法（一五〇分）、天文航海用法（一五〇分）、航海術理法（一五〇分）、航海術用法（一五〇分）	六〇〇	五一六
航海科	部藝學	一〇〇	八九
航海科	信號	五〇	四五
槍砲科	槍砲學	二五〇	二二八
槍砲科	陸軍軍事學	五〇	四四
槍砲科	陸操	一〇〇	八八
槍砲科	步槍實彈射擊	一〇〇	五〇
魚雷科	魚水雷學	二五〇	二二五
輪機科	輪機學	一〇〇	九二
輪機科	機械製圖	五〇	四七
輪機科	應用力學	五〇	三三
普通科	黨義	五〇	五〇
普通科	修身	五〇	四五
普通科	國文	一〇〇	七九
普通科	政治公法	五〇	四五
普通科	中外史地	五〇	四九
普通科	英文	一〇〇	九四
普通科	代數	五〇	四〇

科別	畢業考試課目	滿分	得分
普通科	平面立體幾何	五〇	四六
普通科	平面球面三角	五〇	四六
普通科	解析幾何	五〇	四九
普通科	微積分學	一五〇	一四七
普通科	力學	五〇	三三
普通科	物理	一〇〇	九六
普通科	化學	一〇〇	九七
普通科	無線電學	一〇〇	九三
普通科	游泳	一〇〇	九八
普通科	器械	五〇	四八
普通科	國術	五〇	四九
普通科	遊艇	五〇	四九
普通科	運動	五〇	四八
畢業考試成績	合計	三一〇〇	二七五八
畢業考試成績	同上百分比	一〇〇	八八·九六

全學程總成績		
學術科	畢業考試成績百分之五十	四四·四八
學術科	八學期學術科成績平均數百分之五十	四五·一三六
學術科	以上二數之和	八九·六一六
操行	八學期操行成績平均數	七九·六二五
考勤	八學期考勤成績平均數	八七·三七五

學期	學術成績	操行成績	考勤成績
一	八八·六五八	七四·〇〇〇	九六·四〇〇
二	九二·二三七	七〇·〇〇〇	九六·〇〇〇
三	九五·〇八八	七九·〇〇〇	九三·七〇〇
四	九二·三二七	八〇·二〇〇	九五·三〇〇
五	八八·三一八	八五·五〇〇	七九·二〇〇
六	八六·五六六	八四·〇〇〇	七九·一〇〇
七	八八·四六九	八三·九〇〇	七三·二〇〇
八	九〇·五〇一	八〇·四〇〇	八六·一〇〇
合計	七二二·一六四	六三七·〇〇〇	六九九·〇〇〇
平均	九〇·二七一	七九·六二五	八七·三七五

學期		一	二	三	四	五	六	七	八	合計
功	行									四
功	學		一	二	一					
功	勤									
過	行		一							一
過	學									
過	勤									
告假日數		五	五	八	六	二六	二六	三四	一七	一二七

監考官

校長 李慶文

教育長 陳祖達

總隊長 陳祺永

中華民國二十八年五月 日

右給學生 劉定邦 收執

軍字第叁陸號

第二十二期學生劉定邦畢業證書

七、國民政府收編廣東海軍

民國 25 年 7 月 13 日，國民政府特派余漢謀為廣東綏靖公署主任兼第 4 路軍總司令。23 日，余漢謀率部進入廣州。[150] 陳濟棠離粵後，廣東還政南京國民政府，國民政府將原有的第 1 集團軍艦隊司令部，改編為廣東省江防司令部。11 月，司令張之英辭職，馮焯勛奉派接充司令，司令部駐廣州。[151] 廣東江防艦隊所轄艦艇計有：巡洋艦肇和艦 1 艘（2,600 噸），另淺水砲艦 7 艘（除海虎

150 黃仲文，《余漢謀先生年譜》（台北：上海印刷廠，民國 78 年），頁 35。

151 參閱中國第二歷史檔案館，〈粵桂區海軍抗戰紀實〉收錄在《抗日戰爭正面戰場》（下）（南京：鳳凰出版社，2005 年），頁 1809。《民國海軍的興衰》，頁 152。

修業證書

學生劉定邦係廣東省番禺縣人現年十七歲在本校入伍六個月修業期滿成績及格此證

廣東軍事政治學校校長 陳濟棠

副校長 [illegible]

副校長 林雲陔

代副校長 李揚敬

教育長 [illegible]

中華民國二十四年三月 日

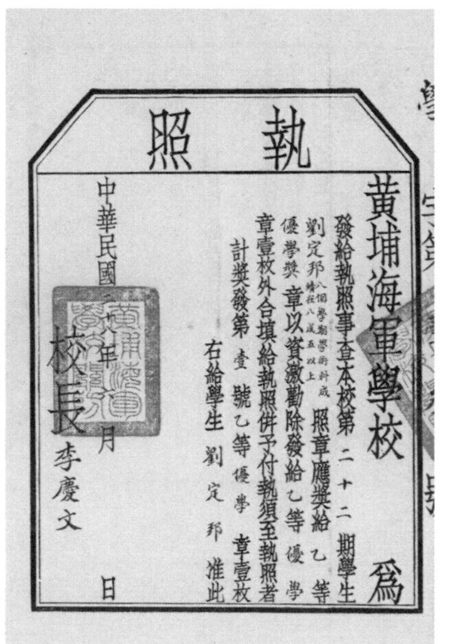

執照

黃埔海軍學校 為

發給執照事查本校第二十二期學生劉定邦 照章應獎給乙等優學獎章以資激勸除發給乙等優學章壹枚外合填給執照併予付執須至執照者

計獎發第壹號乙等優學章壹枚

右給學生劉定邦 准此

校長 李慶文

中華民國二十[illegible]年[illegible]月 日

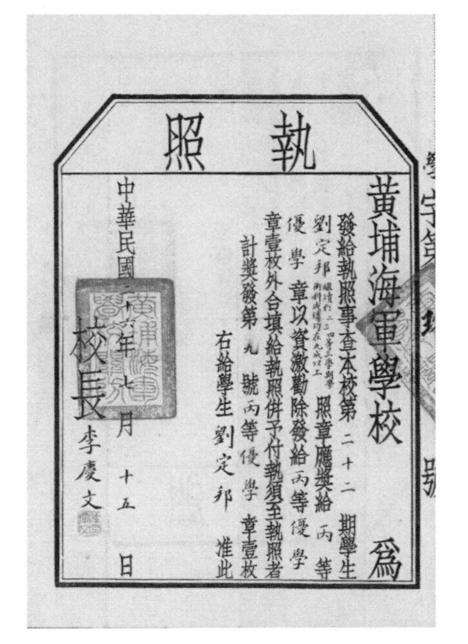

執照

黃埔海軍學校 為

發給執照事查本校第二十二期學生劉定邦 照章應獎給丙等優學獎章以資激勸除發給丙等優學章壹枚外合填給執照併予付執須至執照者

計獎發第九號丙等優學章壹枚

右給學生劉定邦 准此

校長 李慶文

中華民國二十[illegible]年七月十五日

第二十二屆學生入校後先赴廣東軍事政治學校接受入伍訓練，上圖為其入伍訓練修業證書，下圖為其在校學業成績優異獎狀。

為排水量為680噸，其餘6艘均為200噸），河用砲艇19艘（排水量各約100噸），魚雷艇4艘（27年由江陰海軍電雷學校撥來，成立水雷隊），福安運輸艦（1,700噸）1艘，合計7,880噸。另外，海軍總司令部所屬測量艦公勝號，原在廣東沿海測量，抗戰爆發後，改裝為砲艦，加入廣東江防序列。[152]

肆、抗戰時期

一、廣東海軍組織之遞嬗與變革

（一）廣東江防司令部時期

民國26年7月7日，「盧溝橋事變」對日抗戰軍興後，肇和艦由廣州行營奉撥廣東江防司令部指揮。同時兩廣鹽運署及粵緝私處之海周、海維、海武、廣源、靖東等艦艇，暨海軍總司令部所屬測量艦公勝艦[153]，亦撥該部指揮。當時廣東海軍的兵力部署如下：以肇和、海周、海虎、海武、海鷗等艦，巡弋守伶仃洋至虎門一帶。堅如、湖山、廣澄等艦，駐防潭州口一帶。江大、飛鵬、光華、江平等艦，駐防橫門一帶。江鞏、舞鳳、廣安、廣源等艦，駐防磨刀門一帶。安北、海維、平西、靖東等艦，駐防崖門一帶。另以快艇4艘，駐防橫門口，相機襲擊敵艦。[154]11月，廣東綏靖公署委員黃文田任廣東江防司令。[155]

---

[152] 參閱《海軍抗日戰史》（下冊），頁372。《中國海軍史》（下冊），頁999。江防司令部成立不久，肇和艦改隸廣州行營，海安、海瑞、廣金、江澄、利深、智利等艦，先後廢艦，所餘僅十餘艘，均在千噸以下。參閱〈粵桂區海軍抗戰紀實〉，頁1809。

[153] 〈粵桂區海軍抗戰紀實〉，頁1809。公勝艦原在廣東沿海測量，抗戰爆發後，改裝為砲艦，加入廣東江防序列。參閱《海軍抗日戰史》（下冊），頁372。

[154] 參閱〈粵桂區海軍抗戰紀實〉，頁1812-1813。《海軍抗日戰史》（下冊），頁372-373。秦孝儀，《中華民國重要史料初編－對日抗戰時期》（第二編：作戰經過）（三）（台北：中國國民黨中央委員會黨史委員會，民國70年），頁45。《中華民國海軍通史》，頁422-423。《中華民國海軍史事志（1912.1-1949.9）》，頁601。胡應球，〈抗戰時期的粵桂海軍〉收錄在《舊中國海軍秘檔》（北京：中國文史出版社，2006年），頁146。國防部史政編譯局編印，《抗日戰史－全戰爭經過概要》，（四），民國71，頁345-346。另《抗日戰史－全戰爭經過概要》（四），該書將江大艦誤記為江火艦；海維艦誤記為海繼艦。江防司令部原所屬水魚雷隊下轄水雷分隊3隊，並轄魚雷快艇4艘。參閱〈粵桂區海軍抗戰紀實〉，頁1809。

[155] 胡應球，〈抗戰時期的粵桂海軍〉，頁145。

民國 27 年，廣東江防司令部為加強封鎖，增設水雷隊 11 組；招募在野之海軍士兵組成，施以短期訓練，隨分派工作。[156] 水雷隊每組編制 12 人，雇用小火輪及民船實施布雷，於虎門、横門、崌門、虎跳門，坭灣門、磨刀門、大刀沙、淡水河口、小虎山、三虎山、潭州外海等封鎖線，敷布大量系碇觸發水雷，至 10 月 20 日，全部敷設完成。[157]

10 月 12 日，日軍在大亞灣登陸。21 日，廣州陷落。我 4 艘魚雷艇先後被敵機炸沉。廣州陷落後，廣東省江防司令部由廣州郊區東望鄉移駐肇慶，並嚴令各艦艇固守江門、三水、肇慶之線。[158] 另為保衛西江，成立西江第 1、2 守備總隊部，總隊長分別為李少亨、高鴻藩。[159]

（二）廣東艦務處與桂林行營江防處時期

廣東江防司令部所配屬各艦艇，經民國 27 年 12 月以前之各戰役，泰半已先後沉沒，實力消失。復以廣州失守，製造水雷材料缺乏，快艇則受地形限制，不能運用，江防司令部乃奉令於 12 月 16 日，改編為廣東艦務處，隸屬廣東綏靖主任行署，原江防司令黃文田仍任處長，所轄之水魚雷隊仍保持原來編制，並將各沉艦員兵及武器編為機砲隊。[160]

民國 28 年 1 月底，廣東綏靖主任行署結束，艦務處奉令暫時保留。4 月，桂林行營接收廣東艦務處，改編為桂林行營江防處，派徐祖善為處長，黃文田為副處長，下轄梧州、桂平辦事處，水雷總隊（駐肇慶）、艦艇隊（附設處內）、特務隊（駐梧州）、補充隊（駐封川）、雷械修造所（設在柳州）、軍械庫（設在桂平）、醫務所（設在肇慶）等單位。水雷總隊下分兩隊，共轄 16 個分隊，艦艇隊轄永福（駐香港）、平西兩艦及巡邏艇兩艘，快艇 9 艘，電船 4 艘。[161]

民國 29 年 1 月，因兼顧桂南方面作戰，將水雷總隊改編為西江第 1、2 兩守備總隊；第 1 守備總隊駐廣西横縣，第 2 守備總隊駐肇慶。[162]

---

156 〈粵桂區海軍抗戰紀實〉，頁 1809。
157 《中華民國海軍史事日志（1912.1-1949.9）》，頁 631。
158 《中華民國海軍通史》，頁 424。《廣東省志－軍事志》，頁 59。
159 《海軍大事記》（第二輯），頁 144。
160 〈粵桂區海軍抗戰紀實〉，頁 1809-1810。
161 〈粵桂區海軍抗戰紀實〉，頁 1810。
162 〈粵桂區海軍抗戰紀實〉，頁 1810。

（三）粵桂江防司令部時期

民國 29 年 8 月 1 日，桂林行營江防處奉令改編為粵桂江防司令部，隸軍事委員會，負責西江、邕江、韓江及三埠等處防務，主以水雷阻塞配合沿江陸軍阻敵進犯。[163] 粵桂江防司令部以徐祖善為司令，黃文田為副司令，冉鴻翮為參謀長，司令部遷駐梧州廣西大學原址。[164] 粵桂江防司令部編制為平西軍艦、南康巡艇、陳特巡艇、魚雷快艇（共9艘）、水雷大隊（轄6個中隊）、掩護大隊（轄 3 個機槍中隊、2 個步槍中隊）、特務隊、通信隊、輸送隊、醫務所、雷機修造所、軍械庫（2 座）、燃料站。[165]

民國 30 年 2 月，復將西江第 1、2 守備總隊改編為水雷總隊（駐肇慶後改稱大隊）下轄 6 個水雷中隊，18 個水雷分隊。5 月，徐祖善調職，由黃文田升任司令。32 年復增設水雷運輸隊。[166]

民國 33 年 4 月，為便利指揮所屬前線部隊，海軍粵桂江防司令部由梧州遷往肇慶。9 月，日軍由廣寧入桂，西江南岸之日軍亦蠢動之際，西江正面國軍遂即撤離，粵桂江防司令部奉令由肇慶先後移駐高要、祿步、鬱南、都城、梧州、長洲、藤縣、桂平。10 月初，日軍攻陷桂平，粵桂江防司令部沿邕江西移貴縣、南寧等地。至 12 月 3 日，轉進抵百色。嗣後軍事形勢稍趨好轉，復奉令逐站東下。12 月 6 日，抵駐田陽。翌（34）年 3 月 6 日，抵駐田東。6 月 5 日，抵駐南寧。[167]

（四）粵桂江防布雷總隊時期

粵桂江防司令經過民國 33 年之湘桂會戰後，該部所有艦艇因作戰沉歿，或因江河狹淺，不能續向西駛，而破壞損失殆補盡。惟布雷方面，仍保有實力。因此撤銷江防司令部，縮編為粵桂江防布雷總隊，所屬官兵除編入布雷總隊。另將掩護大隊駐桂部分官兵分撥陸軍第 64 軍，駐粵部分官兵分撥陸軍

[163] 參閱〈粵桂區海軍抗戰紀實〉，頁 1810。《中國海軍之締造與發展》，頁 221。《海軍抗日戰史》（上冊），頁 737。海軍總司令部編印，《海軍大事記》（第二輯），頁 144。

[164] 張力，《黎玉璽先生訪問紀錄》（台北：中央研究院近代史研究所，民國 80 年），頁 38。

[165] 《海軍抗日戰史》（上冊），頁 739。

[166] 〈粵桂區海軍抗戰紀實〉，頁 1810。

[167] 參閱〈粵桂區海軍抗戰紀實〉，頁 1810-1811。《中華民國海軍通史》，頁 425。《海軍抗日戰史》，（下冊），頁 378-379。

民國 29 年粵桂江防司令部成員合影，中坐者為徐祖善將軍。

第 158 師補充外，其餘官佐分別送訓，退役遣散，粵桂江防司令部遂於 34 年 6 月底結束。7 月 1 日，粵桂江防布雷總隊於南寧正式編成，隸屬軍政部。[168] 原派任總隊長未到任，初期仍由黃文田暫行負責隊務。粵桂江防布雷總隊轄第 1、2 兩個水雷大隊（每大隊轄 2 個中隊、6 個分隊）、特務隊、通訊隊、輸送排等單位。時有水雷兩中隊仍留粵境工作，分駐羅定、紫金、潮安等地。[169]

民國 34 年 8 月中旬，日軍投降。8 月 20 日，布雷總隊奉命由南寧東下，移駐貴縣，準備掃雷開航。嗣後軍政部派前粵桂江防司令部代將參謀長陳錫乾為粵桂江防布雷總總隊長，陳受命後於 9 月 1 日，在貴縣接事。[170] 日軍暨簽降，布雷總隊部奉令加緊掃雷，總隊遂一邊趕速東移，一邊則加緊掃雷工作。9 月 23 日，總隊部到達廣州。[171]

掃雷工作甫告完成，陳錫乾總隊長奉命擔任珠江三角洲地區水道交通警

[168] 參閱〈粵桂區海軍抗戰紀實〉，頁 1811。《中國海軍之締造與發展》，頁 225。《中華民國海軍通史》，頁 425。〈海軍大事記〉（第二輯），頁 166。

[169] 〈粵桂區海軍抗戰紀實〉，頁 1811。《民國海軍的興衰》，頁 211。

[170] 〈粵桂區海軍抗戰紀實〉，頁 1811。

[171] 參閱〈粵桂區海軍抗戰紀實〉，頁 1811。《中華民國海軍通史》，頁 425。

抗戰時期國民政府軍事委員會粵桂江防司令部雷械修造所大門

備指揮官，負責綏靖河道，乃將全部水雷隊集中三角洲河道之各要衝點，並以接收偽廣州要港司令部之砲艇 6 艘，派遣梭巡河道。

布雷總隊為抗戰戰時機構，因抗戰已勝利，故於掃雷工作完成後不久，民國 35 年 2 月底，粵桂江防布雷總隊奉令裁撤。時因未奉令另設江防機構，布雷總隊所屬官兵，除撥粵越區海軍專員辦公處服務，及送青島中央海軍訓練團外，餘分別辦理退役或遣散。[172]

（五）粵桂江防司令部雷械修造所與製雷工作

我國江防武器素感缺乏，而水雷防衛成為江防海衛之主要利器。抗戰開始時，廣東方面所存者，僅有少數年久失修之國外製造之水雷。廣東江防司令部乃將原有舊雷，加以修配及改裝外，另自行製造水雷，以簡單省費及易於運用為原則，至民國27年10月21日，撤守廣州時止，所製出水雷已達2,000餘具。[173]

江防司令部撤守廣州後，製雷工作一度停頓。民國 28 年 5 月間，桂林

[172] 〈粵桂區海軍抗戰紀實〉，頁 1811-1182。
[173] 〈粵桂區海軍抗戰紀實〉，頁 1816。

粵桂江防佈雷總隊水雷第二大隊官佐合影

行營江防處為充實江防軍備，增強海軍抗戰力量，於柳州成立雷械修造所，專司製造水雷修理、艦艇調整及魚雷配備械彈之責。

民國 29 年 2 月底，因桂南戰局吃緊，雷械修造所奉令遷往桂林，後局勢稍為穩定，乃復遷並添增臨時工廠於桂林五權村。8 月 1 日，江防處改組隸屬粵桂江防司令部。雷械修造所除擔任製雷工作外，兼具修理快艇及江防部隊步機槍翻造暨測量用水托儀器之自製，小型機械工具設備融取廢棄炸藥，德雷之炸藥，及舉行各式水雷研究之試驗，項目繁瑣。[174]32 年 3 月 25 日，水雷修雷械造所製成 100 磅電氣式觸發定雷，完成試放爆炸，驗收良好。[175]

174 《海軍抗日戰史》（下冊），頁 1208。
175 《海軍大事記》（第二輯），頁 144。

粵桂江防佈雷總隊水雷第八分隊送青島受訓士兵合影

雷械修造所製雷工作，持續到33年夏，因柳州戰事緊張疏散時為止。[176]

二、教育訓練

（一）黃埔海軍學校的西遷與停辦

民國26年7月7日，因「盧溝橋事變」爆發，抗戰軍興，粵省各地備受兵燹，黃埔海軍學校一再播遷，先由黃埔遷廣西鬱南連灘，寄校舍於公路旁的一所牙灰廠。[177]繼由連灘遷廣西柳州郊外三都，徵用當地民舍3間為教室，以廟宇為學生寢室，以禾稈墊地為床，十分克難。

[176] 〈粵桂區海軍抗戰紀實〉，頁1816。

[177] 張力，〈劉定邦先生訪問紀錄〉收錄在《海軍人物訪問紀錄》（第一輯）（台北：中央研究院近代史研究所，民國87年），頁151。

民國27年7月，第22屆學生舉行畢業，計有陳慶堃等20名畢業生。28年5月，軍事委員會以黃埔海軍學校在校學生無法實習，畢業生又無法分發派艦。遂以「文號辦一通」電令黃埔海軍學校停辦。[178]

時在校第23屆航海班、24屆輪機等88名學生，依據各人志願轉學其他各軍事學校；其中30餘名學生繼續未竟之海軍學程，轉入遷設在四川萬縣獅子寨賀家花園之青島海軍學校，於民國29年3月，與青島海軍學校第5期乙班學生同期畢業。[179] 其餘學生於28年8月，轉入貴均都勻陸軍砲兵學校；29年8月砲校畢業後，分發到四川萬縣要塞幹部訓練班，受訓1年。[180]

（二）部隊訓練

抗戰期間廣東江防艦隊主要艦艇被日軍擊沉，損失殆盡，所剩河川砲艇無力維護江防，遂擴充布雷隊，並進行短期水雷布設技術、戰術訓練。[181]

三、廣東海軍與抗戰

（一）虎門海戰

民國26年9月14日晨，日軍巡洋艦1艘、驅逐艦3艘，自伶仃洋水域溯江而上，進犯虎門，守衛虎門要塞各砲台，及江面肇和艦（艦長方念祖）、海周艦（艦長陳天德）立即向敵砲擊，歷經40餘分鐘戰鬥，敵驅逐艦1艘被我擊傷，後駛近伶仃洋沉沒，首開廣東海軍擊沉敵艦紀錄。在海戰中，海周艦於酣戰中受創，官兵傷亡過半。所幸空軍飛機及時奉命來援，敵艦不得不退去。[182]

日軍經虎門海戰受挫後，得知我粵省海防各口戒備周密，未敢再以海軍

---

178 鍾漢波，《四海同心話黃埔：海軍軍官抗日芻記》，頁94-95。《海軍抗日戰史》（下冊），頁684。

179 參閱《廣東省志－軍事志》，頁606。《中國海軍史》（下冊），頁780。

180 張力，〈李長浩先生訪問紀錄〉收錄在《海軍人物訪問紀錄》（第一輯），頁207。迨至抗戰勝利，該班砲科畢業生，絕大部分於民國36年，回到青島接受海軍官校補訓，結業後，一律授予海校民國29年班之畢業學歷。參閱鍾漢波，《四海同心話黃埔：海軍軍官抗日芻記》，頁97。

181 《廣東省志－軍事志》，頁601。

182 參閱〈粵桂區海軍抗戰紀實〉，頁1813。《海軍抗日戰史》（下冊），頁373。《中華民國重要史料初編－對日抗戰時期》（第二編：作戰經過）（三），頁45。胡應球，〈抗戰時期的粵桂海軍〉，頁145。事後肇和艦艦長方念祖以臨陣退縮罪被判槍決。

抗戰時期黃埔海軍學校第二十二期學生於連灘臨時校舍合影

試探我防守各口。自9月25日起，日軍改派飛機分向我虎門砲台與防守各艦輪番實施轟炸，我江防艦艇多為老舊艦艇，艦上防空火力極為薄弱，因而被敵炸沉多艘；肇和、海周、海虎等3艦先後在虎門至黃埔之線沉沒，江大艦沉於横門，舞鳳艦沉於磨刀門，海維艦沉於崖門，堅如艦沉於潭州（後經撈起修復），官兵傷亡數十人。[183]

至此廣東江防司令部因較大之軍艦已損毀殆盡，乃將餘艦從新分配巡弋，警戒各地。其兵力部署如下：公勝、江鞏、湖山等3艦駐防廣州至虎門一線。平西、仲愷兩艦駐防潭州至板沙尾一線。仲元、飛鵬兩艦駐防横門至小欖、鶯哥嘴一線。執信、安東兩艦駐防江門外海、疊石至虎坑口一線的防務。魚雷快艇4艘則控置於虎門、沙角砲台，伺機出擊。[184]

民國27年10月9日，日本陸軍在海軍第5艦隊掩護下，從臺灣澎湖起航，於12日晨，在廣東大亞灣登陸。21日，廣州陷落。22日，日本海軍第5艦

183 參閱〈粵桂區海軍抗戰紀實〉，頁1813-1814。《海軍抗日戰史》（下冊），頁373-374。《抗日戰史－全戰爭經過概要》（四），頁346。《中華民國重要史料初編－對日抗戰時期》（第二編：作戰經過）（三），頁46。《中國近代海軍史》，頁390。

184 參閱〈粵桂區海軍抗戰紀實〉，頁1814。《海軍抗日戰史》（下冊），頁374。《抗日戰史－全戰爭經過概要》（四），頁346。《中華民國海軍通史》，頁423。

黃埔海軍學校第 23、24 期旅四川萬（縣）學生合影。

隊進入伶仃洋溯江復犯虎門。23 日，我防守虎門砲台的 4 艘魚雷快艇，均被日機炸沉，艇員王可國殉職，沙角砲台失守。是日晚虎門要塞亦告失守。[185]

（二）珠江與西江防衛作戰

民國 27 年 10 月 12 日晨，日軍在大亞灣登陸後，我公勝艇（原測量艇，改裝為砲艇）奉令警戒東江。22 日，廣州失守，江防艦隊各艦艇奉令駛赴西江待命。在西撤行動中，江鞏艦於番禺紫坭河，遭敵機炸沉。公勝艇在順德縣容寄河面，遭敵機炸沉。廣東江防司令部退出廣州後，即轉進西江及肇慶布防，固守西江咽喉，嚴令各艦固守江門、西江、三水、肇慶之線。嗣因敵由廣三鐵路進陷三水，西江告急，江防司令部惟恐各艦被切斷於三水，乃令所屬各艦艇集中於三水之青岐至肇慶一線。

10 月 29 日，廣東省江防司令部據報；日軍在思賢滘東岸等處構築砲兵陣地。遂命令執信艦艦長李錫熙率堅如、仲元、仲凱、飛鵬、湖山等 6 艦，

[185] 參閱〈粵桂區海軍抗戰紀實〉，頁 1814。《中國近代海軍史》，頁 391。《海軍抗日戰史》（下冊），頁 374-375。《中華民國重要史料初編－對日抗戰時期》（第二編：作戰經過）（三），頁 46。

向三水之思賢窖、馬口等地搜索。是日下午 17 時，各艦駛至思賢窖附近，與岸上日軍砲兵展開砲戰，我艦擊毀日軍砲壘 4 座。日軍砲兵集中火力反擊，並派出飛機助戰，執信艦中彈沉沒，副長林春炘、槍砲員周昭傑以下官兵 23 員殉職，輪機長楊信光等 15 人負傷，艦長李錫熙負重傷後亦不治殉職。

執信艦沉沒後，日軍轉向攻擊堅如艦，堅如艦受創，我艦隊火力大減，為減少無謂犧牲，堅如艦與其它各艦艇遂撤出戰場，固守肇慶峽。未幾我陸軍部隊陸續到達，將日軍阻止於三水之線。我江防艦隊自三水一役後，撤守至青岐、肇慶一帶布防，與三水之日軍成對峙之態勢，此線保持至 33 年 9 月始行棄守。[186]

三水戰役後，日軍急圖消滅我西江艦隊兵力，自民國27年10月30日起，每日派飛機搜索我艦，濫行轟炸，我各艦雖加偽裝，仍受損嚴重，遂移一部武器裝置在岸上高地，專事對空作戰，惟以敵機不斷輪流轟炸。至 12 月底，除平西艦外，其餘艦艇均先後被炸沉。[187]33 年 10 月 12 日，平西艦於進駐官江附近時，與南岸的日軍接觸，不幸被敵擊傷後觸礁沉沒。[188]

（三）粵省江河布雷作戰

自民國 26 年 8 月 13 日，「八一三淞滬會戰」起，日軍即以優勢海軍封鎖我沿海各口岸，並於華南海面伺機登陸。廣東省江防司令部奉命在虎門、大刀沙、横門、磨刀門、崖門、潭洲口等 6 個主要海口實施阻塞工程，用廢艦及廢船（共沉船 158 艘）、石子加以沉塞，以阻滯敵艦侵入。[189]

除了實施阻塞禦敵外，軍事委員會有鑑於廣東河道縱貫交織，及抗戰爆發後，我海軍艦艇多被敵機先後炸沉，或自行沉塞，艦艇兵力已不敷抗戰之

---

186 參閱〈粵桂區海軍抗戰紀實〉，頁 1814-1815。《海軍抗日戰史》（下冊），頁 382-383。《中華民國重要史料初編－對日抗戰時期》（第二編：作戰經過）（三），頁 46-47。《抗日戰史－全戰爭經過概要》（四），頁 346-347。《中國海軍之締造與發展》，頁 221。《中華民國海軍通史》，頁 423-425。胡應球，〈抗戰時期的粵桂海軍〉，頁 147。

187 參閱〈粵桂區海軍抗戰紀實〉，頁 1815。《中華民國重要史料初編－對日抗戰時期》（第二編：作戰經過）（三），頁 47。《中華民國海軍通史》，頁 425。《近代中國海軍》，頁 988。

188 《海軍大事記》（第二輯），頁 165。

189 參閱《近代中國海軍》，頁 986。《中華民國海軍史事日志（1912.1-1949.9）》，頁 601。另民國 27 年 8 月 25 日，海軍總司令奉令將魚雷快艇移交第四（閩粵）戰區副司令長官余漢謀接收，配屬於廣東江防司令部。參閱《中華民國海軍史事日志（1912.1-1949.9）》，頁 628。

用。軍事委員會即令海軍總司令部對於廣東防禦，即行採以布雷作戰。當時日本海軍艦隊亦將南犯，布雷行動迫在眉急，乃將舊存之各式視發水雷修好，先行分布於虎門、橫門、崖門、獅子洋及汕頭之馬嶼口等5處。由水雷隊長分別派員負責各處之監護敷。時水雷隊共編組11組（隊），每組12人。除在虎門、橫門、崖門三封鎖線加繫碇觸雷外，並在虎跳門、坭灣門、磨刀門、大刀沙、淡水河口、小虎山、三虎山、潭州外海等處封鎖線，敷大量之繫碇觸發水雷。此外，在大亞灣之虎門頭等處，亦敷少量水雷。

布雷工作於民國27年10月20日完成，使日本海軍艦艇受到極大之威脅。其間日艦先後在三灶島及橫門遭我漂雷襲擊，予敵極大威脅。日軍雖在大亞灣強行登陸，惟因珠江三角洲各口均有水雷封鎖，不敢逕由各侵入內地，而使其軍事行動受阻，我東南粵海防務因而得能保有。10月23日晨，我第11組水雷隊在淡水河封鎖線放漂雷，準備襲炸虎門之日本海軍艦艇時，不幸為敵機炸沉，組長劉權求（劉友求）暨各員兵，人艇俱殉。[190]

廣州陷落後，即展開第二期布雷作戰，將西江正面肇慶峽至三水一線全面封鎖，以防敵艦西進。除在西江正面布雷外，另在高要、德慶、鬱南等要點布雷，必要時加以封鎖。敵我在西江高要、三水一線相持5年之久，其間日軍曾數次自三水進犯高要，惟從未敢以艦艇逕行穿入我雷區。[191]

廣東新昌河為珠江三角洲主要支流，其下游為日軍所據，我為防日軍自新昌河西犯，於新昌河要點布雷。民國33年9月底，日軍進犯粵中三埠，日本海軍艦艇為我監護雷區之雷隊在馬山截擊，無法突破進行掃雷，直至三埠陷落後，日軍自後方包圍，我雷隊始放棄據點突圍，結束新昌河布雷防禦作戰。[192]

東江下游布雷作戰：抗戰爆發後，我海軍漂雷隊於汕頭、東江、韓江、鮀江要點布雷，抗戰期間造成多艘日軍艦艇觸雷沉沒。民國33年秋，日軍大舉進犯揭陽，因我水雷封鎖，無法沿江進攻，乃自陸地迂迴，攻陷揭陽，我

[190] 參閱〈粵桂區海軍抗戰紀實〉，頁1817。《抗日戰史－全戰爭經過概要》（四），頁346-347。《海軍抗日戰史，下冊，頁738,375。《中華民國重要史料初編－對日抗戰時期》（第二編：作戰經過）（三），頁47-48。《民國海軍的興衰》，頁210。

[191] 《海軍抗日戰史》（下冊），頁376。

[192] 《海軍抗日戰史》（下冊），頁377。

東江、韓江、鮀江方面布雷作戰結束。[193]

（四）桂省江防布雷防禦戰

民國 27 年 10 月下旬，廣州陷敵後，西江頓感威脅，海軍為保衛廣西門戶梧州，調派布雷隊攜帶大量定雷及漂雷，前往羅隱涌、永安江面等雷區放。28 年 12 月，2 艘敵運輸艦於永安江面，觸雷沉落。29 年 3 月，敵艦於新會豬頭山江面遭我漂雷襲擊，損失甚重。4 月，布雷隊他調，西江布雷由廣東江防司令部擔任。[194]

民國 28 年 11 月 15 日，日軍在欽州灣登陸，旋即向桂南挺進，攻陷南寧。我海軍奉令派水雷隊赴邕江下游布雷，計分別在千里沙、橫州石、米步、燕子沙、石州、陸屋等據點，設雷區。使賓陽戰鬥期間，阻止日軍直下貴縣，達到重大之戰略效果。29 年 2 月，日軍退出南寧，水雷隊奉令限期掃雷，恢復邕江交通。至 11 月中旬，邕江完全通航，駐桂各水雷隊即調粵各江，增強布雷工作。[195]

民國 33 年 9 月中旬，日軍為策應湘桂戰爭，集結萬餘兵力，於廣三路線駛抵三水河口，西江正面國軍遂即撤離肇慶。粵桂江防司令部於友軍盡撤後，轉進高要縣之祿步，指揮所部在孔灣、祿布布雷封鎖，並派「平西」、「南康」、「陳特」等 3 艦於肇慶、梧州間河道巡弋警戒。同月 12 日晚，日軍在羚羊峽外，區前之橫水峽等處登陸，我水雷隊當即施放水雷，阻敵進犯，駐峽外掩護大隊，於 14 日晨與攻至沙頭、金渡一帶之敵接戰，敵我傷亡均重，我方水雷第 1 中隊隊長葉碧航、第 2 中隊長劉人鳳，分隊長陳朝海以下官兵 30 人，因負責掩護殿後，與日軍力戰陣亡殉職。[196]

及梧州告急，水雷隊仍沿江節節封鎖，於悅城、九官、馬墟、南江口、羅旁、蟠龍等雷區敷雷。迨部隊甫經西移，日軍隨即進陷梧州。水雷隊仍沿潯江各要點設置雷區。10 月初，敵攻陷桂平，粵桂江防司令部沿邕江西移，

---

193 《海軍抗日戰史》（下冊），頁 377-378。

194 《抗日戰史－全戰爭經過概要》（四），頁 387。

195 參閱〈粵桂區海軍抗戰紀實〉，頁 1821。《抗日戰史－全戰爭經過概要》（四），頁 387。《中華民國重要史料初編－對日抗戰時期》（第二編：作戰經過）（三），頁 50。《海軍大事記》（第二輯），頁 156。《中華民國海軍通史》，頁 436。

196 參閱《抗日戰史－全戰爭經過概要》（五），頁 503。《海軍抗日戰史》（下冊），頁 378。〈海軍大事記〉，頁 164。〈粵桂區海軍抗戰紀實〉，頁 1821 記：劉人鳳為機槍第 3 中隊隊長。

黃埔海軍學校第十八屆畢業生徐亨抗戰期間，民國 30 年於香港隨陳策將軍（廣東海軍學校第十五屆）協助香港淪陷但不願投降之英軍，自香港仔乘魚雷快艇突破日軍火砲包圍，並由南澳徒步平安抵達惠州。此照片即為當時抵惠州時全體合影，中坐受傷者為陳策將軍，前排右起第四人為徐亨。

港突圍抵達惠州留影
民三十年十二月廿九日
29TH DEC. 1941
TH BRITISH OFFICERS
ELLENCY LED THROUGH
AFTER THE FALL OF
D SAFELY AT WAICHOW

將駐桂水雷隊擔任柳江、邕江布雷封鎖。同月，國軍反攻桂平戰事失利，續向桂西轉進，柳江與邕江之水雷隊奉令於 11 月下旬，向桂西轉進，西江轉進布雷作戰遂告結束。[197]

（五）粵桂敵後游擊布雷作戰

敵後游擊布雷作戰為我廣東海軍在粵桂區抗戰作戰中重要工作之一，並獲至相當戰果。珠江三角洲河道縱橫，已陷敵手後，敵即賴水上交通調動軍隊及物資運輸。我粵桂江防司令部擬訂珠江三角洲游擊布雷計畫，並積極實施，經常派遣 3 個水雷分隊擔任游擊布雷工作。自民國 28 年冬至 33 年夏，水雷隊在珠江三角洲，實施游擊布雷。其重要戰績如下：28 年 12 月 24 日，在新會縣屬周群河面，炸毀敵運輸艦若恭丸。29 年 3 月 22 日，在天河河面，炸沉敵汽輪 2 艘。30 年 4 月 5 日，在新會三娘廟河面，重創敵運輸艦海剛丸。31 年 1 月 11 日，在順德馬寧河，炸傷敵運輸艦海運號。11 月，在天河河面，炸傷敵運輸艦南海丸。32 年 1 月 24 日，在馬寧河炸毀敵編號 609 號砲艦。3 月 17 日，水雷隊於馬寧河布雷；炸毀偽海軍廣州要塞司令旗艦－協力號，俘獲偽廣州要港司令海軍中將薩福疇及偽軍官 7 人。19 日，於馬寧河炸毀偽艦江權號。同日，於順德李家沙河面布雷，炸毀日軍運輸艦南海丸。4 月 18 日，於中山縣橫河炸毀敵大型汽艇 1 艘。在歷次游擊布雷中，以水雷分隊長李北洲、胡廷僑，水雷員李祺佳等人，因作戰得力受獎。[198]

伍、民國時期廣東海軍發展的困境與侷限

一、派系複雜與內鬥紛爭不斷

護法軍政府中有桂系、海軍、孫中山先生等三大派系，海軍的向背，對護法運動成敗至關重要。但海軍將領的態度卻使孫中山先生失望，主要有下

[197] 參閱〈粵桂區海軍抗戰紀實〉，頁 1821-1822。《抗日戰史－全戰爭經過概要》（五），頁 503-504。《中華民國重要史料初編－對日抗戰時期》（第二編：作戰經過）（三），頁 50。《海軍抗日戰史》（下冊），頁 379。

[198] 參閱〈粵桂區海軍抗戰紀實〉，頁 1824-1825。《中華民國重要史料初編－對日抗戰時期》（第二編：作戰經過）（三），頁 50-51。《中華民國海軍通史》，頁 435-436。

列幾件事：（一）程璧光不肯就任軍政府委派的海軍總長一職。（二）孫中山令海軍砲擊莫榮新觀音山督軍署，以武力驅逐陳炳焜，但程璧光怕得罪桂系，拒絕執行。（三）附和桂系，以護法各省聯合會議來挖軍政府牆角，架空孫中山大元帥的職權。程璧光死後，林葆懌主掌護法海軍，林氏更加倒向桂系。軍政府改組，廢除大元帥制，改為七總裁制，孫中山先生被迫離粵，護法運動因海軍南下支持而興起，但因海軍的背離而失敗告終。此事亦讓孫中山先生深切體認到：必須對海軍作根本改革，培養有革命志氣的新式海軍人才，才能擔任國民革命之重務。[199]

程璧光遇刺死後，林葆懌繼任海軍總長，稍後被選為護法軍政府七總裁之一，海圻艦艦長湯廷光升任海軍司令，日後湯氏升任海軍總長，由林永模出任海軍司令，湯廷光、林永謨兩人有隙，總長難以指揮司令，進而各行其事。[200] 另湯廷光任海軍總長期間，駐紮汕頭之肇和艦因人事糾紛，以致艦長盛延祺為下屬所戕。[201]

陳濟棠主政廣東時期，先是將黃埔海軍學校與其政敵陳策有關係的 50 多名學生，藉故飭令離校。之後東北海軍三艦南下後，粵海艦隊司令姜西園是煙台海軍學校畢業生，為了培植自己的勢力，排斥東北航警學校的畢業生。[202] 待海圻與海琛兩艦出走後，陳濟棠對廣東海軍進行清洗，免去姜西園副司令兼黃埔海軍學校校長職務，[203] 重要的軍艦艦長多數改由陸軍軍官擔任，黃埔海軍學校出身者只能擔任副長。陳濟棠成立魚雷艦隊後，對於黃埔海軍學校出身的人員不放心，遂派出身燕塘軍校的同鄉或親信，到魚雷艇任官，作為他的耳目。[204]

二、用人不當與管理疏忽衍生意外

民國 2 年，黃埔海軍學校第 13 期畢業生，於畢業後派往通濟艦練習艦

[199] 《民國海軍的興衰》，頁 66。
[200] 李澤錦，〈林葆懌的功與罪〉，頁 159。
[201] 李澤錦，〈李國堂率艦南下護法〉，頁 182。
[202] 《民國海軍的興衰》，頁 149。
[203] 參閱《中華民國海軍史料》，頁 969-970。《廣東省志－軍事志》，頁 58。《民國海軍的興衰》，頁 149-150。
[204] 參閱許耀震，〈廣東海軍〉，頁 188,190。《陳濟棠傳》，頁 429。

實習。通濟艦因天氣酷熱，管理不善，彈藥艙爆炸，造成該期畢業生全體死難，之後其屍首被葬於廣州黃花崗之通濟海軍墳場。[205]

民國 15 年 7 月 26 日，林振雄出任國民革命軍軍事委員會海軍處處長，林振雄上任後，對廣東海軍各艦艇的艦長、副長進行大調動，小艦艦長則全部改委黃埔陸軍學校學生來充任，由於陸軍人員對於河道不熟悉，常發生事故。[206]

陳濟棠主政廣東期間，於民國 21 年 7 月，任用陸軍出身的張之英，擔任第 1 集團軍海軍艦隊司令，掌控廣東海軍長達 7 年。然而張氏任內，對廣東海軍並無建樹。此外，陳濟棠為收買粵海艦隊，給予較高待遇，官兵薪餉發的是大洋，而廣東江防艦隊軍餉低，官兵薪餉發的是廣東毫銀，因而引起江防艦隊官兵對粵海艦隊官兵的不滿，造成官兵對立。[207]

民國 33 年 12 月，粵桂江防司令部所屬南康、陳特兩艦，被別動第 3 縱隊借用，升火上金陵灘，先後擱淺重創漏沉。[208]

三、經費不足依附軍閥及影響建軍發展

護法海軍因不能像桂軍、滇軍等軍閥據地收稅獨立存在，故須由陸上供應，而孫中山先生南下時，提供護法海軍之 30 萬元，僅能維持 3 個月。程璧光未死前，曾與陸榮廷商議；海軍每月軍餉 10 萬元，由粵軍支領。時粵省財政實由桂系莫新榮所控制。林葆懌繼任海軍總長後，林氏身旁參謀，嗜錢如命，唯利是圖，依附桂系。故當孫中山先生離粵赴滬後，曾派李綺菴赴粵，策動駐粵海軍江防各艦艇起義，但莫新榮控制海軍糧餉，調豫章等艦往襲，致使李綺菴舉事失敗。

護法政府實施七總裁制後，因岑春煊、唐繼堯、陸榮廷互相爭權，而海軍本身因人事糾紛亦內哄不已，官兵經常藉鬧餉向上要脅。由於海軍因糧餉所需，以致林葆懌在政治上依附桂系。

民國 9 年，當陳炯明之粵軍由漳州回師廣州，驅逐桂系岑春煊、陸榮廷

[205] 胡應球，〈抗戰時期的粵桂海軍〉，頁 140。
[206] 參閱《中華民國海軍通史》，頁 202。《民國海軍的興衰》，頁 80。
[207] 《民國海軍的興衰》，頁 149。
[208] 《海軍大事記》（第二輯），頁 166。

後，林葆懌被解除軍政府總裁職務。而林葆懌則於此時派代表與北京政府海軍代表於汕頭會商南北海軍重新合併。然而通電發出，海軍司令湯廷光不為所動，林葆懌被迫黯然離粵赴滬，從此不過問政治。[209]

民國 13 年 5 月，廣東軍政府財政委員會決定，海防司令部每日應領經費按七折撥給。為此永豐艦艦長歐陽琳致函財政委員會，謂該艦若每日經費按七折發給，全艦官兵不能一飽，請改按日原額給領。[210]

廣東江防艦隊因缺乏經費，以致艦艇老舊、速度、火力均差，尤其缺乏防空力量，以致在日機輪番轟炸下，江防艦隊受創嚴重。[211]

抗戰期間，粵桂江防司令部雷械修造所所需製雷材料，因戰局影響，日軍封鎖沿海及滇緬路，以致自國外運輸困難，該所遂就地取材，設法搜購，往往青黃不接，時有捉肘見腋之感。[212]

四、艦隊規模不大及內部紛爭不斷影響官兵教訓練育

廣東海軍學校畢業生，多在廣東海軍服役，並在中華民國海軍中自成派系－粵系。然而廣東海軍只有數量不多的淺水內河艦艇，練習艦又少，學生較少有到海上實習機會，到了抗戰時更無艦艇可供實習與服役，故從學校培訓出來的軍官海上缺乏海上歷練，素資不如馬尾、青島兩海軍學校畢業生，以致不少人只得自謀出路，到商船、運輸船或陸上就業。[213]

在艦艇部隊訓練方面，粵海軍由於戰事活動頻繁，財力拮据，派系鬥爭，控制權多次易主等原因，以致艦艇部隊訓練往往因時、因事、因人而定，僅進行短應急的必要訓練，未有長遠的、科學的統一規劃，進行正規的系統訓練。[214]

另外，據畢業於黃埔海軍學校第 23 期航海科的李長浩先生回憶：在校期間，因醫療設備簡陋，瘧疾流行，同學之中竟有 80%感染，而藥品缺乏，

---

209 李澤錦，〈林葆懌的功與罪〉，頁 158-160。
210 《中華民國海軍史事日志（1912.1-1949.9）》，頁 273。
211 《海軍抗日戰史》（下冊），頁 373。
212 《海軍抗日戰史》（下冊），頁 1208。
213 《廣東省志－軍事志》，頁 606。
214 《廣東省志－軍事志》，頁 601。

致使少數同學不幸病故。[215]

五、部分官兵素資低劣與軍紀欠佳

廣東海軍長期軍紀欠佳，海上喋血事件，層出不窮。部分官兵行同盜匪，為人所詬病。民國 12 年 4 月，肇和艦停泊汕頭時，因該艦士兵嘩變，造成艦長盛延祺遇害。[216] 同年 6 月 27 日，廣東江防司令部陸戰隊及督察隊 60 餘人，原為市面匪徒，被收編後，匪性不改，敲詐商民，包庇雜賭，無惡不作，並與陳烱明暗中勾結。是日，江防司令楊廷培下令將其悉數正法，僅數人漏網在逃。[217]

民國 13 年 1 月，廣東海防司令部艦隊因為經費拮据，從事非法活動，在金斗灣與香山當地駐軍，為爭奪運輸利益發生衝突，陳策派兵將駐軍繳械，攻佔香山縣城，因而被孫中山先生免去海防司令。[218] 同年 6 月，廣東海軍練習艦隊飛鷹艦水兵在廣州河南新洲與賭徒發生衝突，多人被毆受傷，返艦後即向新洲連發數砲，以洩私憤，以致引起民怨。同月廣東江大艦水兵氣憤欠餉過多，上官剋扣，乃串同香山匪首林才騎劫該艦，將正副艦長綁縛，勒令駛往香山河面，遇船即劫。後遇英艦，恐不敵，林匪將江大艦所有武器及彈藥劫走，並擄去艦長陳杰，轉乘所擄小輪逃走，江大艦遂即駛回黃埔。[219]

民國 15 年 7 月 26 日，林振雄出任為國民革命軍軍事委員會海軍處處長，在林氏其擔任處長期間，發生海軍員兵綁架艦長，行拋商輪等事件，為此林振雄下台。[220]

民國 18 年 8 月 17 日，國民政府海軍部訓令第 4 艦隊司令陳策：粵海盜氛不清，連年商輪在比亞士海灣被劫，英國海軍趁機在中國領海防，經該司令派艦駐領該處，藉杜外人越俎，實屬應付有方，深堪嘉尚，仍仰繼續派艦駐防該海灣，藉資鎮懾，並將粵瓊海面治安情形，隨形隨時具報，以盡綏靖

215 張力，〈李長浩先生訪問紀錄〉，頁 206。
216 《中華民國海軍史事日志（1912.1-1949.9）》，頁 290。
217 《中華民國海軍史事日志（1912.1-1949.9）》，頁 245。
218 參閱《廣東省志－軍事志》，頁 52。《中國近代海軍職官志》，頁 124。《民國海軍的興衰》，頁 75。
219 《中華民國海軍史事日志（1912.1-1949.9）》，頁 276-277。
220 參閱《中華民國海軍通史》，頁 202。《民國海軍的興衰》，頁 80。

海疆之職責。[221]

民國 21 年 6 月 15 日，反陳濟棠的廣東海軍為解決軍餉不足，陳策遂派中山、海瑞兩艦載陸戰隊 3 個營突至北海，劫走該地所儲鴉片數十萬兩，並提走北海中央銀行現款 20 餘萬元。[222]

陸、結語

沿續清末廣東水師的廣東海軍自民國肇建後，其組織變革頻繁，船艦裝備建造呈現停滯狀態，艦艇大多為噸位小且老舊過時，僅能從事江海與沿岸之巡弋任務，廣東海軍因為軍事力量薄弱，在政治上影響力不大。孫中山先生因北京政府不遵守臨時約法，遂於民國 6 年在廣州成立軍政府，從事護法戰爭，時獲得部分海軍支持，南下護法，成為軍政府重要的軍事力量。

護法海軍南下後，因為軍政府財政吃緊，無法滿足海軍需求，加上受到兩廣地方軍閥的拉攏，護法海軍逐漸投靠依附桂系、陳烱明等軍閥，使得原先從事護法革命大業的理想變質。護法海軍除了介入廣東政治上的紛擾外，其內部閩籍官兵與非閩籍官兵對立嚴重，最後導致內訌，閩籍官兵被驅逐，護法艦隊領導權落入被魯籍溫樹德手中。

溫樹德掌控廣東海軍後，暗中與陳烱明勾結，在陳烱明反叛孫中山先生時，溫樹德先是觀望，後來則是向陳烱明靠攏，要求孫中山離粵出走。待民國 11 年陳烱明被擁護孫中山先生的桂滇軍逐出廣州後，溫樹德竟率護法艦隊北歸投靠北洋政府。

廣東海軍在護法運動時期的規模與戰力，主要是依賴北來的護法艦隊，本地海軍建樹甚少，因此隨著護法艦隊的北返，勢力大衰，廣東海軍的規模又回到民初時期，自成一系。廣東海軍因艦艇噸位小，艦齡老舊，火力欠佳，甚至無法隨國民革命軍參加北伐戰爭之窘境。

北伐統一後，廣東為地方實力派軍人所控制。在陳濟棠主政廣東時期，廣東海軍一方名義接受中央統制，另一方面陳濟棠欲控制廣東海軍，先是排

221 《中華民國海軍史事日志（1912.1-1949.9）》，頁 398-399。
222 《中華民國海軍史事日志（1912.1-1949.9）》，頁 495。

擠海軍領袖陳策勢力，直接掌控海軍。陳濟棠亦重視海軍的建設發展，向外購買新艦，增強海軍戰力，重開黃埔海校，培植海軍人才。民國 22 年 6 月 26 日，東北海軍海圻、海琛、肇和等 3 艘巡洋艦，由姜西園率領南下投靠陳濟棠，為陳氏收編。隨著東北海軍三艦的收編，廣東海軍實力大增。但陳濟棠為人氣度狹小，對北來官兵存有戒心，以升調的手段將艦長、副長和有影響力的軍官調離，然後以黃埔海軍學校畢業的粵籍軍官遞補其職缺。另外，姜西園為鞏固自己的地位，排擠畢業於葫蘆島海校，掌握海圻、海琛、肇和等 3 艦實權的東北籍軍官，要求兼任黃埔海校校長，以培植自己的勢力。

海圻、海琛、肇和等 3 艦上的北方官兵藉不滿陳濟棠撤換艦長及發餉糾紛，除肇和艦因機件不能行駛外，海圻與海琛兩艦離粵北航，投效南京政府，被國民政府收編。隨著海圻與海琛兩艦出走後，雖然陳濟棠對廣東海軍進行整頓，但其實力已大傷。民國25年夏，陳濟棠因誤判政治情勢，導致發生「兩廣事變」，結果廣東陸海空三軍背棄陳氏，紛紛倒戈，向南京國民政府輸誠，陳濟棠被迫下台。廣東海軍隨著陳濟棠失勢下台後，其後主政廣東海軍者，對其建設消極，以致廣東海軍實力衰退，淪為地方性海軍。

民國 26 年 7 月抗戰軍興，廣東海軍因艦艇噸位小又老舊，大多被敵機炸毀，海軍官兵遂利用兩廣江河密布，從事布雷阻敵工作，成功挫阻敵沿江西犯的企圖。34 年 8 月中旬，隨著抗戰的勝利，江河布雷任務結束，廣東海軍遂被撤裁，走入歷史。

綜觀民國時期廣東海軍大起大落之原因，乃主政者過度依賴外來海軍，欲以其作為政治上的軍事支柱。先有孫中山先生軍政府時期的護法海軍艦隊南下，後有陳濟棠時期納編的東北海軍三艦。然而主政者與外來海軍結合後，缺乏崇高之政治思想或理念，兩者之結盟係為互相利用，結果一旦與外來海軍利益抵觸時，外來海軍便叛離北返。更甚者為主政者長期忽略本地海軍的建設與發展，以致隨著外來海軍的反叛，實力大衰，此為民國時期廣東海軍在建軍發展上受限，其最重要之關鍵。

附錄 黃埔海軍學校畢業生

資料來源：《海軍軍官教育一百四十年（1866-2006）》，上冊，（台北：海軍司令部，民國 100 年）。

廣東海軍學校時期

第十四屆　駕駛　計四十八名　民國二年十二月畢業

孔昭志、陳祖壽、李福游、黃維琛、胡　軒、張恩觀、周昌弼、謝松年、孫文沛、林若時、楊貴明、陳祖蔭、陳鼎剛、黃涝芬、高鵬飛、梁景梧、李　芳、招桂章、劉景篁、羅志達、劉樹棠、黃達觀、吳家駒、陳聖能、李孟元、李孟尚、黃鎔鍵、蕭衍成、盧適祥、陳兆鏗、葉　杰、錢　昌、鄧熙霖、梁黻麟、曾錫棠、沈仁濤、連　茹、羅譚福、孔繁霖、王尚冕、張承恩、潘文譜、馮肇憲、丁培龍、羅日新、蔡善海、林　毅、蘇仰澂

第十五屆　駕駛　計四十八名　民國五年十二月畢業

舒琮鎏、梁　暄、鄭　炯、岑侍琯、張德恩、李澤崑、李英傑、鄭宗茂、陳啟耀、胡應球、俞　謙、盧善矩、鄭昇平、張慶祺、袁良驊、陳祺永、蔣維權、李肇堅、任耀奎、陳　策、高鴻藩、黃維崧、陳　皓、李賀元、李慶文、鄭星槎、陳錫乾、王會傑、傅汝霖、袁以宏、陳玉書、蔣仲元、黃重民、何子全、熊　耿、陳尚堯、招鈺琪、江國勳、馮肇銘、林春炘、蔡觀濤、符甯粵、黃振興、陳漢生

第十六屆　航海　計五十名　民國八年十二月畢業

黃文田、鄧兆祥、許漢元、何　純、黃耀明、吳　岳、李錫熙、邱炳椿、任憲治、吳　鼐、鄭廷鎔、官其慎、何兆麟、陳　傑、楊耀樞、關秉衡、彭濟義、周昌期、江國楨、賴祖洢、李卓元、余華沐、馬廷祜、李紹綢、強大猷、徐欽裴、吳　敏、梁夢周、駱壽松、楊兆赤、吳尚實、李煥元、俞世禮、馬　驥、潘藻鎏、鄭景雄、周濟民、張祖昌、龐鳳池、黃文澄、陳　篠、李志楫、陳祖達、徐國傑、梁夢藩、許元幹、余恆堃、許崇實、金庭勝、陳世謙

第十七屆　航海　計三十八名　民國十年一月畢業

張瑞同、鄧　鄂、劉慶鏘、邵秩猷、廖景山、黃　雄、黎尚武、蔡宗海、

張家鏕、陳　謙、陳長文、蕭崇敦、鄧蒙賢、陳　成、范應鏞、錢應萱、
鄧　夏、劉榮惔、周澤華、劉開坤、文華宙、林秉德、莫伯衮、賴祖鎏、
容　達、劉　恆、周萱材、陳寶珍、楊　潛、梁棟材、黃　銳、江寶楨、
張國柱、王　超、陳子清、梁復基、馮道群、于錫揚

黃埔海軍學校時期

第十八屆　航海　計二十九名

吳伯森、鄧萃功、李藍田、馬廷偉、林昌鵬、劉敏熙、覃　忠、鄺民光、
黃汝康、林炳堯、文瑞庭、符　駿、蓉應南、麥士堯、劉毓希、徐　亨、
高為鐵、黃邦獻、陳宇鈿、黃鼎芬、廖崇國、梁顯邦、馮汝珍、黎郁達、
詹忠誥、梁灼銓、許耀震、黃　里、黃吉祥

第十九屆　航海畢業　計十九名

胡淡澄、陳善嘉、黎啟旦、招德培、謝祝年、魏源容、張榮綬、黎永年、
陳守仁、馮啟聰、黃錫麟、盧宜剛、黃景文、姚君武、孔憲強、吳超萬、
鄧運秋、周超杰、楊昭崇

第二十屆　航海　計三十五名

吳桂文、楊耀機、盧淑濤、陳肇明、李則文、符家驥、唐廷襄、伍耀沛、
劉達生、葉育生、陳厚立、區兆初、溫壬薌、江肇熙、楊汝聰、杜英才、
魏振民、黎昌明、李定強、鄧光華、鄭冠球、陳安華、黎昌期、何學湛、
招德垓、余鳳乾、徐富嘉、周　淵、凌雲驥、沈耀棠、張國材、沈淑濱、
朱祝堯、劉權球、丁錦祺

第二十一屆　輪機　計三十名

馮國彥、龐文亮、江肇棠、黎子昂、江　裔、閻承烈、劉業崇、梁茂宣、
姜維邦、謝法揚、何紹志、謝瀛滸、李定國、林鴻容、謝建中、吳振群、
劉義銳、方天驥、張文安、李富元、李大同、梁祖文、鍾俊民、張新民、
盧廣雲、梁錫瓊、凌　奎、胡漢昌、林明哲、黎樹芬

第二十二屆　軍事（航海）　計二十名

潘植梓、劉次乾、馮翊志、劉定邦、譚祖德、方富捌、謝炳烈、林永裕、盧珠光、李北洲、朱文清、陳慶堃、阮紹霖、和錦忠、趙慕西、黃思研、黎宗原、鍾漢波、蔡惠強、李榮安

本章圖片來源

作者翻攝於海軍軍史館

頁280、281、284、285。

沈天羽編著，《海軍軍官教育一百四十年》，台北：海軍司令部，2011年。

頁292、294、309、310、311、312、313、314三張、323、324、328。

沈天羽提供

頁297、318、319、320、321。

第五章　民國時期的東北海軍

提要

東北海軍是民國海軍四大派系之一，其源自民國北洋政府的吉黑江防艦隊。民國11年春，第一次直奉戰爭，張作霖敗北，開始著手興建海軍，以沈鴻烈為主事者，從接管吉黑江防艦隊為基礎，建立東北海軍。接著沈氏運用權謀併編直系所屬之渤海艦隊，東北海軍因而成了當時中國最強大的海軍。

然而好景不常「九一八事變」後，日軍緊接攻佔東三省及熱河，東北海軍失去東三省的財源之地及江防艦隊。且隨著東北海軍南遷青島後，內部人事紛擾加劇，最後導致海圻、海琛、肇和等三大軍艦叛離，東北海軍至此不振，被南京政府收編為海軍第三艦隊。抗戰軍興後，海軍第三艦隊奉命內遷，幾經整併，最終東北海軍遂成為歷史。

東北海軍的歷史並不是很長，但其在民國海軍史或者是民國史上，仍有相當重要的地位。尤其東北海軍官兵曾為捍衛東北邊防之安全，在同江抗俄一役，犧牲慘烈。另外，東北海軍創辦航警學校（爾後更名為青島海軍學校），為我國海軍培育及造就不少海軍及航運業人才，貢獻良多。

壹、前言

民國時期中國海軍有閩系、東北、粵系及電雷等四大派別。其中東北海軍建軍較晚於閩系及粵系海軍，遲直民國 11 年 5 月，張作霖併編原北洋政府的吉黑江防艦隊。之後東北海軍在國民革命軍北伐期間又併編了渤海艦隊，至此進入了全盛時期。在東北海軍全盛時期，擁有大小艦隻 27 艘，總噸位 32,200 噸，艦上官兵 3,300 人，佔當時中國海軍的 61%。不過東北海軍發展的快速，其衰弱也快。

民國 20 年 9 月 18 日，日本關東軍發動「九一八事變」，緊接著東三省及熱河被日本所竊佔，東北海軍喪失江防艦隊及主要的經濟來源。之後海軍內部又遭逢兩次謀反主要掌權人沈鴻烈的嚴重內鬨，結果造成海圻、海琛、肇和等三大軍艦叛離，東北海軍至此不振，最終被南京政府收編為海軍第三艦隊。

民國26年7月7日，日軍發動「盧溝橋事變」，自此抗戰軍興。抗戰初期，海軍第三艦隊所屬艦艇大多自沉於青島及威海衛，所屬機構及艦艇官兵、海軍陸戰隊、青島海軍學校師生則由青島內遷，繼續從事抗戰及教育工作。爾後幾經整併，最終東北海軍遂從歷史舞台淡出消失。

國內研究東北海軍建軍發展歷史並不多見，主要有曾金蘭，《沈鴻烈與東北海軍（1923-1933）》及陳孝惇，〈東北海軍的創建與發展〉（收錄在《海軍歷史與戰史研究專輯》）。《沈鴻烈與東北海軍（1923-1933）》是曾金蘭的東海大學歷史研究所碩士學位論文，曾文以東北海軍實際創建及領導人沈鴻烈為核心，去探討東北海軍創建及興衰過程，其頗具學術價值。陳孝惇任職於海軍司令部，長期從事國軍海軍歷史之研究，是臺灣知名研究民國海軍的學者，其著〈東北海軍的創建與發展〉，則是一篇通論敘述文章，可作為研究東北海軍歷史之入門文章。

惟《沈鴻烈與東北海軍（1923-1933）》乙文成書年代較早，另〈東北海軍的創建與發展〉乙文則未註明該文引用史料之出處。而且近二十年來，臺灣及大陸兩地陸續有相關研究東北海軍之史料出現。因此筆者欲以前人研究為基礎，並參考近二十年國內外有關東北海軍、民國海軍史的相關史料、書籍，就東北海軍創建發展的歷程，做一個較全面的綜整與研究。

貳、東北海軍的創建與初期發展

一、東北海軍成軍之緣起

長期以來，我東北松花江及黑龍江航行權被俄國所控制，直至民國6年10月，俄國發生「十月革命」建立紅色共產政權。翌（7）年7月，美日等協約國以「共同干涉」之名，出兵俄國西伯地亞遠東地區。時我國政府也派海軍代將林建章率海容艦及宋煥章團，隨美日干涉軍進駐俄國海參崴。在此國際背景下，我國作為干涉國，企圖接收黑龍江及烏蘇里江的航行權，重建東北江防。

另一方面自俄國「十月革命」後，一些在松花江、黑龍江及烏蘇里江經營航運的白俄船主，見大勢已去，紛紛出售船隻，於是我國商人集資經營航運，以「交通銀行」投資創辦之「戊通航業公司」規模最大。由於當時黑龍江流域有白俄勢力，又有藉「共同干涉」俄國革命之名的大批日軍，以致我國船舶航行時常受其襲擾。此外，松花江、黑龍江及烏蘇里江的匪患亦十分猖狂，商旅苦之。因此，吉林、黑龍江兩省紳民多次陳請北洋政府派軍艦保護，黑龍江省督軍鮑貴卿亦不斷促請北洋政府迅速籌辦東北江防。[1]

民國7年5月，北洋政府海軍部以東三省松花江及黑龍江兩江航權為俄人佔據，為鞏固國防，保護航權，遂派王崇文前往黑龍江省勘察松花江、黑龍江兩江情況，並於內部成立「江防討論會」，專司其事。王崇文勘察完畢後，向海軍部匯報了規劃江防之辦法，建議在哈爾濱設立江防司令部。同年12月，創設吉黑江防此案經呈北洋政府國務會議決議，批歸由海軍部籌辦。8年7月2日（一說6日），海軍部為了保護航權，於哈爾濱設立「吉（林）黑（龍江）江防籌辦處」，任王崇文為處長，歸海軍總司令節制。旋由王崇文呈擬江防編制與陸戰隊配置辦法，任林志翰為陸戰隊隊長（7月15日到任），由

[1] 參閱一、王時澤，〈東北江防艦隊〉，收錄在《遼寧文史資料》，第7輯，頁67。二、吳杰章，《中國近代海軍史》（北京：解放軍出版社，1989年），頁286-287。三、陳書麟，《中華民國海軍通史》（北京：海潮出版社，1993年），頁207-208。

海軍部令准照辦。[2]

民國8年7月，海軍部呈請北洋政府核准，決定由上海海軍總司令公署所屬第二艦隊，抽調江亨、利捷、利綏、利川等4艘軍艦，以充實吉黑江防。[3]7月21日，江亨等4艘軍由靖安運輸艦護送，以江亨艦艦長陳世英中校為隊長，率領各艦自上海高昌廟起航。8月5日到達海參崴。欲取道俄國韃靼海峽尼古拉耶夫斯克（俗稱廟街），歷經1年以上（期間因受到白俄、日軍的阻擾，及在廟街過冬長達數個月之久），後經伯力駛入松花江，於翌（9）年10月始抵達哈爾濱，歸吉黑江防司令部管轄。[4]

吉黑江防司令部有鑑於松花江、黑龍江兩江綿亘數千里，4艘軍艦巡防能力不足，遂於民國9年4月，呈請北洋政府海軍部向戊通航業公司購買江甯、同昌、江津等3艘商船改裝為軍艦，分別命名為江平、江安、江通。又經新任吉林督軍鮑貴卿兼中東鐵路督辦同意，撥用中東鐵路第六處巡邏砲艇命名為利濟。至此，吉黑江防司令轄有江亨、利捷、利綏、利川、江平、江安、江通及利濟，共計有8艦，合計2,070噸。[5]

民國9年6月，北洋政府海軍部將吉黑江防籌備處改稱「吉黑江防司令公署」，設於哈爾濱道外北十七道街，王崇文任少將司令。[6]吉黑江防司令公署直屬海軍部，不歸海軍總司令公署領導，惟關於艦隊事宜，仍應秉承海軍總司令辦理。吉黑江防司令公署下設：參謀、秘書、副官、書記、輪機、軍

2 參閱一、孫建中，《中華民國海軍陸戰隊發展史》（台北：國防部史政編譯室，民國99年），頁34。二、陳書麟，《中華民國海軍通史》，頁208。三、劉傳標，《中國近代海軍職官表》（福州：福建人民出版社，2004年），頁113。四、〈海軍大事記（1912-1941）〉，頁1029。五、〈海軍陸戰隊沿革〉，頁97。六、海軍總司令部編印，《海軍大事記》，第一輯，民國57年，頁46,49。

3 范杰，〈我在東北海軍的回憶〉，收錄在《文史資料存稿選編》（北京：中國文史出版社，2002年），頁218。

4 參閱一、王賢楷，〈海軍艦艇過廟街紀實〉，收錄在《文史資料存稿選編》（北京：中國文史出版社，2002年，頁230,232。二、王時澤，〈東北江防艦隊〉，收錄在《遼寧文史資料》，第七輯，頁68。三、陳書麟，《中華民國海軍通史》，頁208記：以靖安艦長甘聯璈為隊長，率4艦北航。9。

5 參閱一、海軍總司令部編印，《海軍大事記》，第一輯，民國57年，頁51。二、陳孝惇，〈東北海軍的創建與發展〉，收錄在《海軍歷史與戰史研究專輯》（台北：海軍學術月刊社，民國87年），頁156。三、范杰，〈我在東北海軍的回憶〉，頁218。四、蘇小東，《中華民國海軍史事日誌（1912.1-1949.9）》（北京：九洲圖書出版社，1999年），頁171。

6 黑龍江省地方志編纂委員會，《黑龍江省志－軍事志》（哈爾濱：黑龍江人民出版社，1994年），頁44。

需等6處。[7]同（6）月，吉黑江防司令公署奉令酌胡匪（鬍匪）妨害吉黑江輪，我艦航路因日軍監守俄境廟街受阻各案。是年，海軍部訂定吉黑江防司令公署編制令，呈請北洋政府大總統公布；又部定利濟、江平、江安、江通各艦編制表頒行之。[8]

由於吉黑江防艦隊的實力較為單薄，因此難以承擔並實施對外防務，對內防務也僅限於松花江。有鑑於護航任務的性質，艦隊遂決定將松花江分段護航及設防；江亨艦負責同江至富錦段，利捷艦負責富錦至佳木斯，利綏艦負責佳木斯到依蘭（三姓），利濟艦負責依蘭到通河，江安艦負責通河到新甸，江平艦負責新甸到哈爾濱，哈爾濱上游由江通艦負責巡防。此外，還沿江要衝分駐陸戰隊，與艦隊協同防守；必要時可由艦隊撥派官兵隨同商船航行，沿途護航。因此吉黑江防艦隊的成立，對於加強東北江防和保障商旅安全，應有一定的貢獻。[9]

吉黑江防艦隊建立伊始，因為直隸海軍部，不歸海軍總司令公署領導，因此海軍總司令部對江防艦隊有關武器及員兵補給，漠不關心。而且江防艦隊經費，原由海軍部供應，但北洋政府支付不出，以致自民國8年至11年，3年內積欠官兵薪餉長達10個月，官兵人心浮動，對海軍部不滿，要求擺脫困境，遂產生改隸東北軍之舉動。

此時東北軍（奉軍）領導人張作霖尚無建立海軍的構想，直至民國11年5月，第一次直奉戰爭，東北軍敗北，在沿北寧線撤往關外途中，在山海關內外受制於薩鎮冰指揮的北洋政府海軍艦砲射程內。時張作霖乘坐的火車幾乎被敵方海軍艦砲擊中，為此張作霖深感建設海軍的重要。[10]吉黑江防艦隊因北洋政府積欠官兵薪餉長達10個月之久，司令王崇文苦於它法，遂透過參議楊宇霆與張作霖協議，將吉黑江防艦隊改隸張作霖的東三省自治政府（東北邊防司令長官公署）管轄。民國11年5月，張作霖吞併原北洋政府海軍部

[7] 參閱一、陳孝惇，〈東北海軍的創建與發展〉，頁156。二、范杰，〈我在東北海軍的回憶〉，頁218。三、劉傳標，《中國近代海軍職官表》，頁113-114記：吉黑江防司令公署下設：參謀、秘書、翻譯、副官、書記、輪機課、軍需課及海參崴辦事處。

[8] 海軍總司令部編印，《海軍大事記》，第一輯，頁52,54。

[9] 《東北年鑑》（軍事：海軍）（瀋陽：東北文化社，民國20年），頁301。又同（301）頁記：自江防成立至今，沿江上下，胡匪滋擾之事，幾無聞，而行旅者得以又安矣。

[10] 參閱一、范杰，〈我在東北海軍的回憶〉，頁218。二、陳書麟，《中華民國海軍通史》，頁211。三、郝秉讓，《奉系軍事》（瀋陽：遼海出版社，2000年），頁76。

直轄的吉黑江防艦隊。吉黑江防艦隊改隸後，江防艦隊司令仍由王崇文充任。

二、沈鴻烈任航警處處長掌控東北海軍兵符

民國11年8月，張作霖在其總部內設立航警處，以陸海軍人員聯合組成。最初航警處長由張作霖兼任，稍後王崇文推薦畢業於日本海軍學校的江防防艦隊參謀長鄂人沈鴻烈為航警處處長，掌管江海防事務，所有水警、漁業、航運及吉黑江防艦隊，均歸其領導。沈鴻烈上任後，招徠其留日同學二十多人，輔助他創辦東北海軍。自此東北軍有了自己的海軍艦隊－東北江防艦隊。[11]

民國12年3月1日，吉黑江防司令公署改名為「吉黑江防司令辦公處」，正式歸東三省保安總司令部（總司令張作霖）節制。5月，王崇文因虧空公款被張作霖撤職，遺缺由江亨艦艦長毛鍾才（閩籍）升任。時人事方面運用，必須取得沈鴻烈的同意，毛鍾才對沈鴻烈亦唯命是聽。毛鍾才就任司令後，對東北江防艦隊人事做了調整。同（12）年秋，有煙台海軍學校東北籍畢業生姜炎鍾（姜西園）等數名畢業生，投效東北海軍，充任艦艇上見習生，被沈鴻烈視為將來擴展東北海軍時的首屆接班人。[12]

吉黑江防艦隊因為船艦噸位小，吃水淺，不能用於海防。張作霖創建海軍乃為與其他軍閥的海軍從事海戰為考量，顯然江防艦隊的規模與實力不能符合。於是東北軍勢必建立海防艦隊。在沈鴻烈主導下積極籌備購買軍艦，但受到民國11年的「華盛頓會議」影響，限制各國出售軍艦，加上購買軍艦之經費過於龐大，因此沈鴻烈僅能從購買舊船，改造舊船著手。[13]

民國12年7月，沈鴻烈購入一艘2,500噸的商船，改裝成軍艦，命名為鎮海，由航警學校校長凌霄充任艦長。同（12）年又向日本購買一艘2,500

---

[11] 參閱一、范杰，〈我在東北海軍的回憶〉，頁218,219。二、陳書麟，《中華民國海軍通史》，頁211。三、劉傳標，《中華民國近代海軍職官表》，頁113,118。四、王時澤，〈東北江防艦隊〉，收錄在《遼寧文史資料選輯》，第七輯，頁67。五、郝秉讓，《奉系軍事》，頁78。另劉傳標，《中國近代海軍職官表》，頁119記：航警處設總務、海事及軍需等3課。

[12] 參閱一、范杰，〈我在東北海軍的回憶〉，頁219。二、陳書麟，《中華民國海軍通史》，頁212。

[13] 郝秉讓，《奉系軍事》，頁79。

東北海軍創辦人沈鴻烈

噸報廢商船，改裝成軍艦，命名為威海。[14] 13 年 11 月，第二次直奉戰爭，直系敗北，奉軍佔領天津，接收大沽造船直系軍閥外購的一艘俄製破冰船，乃帶回改裝為軍艦，命名為定海。14 年秋，又自日本購買一艘 300 噸舊魚雷艇，命名為飛鵬。至此東北海防艦隊編制如下；艦隊長為凌霄，轄鎮海（艦長方念祖）、威海（艦長宋式善）、定海（艦長馮濤）及飛鵬（艦長謝渭清）等 4 艘軍艦。[15] 此時因航警學校的學員尚未畢業，艦上所需官兵一部分由江防艦隊調充，一部分由煙台海軍學校畢業生充任。當時東北海軍中上校級以上的軍官幾乎是沈鴻烈的留日同學，尉級軍官則多畢業於煙台海軍學校。[16]

東北海防艦隊成軍後，暫時以營口為基地，巡防於營口、葫蘆島、秦皇島沿海一帶。沈鴻烈為了節制艦船，於民國 14 年冬，在瀋陽立「東北海防總指揮部」，沈氏兼任總指揮，統領江防與海防兩支艦隊。[17] 同（14）年冬，吉黑江防司令辦公處改組為「東北海軍江防艦隊部」，由原江防司令辦公處參謀兼利綏艦長尹祖蔭升任艦隊長。[18]

三、成立東北海軍司令部

民國 15 年 1 月，東北海防總指揮部改組為「東北海軍司令部」，司令部仍設在瀋陽，統轄江防與海防兩支艦隊、江運處及海軍陸戰隊，由沈鴻烈擔任司令。從此在中華民國海軍歷史上正式出現「東北海軍」之稱謂。[19]

至於航警處處長則由威海艦艦長宋式善接任。江防艦隊部係由吉黑江防艦隊辦公處改組，駐哈爾濱，轄江亨、利捷、利通、利濟、江平、江安、江通、

---

14 參閱一、張鳳仁，〈東北海軍的建立與壯大〉，收錄在《遼寧文史資料選輯》，第三輯，頁 74。二、吳杰章，《中國近代海軍史》，頁 299。三、陳書麟，《中華民國海軍通史》，頁 213-214。

15 參閱一、吳杰章，《中國近代海軍史》，頁 300。二、陳書麟，《中華民國海軍通史》，頁 214-215。三、劉傳標，《中國近代海軍職官表》，頁 119。四、遼寧省地方志編纂委員會辦公室，《遼寧省志－軍事志》（瀋陽：遼寧科學技術出版社，1999 年），頁 67。

16 郝秉讓，《奉系軍事》，頁 80。

17 參閱一、范杰，〈我在東北海軍的回憶〉，頁 219。二、郝秉讓，《奉系軍事》，頁 81。三、陳孝惇，〈東北海軍的創建與發展〉，頁 161。四、近代中國海軍編輯部，《近代中國海軍》（北京：海潮出版社，1994 年），頁 785。五、遼寧省地方志編纂委員會辦公室，《遼寧省志－軍事志》，頁 659。

18 陳孝惇，〈東北海軍的創建與發展〉，頁 159。

19 參閱一、吳杰章，《中國近代海軍史》，頁 302。二、陳書麟，《中華民國海軍通史》，頁 213-215。三、蘇小東，《中華民國海軍史事日誌（1912.1-1949.9），頁 322。

海琛巡洋艦

江清等艦，原艦隊司令毛鍾才因在14年11月，郭松齡反奉時有附郭之嫌被撤職，改由參謀長尹祖蔭升任江防艦隊長，王時澤任參謀長。海防艦隊艦隊長為凌霄，參謀長宋式善，駐渤海長山島，轄海圻、鎮海、定海、威海及江利等4艦。[20]

民國15年5月，東北海軍成立水上飛機隊，此為中國海軍有海軍航空隊之始。[21] 東北海軍水上飛機隊，有水陸兩用飛機10架，航空隊下設兩個中隊，[22] 由黃社旺擔任隊長。水面飛機隊在青島、葫蘆島及長山島都設立了陸上場地，而且建有水上飛機站、航空工廠、機庫，並將鎮海艦改為飛機母艦，

[20] 參閱一、劉傳標，《中國近代海軍職官表》，頁120。二、郝秉讓，《奉系軍事》，頁81。三、范杰，〈我在東北海軍的回憶〉，頁219。四、范杰，〈參加東北同江防俄戰役和利濟軍艦抗日起義的回憶〉，收錄在《文史資料存稿選編》，頁206。五、遼寧省地方志編纂委員會辦公室，《遼寧省志－軍事志》，頁661記：民國15年5月17日，張作霖成立東北海軍司令部。

[21] 遼寧省地方志編纂委員會辦公室，《遼寧省志－軍事志》，頁67,661。

[22] 遼寧省地方志編纂委員會辦公室，《遼寧省志－軍事志》，頁69。

海圻巡洋艦

這是中國最早的海軍航空兵部隊。爾後水面飛機隊改為海軍航空隊，由王壽南任隊長，並聘有俄藉航空軍官霍梅可夫、航空機械官板克夫擔任教官。[23]

東北海軍其軍階同陸軍軍官分為三等九級；即將、校、尉三等，每等區分上、中、少三級。另外，海軍還有代將一級，介於上校與少將之間，這個制度與中央海軍一樣。對於非直接指揮部隊的軍隊現役官員，則實施一種與軍官銜並行的軍佐銜。軍佐銜的等級比軍官銜少一級。海軍軍佐銜的將校同等稱監，尉級的同等稱官，前面冠以專業名稱，如軍醫總監、軍醫主監分別是中將、少將的同等官，航務大監、航務中監、航務少監分別是上校、中校、少校的同等官，一等航務官、二等航務官、三等航務官分別是上尉、中尉、少尉的同等官。[24]

[23] 參閱一、陳書麟，《中華民國海軍通史》，頁227。二、郝秉讓，《奉系軍事》，頁86。
[24] 郝秉讓，《奉系軍事》，頁94-95。

參、東北海軍全盛時期

一、東北海軍艦隊的壯大－收編渤海艦隊

東北海軍艦隊的發展與壯大，其重要的關鍵轉折點乃是收編渤海艦隊。民國13年第二次直奉戰爭結束後，直系敗北，東北軍入關，控制了北京政府。此時東北海軍雖然擁有海防及江防兩艦隊，但實力仍薄弱，尤其海防艦隊所屬的4艘軍艦，有3艘係商船改裝，另一艘亦為日本汰除的老舊魚雷艇，整體實力遠遜於當時國內閩系、粵系、渤海等艦隊。在北方直系的渤海艦隊為一支實力堅強的正規海軍，駐地在青島，擁有海圻、海琛、肇和等3艘巡洋艦，楚豫及永翔兩艘砲艦及同安1艘魚雷艦。而因直系正值兵敗，吳佩孚退居漢口，頓失憑藉，沈鴻烈建議張作霖此為兼併渤海艦隊的大好時機。

民國14年5月中旬，張作霖命令張宗昌和渤海艦隊司令溫樹德洽商收編。由於張宗昌時任山東軍務督辦，有企圖將渤海艦隊據為已有，並有所動作。於是張作霖及張學良直接插手渤海艦隊收編的事。8月中旬，張學良在秦皇島和青島檢閱了渤海艦隊。9月底，張作霖與溫樹德達成收編協議。未料實際掌控渤海艦隊的軍士長不滿與東北海軍合併，而出現鬧餉風潮，張宗昌趁機收編渤海艦隊。張宗昌命令所屬的陸軍第8軍軍長畢庶澄率兵鎮壓外，又答應發清欠餉以示撫慰。同時策動各艦公推畢庶澄任艦隊司令為由，將在天津養病的溫樹德免職。[25]

雖然張宗昌收編了渤海艦隊，但沈鴻烈對渤海艦隊仍不死心。民國15年秋，渤海艦隊主力艦海圻駛至旅順維修，沈鴻烈派凌霄等人到旅順活動，收買該艦士兵，借機譁變，艦長袁方喬控制不住情勢逃亡，副艦長張衍學率海圻艦歸附張作霖，正式編入東北海防艦隊，駐泊於渤海長山島東北海軍基地。[26]

---

[25] 郝秉讓，《奉系軍事》，頁81-82。另張萬里，〈沈鴻烈及東北海軍紀略〉收錄在《文史資料存稿選編》，頁252記：渤海艦隊官兵多係華北人，尤以山東榮成、文登等縣人居多，又稱文榮幫。

[26] 郝秉讓，《奉系軍事》，頁82。另陳孝惇，〈東北海軍的創建與發展〉，頁162記：袁方喬有鑑渤海艦隊連年更換主官，內部混亂，經費困難，遂即於該艦在旅順維修完成離港時，通電歸附東北海軍。

肇和軍艦

由於國內噸位最大的海圻軍艦歸附東北海軍，使東北海防艦隊之實力如虎添翼。民國 16 年 3 月，沈鴻烈為了彰顯東北海軍實力，及消除張宗昌對其不滿，遂命令凌霄率海圻與鎮海兩艦秘密南下，突襲駐泊長江吳淞口的閩系艦隊，擊傷海籌艦，並擄獲閩系海軍砲艦江利艦，使東北海軍再添實力。[27]

民國 16 年 3 月 12 日，國民革命軍攻克南京，緊接揮兵淞滬。3 月 20 日，沈鴻烈遂向張作霖建議在青島建立海軍聯合艦隊，轄領東北艦隊及渤海艦隊，並推舉張宗昌為海軍總司令，沈氏自居副司令。24 日，直魯聯軍第 8 軍軍長兼渤海艦隊司令畢庶澄從上海乘艦逃往青島。直魯軍將領紛紛要求追究畢庶澄和淞滬敗戰之責，張宗昌派副司令褚玉璞查辦。4 月 5 日，畢庶澄遭褚玉

[27] 郝秉讓，《奉系軍事》，頁 82。范杰，〈我在東北海軍的回憶〉，頁 222 記：凌霄率海圻與鎮海兩艦秘密南下，突襲駐泊長江吳淞口的閩系艦隊時間為民國 16 年秋末。另張萬里，〈北洋時期留學日本海軍大學的八個人〉，收錄在《文史資料存稿選編》，頁 188 誤記：民國 13 年，凌霄率威海與鎮海兩艦秘密南下，突襲吳淞口的閩系艦隊。張萬里，〈沈鴻烈及東北海軍紀略〉，頁 252 記：東北海軍曾兩次奇襲虎門，扼制了粵系海軍的北伐。

璞槍決，海圻艦長吳志馨升任渤海艦隊司令。[28]

7月19日，原東北海防艦隊及海圻、江利兩艦改編為海防第一艦隊，司令為沈鴻烈，轄海圻、鎮海、定海、江利、威海、飛鵬等6艘艦艇。渤海艦隊改為第二艦隊，司令吳志馨（由凌霄代理），轄海琛、肇和、永翔、楚豫、海鶴、海靖、同安等8艘艦艇。[29]

凌霄於8月1日就職第二艦隊司令，擬將第二艦隊依第一艦隊之編制改組，裁撤龐雜機構以節省軍餉，同時更換肇和、海琛、華甲等3艦正副艦長，更換永翔、楚豫、同安、海鶴、海靖等5艦正副艦長，以及司令部與各艦內部職員。凌霄的人事調動，導致第二艦隊上下官佐人心惶惶，力圖反抗。8月4日晨，第二艦隊官兵將肇和、海琛、華甲、永翔、楚豫、海鶴、海靖等軍艦，開往青島港外，並作出三點要求：（一）釋放前任司令吳志馨、趙梯崑及胡文熔兩名艦長。（二）發清所積欠6個月軍餉。（三）另推舉司令不受沈鴻烈節制。[30] 沈鴻烈一方面宣布青島戒嚴，另一方面電請張宗昌出面。最後由新任海琛艦艦長李國堂出面，暫時化解雙方敵對情勢。[31]

渤海艦隊官兵的嘩變，並不能改變沈鴻烈對渤海艦隊整編之決心，沈氏乃說服張宗昌親至青島處理渤海艦隊官兵嘩變之事，並趁張宗昌對海琛、肇和兩艦官兵訓話時，命令預備的官兵控制兩艦武器及通信設備，待張宗昌訓

---

[28] 民國13年3月，北洋政府成立渤海艦隊，由溫樹德任司令，並於艦隊內成立海軍陸戰隊，由溫樹德兼任陸戰隊司令。參閱劉傳標，《中華民國近代海軍職官表》，頁117。另渤海艦隊陸戰隊平時甚少操練，官兵經常在駐地青島街上閒逛，加上軍紀欠佳，被青島市民譏諷為「土匪陸戰隊」。參閱張萬里，〈從護法艦隊到渤海艦隊〉，收錄在《文史資料存稿選編》，頁242。民國15年冬，直魯軍總司令張宗昌命令畢庶澄率直魯軍第8軍及「渤海艦隊」陸戰隊赴上海作戰。參閱李毓藩，〈從護法艦隊到渤海艦隊〉，頁245。有關畢庶澄遭褚玉璞槍決乙事參閱一、李毓藩，〈從護法艦隊到渤海艦隊〉，頁245。二、近代中國海軍編輯部，《近代中國海軍》，頁847。

[29] 瀋陽：盛京時報，民國16年8月7日，第一版。東北渤海艦隊改組經過。另劉傳標，《中國近代海軍職官表》，頁121。同書頁121記：民國16年8月初，重新合併改編後第一艦轄海圻、肇和、海琛、同安及鎮海等。以渤海艦隊為海防第二艦隊，委海軍少將袁喬方艦隊長，轄肇和、海琛、同安、華甲、永翔、楚豫、海鶴、海青、海鷗等艦。同年8月初重新合併改編後轄永翔、楚豫、定海、海鶴、海青、海鷗等艦。范杰，〈我在東北海軍的回憶〉，頁223記：海防第一艦隊，委海軍少將袁方喬為艦隊長。

[30] 李毓藩，〈從護法艦隊到渤海艦隊〉，頁246記：渤海艦隊司令吳志馨因涉嫌與北伐軍勾結，被沈鴻烈誘捕押到濟南，後被槍決。

[31] 有關李國堂暫時出任渤海艦隊司令乙事參閱李毓藩，〈從護法艦隊到渤海艦隊〉，頁247。

話完畢，即接管海琛、肇和兩艦，並將海琛、肇和兩艦600餘名官兵拘禁。[32]

接著沈鴻烈對渤海艦隊的改造如下：將各艦舊艦長全部撤換，另委新人接替，懲辦為首的鬧事士兵，以儆效尤，挑其中可靠者繼續留艦；一部分送海軍訓練所訓練，其餘一律遣送回原籍。[33]不久因張宗昌與國民革命軍作戰，無暇兼顧渤海海軍，遂於民國16年8月17日，決定將渤海艦隊歸併東北海軍統一領導。渤海艦隊至此完全併入東北海軍，使東北海軍進入全盛時期。

二、整頓東北海軍－成立海軍總司令部。

東北海軍的最高領導機構原為東三省軍政府軍事部海軍署。民國16年7月12日，依據大元帥公布的海軍署官制令；在青島正式成立「海軍總司令公署」。張學良令沈鴻烈主持海軍改編的籌備工作。12月10日，改編後的「東北海軍總司令部」正式成立，張學良自兼總司令，沈鴻烈任副司令，謝剛哲為參謀長，司令部駐青島海陽路。17年6月，張作霖在瀋陽皇姑屯遇難後，其子張學良執掌了東北軍政大權。稍早5月，因日本出兵膠東。海軍總司令公署於7月，由青島移駐瀋陽。東北海軍總司令部下設秘書、參謀、副官、軍衡、軍械、軍需、軍法、軍醫等八大處。[34]

東北海軍總司令部按各艦隻的性能重新改組，各艦司令改稱艦長，將實力較強的幾艘大軍艦編為海防第一艦隊，擔任遠洋勤務。將其餘小艦艇編為海防第二艦隊，擔任近海勤務。另外，江防艦隊所轄艦艇不變，人事亦未變動。各艦隊所屬艦艇如下：

（一）海防第一艦隊

海防第一艦隊駐青島，艦隊長凌霄，轄海圻、海琛、肇和等3艘巡防艦，

32　參閱一、沈鴻烈，《東北邊防與航權》，頁7。二、沈鴻烈《消華漫筆》，頁58-59。

33　瀋陽：盛京時報，民國16年9月1日，第一版。沈鴻烈整頓青島海軍記：沈氏整頓渤海艦隊官兵嘩變五項辦法處理：一、留用。二、編練衛隊。三、送入海軍兵士教練所。四、老弱不良者裁汰。五、鼓動風潮者看管懲辦。

34　參閱一、杜畏，〈青島海軍的演變與衰亡〉，收錄在《文史資料存稿選編》（北京：中國文史出版社，2002年），頁215。二、遼寧省地方志編纂委員會辦公室，《遼寧省志－軍事志》，頁67,662。三、山東省地方志編纂委員會，《山東省志－軍事志》（濟南：山東人民出版社，1996年），頁231則記：設秘書、參謀、副官、軍衡、軍械、軍需、輪機、軍醫等八大處。

同安驅逐艦、鎮海練習艦兼飛機母艦、華甲艦運輸艦。

（二）海防第二艦隊

海防第二艦隊駐渤海長山島，艦隊長袁方喬，轄永翔、楚豫、江利等 3 艘砲艦、定海運輸艦、海鶴、海鷗、澄海、海蓬、海燕、海駿（海青）等砲艇。

（三）東北江防艦隊

東北江防艦隊駐哈爾濱，艦隊長尹祖蔭，轄江亨、利捷、利綏、利濟等 4 艘砲艦，江平、江泰、江通等 3 艘淺水砲艦，飛鷹滑艇、飛鵠滑艇、飛燕汽艇，擔任吉林、黑龍江兩省江防。[35]

東北海軍在全盛時期擁有大小艦隻 27 艘，總噸位 32,200 噸，艦上官兵 3,300 人。占當時中國海軍的 61%。[36] 至此東北海軍已有相當實力，到達了全盛時期，並與南京國民政府閩系海軍形成南北對峙的形勢。[37]

三、東北海軍的後勤體制

東北海軍總司令公署的後勤編制為；置軍需長 1 人，軍需員 4 人，掌理軍需事務，置軍需官 1 人，掌理軍醫事務；電報員 3 人，掌理收發及翻譯電報事務。民國 16 年 7 月，海軍總司令公署遷往瀋陽，更名為海軍總司令部，其後勤編制有：上中校軍械長 1 人，中少校軍械員 3 人，上中校軍需長 1 人，中少校軍醫員 2 人，少校上中尉電信官 5 人，看護副軍士長 1 人，電信副軍士長 1 人，電信上士 6 人，電信中士 5 人，軍役 18 人。[38] 東北海軍的後勤機構主要為軍械司、軍需司及軍務處：

（一）軍械司

軍械司職掌的事務為：關於沿江、沿海水雷、魚雷、要塞砲及各艦隊槍

[35] 參閱一、陳書麟，《中華民國海軍通史》，頁 219-221。二、張德良，《東北軍史》（瀋陽：遼寧大學，1987 年），頁 38。三、遼寧省地方志編纂委員會辦公室，《遼寧省志－軍事志》，頁 67。四、包遵彭，《中國海軍史》，頁 881-883。另陳孝惇，〈東北海軍的創建與發展〉，頁 163 記：東北江防艦隊轄江亨、利捷、利綏、利濟等 4 艘砲艦，及江平、江安、江泰、江清、江通等 5 艘淺水砲艇。又同書頁 162 記：飛鵬魚雷艇因難以補充武裝而淘汰，威海艦體小質薄，不易改裝，也不再編入序列。

[36] 張德良，《東北軍史》，頁 38。

[37] 陳孝惇，〈東北海軍的創建與發展〉，頁 163。

[38] 郝秉讓，《奉系軍事》，頁 145-146。

砲配置事項；關於海軍台壘、廠塢、營庫、橋樑、碼頭、燈塔、燈桿、浮樁之建築、修理及管理事項；關於海軍之槍砲、水雷、魚雷、火藥、子彈及其他一切軍械之制式、支給、交換、檢查事項。關於海軍通信之氣球用之器具材料及其支給、交換事項；關於各項器具材料之經理及檢查事項；關於造船塢之設配及管理事項；關於艦艇之製造、修理事項；關於艦艇之購買、監察事項；關於海軍各軍械之製造、修理、購買等事項；關於海軍各項器具材料之製造、修理、購買等事項。軍械司設司長一人，科長 10 人（上中少校、輪機上中少校、造艦大中少校、技正各 1 人）、司副官、科員若干人，分理以上事務。

（二）軍需司

軍需司的職掌為：關於軍服之經理及檢查事項；關於軍服、煤碳等給予之規定事項；關於平時、戰時煤碳之給予及戰用煤碳之準備事項；關於經費出納預算、決算一切事項；關於會計、稽核事項；關於海軍官地事項；關於軍需運用事項；關於規定俸給及其旅費一切事項；關於各種給予軍需規定之審查事項；關於掌管出納之官吏各事項；關於與財政官署有關係事項。軍需司設司長 1 人，科長 3 人（軍需大中少監各 1 人）、司副官、科員若干人，分理以上事項。

（三）軍務處

東北海軍署沒有單獨成立軍醫及電務機構，其職能由軍務處執行，具體職掌為；關於海軍醫院及海軍紅十字會事項；關於身體檢查；關於診斷傷病之免除兵役各事項；關於防疫及衛生事項；關於衛生人員之考核事項；關於無線電信事項；關於衛生報告統計及衛生船員學術研討事項。軍務處設軍醫大中少監執行醫療衛生事務；設技正科長掌管無線電通信事務。[39]

（四）海軍艦隊後勤編制

海軍總司令公署以原東北江海防艦隊為海軍第一艦隊，以原渤海艦隊為海軍第二艦隊。海軍第一艦隊司令部的後勤編制有；軍械員 1 員，軍需長 1 人，

39 有關東北海軍後勤機構軍械司、軍需司及軍務處內容參閱：中國第二歷史檔案館編，《中華民國史檔案資料匯編》，第三輯，軍事（一）下，（南京：江蘇古籍出版社，1991 年），頁 42-43。

軍需員 5 人，軍醫官 1 人，電報員若干人。海軍第二艦隊的後勤編制有：軍需員 2 人，電報員若干人。各軍艦的後勤編制與北洋系基本一致，每艦置軍醫（軍醫正或軍醫副）1 至 2 人，軍需（軍需正或軍需副）1 至 3 人，電信官（正、副）2 人，設木工、電燈匠、管油、管汽及其他軍役若干人。海軍總司令公署改編為東北海軍總司令部後，下轄東北海軍第一艦隊、第二艦隊和江防艦隊司令部，後勤編制有軍械員、軍醫員、軍需員、電信員、軍役等後勤人員。[40]

四、東北海軍之附設機構

（一）東北聯合航務總局

沈鴻烈掌管了航警處，統領江防、海防兩支艦隊，隨著東北政權的擴大，東北海軍艦隊實力也逐漸壯大。此時東北政府設有最高機構政務委員會，沈鴻烈兼任該會委員之一，並在該會內設有航政處，由航警處處長宋式善兼任。另外，沈鴻烈建議東北政府接收交通銀行投資創辦的戊通公司（該公司有客輪、貨船數十艘，總公司設在哈爾濱，因開支浩大，又值鬍匪充斥，業務不振），嗣後改組為東北航務局，沈鴻烈任該局董事會董事長。改組後，因改善經營，業務大有起色。其時，江防艦隊配合沿江各地方軍隊，清剿鬍匪，各艦並作分段護航。自此，航運也獲得安全的保障。於是許多航商，都加入航務局統一管理經營，並改名為「東北聯合航務總局」。該局與東北海軍在經費、人員、物資上都有關係。[41]

（二）海軍江運處

民國 11 年，中東路航務處副處長王錫昌報稱：中東路在俄國海參崴之碼頭財產悉被赤俄沒收。[42] 而中東路船隻自民國 13 年令行禁航後，擱置兩年等於廢棄，深為可惜，而每年看船修理亦需開支，故我方亦將中東路在哈爾濱之輪船 11 艘，拖船 30 艘及中東路航務局附屬財產，於 8 月 21 日由東北海

[40] 郝秉讓，《奉系軍事》，頁 145-146。

[41] 參閱一、范杰，〈我在東北海軍的回憶〉，頁 221。二、楊志本，《中華民國海軍史料》（北京：海洋出版社，1987 年），頁 988。

[42] 沈鴻烈，《東北邊防與航權》，民國 42 年，作者自刊，頁 33。

東北海軍航空隊首次試飛，由第二屆畢業生英
占敖駕駛由青島航向劉公島（塢內水上）。

軍江防艦隊接管。[43]8月31日，沈鴻烈把從中東鐵路航務處接收過來的船舶、碼頭、船塢、宿舍等資產集中管理，設立「海軍江運處」。[44]以海軍上校尹祖蔭為處長，直隸吉黑江防司令部以示與東北航務局有別。唯其中輪船部分併入東北航務局聯合經營。至此東北航權為外人獨占之情況亦全部告終。[45]

[43] 參閱一、《東北大事記》，頁624。二、《東北年鑑》（軍事：海軍），頁502-503。

[44] 參閱一、《東北大事記》，頁624。二、楊志本，《中華民國海軍史料》，頁988。

[45] 陳書麟，《中華民國海軍通史》，頁225。另沈鴻烈，《東北邊防與航權》，頁34記：海軍江運處為了與東北航務局有別，唯船舶營業仍由航務局代辦，另立帳簿結算，以免浪費。

（三）東北造船所

民國 17 年 4 月成立，所址位於哈爾濱江北（原中東航務處廠址擴建），係利用東北航務局修船課之基礎，並由海軍江運處將接管之中東鐵路江北船塢廠房及機器設備等擴充而成，任邢契莘為所長，業務主要為；修理吉黑江防艦隊及航務局全部船隻，並修造小部分新船。[46]

（四）海軍工廠

民國 17 年底成立於青島，主要業務是維修軍艦。18 年附設無線電機工廠，東北海軍各機關及軍艦即已裝置無線電台。[47]

（五）水道測量局

民國 18 年 4 月成立，該局設在哈爾濱航務局附近，任儲鎮為局長，以海軍測量隊和江運處的挖泥船為主體，從事測量及疏導松花江、黑龍江及烏蘇里江等航道為任務。[48]

（六）航政局

航政局設於哈爾濱市內，任曾廣欽為局長，管理檢查船舶及審定船員引水資格等事務。[49]

（七）海軍附設農場

海軍附設農場設於哈（爾濱）綏（芬河）鐵路之山市站，任王照襄為場長，以拖拉機開墾稻田，農民大部用朝鮮人。辦場目的，累積資金，為海軍病、老、傷、殘人員謀福利。[50]

（八）東北海軍編譯局

東北海軍編譯局設於瀋陽（「九一八事變」後，移設天津），任劉華式

[46] 參閱一、曾金蘭，《沈鴻烈與東北海軍（1923-1933）》（東海大學歷史研究所碩士學位論文，民國 81 年 1 月），頁 109。二、范杰，〈我在東北海軍的回憶〉，頁 221。三、陳書麟，《中華民國海軍通史》，頁 225。

[47] 陳孝惇，〈東北海軍的創建與發展〉，頁 169。

[48] 參閱一、范杰，〈我在東北海軍的回憶〉，頁 221。二、曾金蘭，《沈鴻烈與東北海軍（1923-1933）》，頁 110。

[49] 范杰，〈我在東北海軍的回憶〉，頁 221。

[50] 參閱一、范杰，〈我在東北海軍的回憶〉，頁 221。二、楊志本，《中華民國海軍史料，頁 989。三、陳書麟，《中華民國海軍通史》，頁 227。

為局長，出版「海事月刊」，以編譯中外海事資料為主要內容。隨後又增刊「四海消息」，以倡導海軍、海權、海運和海產等事業，增進國人重視海洋知識為宗旨。[51]

五、東北海軍陸戰隊之組建

民國 17 年 12 月，東北海軍陸戰隊成軍，其編制為轄陸戰隊第 1 大隊及第 2 大隊，大隊長分別為張赫炎、李潤青。每大隊轄 4 個中隊，每中隊轄 3 個分隊。[52] 時陸戰大隊兵力相當於陸軍 1 個營約 600 人，兩個陸戰大隊共計 1,200 餘人。東北海軍陸戰隊成立後，駐地甚廣，計有青島、煙台、長山八島、吉林及黑龍江省沿江等處。20 年，東北海軍陸戰隊增設補充大隊，大隊長為尹祚乾。[53] 另外，東北海軍陸戰隊的後勤人員設置種類繁多，每大隊編制有上尉軍需官 1 人，上尉軍醫 1 人，准尉司務長 4 人，司藥 1 人，修械上士 1 人，一等看護兵 4 人，槍匠 4 人，皮匠 4 人及伙夫 35 人。[54]

肆、東北海軍教育訓練的發展

東北軍在自身的發展過程中，建立起獨具一格的海軍。海軍是技術專業性較強的軍種，要求軍官和士兵具有較強的專業知識和技能，而這些知識與技能的形成，必須經過專門的培養和訓練。所以東北海軍的建立與發展始終以軍校教育為前提。[55]

---

51 參閱一、范杰，〈我在東北海軍的回憶〉，頁 221。二、陳書麟，《中華民國海軍通史》，頁 227。

52 遼寧省地方志編纂委員會辦公室，《遼寧省志－軍事志》，頁 70。

53 參閱一、孫毓民，《中國海軍陸戰隊史料》，民初至抗戰篇，東北海軍陸戰隊沿革與演變。二、張德良，《東北軍史》，頁 92-93。三、郝秉讓，《奉系軍事》，頁 85。另國防部史政編譯局編印，《國民革命軍建軍》，第二部：安內與攘外（二），民國 82 年，頁 1452。及張德良，《東北軍史》，頁 144 均誤記：李潤青於民國 18 年 10 月 12 日，於黑龍江同江抗俄戰爭中陣亡。田榮，《威海軍事史》（濟南：山東大學出版社，2005 年），頁 72 記：民國 19 年 10 月 1 日，東北海軍陸戰隊第 2 大隊大隊長李潤青率領 1 個大隊（兵力約 600 人）駐防山東威海衛，隊部駐後營，所屬各部則分駐城區及柳林村等地。21 年，駐威海衛陸戰第 2 大隊移防青島。劉傳標，《中華民國近代海軍職官表》，頁 213 記：李潤青於 18 年 10 月 12 日，同江戰役被蘇軍俘虜。19 年 10 月 11 日，獲釋（獲釋日期有錯誤）。

54 郝秉讓，《奉系軍事》，頁 146。

55 郝秉讓，《奉系軍事》，頁 195。

東北航警學校第二屆學生

一、葫蘆島航警學校創建與變遷

民國 11 年 8 月，東北海軍設立航警處，作為籌辦東北海軍的領導機構，委任日本海軍學校畢業的沈鴻烈為處長。沈鴻烈深知要創辦東北海軍，首先必需培養自己的海軍人才。另有鑑於昔日江防艦隊員兵的補充，多自招募或投效，此時正值改組，為了解決兵員的補充，故上任後即創辦航警學校。[56] 經張作霖批准及調撥經費，12 年 1 月葫蘆島航警學校於奉天省錦西縣葫蘆島砲台山八號洋樓建校。4 月 1 日，學校開學。[57]

[56] 范杰，〈我在東北海軍的回憶〉，頁 218。沈鴻烈向張作霖要求興辦海軍三大事項：一、造就海軍人才。二、購置軍艦船隻。三、開撥海軍經費。瀋陽：盛京時報，民國 12 年 10 月 16 日，第二版。

[57] 參閱一、遼寧省地方志編纂委員會辦公室，《遼寧省志－軍事志》，頁 659。二、郝秉讓，《奉系軍事》，頁 195。三、《東北年鑑》（軍事：海軍）（民國 20 年），頁 303。四、劉傳標，《中國近代海軍職官表》，頁 145。另張萬里，〈北洋時期留學日本海軍大學的八個人〉，頁 184 記：張作霖為了避免與北京政府對立，乃稱航警學校。

第二屆學生在葫蘆島校門前合影

民國16年夏，渤海艦隊歸併東北海軍後，東北海軍規模擴大。20年6月，葫蘆島航警學校第三屆學生（航海甲班）26名學生畢業，同時學校更名為葫蘆島海軍學校，且該校由國民政府軍事委員會東北行營管轄。[58] 另甄選哈爾濱商船學校肄業已兩年之航海學生26名，併入該校第三期。前此該校招考學生入學程度均為舊制中學畢業，第四期則改招初中一、二年級程度之學生，並於授課前先派往艦上練習6個月，以堅定其意志。該校除了第二期及第五期學生之一部分學習輪機科，其餘均習航海科。該校除海軍課程外，同時亦兼重陸戰，每年暑假作海上巡航練習。[59]

民國20年9月18日，日本關東軍在瀋陽發動「九一八事變」。同日，

[58] 參閱一、楊志本，《中華民國海軍史料》，頁64。二、蘇小東，《中華民國海軍史事日誌（1912.1-1949.9）》，頁461。三、《東北年鑑》（軍事：海軍）（民國20年），頁303。

[59] 劉廣凱，《劉廣凱將軍報國憶往》（台北：中央研究院近代史研究所，民國83年），頁7。

航警學校時期校舍，該建築原為葫蘆島上之飯店

日軍進犯葫蘆島。葫蘆島海軍學校遷往威海衛劉公島，改稱劉公島海軍學校。[60] 葫蘆島海軍學校遷往威海衛劉公島後，因東三省航警處已撤銷，遂改隸北平綏靖公署。21 年 4 月，復將停辦之哈爾濱商船學校未畢業駕駛班學生 30 名（一說 23 名）併入威海衛海軍學校，作為第三屆航海乙班學生。22 年 8 月，東北海軍學校由威海衛遷移至青島東鎮若鶴兵營（原德軍騎兵部隊營址），學校校名亦更名為青島海軍學校，改隸於軍事委員會北平分會，由劉襄任校長。[61]26 年 1 月，青島海軍學校直隸於軍事委員會。

民國 26 年 7 月 7 日「盧溝橋事變」，自此抗戰軍興。青島海軍學校隨第三艦隊由青島撤遷至漢口。27 年春，再遷宜昌。同（27）年 7 月，以中央海軍電雷學校及廣東黃埔海校學生先後併入該校，因宜昌校舍不敷，加以戰事吃緊，乃於 11 月再遷校四川萬縣獅子寨賀家花園，歸軍政部管轄，此後奉令停止招收新生。至 29 年 9 月，戰前招收第五期學生全部畢業，乃告停辦。

60 蘇小東，《中華民國海軍史事日誌（1912.1-1949.9）》，頁 465。

61 參閱一、劉廣凱，《劉廣凱將軍報國憶往》，頁 7。二、蘇小東，《中華民國海軍史事日誌（1912.1-1949.9）》，頁 489,526。三、鍾漢波，《四海同心話黃埔－海軍軍官抗日箚記》（台北：麥田出版社，1999 年），頁 189。

（上圖）青島海軍學校於青島時期之校門與校舍，此處後來為抗戰勝利後新制海軍軍官學校遷校青島後學生總隊所在。
（下圖）青島若鶴兵營校舍

總計青島海軍學校航海科畢業學生共4屆6班，共計278人，輪機科畢業學生共3屆3班，計150人。[62]

二、葫蘆島航警學校組織與教育班隊

葫蘆島航警學校首任校長由沈鴻烈留日海軍同學海軍上校凌霄擔任，[63]教育長為海軍中校方念祖，學監為海軍少校戴修鑒。以下設兵學教官分講航海、船藝、槍砲、魚雷、輪機、氣象、海洋、海戰術、砲戰術等課程。另開設有普通學科，教官分講大學數學、物理、化學等課程。[64]

航警學校初創時教職員大多用留學日本的人員，在教學內容、教學方式及學生管理上，仿照日本海軍士官學校。後來教職員逐漸改用煙台海軍學校出身的，制度也仿照煙台海軍學校，教材也多譯自日文課本。課程安排上以術科為主，學科為輔。在思想上，重視精神教育，強調忠孝愛國和等職服從之意識，並注意國家思想之培植、個人道德之修養，不主張學生過問政治。[65]

航警學校開辦之始，一切簡陋，設備不全，編制不大。設備有圖書儀器室、兵器室、魚雷室。儀器有測儀、六分儀、水平儀、望遠鏡、測距儀、羅經等。海陸軍的大小兵器，魚雷多係日本三八式魚雷，水雷亦多購自日本，

---

[62] 參閱一、海軍總司令部編印，《中國海軍的發展與締造》，民國54年，頁203。二、海軍總司令部編印，《海軍抗日戰史》，上冊，民國83年，頁221-222。三、鍾漢波，《四海同心話黃埔－海軍軍官抗日箚記》，頁105,109。劉廣凱，《劉廣凱將軍報國憶往》，頁16記：抗戰軍興後，青島海軍學校先遷往南京，次遷宜昌，最後播遷四川萬縣。停辦時間為31年秋。范杰，〈我在東北海軍的回憶〉，頁227則記：稍後青島海軍學校由校長劉襄率領員生自青島先期遷到湖北宜昌。此外，劉傳標，《中國近代海軍職官表》，頁273記：青島海軍學校遷到四川萬縣繼續上課，30年夏停辦。另劉廣凱，《劉廣凱將軍報國憶往》，頁16記：抗戰期間，青島海軍學校的教育設備，多半是因陋就簡，缺乏教育器材及實驗設備，師資程度良莠不齊。且學校屬軍政部管轄，海軍總部無法對學校給予支援。

[63] 歷任校長為凌霄（12至13年）、劉田甫（14至17年）、吳兆林（17至19年）、黃緒虞（19至20年）、王時澤（20年至22年）、劉襄（22年至29年）。參閱海軍總司令部編印，《中國海軍的發展與締造》，民國54年，頁203。另張萬里，〈沈鴻烈及東北海軍紀略〉，頁251記：青島海軍學校歷任校長王時澤（20年至22年）、劉襄（22年至26年）。劉傳標，《中國近代海軍職官表》，頁273則記：校長為吳兆蓮（18年前任）、黃緒虞（21年任）、劉襄（22年7月1日任）、王時澤（26年夏任）。

[64] 郝秉讓，《奉系軍事》，頁195。

[65] 參閱一、楊志本，《中華民國海軍史料》，頁64。二、陳孝惇，〈東北海軍的創建與發展〉，頁165。三、高曉星，《民國海軍興衰》（北京：中國文史出版社，1989年），頁131。

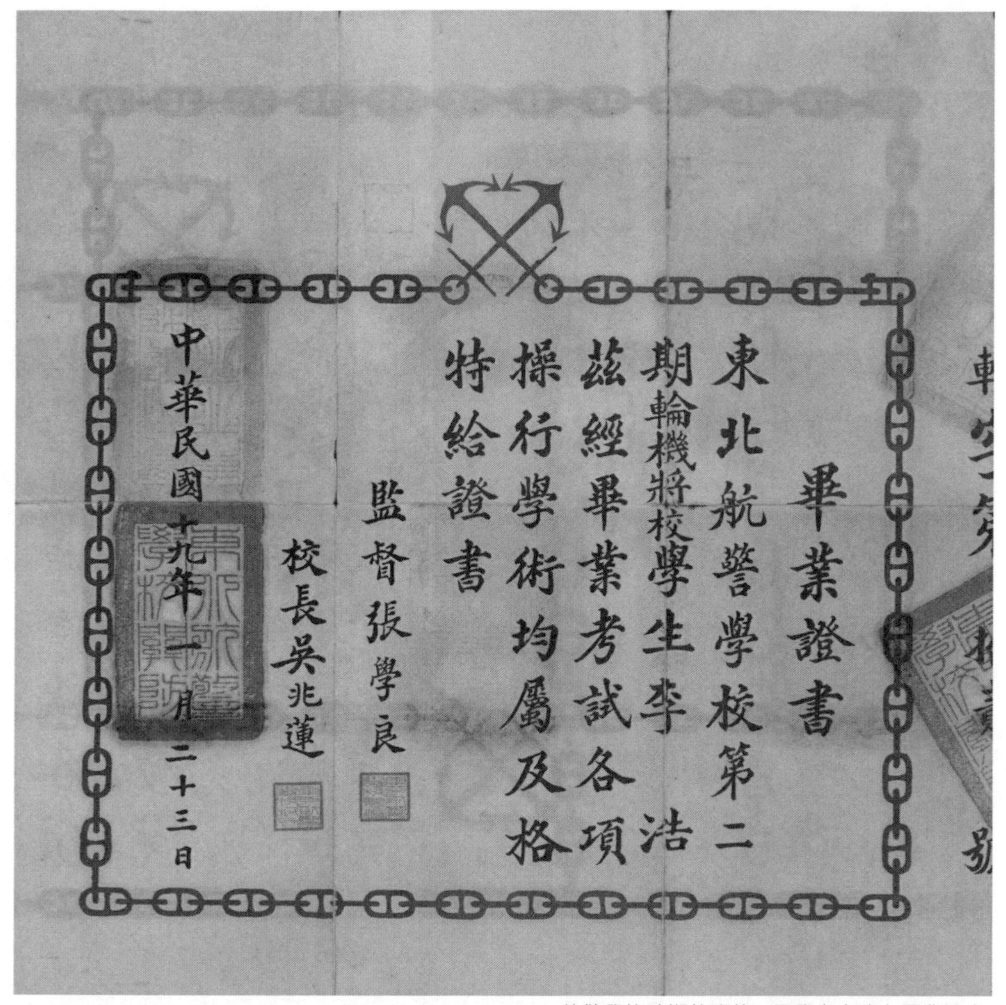

畢業證書

東北航警學校第二期輪機將校學生李浩
茲經畢業考試各項
操行學術均屬及格
特給證書

監督張學良
校長吳兆蓮

中華民國十九年一月二十三日

航警學校時期核發第二屆學生李浩之畢業證書

有小型實習工廠一所，報廢魚雷艇一艘，有 4 吋 7 海岸砲兩門。[66] 航警學校的教育班隊主要有區分為軍官班與學兵隊；軍官班設隊長和班長，學兵隊亦設隊長及班長。學校的主要管理人員和教員大多是沈鴻烈的留日海軍同學，辦學師資力量較為精幹。[67]

---

66 張萬里，〈北洋時期留學日本海軍大學的八個人〉，頁 184。
67 郝秉讓，《奉系軍事》，頁 196。

張學良主持東北航警學校第二屆畢業合影

（一）軍官教育

軍官班定額學生 40 名，招考中學畢業或與中學校畢業有同等學力，數學、英文素有修養，體格強健，眼不近視，身家清白，不入外國籍者。學制 4 年在校 3 年半畢業後，到艦隊練習半年補海軍見習生，乘艦服務，期滿成績合格，授海軍少尉任用，以期造就擔任江海防巡緝任務之幹部。[68]

學生是畢業一期招一期，並非年年招生。以航警學校名義，軍官班共招兩期，第一期為航海班（亦稱將校學生班），有學生 48 名，其中 38 名是在瀋陽招考的學生（東北籍 34 名，外省籍 4 名），2 名由學兵隊補錄，8 名由浙江軍閥盧永祥選送代為培訓。第一期於 15 年 9 月畢業。第二期為輪機班，招收高中畢業生和大學預科生 38 名，16 年 2 月入學，18 年末畢業。[69] 值得

[68] 參閱一、瀋陽：盛京時報，民國 12 年 4 月 5 日，第四版。二、遼寧省地方志編纂委員會辦公室，《遼寧省志－軍事志》，頁 76。三、陳孝惇，〈東北海軍的創建與發展〉，頁 165-166。另陳書麟，《中華民國海軍通史》，頁 222 記：招考考試科目計有：代數、幾何、三角、物理、化學、英文、國文、歷史、中國地理、製圖等，考試時間為 3 天。

[69] 參閱一、郝秉讓，《奉系軍事》，頁 196。二、劉傳標，《中國近代海軍職官表》，頁 145。

注意的是第一、二期學生大多數為東北籍，其中不少是航警處與東北海軍各官員的親屬朋友，此為該校的一大特色。[70]

在第三期以前，學制乃仿造日本海軍學校模式，航海、輪機分科，先學習學科再實習，但覺得此缺點頗多。至第三期參酌英美海軍軍官教育，酌予改革，其重點有採取幼年制，學生入學年齡限在16歲以下，招考初中畢業學生，延長授課為6年畢業，預科各半。二、航海、輪機併習，於航海科外，加強輪機課程，而不另外設輪機科，仍稱將校班。三、新生先乘軍艦實習半年至一年，複考及格始得入校，其不習慣海上生活及體格較弱者，均予淘汰，暑期及畢業後之登艦實習仍與前期同。[71]

軍官班側重在理論學習，需要學習很多門課程。各期軍官班的課目都分為三大類：專門學、普通學和術科輔科。第一期軍官班（航海班）的專門學科包括：航海、船藝、兵器、彈道學、射擊、砲戰術、海戰術、海戰史、魚水雷、

[70] 陳孝惇，〈東北海軍的創建與發展〉，頁166。
[71] 曾金蘭，《沈鴻烈與東北海軍（1923-1933）》，頁122。

畢業證書

青島海軍學校第四期將校學生宋長志茲經畢業考試各項操行學術均屬及格特給證書

校長

中華民國二十六年七月一日

第四屆學生宋長志畢業證書（宋長志曾任中華民國海軍總司令、參謀總長及國防部長等職）

深具中國北方特色之青島海軍學校學生冬季服制（右立者為宋長志）。

水雷戰術、輪機、潛艇、航空、海洋氣象、通信、軍制、要塞學、水陸測量、化學兵器等課程。普通學科包括：代數、三角、平面幾何、立體幾何、解析幾何、微積分、物理、英語、國文、國際公法、政治學等課程。術科及輔科包括：陸戰、艦砲、信號術、舢板、游泳、徒手體操、器械體操、拳術等課程。

民國16年2月入學的輪機班專門學科包括：鍋爐學、汽機學、輔機學、指壓圖及指器、推進器及船體抵抗、內燃機學、輪機管理法、電氣學、造船學、魚雷學大意、船藝學大意、氣象學大意、衛生學大意；機械製圖學。其普通學課程與航海班相同，只增加了材料強弱學。[72]

葫蘆島航警學校很注意理論與實踐的結合，第一期軍官班學員在校時，以鎮海軍艦作為學校的練習艦，該學校學生畢業後全部上鎮海及威海兩軍艦實習，航行於渤海、黃海沿岸，遍歷各港灣，經受1年的海上實習，期滿後分配到各軍艦服務。第二期軍官班在學校時，恰逢渤海艦隊併入東北海軍，指定肇和、鎮海兩軍艦供學生實習。在校期間，校內設機械工廠，工廠實習與課堂講授並重。學員畢業後，分發到肇和、鎮海兩艦實習機器、鍋爐、電氣、槍砲等科目，並專習航海、氣象、船藝等兩個月，經航行長江以北、朝鮮沿海達1年之久，才分配工作。說明學校不僅重視學員的理論水準，還重視學員的實際工作能力。[73]

民國26年7月7月，抗戰軍興，青島海軍學校以戰時軍事交通極為重要，遂令全校學生，參加青島市保安處所辦交通訓練班受訓。[74]

（二）軍士教育

葫蘆島航警學校第一期學兵入校之際，同時在該校成立槍帆軍士班，每班40人，訓期半年。民國13年以前，由吉黑江防艦隊軍士及優秀水兵中輪流選訓。自14年起，分別設立槍砲、帆纜、輪機、電氣、通信等各軍士班隊，與鎮海、肇和兩練習艦配合訓練。在陸上注重陸戰，在艦上專習各類技術，凡各艦軍士及一等水兵之優秀者，均在訓練之列，厥後特設海軍教導隊，主持海軍士兵訓練事宜，以各艦士兵輪流入隊受訓，分任海陸勤務，以資歷

---

72 《東北年鑑》（軍事：海軍），民國20年，頁305。

73 參閱一、郝秉讓，《奉系軍事》，頁197-198。二、劉傳標，《中華民國近代海軍職官表》，頁145。後因肇和艦南下投粵，第三期乙班學生在鎮海艦上實習。

74 國防部史政局編印，《國防軍事建設》，民國60年，頁116。

青島海軍學校第二屆學生於肇和軍艦艦訓，與全艦官兵合影。

練。[75] 民國 20 年 9 月 18 日，「九一八事變」後，葫蘆島海軍學校遷往山東威海衛劉公島時，另外在青島原海軍軍士教養所成立分校，以楊啟祥為分校校長長。[76]

（三）士兵教育

葫蘆島海軍學校設有學兵班，該班最初定額 140 名（均為東北籍及魯籍），區分帆纜及輪機兩班，爾後擴大招生為 220 人，區分水兵、輪機、管旗及掌號等 4 班。[77] 招選有初小以上相當程度，年輕力強者，學制為 1 年，先經半年之陸上新兵教育後，再送入艦船訓練半年，由二等練兵晉升為一等練兵，期滿後進為三等兵，上艦服務。[78] 學兵隊組織仿照日本海軍士兵學校，所學課目類似馬尾海軍練營所習大同小異。[79] 學兵班自民國 13 年至 18 年，每年辦一期，共辦了 6 期，畢業人數第一、二期為 140 人；第三期為 180 人；第四、五、六期為 210 人。[80]「九一八事變後」，葫蘆島海軍學校遷到威海衛後，特將學兵隊便停辦。[81]

葫蘆島航警學校具有練營與學校兩種性質；對學兵著重於技術運用，理論學習簡要。學兵班共有 5 種，即水兵、輪機兵、管旗兵、掌號兵及看護兵。不論那一種學兵，都要進行陸上軍事教練及艦船軍事教練。陸戰、徒手體操、器械體操、舢板、游泳、拳術是各學兵隊的共同訓練課目。此外，因水兵班未來要擔負作戰任務，所以要進行艦砲、機關槍、迫擊砲的訓練。輪機兵則增加工廠實習和生火訓練項目。管旗兵要進行手旗訓練。術科中的陸上訓練科目一般由陸軍出身的隊長負責，艦上的訓練科目由海軍出的軍士長及班長負責。學兵除了學習國文和算術，還要學習簡單的專業課程。士兵須知、射

[75] 曾金蘭，《沈鴻烈與東北海軍（1923-1933）》，頁 124。
[76] 張萬里，〈北洋時期留學日本海軍大學的八個人〉，頁 191。
[77] 遼寧省地方志編纂委員會辦公室，《遼寧省志－軍事志》，頁 76。
[78] 《東北年鑑》（軍事：海軍），民國 20 年，頁 303。另近代中國海軍編輯部，《近代中國海軍》，頁 834 記：學兵招募為年齡 16 歲以上。
[79] 參閱一、陳書麟，《中華民國海軍通史》，頁 225。二、高曉星，《民國海軍興衰》，頁 131。
[80] 參閱一、遼寧省地方志編纂委員會辦公室，《遼寧省志－軍事志》，頁 77。二、郝秉讓，《奉系軍事》，頁 196。
[81] 吳杰章，《中國近代海軍史》，頁 370。另葫蘆島航警學校設立東北海軍水兵補充隊。參閱遼寧省地方志編纂委員會辦公室，《遼寧省志－軍事志》，頁 68。政府遷台初期，海軍各艦艇中各兵種的正副軍士長及小型船舶的船長（艇長），很多是葫蘆島海軍學校學校學兵隊出身。參閱陳書麟，《中華民國海軍通史》，頁 225。

擊教範、舢板教範、步兵操典、陸戰要務是各班的共同專業課程。此外，水兵的專業課程有船藝學大意、電氣學大意。掌旗兵的專業課程有信號術、海軍旗語、萬國旗語、燈號。掌號兵的專業課程有五音、號譜、路號、常用號、救火號、艦上操演號。看護兵的專業課程有生理學大意、衛生學大意、內外科、細菌學、解剖學、救急術、藥名學、耳鼻喉科等。[82]

（四）後勤教育

葫蘆島航警學校藝徒班；為修理軍械及艦上機械而設立，係由學兵隊具有中學文化水平的人中選拔出，約 20 人。[83]

葫蘆島航警學校的教官與管理人員大部分是日本海軍學校的畢業生，所以在教學內容、教學方式及學生管理上，完全仿照日本海軍學校的模式，該校重視學生的思想教育，向學生灌輸效忠意識，培養尚武精神。在學習上對學生嚴格要求，學員原本是高中畢業生或大學預科生，文化素質較好，經過嚴格的學校教育，學生畢業後逐漸形成一股勢力，成為中國海軍的一個不可小觀的新派系－東北系。當時作為中央海軍，以正統自居的閩系人數最多，但東北系的質量與閩系相比，不相上下。也就是說葫蘆島航警學校為東北海軍的建立與發展，作了必要的人才準備，這是張作霖和沈鴻烈創辦該校的目的，及創辦東北海軍的主要成果之一。[84]

三、成立海軍督練處與其它教育訓練機構

張作霖及張學良父子很清楚，欲謀海軍之發展，必先培植各式海軍人才，而教育機關為培養人才，謀求海軍發展之命脈所寄，海軍軍校教育也是隨著海軍的發展而發展的。民國 12 至 15 年期間，東北海軍艦船不多，對人才的需求有限，這時只有造就海軍初級軍官及學兵的軍事學校－葫蘆島航警學校。但自 16 年起，隨著渤海艦隊併入東北海軍，東北海軍規模擴大，對人才的需求量上升，於是海軍教育進入高峰期。

民國 16 年，東北海軍在青島嶗山成立海軍督練處，由東北海軍總司令

---

82 《東北年鑑》（軍事：海軍），民國 20 年，頁 304-305。
83 張萬里，〈北洋時期留學日本海軍大學的八個人〉，頁 185。
84 郝秉讓，《奉系軍事》，頁 198。

哈爾濱商船學校遠景

直接管轄，負責督導訓練，由東北海防艦隊總教官張楚材兼督練處長。海軍督練處附設有高級軍官魚雷訓練班、海戰訓練班、兩棲部隊訓練班、初級軍官班、軍士教練所，積極展開艦隊對抗，海陸空聯合作戰等演習。同（16）年海防第一艦隊司令兼航警學校校長凌霄率海圻、海琛、肇和等 3 艦南巡；一方面作遠洋航海練習，一方面則向閩系海軍示威。[85]

東北海軍除了葫蘆島海軍學校外，還有深造訓練和輔助教育單位由高級軍官組成的海軍高級班。當時聘請法國砲術教官、法國潛水艇教官教授海軍戰略、戰術等課程。另設有魚雷水雷專業的教練所，對象為魚雷專科軍官及士兵，專習魚雷發射及調整，受訓一年，聘請日本教官授課。初級軍官訓練

[85] 張萬里，〈北洋時期留學日本海軍大學的八個人〉，頁 185,189。又張萬里，〈北洋時期留學日本海軍大學的八個人〉，頁 187 記：姜鴻滋率海圻艦遠航南洋宣慰僑胞。

班主要培養士兵學習近海的海軍專業知識，為士兵升遷軍官打基礎。根據規定東北海軍士兵可升至上尉，之後還有升至少校者。而中央海軍士兵則只能升到少尉或正軍士長。[86]

東北海軍陸續增加了若干培養初級軍官的講習所、養成所及培養海軍士兵的教練所。民國 17 年在海圻軍艦上舉辦海軍初級軍官講習所。在肇和軍艦上舉辦海軍槍砲教練所。同（17）年在威海軍艦上舉辦海軍魚雷教練所。稍後還舉辦帆纜、電信、輪機、電機、軍醫、航空兵等多種教練所。海軍軍校教育為東北海軍的發展奠定了較堅實的基礎。

四、東北商船學校

東北商船學校於民國 16 年成立，該校設在哈爾濱江北馬家廠，隸屬東北政委會航警處，由東北航務局長王時澤兼任校長，徐沛為教育長，沈鴻烈則兼任校務理事。該校以造就東北三江（松花江、黑龍江、烏蘇里江）航業人才為主，以培養海軍軍官預備役為輔，計分航海、輪機、測量等三系，校課 3 年，商船實習 1 年，學生均係官費，並編入海軍軍籍。學校重要教職員均為東北海軍現役軍官。學生人學後即開始接受嚴格的軍事訓練。在學科方面，學習各種有關航海、輪機的專科學識，尤著重數學、物理、化學。另外，為適應未來工作所需，外文則學習俄文。「九一八事變」後，商船學校第二屆 23 名學生（第一期學生於肄業期間，奉令轉入葫蘆島海軍學校，畢業後均充任海軍軍官。）由教育長徐沛率領移登鎮海艦見習 4 個月，再赴肇和艦接受半年嚴格的艦課訓練。之後全數撥調威海衛劉公島海軍學校繼續接受正式軍官養成教育。[87]

---

86 參閱一、吳杰章，《中國近代海軍史》，頁 224。二、郝秉讓，《奉系軍事》，頁 199。

87 劉廣凱，《劉廣凱將軍報國憶往》，頁 5-8。張力，〈李連墀先生訪問紀錄〉，收錄在《海軍人物訪問紀錄》，第一輯，（台北：中央研究院近代史研究所，民國 87 年），頁 6 記：第一屆學生招收航海班又區分甲乙兩班；甲班後來轉入葫蘆島航警學校第三期。另高曉星，《民國海軍興衰》，頁 131 記：學校開始設航海（駕駛）及輪機兩個專業，後增設領航及測量專業。航海專業招過 3 個班，其它僅招了 1 個班。方永蒸，〈東北教育之發展－附東北專科以上學校概況〉，收錄在《東北論文集》，第二集，民國 56 年 12 月，頁 63 記：東北商船學校附設有領港班，招收學生名額 30 名。

五、海軍陸戰隊官兵的教育訓練

東北海軍督練處附設有兩棲部隊訓練班，為培訓東北海軍幹部有關兩棲作戰之班隊。[88] 民國 16 年，東北海軍在青島成立「海軍陸戰隊軍官養成所」，作為培訓陸戰隊軍官之機構，同時又在青島成立「海軍陸戰隊軍士教練所」，作為培訓陸戰隊士官之機構。[89]

伍、東北海軍後期的發展

一、同江抗俄戰役

清光緒 22 年（西元 1906 年），清廷與帝俄簽訂「中俄密約」，允許俄國依俄國鐵路 5 英呎軌距，修築自俄境赤塔經中國黑龍江、吉林至俄境海參威之鐵路，即所謂「中東鐵路」。此鐵路名義上為中俄合資共管，實質上完全由俄人所控制。民國 16 年，南京國民政府與北京張作霖政府相繼遂行「清共」，拒絕與蘇俄往來後，蘇俄即利用在東北的使館及中東鐵路機構、營業收入，充當顛覆我政府的大本營及經費來源。

民國 18 年 5 月 27 日，東北當局派軍警包圍哈爾濱蘇俄使館，搜出俄共企圖利用「中東鐵路」職員及設備，欲假中共組織，暗殺我政府官員之證據。東北當局遂採取斷然措施，於 7 月 10 日下令收回中東鐵路管理權，此舉引起蘇俄嚴重抗議。18 日，蘇俄與我國斷交，並積極部署兵力，以壓迫我國接受其條件。接著蘇軍進犯我東北邊境。7 月 20 日，國民政府蔣中正主席為俄軍進犯東北，致電全國將士，奮起拒俄。[90]

8 月 12 日，蘇俄海軍 2 艘艦艇搭載陸戰隊 300 人，在空軍支援下，進犯黑龍江綏東肇興鎮。翌（13）日，我東北海軍陸戰隊 1 個營協同東北邊防軍

---

[88] 張萬里，〈北洋時期留學日本海軍大學的八個人〉，頁 189。

[89] 參閱一、郝秉讓，《奉系軍事》，頁 199。二、山東省地方志編纂委員會，《山東省志－軍事志》，頁 231。另近代中國海軍編輯部，《近代中國海軍》，頁 931 則記：東北海軍於民國 17 年，在青島開辦陸戰隊初級軍官講習所。

[90] 國防部史政編譯局編印，《國民革命軍建軍》，第二部：安內與攘外（二），民國 82 年，頁 1445-1446。

1個團，在肇興鎮與入侵之蘇軍激戰5小時後，終將蘇軍擊退。[91]20日，東北江海防副司令沈鴻烈偕吉黑江防艦隊長尹祖蔭赴同江布防，布防地點選定三江口，調利綏、利捷、江平、江安、江泰及東乙等6艦擔任江防任務。[92]

三江口係黑龍江沿岸一個突出地帶，口門之東岸名奇奇卡，突出江中其東方高地名莫力里均直瞰黑龍江航道，扼江口之險，距同江縣城，各約10里。[93]我東北海軍陸戰隊如能配合陸軍，確實控制三江口地帶，必能達成裁擊敵艦，斷其歸路之目的。基此觀點，經決定沿三江口口門及其迤東江岸要點，構築野戰堡壘，配置75公釐野砲若干門，晝間隱置壕內或地下，臨時曳出應戰，各砲位間有暗連結，構成防禦陣地，為陸防最前線，由陸戰隊1個加強連扼守（由駐哈爾濱陸戰隊第2大隊抽調[94]）相機出擊敵艦。另外，因江面曲折，為防俄軍自後方登陸包抄，由駐防該處陸軍1個團，擇要駐守，以固同江側面。[95]

10月10日，蘇俄遠東艦隊司令費斯托雪可夫（Admiral Pstozhekov）率8艘軍艦及陸軍、空軍作試探性攻擊，與我軍相持兩日，俄軍退回，重新部署。[96]12日拂曉，俄軍以陸海空三軍聯合作戰，進犯同江。俄軍先以步兵、騎兵1萬人，夜渡松花江下游街津口，當地守軍兵力薄弱，漸向三江口外圍轉進。早上6時，三江口黑龍江江面有敵艦9艘，分為3組，齊向我方轟擊，中組正對同江，東組在三江口稍上，西組在拖西上游。[97]由於敵我戰力懸殊，我江防軍艦利捷、江平、江泰、東乙等4艘艦艇被擊沉，利綏逃回富錦。[98]

---

[91] 蘇小東，《中華民國海軍史事日記（1912.1-1949.9）》，頁398。

[92] 張德良，《東北軍史》，頁143。

[93] 陳書麟，《中華民國海軍通史》，頁230。

[94] 沈鴻烈，《東北邊防與航權》，頁21記：海軍陸戰隊大隊長李潤青率陸戰隊與陸軍步、砲兵配合，扼守於最前線（三江口）。另高曉星，《民國海軍興衰》，頁133記：駐防三江口之陸戰隊大隊長為李泗亭。部分史料將李潤青記載為：李泗亭、李泗霆。

[95] 冉鴻翮，〈同江中俄海軍戰役紀要〉收錄在《中華民國海軍締造與發展》（台北：海軍總司令部，民國54年），頁94。另《東北年鑑》（軍事：海軍）（民國20年），頁302記：參與同江戰役之陸戰隊兵力共300餘人，並配賦有3吋2門，迫擊砲6門。陳書麟，《中華民國海軍通史》，頁231則記：陸戰隊大隊長李潤青率步砲一營防守奇奇卡及莫力洪。

[96] 國防部史政編局編印，《國民革命軍建軍》，第二部：安內與攘外（二），頁1448。

[97] 劉賡，〈同江抗俄戰紀〉收錄在《中華民國海軍締造與發展》，頁100。另陳書麟，《中華民國海軍通史》，頁231記：時駐同江陸軍僅有第9旅（旅長李杜）之路永才團、張佐臣團及孟昭林營。

[98] 國防部史政編局編印，《國民革命軍建軍》，第二部：安內與攘外（二），頁1448。

是役隨艦沉沒海軍官兵在 200 人以上，俄艦被擊沉 3 艘，擊傷 4 艘。[99]

當俄艦攻擊三江口江面我軍艦之同時，我扼守三江口之陸戰隊亦發砲還擊，予我方軍艦有力之支援，情勢對我甚為有利。此後俄軍一面以軍艦牽制我陸戰隊行動，一面派遣陸軍部隊登陸，向我右翼陸軍部隊路永才團進攻。因敵眾我寡，陸軍部隊向後撤退，以致我陸戰隊陣地暴露於外，成為突出孤立據點，陷於俄軍包圍圈內，情勢頓時轉逆。我陸戰隊仍奮勇抗敵，殲敵頗多。終以彈盡援絕，死傷枕藉，一部分官兵突圍歸隊。[100] 同江三江口戰役，我東北江防艦隊計有利綏艦副長莫耀明以下（含陸戰隊）官兵 700 餘人殉職。13 日，俄軍攻陷同江（隨後自動撤出），東北邊防軍撤守富錦。[101]

10 月 30 日 8 時，俄軍空軍空襲富錦。下午 4 時，俄艦駛至高家屯附近，沈鴻烈乘江亨艦前往迎擊，敵我於高家屯激戰歷經 1 小時餘，江亨艦因彈藥用盡，不得已實行退卻，並將江亨艦自沉於江灣。俄艦得知江亨艦沉沒，遂連夜開始破壞我軍之攔江防線。31 日，俄軍攻陷富錦。11 月 2 日，東北軍反攻收復富錦。11 月 8 日，俄艦有鑑於數日松花江水即將封凍，遂退往伯力，中東路東線戰事至此轉趨沉寂。[102]

在中東路西線方面；11 月 17 日，俄軍以一師兵力進犯扎賚諾爾，守軍韓光第旅覆沒，韓光第旅長陣亡，19 日扎賚諾爾失守。23 日，俄軍大舉進犯海拉爾，我東北軍傷亡 12,000 人以上。翌（20）日，海拉爾失守。由於我東北軍在陸戰及江防作戰均失利，最後於 12 月 22 日，與蘇俄簽定伯力協定。[103]

伯力協定內容主要為：（一）按照中俄、奉俄協定恢復衝突以前狀態。（二）立即釋放所有蘇俄僑民，蘇俄政府亦即將釋放華人及中國官兵俘虜。

---

[99] 張德良，《東北軍史》，頁 143。

[100] 冉鴻翮，〈同江中俄海軍戰役紀要〉，頁 95。另張德良，《東北軍史》，頁 143 記：戰至中午江平、江安、江泰、利綏及東乙等艦均中彈沉沒。

[101] 國防部史政編局編印，《國民革命軍建軍》，第二部：安內與攘外（二），頁 1448。另池中仇口述，傅曄紀錄，〈五十年前中蘇海戰回憶〉（下篇），收在《東北文獻》，第十九卷第一期，頁 13。及張德良，《東北軍史》，頁 144 均誤記：李潤青於民國 18 年 10 月 12 日，於黑龍江同江抗俄戰爭中陣亡。劉傳標，《中華民國近代海軍職官表》，頁 213 記：李潤青於民國 18 年 10 月 12 日，同江戰役被蘇軍俘虜。19 年 10 月 11 日，獲釋（獲釋日期有錯誤）。范杰，〈參加東北同江防俄戰役和利濟軍艦抗日起義的回憶〉，收錄在《文史資料存稿選編》，頁 209 記：江防艦隊和陸戰隊士兵傷亡 200 餘人（含被俘者）。國防部史政局編印，《國防軍事建設》，頁 86 記：同江之戰士兵傷亡達千餘人。

[102] 張德良，《東北軍史》，頁 145-146。

[103] 張德良，《東北軍史》，頁 146-148。

（三）恢復7月10日後，被免職或自動釋放之俄方人員的職務。（四）恢復蘇俄在東北各地的領事館、貿易、商業機構。[104]

東北海軍江防艦隊在三江口海戰失利之原因，係與中俄艦砲火力相差懸殊直接相關；我江泰、江平、江安等3艦均係由商船改裝而成的軍艦，艦砲火力薄弱，幾無戰力可言。利捷與利綏兩艦雖然為正規軍艦，但利綏船體較小，缺乏艦砲，火力亦微弱。所以三江口海戰，雖然東北江防艦隊有5艘軍艦參戰，實際上只有利捷一艘具有戰力而已。利捷艦上裝有4吋半口徑艦砲4門，東乙艦係為拖船，船上裝有4吋7邊砲2門。然而俄艦一艦艦砲多至十餘個，口徑多在6吋以上，射擊遠而強，且俄艦艦砲為第一次世界大戰後最新式的「方位盤射擊式」，一次可發射10餘彈，快捷無比。反觀東北海軍江防艦隊軍艦上的艦砲仍為舊式艦砲，操作射擊手續慢，當俄艦發射40發砲時，我方僅能還擊1砲。[105]

東北海軍江防艦隊在同江防俄戰役之中，因艦艇幾乎沉於江中，江防艦隊長尹祖蔭因此引咎辭職，調任江運處處長。民國19年冬，東北海軍參謀長謝剛哲接任江防艦隊司令。謝氏上任後，整建江防艦隊，打撈沉艦。除江泰及利捷兩艦無法修復外（兩艦官兵編成海軍補充大隊，任尹祚乾為大隊長），其餘艦艇均先後修復。整建後江防艦隊計轄原有江亨、利綏、江平、利濟、江通等5艦。另外，新增江清艦1艘，共計6艘。[106]

二、九一八事變與東北海軍的內鬨

民國20年9月18日，發生日本關東軍夜襲瀋陽北大營之「九一八事變」。由於張學良奉行中央政府的不抵抗政策，日軍於次（19）日佔領瀋陽，摧毀了包括東北海軍總司令部在內的一切軍政機關。沈鴻烈於9月20日，率東北海軍南下移駐青島、威海、煙台等地。9月30日，沈鴻烈在青島重建東北海軍領導機關，並將海軍司令部遷往青島，張學良仍委沈鴻烈為海軍司令；第

[104] 張德良，《東北軍史》，頁148-149。
[105] 張德良，《東北軍史》，頁144。
[106] 參閱一、范杰，〈參加東北同江防俄戰役和利濟軍艦抗日起義的回憶〉，頁206,209。二、曾金蘭，《沈鴻烈與東北海軍（1923-1933）》，頁180。

民國23年第三艦隊教導總隊秋季演習

一、二艦隊編制不變，仍以凌霄、袁方喬分任艦隊長。[107]

民國20年10月上旬，江防艦隊長謝剛哲回任東北海軍參謀長。11月上旬，江防艦隊長由江亨艦艦長尹祚乾代理。[108]21年2月4日，日本關東軍進犯哈爾濱，時因在封凍時期，江防各艦雖然不能行動，但仍組成砲隊，以一部艦砲協助李杜、丁超兩部，抵抗日軍。2月6日，哈爾濱淪陷。尹祚乾因個人利益附逆。同（21）年3月，江防艦隊被日軍改編為「滿洲國海軍江防司令部」。[109]

[107] 參閱一、蘇小東，《中華民國海軍史事日誌（1912.1-1949.9）》，頁466。二、《東北年鑑》（軍事：海軍）（民國20年），頁303。三、陳孝惇，〈東北海軍的創建與發展〉，頁172。

[108] 參閱一、范杰，〈參加東北同江防俄戰役和利濟軍艦抗日起義的回憶〉，頁210。二、黑龍江省地方志編纂委員會，《黑龍江省志－軍事志》，頁44。

[109] 參閱一、范杰，〈我在東北海軍的回憶〉，頁221。二、黑龍江省地方志編纂委員會，《黑龍江省志－軍事志》，頁44。三、蘇小東，《中華民國海軍史事日誌（1912.1-1949.9）》，頁480。

（一）嶗山事件

民國 21 年 1 月，南京國民政府任命沈鴻烈為青島市長，自此沈鴻烈名符其實地獨攬東北海軍大權。另一方面自從「九一八事變」後，以東北海軍第一艦隊長凌霄為主的部分東北海軍軍官認為東北軍已喪失東北，財源已斷絕。雖然張學良在關內尚有 11 個軍之兵力，但亦難維持長久。東北海軍必須為佔領山東青島、煙台、威海衛、龍口、登州等沿海城市，及發展海軍在陸上的勢力。凌霄遂向沈鴻烈建議；先佔領青島，握住實力，將來伺機南下。但沈鴻烈以軍人不宜干涉政治為由加以拖延。

民國 22 年春，凌霄與海圻艦艦長方念祖、肇和艦艦長馮濤、海琛艦艦長劉田甫、鎮海艦艦長吳兆蓮等人謀劃，將沈鴻烈拘禁於青島嶗山，同時逼迫沈氏向北平軍事委員會分會，稱病辭去東北海軍司令乙職，推薦凌霄任司令。

然而凌霄並未做好連繫與控制下層官兵的規劃與工作，加上東北海軍各艦官兵，尤其是航警學校第一期畢業生，大多是效忠沈鴻烈者，亦不滿凌霄等人之行徑。以致關繼周、張振育、張鳳仁等人率兩隊士兵;一隊搶救沈鴻烈，另一隊則負責逮捕馮濤與方念祖，結果凌霄謀反不成，反而遭到沈鴻烈拘禁。沈鴻烈對於救他的有功人員，都一律得到提拔。至於事件主謀者凌霄、方念祖、劉田甫、馮濤、吳兆蓮等人則被譴送回原籍，其他同黨概不追究。[110]

（二）薛家島事件

嶗山事件後，東北海軍渤海派、煙台海軍學校畢業的東北派、葫蘆島航警學校的東北派等三大派系內鬥加劇。外則認為沈鴻烈的後台張學良已倒台，內則以功臣名利分配不均。東北派軍官看到渤海派人員居要職，阻擋其出路，心有不甘。航警學校第一期畢業生為主的東北派軍官自恃在嶗山事件中，營救沈鴻烈有功。時沈鴻烈擔任青島市市長，於是想調到行政機構，但沈鴻烈則多引用鄂籍同鄉、親誼及外人，遂因此懷恨在心。

---

[110] 參閱一、范杰，〈我在東北海軍的回憶〉，頁 223-324。二、楊志本，《中華民國海軍史料》，頁 966。三、《中華民國海軍史事日誌（1912.1-1949.9）》，頁 472。四、陳孝惇，〈東北海軍的創建與發展〉，頁 172-173。五、張萬里，〈沈鴻烈及東北海軍紀略〉，頁 253 記：肇和艦艦長為方念祖，海圻艦艦長姜鴻滋因病未參加。張萬里，〈北洋時期留學日本海軍大學的八個人〉，頁 185 記：沈鴻烈被海圻艦隊長李信侯救出。

尤其令東北派官兵不滿的是沈鴻烈親信董沐曾（渤海派，擔任軍衡處處長）利用職權欲削弱東北派軍官勢力，暗中拉攏舊渤海艦隊下級人員，如現任軍士長，培養他們掌控士兵，企圖把東北派軍官及握有實權的海軍官員，調離海圻、海琛及肇和等三艦，伺機掌握此三艦。

董沐曾的企圖引起東北派主要領導人姜鍾炎、關繼周、楊超倫等人的不安，遂密謀於民國22年5月，趁沈鴻烈來鎮海軍艦訓話時，將其劫持至海圻艦，迫使沈鴻烈接受他們的意見，打倒董沐曾集團的舊渤海人員，青島市的行政人事權交由東北派，使東北派勢力得以統一。未料鎮海艦隊長馮志沖（葫蘆島航警學校第一屆畢業生）臨時欲挾持沈鴻烈失手被捕，導致東北派計畫流產失敗，史稱「薛家島事變」。[111]

由於薛家島事變牽涉的人員很多，沈鴻烈惟恐事態擴大，因此僅槍決了馮志沖，並將此事全推給馮志沖的身上，且不打算再追究。但姜鍾炎、楊超倫、關繼周等人仍感不安，決定奪取海圻、海琛、肇和等三艦離開沈鴻烈。[112]

民國22年6月26日，海圻、海琛、肇和等三艘巡洋艦，在姜鍾炎率領下，離開青島，南下投靠廣東地方實力派軍人－陳濟棠。7月5日，海圻、海琛、肇和等3艦抵達香港海面，要求廣東當局收編。第一集團軍總司令陳濟棠即電南京國民政府軍事委員會委員長蔣中正請示。旋經蔣中正復電；暫准收容。7日，海圻等三艦駛抵廣東海面停泊赤灣。海圻、海琛、肇和等三艦代表姜西園、冉鴻翮、關繼周登岸，與陳濟棠商談收編三艦事宜。22日，「廣州西南政務委員會」發布收編命令，將海圻、海琛、肇和等三艦編為「第一集團軍粵海艦隊」，艦隊司令部設在廣州惠福東路大佛寺旁。29日，海圻、海琛、肇和等三艦駛抵黃埔，陳濟棠任命姜鍾炎為第一集團軍粵海艦隊司令，艦隊每月經費為大洋9萬元。[113]

---

111 〈東北海軍司令部參謀長謝剛哲、第二艦隊長袁方喬等（22年）7月5日報告軍事委員會暨行政院之電文〉，收錄在《國聞周報》，第十卷第二十八期，頁5-7。另參閱一、范杰，〈我在東北海軍的回憶〉，頁224-225。二、楊志本，《中華民國海軍史料》，頁967。三、蘇小東，《中華民國海軍史事日誌（1912.1-1949.9）》，頁519。

112 參閱一、張萬里，〈北洋時期留學日本海軍大學的八個人〉，頁187。二、蘇小東，《中華民國海軍史事日誌（1912.1-1949.9）》，頁519。

113 參閱一、蘇小東，《中華民國海軍史事日志（1912.1-1949.9）》，頁520-523。二、包遵彭，《中國海軍史》（台北：中華叢書編審委員會，民國59年），頁893。三、廣東省地方志編纂委員會編，《廣東省－軍事志》（廣州：廣東人民出版社，1999年），頁57,162。四、鍾漢波，《海峽動盪的年代》（台北：麥田出版社，2000年），頁103。

三、東北海軍整編為海軍第三艦隊

當東北海軍「海圻」、「海琛」及「肇和」等三艦離開青島南下投粵後，即通電要求沈鴻烈下野，沈鴻烈本人隨即向國民政府請求辭去東北海軍總司令及青島市市長職務。民國22年7月5日，國民政府軍事委員會准予沈鴻烈辭去東北海軍總司令職務（但仍擔任青島市市長），並趁機下令取消東北海軍原體制，依海軍部體制序列，將東北海軍其餘艦艇統一改編為海軍第三艦隊。同（22）年7月11日，任命原東北海軍參謀長謝剛哲為司令。8月上旬，南京政府海軍部令第二艦隊司令曾以鼎由淞滬乘逸仙艦北航至威海衛，頒發第三艦隊關防。實際上第三艦隊的防務指揮系統和人事、經費、管理仍隸直屬於北平軍事委員會分會管轄。第三艦隊防區也照舊劃分，渤海一帶至蘇北連雲港為該艦隊的轄區，並負責山東半島沿海防務。[114]

第三艦隊司令部及教導總隊由青島移駐威海衛，海軍航空隊、陸戰隊等附屬部隊則移駐青島市郊。22年7月23日，沈鴻烈復職（青島市長）後，表面上不再參與東北海軍事務，但因謝剛哲為人忠厚老實，艦隊中多數官兵與沈氏的關係又非同一般，所以第三艦隊的大權仍間接控制於沈鴻烈之手中。[115] 海軍第三艦隊其下所轄之艦艇計有：鎮海、定海、永翔、楚豫、江利、同安等6艘砲艦。海鷗、海鶴、海清、海燕、海駿、海蓬等6艘砲艇。[116]

（一）東北海軍陸戰隊

民國17年12月29日，張學良宣告東北易幟，歸順中央。翌（18）年，中央對海軍進行編遣，擬將東北海軍各部隊整編為「第三艦隊」。但東北海

114 參閱一、蘇小東，《中華民國海軍史事日誌（1912.1-1949.9）》，頁519,522,524。二、陳孝惇，〈東北海軍的創建與發展〉，頁174。

115 吳杰章，《中國近代海軍史》，頁354。

116 海軍總司令部編印，《海軍抗日戰史》，上冊，民國83年，頁151。另青島文史辦公室，《青島市志－軍事志》（北京：新華出版社，1995年），頁32。及山東省地方志編纂委員會，《山東省志－軍事志》，頁249均記：九一八事變後，東北海軍令部由瀋陽移駐青島，中央對東北海軍進行整編，將其整編為海軍第三艦隊，沈鴻烈任艦隊司令，謝剛哲為任參謀長，轄艦艇部隊、兩個陸戰隊及一個教導隊。21年12月16日，沈鴻烈改任青島特別市市長，謝剛哲繼任艦隊司令。曾金蘭，《沈鴻烈與東北海軍（1923-1933）》，頁197記；民國24年9月2日，第三艦隊司令謝剛哲赴北平向軍事委員會北平分會報告第三艦隊整編經過。整編後第三艦隊計轄13艘軍艦：即鎮海、定海、永翔、楚豫、江利、同安、海鷗、海鶴、海清、海燕、海駿、海蓬、澄海。另轄有8架航空飛機，教導團300餘人陸戰隊2,000餘人。參閱包遵彭，《中國海軍史》，頁885。

軍將領認為自己擁有較強實力，特別是海上作戰力量超過中央海軍，故不願降格為海軍部管轄下的一支艦隊地位。不過東北海軍陸戰隊則於 19 年 11 月 24 日，奉海軍部令改稱「中華民國海防陸戰隊」，並著手改換帽徽及肩章。[117]

未料民國 20 年 9 月 18 日，日本關東軍發動「九一八事變」，緊接著攻陷東三省及熱河。東北淪陷時，東北海軍艦艇大多為日軍所收編。加上翌（22）年，東北海軍「海圻」、「海琛」及「肇和」等三大艦南下後，東北海軍優勢喪失，至此東北海軍被迫接受「海軍第三艦隊」番號。同一時間東北海軍陸戰隊改隸海軍第三艦隊指揮，駐地青島。

東北海軍陸戰隊改隸海軍第三艦隊後，其編制仍轄陸戰隊第 1 大隊（大隊長張赫炎）及陸戰隊第 2 大隊（大隊長李潤青）。[118]25 年 2 月，海軍第三艦隊海軍陸戰隊改編為「海軍陸戰支隊」，並成立支隊司令部，駐地仍在青島，由張赫炎擔任司令，並將陸戰隊第一大隊、第二大隊改為陸戰隊第一營（營長由司令張赫炎兼任）及第二營（營長李潤青）。

26 年初，海軍陸戰支隊併入海軍第三艦隊教導總隊，並由營制改回大隊制。[119] 至該（26）年 7 月「盧溝橋事變」抗戰軍興前夕，海軍第三艦隊又將陸戰隊由教導總隊獨立出來，成立「海軍陸戰總隊」，由張赫炎擔任總隊長，時陸戰總隊轄兩個陸戰大隊，兵力約兩千人。[120]

（二）海軍教導總隊

嶗山（倒沈）事件及海圻、海琛、肇和等三艦的叛逃南下後，造成沈鴻烈的威望及東北海軍整體實力重挫，沈鴻烈為了挽回東北海軍江河日下的局面，必須增強實力，但東北海軍已無財源，造艦買船已不可能，遂只好擴充海軍陸上部隊。

---

117 蘇小東，《中華民國海軍史事日記（1912.1-1949.9）》，頁 442。

118 張萬里，〈沈鴻烈及東北海軍紀略〉，頁 254。李潤青有些史料記載為李泗亭或李泗霆。民國 21 年，民國 21 年 9 月，沈鴻烈與韓復榘合作，驅逐盤據膠東的陸軍第 21 師劉珍年。沈鴻烈派張楚材為指揮率鎮海、威海、永翔等艦及海軍陸戰隊駛近煙台待命。另外，沈鴻烈命令一支陸戰隊在永翔艦艦砲掩護下，登陸煙台東山，擊潰劉珍年的一個團，佔領煙台郊區。另一支陸戰隊在蓬萊登陸，使劉珍年背腹受敵，劉部接受中央的命令，被迫海運浙江溫州。參閱一、張萬里，〈沈鴻烈及東北海軍紀略〉，頁 255。二、蘇小東，《中華民國海軍史事日誌（1912.1-1949.9）》，頁 503。

119 參閱一、孫毓珉，《中國海軍陸戰隊史料》，民初至抗戰篇，東北海軍陸戰隊沿革與演變。二、劉傳標，《中華民國近代海軍職官表》，頁 214。

120 海軍總司令部編印，《海軍抗日戰史》（下冊），頁 632。

青島海軍學校抗戰時期遷
四川萬縣時期之校門

民國22年東北海軍成立海軍教導隊，總隊部設在威海衛，下轄兩個大隊；第一大隊駐劉公島，大隊長張蔭民；第二大隊駐後營，大隊長任鴻裁。每個大隊轄3個中隊，每一中隊轄3個小隊。[121]

教導總隊官兵待遇優厚，武器亦較齊全，計有山砲、野砲、迫擊砲約50餘門，重機槍、輕機槍200餘挺，步槍3,000餘枝。沈鴻烈以此作為主力部隊，與山東實力派軍人韓復榘來相抗衡。[122]

[121] 田榮，《威海軍事史》（濟南：山東大學出版社，2005年），頁72。

[122] 參閱一、張萬里，〈北洋時期留學日本海軍大學的八個人〉，頁189-190。二、張萬里，〈沈鴻烈及東北海軍紀略〉，頁254。

四、抗戰時期的東北海軍

民國26年11月24日，因應日軍隨即進犯青島，青島戒嚴司令部成立，海軍第三艦隊司令謝剛哲任戒嚴司令，即日起實施戒嚴。[123]27日，軍事委員會有鑑於日軍進犯山東，青島形勢危急，及淞滬戰役我軍撤退之局面考量，遂下令青島市市長沈鴻烈，封鎖膠州灣。

12月18日，駐青島海軍第三艦隊所屬鎮海、永翔、楚豫、江利、定海、同安、海鶴、海燕等8艦及徵用商船宏利輪，共同分別自沉於青島大港、小港灣道。[124] 同時又用魚雷、水雷封鎖了青島港口，並在青島及四周構築了三道防線；以青島市區為第一道防線，四方、滄口為第二道防線，嶗山、沙子口、即墨為第三道防線。[125] 在威海衛方面，則將海鷗、海清、海竣、海蓬等4艇沉於劉公島港內。[126]

12月26日，日本海軍第三艦隊司令長谷川清下令封鎖青島，日艦隨之逼迫。28日，駐青島國軍部隊開始撤離青島。29日，軍事委員會電令海軍第三艦隊和陸戰隊一起撤離，開往徐州。之後第三艦隊改編為長江江防要塞司令部，仍由謝剛哲任司令，歸軍政部指揮，司令部設在武昌，下轄3個總隊；第一總隊由原海圻、海琛兩艦（兩艦已沉塞於江陰要塞）全部官兵編成，駐防於田家鎮和葛店之間。第二總隊由原教導總隊編成，佈防於馬當。第三艦隊由原艦砲總隊編成，佈防於湖口。[127]

海軍第三艦隊陸戰支隊在撤離青島之前，組成陸戰隊司令部，由張赫炎出任司令，轄陸戰隊第一大隊，大隊長由司令張赫炎兼任。陸戰隊第二大隊，

---

123 蘇小東，《中華民國海軍史事日誌（1912.1-1949.9）》，頁611。教導總隊（總隊長張楚材）所轄第一大隊（隊長任毅）駐青島，第二大隊（隊長王之烈）駐威海衛（僅留一中隊）調往青島，擔任市區協防。海軍飛機處，全部飛機及人員，歸南京航空委員會接收，統一改編。

124 海軍總司令部編印，《海軍抗日戰史》，上冊，頁734-735。

125 張萬里，〈北洋時期留學日本海軍大學的八個人〉，頁190。青島文史辦公室，《青島市志－軍事志》，頁33記：海軍教導由總隊長唐靜海率教導隊、陸戰第21隊，分乘江清、江亨、利捷、利綏及華甲艦開往馬當要塞。范杰，〈我在東北海軍的回憶〉，頁227記：抗戰軍興後，海軍第三艦隊轄鎮海、永翔、江利、楚豫、定海、同安等6艦，奉命將全部艦砲、武器拆卸和員兵組成艦砲總隊部（教導總隊總隊長張楚材兼），派赴參加韓復榘部隊。劉廣凱，《劉廣凱將軍報國憶往》，頁10記：教導總隊由青島行軍至台兒莊後，再以火車運輸移駐湖北黃陂祁家灣，整編待命。

126 蘇小東，《中華民國海軍史事日誌（1912.1-1949.9）》，頁613。

127 劉廣凱，《劉廣凱將軍報國憶往》，頁10-11。

大隊長先後為朱子銘（又名朱新三）、金寶山。

12月31日，時海軍第三艦隊所屬數千名官兵，除海軍陸戰支隊第一大隊隨沈鴻烈留駐魯境，向魯中山區轉進，從事敵後游擊戰外。陸戰隊第二大隊則隨同海軍第三艦隊陸續移駐湖北黃陂祁家灣整編，整編為海軍江防要塞守備部隊（要塞守備司令謝剛哲，司令部駐漢口，轄3個總隊），擔任馬當、湖口、田家鎮等長江要塞防守任務。[128] 武漢會戰後，海軍江防要塞守備部隊陸戰大隊同第三艦隊教導總隊改編為「海軍特種兵總隊」。

民國27年2月初，駐魯海軍陸戰隊臨時改隸陸軍第三軍團（軍團長龐炳勛）指揮，參加徐州會戰魯南臨沂附近作戰。陸戰隊於魯南莒縣保衛戰中，傷亡慘重。[129]3月初，日軍進犯臨沂，第二十七軍團第五十九軍（軍團長張自忠兼軍長）赴臨沂增援。[130]3月12日，駐魯海軍陸戰隊劃歸第五十九軍指揮，以破壞膠濟鐵路及掃蕩膠東偽軍為主要任務。[131]14日，陸戰隊劃歸第五十九軍第三十八師（師長黃維綱）指揮，參加魯南沂河左岸戰鬥。[132] 陸戰隊自從配屬第五十九軍後，遂完全脫離海軍建制。

徐州會戰結束後，駐魯海軍陸戰隊留在魯南、魯中從事敵後游擊戰。之後移防魯西南曹縣，併入山東省政府主席沈鴻烈之直屬建制，部隊改編至山東省保安第二旅，留駐魯境對日軍與偽軍展開游擊隊。[133]

---

[128] 駐青島海軍陸戰第二大隊由青島轉進武漢經過參閱海軍總司令部編印，《海軍抗戰戰史》（下冊），頁393,632。范杰，〈我在東北海軍的回憶〉，頁228記：陸戰第二大隊長李潤青於接獲撤離青島命令後，竟私自離職。另杜畏，〈青島海軍的演變和滅亡〉，收錄於《文史資料存稿選編》，頁216記：陸戰隊第二大隊轄兩支隊，第一支隊隊長金寶山，第二支隊隊長李欽青；負責安徽東流至江西馬當一帶江防任務。

[129] 孫毓珉，《中國海軍陸戰隊史料》，抗戰時期篇，駐魯海軍陸戰隊。記載：張赫炎因陸戰隊於莒縣傷亡慘重，於戰後去職，司令一職由楊煥彩繼任。

[130] 國防部史政編譯局編印，《抗日戰史：徐州會戰》（二），民國71年，頁110。另劉宗均在〈向血灑沂蒙，名垂千古－海軍第三艦隊陸戰支隊魯南抗日回憶錄〉，收錄於《桃子園月刊》，第22號。則記有一支由青島市清潔隊、碼頭工人及青年學生約500人組成之「海軍第三艦隊陸戰第五大隊」，大隊長陳寶驥，與駐莒縣陸戰第一大隊抗日同時，於沂蒙山區北端穆陵關抵抗日軍，是役陳寶驥大隊長陣亡殉職，第五大隊生還者僅百餘人。

[131] 國防部史政編譯局編印，《抗日戰史：徐州會戰》（一），民國70年，頁22。

[132] 國防部史政編譯局編印，《抗日戰史：徐州會戰》（二），頁112。

[133] 參閱一、陳書麟，《中華民國海軍通史》，頁422。二、張德良，《東北軍史》，頁486。徐州會戰結束後，駐魯陸戰隊關國啟部隨魯北行轅主任何思源至魯北擔任行轅衛隊。參閱一、孫毓珉，《中國海軍陸戰隊史料》，抗戰時期篇，駐魯海軍陸戰隊。二、范杰，〈我在東北海軍的回憶〉，頁228。

陸、東北海軍建軍發展之檢討

一、缺乏長遠建軍規劃

東北海軍成軍後，缺乏長遠建軍規劃，其發展與壯大係利用中國海軍的分化與重組的過程。它既沒有自已的造船工業為依托，也沒有購買先進的外國船艦來裝備自己，因而在兼併了渤海艦隊進入全盛期之後，便陷入了停滯不前的狀態。在東北海軍艦隊中有 1/4 艦艇係舊商船改裝，少數幾艘正規軍艦亦是船齡老舊且裝備過時。[134]

「九一八事變」後，日本佔領了東三省，東北海軍海防第一、二艦隊雖未遭受損失，但卻失去了東北地區的財源，使其經費大為減少。東北海軍來自駐地青島稅收支付的錢，僅夠官兵吃飯，曾 3 個月未發過薪餉，更談不上有餘力去擴充艦艇。[135]

東北海軍在海圻、海琛及肇和等三艦南下投粵後，整體優勢喪失，僅剩下幾艘砲艦、砲艇及陸戰隊。[136] 故其發展得快，也衰微的快。

二、張學良及沈鴻烈視東北海軍為私人武力

民國 17 年 12 月 29 日，張學良宣布東北易幟後，東北海軍成為國民政府統轄的僅次於中央海軍的一支海上武裝。南京中央政府海軍部雖然一直想統一東北海軍，但張學良不同意海軍統一為藉口拖延，故統一未能成功。同（17）年駐青島的中央憲兵團與東北海軍發生衝突，南京政府被迫撤走了憲兵團，才穩住了東北海軍。

東北海軍創辦的青島海軍學校也一直不受中央政府海軍的領導，該校畢業生只分派到東北海軍服務。[137] 其實南京海軍部將東北海軍規劃第三艦隊早已擬定，但東北海軍直到「九一八事變」後，喪失江防艦隊及海圻、海琛及

---

134 郝秉讓，《奉系軍事》，頁 86。
135 張力，〈李連墀先生訪問紀錄〉，頁 7,19。
136 劉廣凱，《劉廣凱將軍報國憶往》，頁 7。
137 劉傳標，《中華民國近代海軍職官表》，頁 145。

肇和等三艦南下投粵，因實力大衰，東北海軍才接受第三艦隊這個番號。[138]

沈鴻烈在辭去東北海軍司令及復職青島市市長後，沈氏表面上不再參與東北海軍的事務，但因司令謝剛哲為人忠厚老實，艦隊中多數官兵與沈氏的關係又非同一般，所以大權仍間接控制於沈鴻烈之手中。[139]

三、內部派系紛擾嚴重導致謀反及叛離事件

在東北海軍自沈鴻烈以計謀收併渤海艦隊時，人事紛擾開始複雜起來；[140] 因為東北海軍本身培養人才的航警學校，從民國 15 年第一期畢業生，到了 20 年第三期共畢業了學生 93 人，這些學生必須按照一定的程序，上艦實習，累積年資爬升，這種規定在海軍中是一定的定律。故在民國 20 年代初，東北海軍艦隊中的高層幹部大多出身於煙台海校或渤海艦隊，而沈鴻烈對這些人亦很重用（大多擔任艦長、副長、隊長）。

然而東北海軍因艦艇數量有限，範圍狹小，故升遷極不易 [141]。加以東北籍官兵思念家鄉，軍心動盪，於是在民國 21 年至 22 年間，相繼發生「嶗山事變」及「薛家島事變」，欲劫持沈鴻烈司令的反叛兵變。[142]

薛家島事件沈鴻烈處置不當，導致海圻、海琛及肇和等三艦叛離東北海軍南下投粵，雖然沈鴻烈本人隨即向國民政府請求去東北海軍總司令及青島市市長職務。國民政府軍事委員會亦准沈鴻烈辭去東北海軍總司令職務，但東北海軍卻因內部派系紛擾嚴重導致謀反及叛離事件，造成其整體實力的重挫，因而被國民政府改編為海軍第三艦隊，淪為地方性質的海軍，風光不再。

---

138 高曉星，《民國海軍興衰》，頁 129-130。民國 21 年 6 月 4 日，海軍部長陳紹寬向軍事委員會委員長蔣介石條陳統一全國海軍計畫，要求將東北海軍現存海防艦隊全部歸收海軍部節制指揮。參閱蘇小東，《中華民國海軍史事日誌（1912.1-1949.9）》，頁 494。東北海軍長期拒絕掛青天白日旗，也不使用海軍第三艦隊的番號。參閱近代中國海軍編輯部，《近代中國海軍》，頁 848-849。

139 吳杰章，《中國近代海軍史》，頁 354。

140 沈鴻烈為人剛復自用，自從併吞了渤海艦隊後，更助長了沈氏獨斷的氣焰，使其部下頗為不滿。參閱張萬里，〈北洋時期留學日本海軍大學的八個人〉，頁 185。

141 曾金蘭，《沈鴻烈與東北海軍（1923-1933）》，頁 174。

142 陳孝惇，〈東北海軍的創建與發展〉，頁 172。

四、艦艇艦齡老舊裝備過時且彈藥不足

東北海軍海防艦隊所轄之鎮海、威海、定海等三艦，鎮海、威海編制上雖然為上校艦，但係商船改裝，火砲口徑不大。威海艦齡老舊，艦況甚差，早該報廢，因此三艦巡防區域，僅限於巡航營口、葫蘆島一帶，無法遠航作戰。[143]

江防艦隊所屬的江亨、利捷、利綏、利濟等 4 艘軍艦均是平底、低舷、吃水淺、續航力及耐波性不佳的長江內河淺水砲艇。[144] 另外，江防艦隊所轄之利川艦，因吃水深，不利航行，甚少執行任務，僅派軍士長一員及士兵兩名看船。[145]

東北海軍主力海圻、海琛、肇和等三艦，雖然時常結隊出海操練，但因砲彈存不多，甚少作打靶射擊練習。[146] 海軍教導隊因砲彈不足，以致官兵的射擊訓練無法落實。[147]

五、後勤體制不佳

東北海軍表面上雖然建立了一套近代後勤體制，但與東北陸軍相較之下，並不健全。例如張作霖統治東北時期，並沒有在自己的海軍基地建立海軍船廠，東北海軍船艦的修理還需仰賴日本人在旅順開設的船廠。從海軍司令部到各船艦，其後勤編制缺乏機構化、制度化。總之，張作霖對海軍重視的程度遠不及陸軍，故東北海軍的後勤體制仍沿襲北洋海軍後勤體制。即使張學良改編後的東北海軍，其後勤體制仍改變有限。[148]

六、官兵軍紀欠佳

早期東北海軍官兵軍紀如同當時中國軍閥部隊一樣軍紀不佳，民國 12 年 12 月 5 日，吉黑江防艦隊部分官兵因紀律不佳，包庇毒賭與哈爾濱水上警

143 范杰，〈我在東北海軍的回憶〉，頁 222。
144 參閱黑龍江省地方志編纂委員會，《黑龍江省志－軍事志》，頁 43。
145 范杰，〈我在東北海軍的回憶〉，頁 220。
146 劉廣凱，《劉廣凱將軍報國憶往》，頁 6。
147 張萬里，〈沈鴻烈及東北海軍紀略〉，頁 254。
148 郝秉讓，《奉系軍事》，頁 146。

察發生衝突，雙方互有毆傷。[149] 薛家島事件謀反之馮志沖、趙宗漢、關繼周等東北海軍軍官，係酷嗜嫖賭，沾染嗜好，而沈鴻烈痛恨此種惡習，屢戒不逡，督責稍嚴，因此由畏生恨。[150]

柒、結語

民國時期東北海軍是一支地方色彩極強烈的海軍，它源自民初北洋政府為巡防東北花松江及黑龍江兩江的吉黑江防艦隊。東北軍領導人張作霖有鑑於民國 11 年春，第一次直奉戰爭兵敗之際，險遭敵方海軍艦砲所傷，於是著手建立海軍。時吉黑江防艦隊因北洋政府長期積欠薪餉，王崇文遂率艦隊靠東北軍張作霖。

張作霖任用曾留學日本學習海軍的鄂人沈鴻烈來發展東北海軍，而沈氏亦視東北海軍為其人生最重要的事業與使命，積極全心投入，向外購買軍艦，創辦航警學校，培育海軍人才。沈鴻烈亦利用權謀併編原北洋直系的渤海艦隊，使東北海軍發展進入全盛時期，擁有大小艦隻 27 艘，總噸位 32,200 噸，艦上官兵 3,300 人，占當時中國海軍的六成，成為中國海軍中最強大的派系。

民國 17 年 12 月 29 日，張學良宣布東北易幟，國民革命軍北伐成功全國統一。但東北海軍仍憑藉著其強大的實力，獨立於中央海軍編制之外，不願被中央整編與指揮。18 年夏秋，因中東路事件，中俄交惡，俄軍進犯東北邊境。然而東北海軍卻在同江抗俄一役，艦艇老舊及艦砲火力薄弱的江防艦隊，幾乎全部覆沒，此為東北海軍由盛轉衰的開始。

民國 20 年 9 月 18 日，日本關東軍在瀋陽發動「九一八事變」，東北軍奉行中央不抵抗政策。東北海軍除江防艦隊附逆外，第一、二兩艦隊由沈鴻烈率領下南遷青島。然而因東北三省的淪陷，使得東北海軍喪失主要的經濟財源地。東北海軍財政日趨困難，加上東北海軍艦艇編制有限，沈鴻烈為人剛烈專斷，重用渤海系，使其大多位居要職，造成東北系軍官升遷受阻，於是人事紛爭四起，最後釀成反叛沈鴻烈的嚴重內鬨。

---

[149] 蘇小東，《中華民國海軍史事日誌（1912.1-1949.9）》，頁 259。

[150] 〈一週間國內外大事述評：海軍事變餘音嬝嬝－駐青官佐電述真相〉，收錄在《國聞週報》，第十卷第二十八期，民國 22 年 7 月 17 日，頁 6-7。

嶗山事件及薛家島事件兩次反沈鴻烈的謀反事件，緊著海圻、海琛及肇和三大軍艦南下投粵，接二連三重挫沈鴻烈在東北海軍的聲譽及領導地位，也使東北海軍整體實力自此衰弱，至此東北海軍已無力再與中央抗衡。沈鴻烈被迫辭去東北海軍司令一職，而國民政府趁機接管東北海軍，將其整編為海軍第三艦隊，東北海軍也淪為地方性海軍。

民國 26 年 7 月 7 日，日軍夜襲宛平縣城是謂「盧溝橋事變」，自此抗戰軍興。同（26）年底，為因應日軍可能侵犯青島，海軍第三艦將所屬大多數的艦艇自沉於青島及威海衛港內。第三艦隊所屬機構、艦艇、陸戰隊及青島海軍學校，隨後撤離青島內遷，從事抗戰。第三艦隊內遷後，其組織幾經與其它單位合併，最終消失在歷史洪流之中。

附錄 青島海軍學校畢業生

資料來源：《海軍軍官教育一百四十年（1866-2006）》，下冊，（台北：海軍司令部，民國 100 年）。

東北航警學校時期歷屆畢業生

第一屆　航海　計四十二名　民國十五年九月畢業

丁其璋、王世愚、朱　苐、李和春、李寶琳、宋世英、俞錫洲、高富年、馬瑞圖、唐靜海、殷耀宇、陸欣農（原名陸陞）、陶中相、許世鈞、張　森、張　崑、張英奇、張峙華、張振育、張春國、張連瑞、張義忠、張鳳仁、康肇祥、黃玉珍、黃載康、傅作人、馮志中、溥　洽、楊光武、楊超倫、葉豳民、趙希培、劉　威、劉濬儒、蔣祖耀、鮑長義、穆鴻猷、蕭寶森、魏振剛、關寶森、關　鏞

第二屆　輪機計　三十三名　民國十八年十二月畢業

王文奎、池步洲、李　浩、李一匡、李宗瑤、李質捷、李興豪、吳雲鵬、沈瑞麟、江顯世、金在華、邱崇明、英占敖、常翊波、胡　霖、高　嵩、徐利溥、徐肇文、陸德霖、陳精文、陳碧華、馮永治、黃崇德、曾昭瓊、孫輔元、滿連芳、赫道逵、劉金亨、鄭廣秀、閻金鑾、蕭紹何、聶鴻洞、蘇永信

葫蘆島海軍學校時期歷屆畢業生

第三屆　航海　計二十八名　民國二十年八月畢業

王正經、王丕績、牛世祿、尼慶魯、田樾曾、江金銘、江淦三、池敬樟、李鳳台、周季奎、周厚恆、范辛望、郁寶杜、高道先、陳連珂、陳繼統、曹仲周、曹毓健、崔重華、楊元忠、楊之光、董鳴岐、趙志麟、蔣　謙、劉宜敏、聶長孚、哈鴻文、李若林

青島海軍學校時期歷屆畢業生

第三屆　（將校班）航海乙班　計二十三名　民國二十三年四月畢業

石　頑、李春馥、李斌元、李寅堯、李連墀、宋慶賀、周鳳祥、俞柏生、馬紀壯、東文惠、張恆謙、張舒特、劉殿華、陸維源、楊汝霖、溫進化、劉茂秋、劉廣超、劉廣凱、盧東閣、羅世厚、關世傑、譚以清

第四屆　航海計三十八名　民國二十六年七月畢業

于海峰、王成林、王惠恩、王楚生、石維堯、白樹綿、牟秉釗、李之傑、李永治、李樹春、宋長志、宋繼宏、沈祖蔭、沈德祥、佟恭厚、祁國志、林春光、周家聰、吳鼐和、胡葆謙、孫文全、孫章淵、徐升平、徐時輔、徐鴻進、姚道義、馬尊援、高人俊、高崇志、陳文豫、敖維駒、雍成學、葛瑞祺、趙慶吉、劉德凱、錢懷源、顧紹宗、夏志熺

第五屆　航海甲班　計五十九名　民國二十九年三月畢業

丁福謙、王安人、王宗燧、王庭篪、王清溪、王學文、王繼麒、王顯瓊、毛卻非、平家駿、伍　嵩、伍時炯、朱補年、谷　怡、何世恩、李長源、金春衢、胡　飛、胡碩臣、薛育民、胡德華（改名嘉恆）、柯振中、姚珍溫、孫逢濱、孫鏡蓉、黃大川、黃志潔、黃揭揪、黃蔭勛、張世奇、張苗禾、張漢昌、許承功、畢祥銘、陸錦韜、陳光漢、陳振夫、陳振民、陳紹平、陳國鈞、馮漢華、顧　錚、景立承、郭昌義、郭秉衡、郭愈欽、曾達聰、程福培、彭德志、楊滄活、裴毓棻、鄭　達、黎士榮、劉昌華、劉殿章、錢永增、錢詩麒、賴成傑、盧汝淳

輪機甲班　計五十九名　民國二十九年三月畢業

王其燊、王祖慶、毛遇賢、左景禮、艾少海、伍康民、朱秉欽、江偉衡、汪登鰲、吳希賢、周振昌、林晨輝、杭維壽、胡陶濱、胡傳憲、范乃成、徐　謀、徐家驥、徐海瀾、徐基銓、侯秉忠、柴敬業、倪道衛、黃益民、黃萬嵩、黃振亞、黃德輝、陶世琳、張企良、張家瑾、曹遠譯、曹鴻儒、陳利華、陳振翼、陳鴻祺、陳繼平、馮　榈、傅尚淵、湯禎祥、焦德孝、楊　良、楊文治、楊仁榮、楊崇津、趙紹孔、趙敦華、趙錦龍、廖鼎凱、鄭自林、劉光平、戴坤楹、謝崇基、譚如芬、羅昭汶、羅俊柏、羅德濤、蕭逢年、嚴務本、楊昌義

航海乙班　計九十八名　民國二十九年九月畢業

丁廣椿、王壽昌（改名壽蒼）、王必泉、王乾元、王椿庭、王肇彬、
王昌銳、王雨山、朱人彰、伍國華、呂美華、呂蔚華、李秉成、李正燊、宋鴻儒、金煥章、金　驊、花友筠、林植基、易元方、周孟義、周宏烈、涂純安、柳家森、胡楚衡、胡霽光、胡祥獬、查良煦、郭天祥、郭萬銑、孫思聰、孫　謀、孫　鐸、梁芬蔭、梁樹猷、馬忠漢、鄒　堅、桂宗炎、凌尚義、高二賜、陳務篤、陳桂山、陳清生、陳念群、莫子純、陸錦明、陸亞傑、常毓桂、殷國屏、湯世融、張汝櫃、彭叔俊、楊廣英、楊松泉、楊　勝、楚虞璋、熊德樹、黎國炘、廖振威、劉作柄、劉麟堂、劉浚泉、劉承基、劉立根、歐陽建業、瞿延祁、譚俊吾、羅柳溪、蘇紹業、
王詠詡、王振濤、王河肅、朱叔屏、朱光裕、李　銳、林煥章、候尚文、徐集霖、唐毓仁、奚君明、馬俊儒、陳　燊、陳東海、郭全貴、張君然、張仲同、彭運生、黃廷鑫、彭應甫、賀大杰、鄭嘉模、趙成拱、趙德基、趙鴻策、趙德成、齊　民、謝立和、聶齊桐

輪機乙班　計五十八名　民國二十九年九月畢業

王延澎、王儒通、左確扶、田敬一、朱邦儀、朱崇信、艾傳治、李學靈、吳方瑞、吳永傑、吳聲淑、吳　璜、周家正、周福源、周鐵林、祝莫生、胡長發、涂石麟、翁家騄、孫直夫、梁偉鴻、梁國錩、秦士金、徐蘇偉、陳作紀、陳念愚、陶文彬、郭增輝、盛紹春、張敦仁、張山海、張道明、曾澤涵、程達龍、馮師尚、馮國楷、黃宗漢、黃賢明、彭大雄、鄔益昆、楊師宗、葉錦杰、趙金九、鄭兆澧、廖奕祥、劉理光、劉明耒、劉鐵燊、

劉鑑淙、鄧善培、蔣宏孝、蔣聖憐、錢　潮、應光彩、謝契元、簡國治、
韓鶴光、蕭廣蓀

本章圖片來源

沈天羽編著，《海軍軍官教育一百四十年》，台北：海軍司令部，2011年。
頁346、351、357、360、361、362、363上下、365、366、368上下、370、374、385。

《海軍艦艇圖說》，海軍部，約為民國二十一年。
頁348、349。

沈天羽提供
頁380。

第六章　民國時期軍政部電雷學校

摘要

民國21年「一二八淞滬戰役」我江海防形同虛設，時我海軍淪為閩系、東北及廣東等實力派軍人所掌控的地方性海軍，中央政令難以下達。為此蔣中正欲成立直屬中央的海軍，於是電雷學校因應而生。

電雷學校為我海軍建軍史上的一個特殊單位，學校成立後一切學制及教育內容，大多同一般海軍學校。唯學校不受海軍部管轄，初隸屬參謀本部，後改隸軍政部。另外，學校除負責教學培育人才外，亦編制有部隊及艦艇之戰鬥部隊。

抗戰軍興後，電雷學校所屬魚雷快艇，多次參加江防作戰，屢建功績。後因中央裁併海軍政策，學校於民國27年6月被併入青島海軍學校，艦艇則改撥其它單位。軍政部電雷學校歷史雖然僅短短6年。但其對我海軍日後的發展，尤其在人才方面，造就不少將領，其影響深遠。

壹、前言

民國17年北伐統一後，時閩人陳紹寬主掌海軍部，東北及廣東兩支「地方性質」海軍，依舊掌控在地方實力派軍人手中，海軍部實質上無法對其指揮。另一方面陳紹寬挾海軍自重，中央政令亦難以通達。加上「一二八淞滬戰役」期間，我江海防形同虛設，因此蔣中正為海軍發展長遠之計，遂開辦直屬中央參謀本部的電雷學校，爾後學校改隸軍政部。

軍政部電雷學校係我國海軍四大系統中，成軍最晚規模最小者。該校的特色是獨立於海軍部管轄之外，學校除興辦教育培育人才外，並負有作戰任務，故編制有艦艇部隊及工廠等特殊單位。因此至抗日戰爭爆發前，電雷學校同海軍裡的閩系、東北、廣東等派系，自成一格，各自獨立發展。

電雷學校成立後，其學制及課程大多同一般海軍學校，惟自第2屆起需接受中央軍校的入伍生訓練。26年7月七七事變，抗日戰爭爆發，電雷學校一方面西遷，時所屬的快艇則投入長江江防作戰，屢建戰功。然因中央裁併海軍政策，及負責教務的歐陽格教育長因案被捕，學校遂奉命停辦，結束短短6年之歷史。

國內外研究民國海軍歷史的學者並不多，且大多著重於閩系海軍，有關軍政部電雷學校之研究甚少。然而電雷學校的成立對於在臺我海軍的建軍發展影響深遠。因此筆者蒐整有限的史料、回憶錄及相關的專書，就電雷學校的建校源起、學校發展、教育內容及抗戰時期的戰績，作一個系統性的綜整及探討。

貳、組織沿革與遞嬗

一、電雷學校成立緣起與抗戰前的發展

民國21年中日「一二八淞滬戰役」之後，國民政府益感江海防之重要，與海軍人才極需培育。時適11年6月16日陳烱明叛變，砲擊廣州觀音山，孫中山蒙難廣州之役建功之前海軍豫章艦艦長歐陽格，自國外考察歸國。中

電雷學校校部原鎮江北五省會館山門

電雷學校校部辦公室為原鎮江北五省會館

央遂命歐陽格籌辦電雷學校，以籌備海軍專門人才以為國用。[1] 電雷學校校址設在江蘇鎮江西門外寶蓋山麓北五省會館。[2]

電雷學校籌建工作於民國 21 年完成，學校直隸屬參謀本部，校名為「電雷學校」。[3] 電雷學校成立係以教學、建軍、服勤、備戰為方針，組建快速防

[1] 參閱一、王天池，〈電雷學校紀略〉收錄在《中國海軍之締造與發展》（台北：海軍總司令部編印，民國 54 年），頁 103。二、柳永琦，《海軍抗日戰史》，上冊，（台北：海軍總司令部，民國 83 年），頁 222。三、包遵彭，《中國海軍史》，下冊，（台北：中華叢書編審委員會，民國 59 年），頁 837。另黎玉璽回憶：電雷學校創校目的係當時海軍派系林立，各艦隊分屬東北（沈鴻烈）、福建（陳紹寬）及廣東（陳策），可說互相敵對，缺乏革命性。蔣中正委員長創辦電雷學校，就是要為革命的新海軍培養基幹。參閱張力，《黎玉璽先生訪問紀錄》（台北：中央研究院近代史研究所，民國 80 年），頁 14。

[2] 參閱一、王天池，〈電雷學校紀略〉，頁 103。二、《海軍抗日戰史》，上冊，頁 222。三、劉傳標，《中國近代海軍職官表》（福州：福建人民出版社，2005 年），頁 143。另〈軍政部電雷學校〉，收錄在《中華民國海軍史料》（北京：海洋出版社，1986 年），頁 71 記：電雷學校校址設在江蘇鎮江西門外北五省會館及北固山上之甘露寺。

[3] 〈軍政部電雷學校〉收錄在《中華民國海軍史料》，頁 71 記：蔣中正先生想建立自己的嫡系海軍，而苦於沒有骨幹，於是便在軍政部的系統下創辦電雷學校，聲稱該校不是海軍性質，而是水中攻防性的陸軍電雷學校，這樣海軍部長陳紹寬不能干預電雷學校。另沈天羽，《海軍軍官教育一百四十年》（台北：國防部海軍司令部，民國 100 年），頁 586 記：電雷學校並未冠上「海軍之名」，係因我國海軍之培育為中央海軍部所掌理，該部之下已有「海軍學校」，且另有「青島海軍學校」與「黃埔海軍學校」二校，由東北、廣東方面負責，亦各有艦隊相輔，不屬海軍部管轄。「電雷學校」既非海軍部所屬，軍官任用亦非海軍部負責，自不宜再用「海軍」之名，肇生另立派系之譏。故校名之中不冠「海軍」二字，係非傳統性質海軍軍官速成教育之學校。

電雷學校江陰校區及廠庫區

禦式的新型魚雷快艇隊，興建基地，加強操練，從而以迅速、簡易、節約的方式建起一支新型海軍，以備迎接日本的侵略。

電雷學校開辦後，帶隊軍官是從南京中央軍校教導總隊長桂永清協助調充，另德國及義大利駐華軍事顧問團先後派人來校充當教官。學校職員大部分是青島海軍學校、黃埔海軍學校及馬尾海軍學校中不滿閩系海軍的人物。民國22年1月學校正式開學。[4]

23年電雷學校改隸參謀本部。[5]電雷學校創校之初，其組織設教務（教育）、事務兩組，學生隊與練習隊（一作訓練隊）。[6]歐陽格任校長，馮濤任教務組主任，蔡浩章任事務組主任，徐師丹為練習隊隊長，馮滔、蘇博雲任教官。電雷學校亦聘用海軍與兵工及其他技術工程人員擔任教員，爾後逐年增加。[7]此外，電雷學校聘有德籍顧問勞威。

[4] 參閱一、〈軍政部電雷學校〉收錄在《中華民國海軍史料》，頁72。二、《中國近代海軍職官表》，頁143。
[5] 張力，《黎玉璽先生訪問紀錄》，頁14。
[6] 〈軍政部電雷學校〉收錄在《中華民國海軍史料》，頁71。
[7] 王天池，〈電雷學校紀略〉，頁103。

24年9月，電雷學校第1屆學生（少尉練習官）完成9個月艦訓後，分校屬各單位服務。翌（25）年1月同心、同德兩艦成軍，電雷學校第1屆部分學生分發至兩艦任職。[8]25年3月電雷學校按當時中央一般軍事學校通例，改隸軍事委員會軍政部，由蔣中正委員長自兼校長，歐陽格改任教育長，但實際校務仍由歐陽格負責。[9]時德籍顧問勞威已返國，另聘義大利海軍顧問團協助教授。學校為適應需要，擴大編制。校部改設辦公廳、設計委員會及教務、訓育、軍務、艦政、經理等5組，下轄學生大隊（4個中隊）、學兵總隊（15個中隊）、快艇大隊（安其邦、楊保康擔任正、副大隊長）、電雷大隊（4個中隊）、江陰工廠、醫院及直轄艦艇等。[10]至26年7月學校編制員額計：校部890員，學生、學兵及隊職管理人員2,945員，各艦艇914員，場庫593員，總計5,342員。[11]25年5月校址由鎮江遷往江陰黃山港村蕭山頭電雷大隊原址，同時在黃山山麓興工構築新校舍。[12]

二、添購船艦與後勤組織

（一）添購船艦

電雷學校成立後，除由參謀本部撥調電雷大隊隸屬外，並於民國22年自浙江水上警察局選撥海靜巡艦，另添購鎮海駁艇及零一助艇，改裝後供學生佈雷實習之用。[13]25年1月，江南造船所訂造之同心與同德兩艦成軍，學校派徐師丹、胡凌分任艦長，抽配官兵登艦，遂即擔任中央派遣參謀團入川

8 參閱一、王天池，〈電雷學校紀略〉，頁104。二、包遵彭，《中國海軍史》，下冊，頁838。

9 參閱一、王天池，〈電雷學校紀略〉，頁103。二、〈軍政部電雷學校〉收錄在《中華民國海軍史料》，頁72。三、柳永琦，《海軍抗日戰史》，上冊，頁222。

10 參閱一、王天池，〈電雷學校紀略〉，頁104。二、柳永琦，《海軍抗日戰史》，上冊，頁222。三、陳景薌，〈舊中國海軍的教育與訓練〉收錄在《福建文史資料》，第8輯，頁130。四、包遵彭，《中國海軍史》，下冊，頁838。五、〈軍政部電雷學校〉收錄在《中華民國海軍史料》，頁72。六、海軍總司令部編印，《中國海軍之締造與發展》，頁203。七、劉傳標，《中國近代海軍職官表》，頁272。

11 沈天羽，《海軍軍官教育一百四十年》，頁609。

12 參閱一、王天池，〈電雷學校紀略〉，頁104。二、沈天羽，《海軍軍官教育一百四十年》，下冊，頁590。三、〈軍政部電雷學校〉收錄在《中華民國海軍史料》，頁72。

13 參閱一、王天池，〈電雷學校紀略〉，頁103-104。二、包遵彭，《中國海軍史》，下冊，頁838。

同心軍艦

任務。[14]26年春，電雷學校所整備之「自由中國號」練習艦（約1,000噸）竣工成軍，以陳立芬為艦長，納入學校組織。[15]

22年至26年，電雷學校向英、德兩國購買魚雷快艇15艘。[16]是時我向德國訂購8艘魚雷快艇、快艇母艦、佈雷艦等其它艦隻，後因中日戰爭爆發，日本向德國抗議，預購之艦艇未再送來。[17]英式魚雷快艇較小，乘員7人，德式魚雷快艇可容納10人，艇上各攜2枚魚雷，另配備機槍，所操練之戰術主要為2艇出任務時交互掩護，再利用時機對敵採取奇襲。因魚雷快艇之經

[14] 參閱一、王天池，〈電雷學校紀略〉，頁104。二、沈天羽，《海軍軍官教育一百四十年》，下冊，頁589。三、包遵彭，《中國海軍史》，下冊，頁838。另〈軍政部電雷學校〉收錄在《中華民國海軍史料》，頁72記：民國24年1月電雷學校接收四川2艘淺水砲艇，名為同心、同德，派教官徐世端（徐師丹之誤記）、胡凌分別擔任艦長。

[15] 參閱一、柳永琦，《海軍抗日戰史》，上冊，頁223。二、包遵彭，《中國海軍史》，下冊，頁839。三、《中國海軍之締造與發展》，頁203。四、劉鳳翰，《民國軍事制度史》，上冊，頁376。劉鳳翰，《民國軍事制度史》，上冊，頁378記：自由中國號為商船改造，排水量1080噸。

[16] 劉鳳翰，《民國軍事制度史》，上冊，頁376。

[17] 張力，《黎玉璽先生訪問紀錄》，頁27。

海靜軍艦

常演練戰術，故民國24年年初配合江防要塞之佈雷計畫，可知海軍已在準備對日作戰。[18]

至26年7月抗日戰爭爆發時，電雷學校所轄艦艇計有：同心（艦長徐師丹）、同德（艦長胡淩）、鈞和、策電、伯先、俞大猷（艦長鄭國權）等6艘砲艦，自由中國號練習艦（艦長陳立芬）、海靜號佈雷艦、雷艇零一號（艇長李長善）及雷駁（鎮海號艇長牟龍驤）各1艘。號艇大隊轄：文天祥、史可法、岳飛等3分隊，共有號艇11艘。文天祥分隊轄：42號艇（艇長黃震白）、88號艇（艇長謝宴池）、93號艇（艇長吳士榮）、171號艇（艇長劉功棣）。史可法分隊轄：34號艇（艇長姜翔翱）、102號艇（艇長胡敬端）、181號艇（艇長楊維智）、223號艇（艇長陳溥星）；岳飛分隊轄22號艇（艇長齊鴻章）、

18 張力，《黎玉璽先生訪問紀錄》，頁27-28。

電雷學校第二屆師生乘自由中國號練習艦訪問檳榔嶼，並與當地僑領合影。

253號艇（艇長崔之道）、371號艇（艇長黎玉璽）。[19]

魚雷快艇大隊由教育長歐陽格自兼大隊長，安其邦為大隊附，各艇以電雷學校第1屆航海科畢業且自國外留學返國者為艇長，以第1屆輪機科實習期滿諸員為輪機員，士兵則由第2屆學兵中曾在校受特訓者派充，每日在義大利軍事顧問協助指導下，加緊戰術訓練。[20]民國26年秋，電雷學校第1屆輪機科畢業生於香港造船廠實習完畢，調回江陰，派登快艇任職。[21]

[19] 柳永琦，《海軍抗日戰史》，上冊，頁571-573。張力，《黎玉璽先生訪問紀錄》，頁14記：黎玉璽先後歷任岳253、史223及岳22等3艘魚雷快艇艇長，並未擔任過岳371號艇艇長。劉傳標，《中國近代海軍職官表》，頁272記：文天祥分隊、史可法分隊、顏真卿分隊為英式快艇，岳飛分隊為德式快艇。快艇大隊編成文天祥分隊、史可法分隊、顏真卿分隊（後撥廣東海軍），計英式快艇12艘，各約10噸，德式快艇2艘，各約30噸。另《黎玉璽先生訪問紀錄》，頁27。及《海軍抗日戰史》，上冊，頁560記：英式魚雷快艇共12艘，區分文天祥分隊轄文42、文88、文93、文171，史可法分隊轄史34、史103（應為史102之誤記）、史181、史223，顏真卿分隊轄顏53、顏92、顏161、顏164。德式魚雷快艇共3艘編為岳飛分隊；艇號為岳22、岳253（艇長黎玉璽）、岳371。

[20] 參閱一、王天池，〈電雷學校紀略〉，頁105。二、包遵彭，《中國海軍史》，下冊，頁999。快艇大隊經由外購到英式魚雷快艇8艘，編成文天祥及史可法分隊，德式魚雷快艇3艘，編為岳飛分隊。

[21] 參閱一、王天池，〈電雷學校紀略〉，頁104。二、柳永琦，《海軍抗日戰史》，上冊，頁560。

電雷學校與快艇大隊徽章

（二）水雷工場及船艦維修

對日抗戰尚未爆發前，海軍當局即已考量到國防上之需要，必須事先製造大量的水雷，因應抗戰之需。時海軍曾擬定詳細製雷計畫，呈請中央施行，惟因當時政府國庫支絀，未能實現。但是時中央政府曾察覺到水雷在國防上的地位與價值，遂在軍政部之下，設立電雷學校作為我國唯一的製雷機關。[22]

魚雷工場由自德國學習歸國的江陰區江防司令部魚雷快艇大隊魚雷長傅洪讓兼任場長，同是留德歸國的李敦謙、王恩華派任魚雷員兼魚雷教官。[23]

民國 26 年 11 月日軍進犯江陰，電雷學校被迫遷校，學校所屬製雷工廠暫時關閉。27 年春，電雷學校在岳陽城區重新設廠自製水雷，以應戰時急用。[24]

27 年 6 月下旬，電雷學校奉軍政部令停辦，魚雷快艇大隊及所屬魚雷工

---

[22] 柳永琦，《海軍抗日戰史》，下冊，頁 1128。另〈軍政部電雷學校〉收錄在《中華民國海軍史料》，頁 72 記：電雷學校開辦時，即由參謀本部調撥江陰電雷大隊，即前清江陰海軍水雷營，有舊式視發水雷數百具，隸屬於學校。

[23] 傅洪讓，〈抗戰前赴德習駕魚雷快艇始末〉收錄在《中外雜誌》，第 81 卷第 5 期，頁 78。

[24] 王天池，〈電雷學校紀略〉，頁 107。另傅洪讓，〈抗戰前赴德習駕魚雷快艇始末〉，頁 79 記：電雷學校自江陰遷校後，魚雷工場隨英式魚雷艇駐泊南京草鞋峽，12 月中旬南京撤退時，魚雷工場隨英式魚雷快艇維修設備，溯江經蕪湖、馬當、九江到漢口。

場奉命移交海軍部所屬海軍第 1 艦隊。9 月中旬，魚雷工場隨魚雷快艇大隊移交第 4 戰區，魚雷工場與英式快艇移駐廣州，改隸廣東江防司令部，稍後廣州失守，魚雷工場先後移駐三水、梧州、桂平等處。[25]

對日抗戰爆發前，歐陽格曾在上海招募張龍泉、張文元等約 10 名左右技術工人到電雷學校，負責機械修護事宜。這批人員並未接受太多的正規教育，不過很早就在上海租界裡向英國人學習修理汽車及內燃機，技術純熟。進入海軍後，除在岸上維修機件外，也分發到艦上工作，海軍後來依其程度賦予適當學歷，以免影響他們在軍中的升遷。[26]

三、抗戰時期的發展

民國 26 年 7 月 7 日爆發「盧溝橋事變」，自此 8 年對日抗戰展開。7 月 30 日電雷學校教育長歐陽格奉軍事委員會命令兼任江陰區江防司令。[27]8 月 3 日司令部於江陰成立，司令部下設參謀長，參謀長下轄參謀處、副官處、秘書處、艦政處、經理處；[28] 由校部調用各組主任，以徐師丹兼任參謀長，蔡浩章兼任參謀處處長，王天池兼任副官處處長，梁焯嚴兼任艦政處處長，田炳章兼任秘書處處長，許雲兼任經理處處長。時蔡浩章因特殊任務留滬，遂調教官冉鴻翮任作戰科科長兼代蔡職。[29]

江陰江防司令部成立後，司令部除指揮快艇大隊及電雷學校校屬艦艇外，並就校屬官兵編成水雷大隊、通信大隊、技術大隊、工程大隊、運輸大隊、消防大隊等組織。[30] 另趕調「自由中國」艦上遠航官兵，隨身攜帶裝備，自香港取道粵漢鐵路轉船運返回江陰充實戰力。8 月 13 日日軍進犯淞滬，江陰江防司令部即將電雷學校全部官兵悉編入戰鬥序列，參加淞滬及江陰區保

[25] 傅洪讓，〈抗戰前赴德習駕魚雷快艇始末〉，頁 79。
[26] 張力，《黎玉璽先生訪問紀錄》，頁 16。
[27] 國民政府軍事委員會密令，執一字第 953 號，民國 26 年 7 月 30 日。另蘇小東，《中華民國海軍史事日志》（1912.1-1949.9）（北京：九洲圖書出版社，1999 年），頁 588 記：7 月 20 日晚 9 時，國民政府軍政部舉行盧溝橋事件第 10 次會議，會上張治中請任電雷學校校長歐陽格為（江陰區）江防司令。
[28] 柳永琦，《海軍抗日戰史》，上冊，頁 724。
[29] 王天池，〈電雷學校紀略〉，頁 105。
[30] 柳永琦，《海軍抗日戰史》，上冊，頁 722。

衛戰。[31] 時第 3 屆學生中隊則編組成 1 個高射砲大隊（大隊轄 3 個中隊），同時實施重機槍高射訓練。[32]

電雷學校第 3 屆學生隊奉命分派至學校所在地黃山港黃山東南麓 7 個高射機關槍陣地，擔負對空作戰任務（每陣地配賦兩挺馬克沁高射機槍），另與在黃山港魚雷快艇的高射機槍砲、江陰要塞之高射砲及陸軍第 88 師派駐之小砲連，構成成綿密防空火網，嚴密防範日軍襲進江陰阻塞線。[33]8 月 20 日電雷學校第 3 屆學生高砲大隊奉命至蘇北如皋張黃港地區，擔任魚雷快艇前進泊地防空警戒勤務。[34]22 日電雷學校奉命撤離鎮江，遷往江西省星子縣姑塘。[35]

12 月 1 日日軍突破我錫澄防線，江陰城區陷落。同日敵進犯江陰要塞，敵海軍自君山以艦砲砲轟江陰港區側背，電雷學校校舍悉遭毀壞，作為江防的江陰要塞因無法有效抵禦來自陸上日軍的進攻，隨即失陷。江陰區江防要塞兩司令部奉令撤退，電雷學校遂將水雷總發放所移設江北小橋港，預留冉鴻翮、陳伊兩員率水雷大隊官兵 36 員潛守雷區繼續抗敵。[36]

時電雷學校教育長兼江陰區江防司令歐陽格、參謀長徐師丹率司令部及艦艇人員突圍前往南京，於 12 月 4 日抵達南京，在下關中國銀行重新設立江防司令部，所轄快艇移駐湖口、馬當。快艇大隊將德式快艇轉移姑塘校部訓練。英式快艇（文天祥中隊）則駐泊南京草鞋峽。[37]12 日，歐陽格率文天祥中隊參與南京保衛戰，惟日軍海軍並未投入戰鬥。翌日文天祥中隊奉命撤往湖口。12 月 19 日，電雷學校奉令自星子姑塘再遷湖南岳陽南津，快艇大隊除留所屬 1 個中隊留配鄂贛江防部隊作戰，其餘船艇人員先後於 26 年底前到達岳陽。

---

[31] 參閱一、王天池，〈電雷學校紀略〉，頁 105。二、包遵彭，《中國海軍史》，下冊，頁 839。三、《中國海軍之締造與發展》，頁 203。

[32] 陳振夫（雷學校第 3 期），《滄海一粟》，作者自行出版，民國 84 年，頁 10。

[33] 參閱一、柳永琦，《海軍抗日戰史》，上冊，頁 809。二、王天池，〈電雷學校紀略〉，頁 106。另柳永琦，《海軍抗日戰史》，上冊，頁 809 記：江陰陶家埭、黃山橋、沈家埭、蕭山頭、蕭山西端、新港口、老港口、七康等 8 處高射機關槍陣地。郭秉衡（雷學校第 3 期），〈一次難忘的對空戰鬥〉收錄在《南京保衛戰：原國民黨將領抗日戰爭親歷記》（北京：中國文史出版社，1987 年），頁 68 記：高射砲陣地則有 9 個。

[34] 陳振夫，《滄海一粟》，頁 10。

[35] 陳振夫，《滄海一粟》，頁 12。

[36] 柳永琦，《海軍抗日戰史》，上冊，頁 839。

[37] 參閱一、沈天羽，《海軍軍官教育一百四十年》，下冊，頁 591。二、柳永琦，《海軍抗日戰史》，上冊，頁 926。

有鑑於魚雷快艇在長江內受到地形限制，不易發揮其效用，電雷學校奉中樞密令撥快艇赴粵作戰，利用粵東多數可通外海之河流，伺機向航泊於珠江口橫琴島唐家灣及虎門一帶之敵艦實施奇襲。由魚雷快艇大隊附安其邦率第1批英式快艇2艘，執行任務（魚雷工場亦奉命隨行）。於27年1月底自武昌經粵漢鐵路車運赴粵，在黃沙站吊卸下水。第2批英式快艇2艘於4月中旬繼續運粵，概撥受第4戰區指揮作戰。至於德式快艇因體積及重量龐大，無法以鐵路載運（無法穿越粵漢鐵路上的隧道）。[38]

稍早26年10月新購英式快艇6艘（排水量14噸，最高時速40浬，備有單管18吋魚雷發射管2個，雙聯裝0.303吋機槍2挺，深水炸彈2枚），於27年6月間運抵香港。此時淞滬、江陰、南京已相繼失守。香港政府以戰事為由，扣押這6艘魚雷快艇；後來經港府買下2艘，放行4艘。[39]旋奉軍事委員會命令；迅將移駐粵省4艘快艇及港府放行之4艘英式魚雷快艇一併運往鄂省，集中使用於長江。新舊英式快艇4艘，遂於6月下旬由粵漢鐵路運抵武漢。[40]4艘新購英式快艇經粵漢鐵路運抵武漢後，編成顏真卿中隊（轄顏53、92、161、164號快艇），並併入魚雷快艇大隊作戰。[41]

民國27年入夏後，日軍進犯皖贛沿長江地境，武漢會戰展開，駐武漢中央機關陸續向川湘轉移。6月歐陽格因故被革職，電雷學校由田炳章代理教育長[42]。28日，軍政部下令電雷學校著即停辦，並趕辦結束。[43]軍政部隨即組織電雷學校清理委員會，派吳安治、曾廣陵為正副主任委員，主持清理學校一切人員、武器、器材、經理，並監督交接各項事務，於7月3日在岳陽成立辦公。清理委員會旋即報准將快艇大隊英式及德式快艇共10艘，連同人員、魚雷、器材等，分別在岳陽、武漢、九江、香港就地撥交海軍總司令部

38 參閱一、王天池，〈電雷學校紀略〉，頁107。二、傅洪讓，〈抗戰前赴德習駕魚雷快艇始末〉，頁79。

39 馬幼垣，〈抗戰期間未能來華的外購艦〉，收錄在《海軍歷史與戰史研究專輯》（第28-31卷），海軍學術月刊社，民國87年，頁182。

40 參閱一、王天池，〈電雷學校紀略〉，頁107。二、傅洪讓，〈抗戰前赴德習駕魚雷快艇始末〉，頁79。

41 馬幼垣，〈抗戰期間未能來華的外購艦〉，頁182。

42 沈天羽，《海軍軍官教育一百四十年》，下冊，頁591。

43 蘇小東，《中華民國海軍史事日志》（1912.1-1949.9），頁624。

接收，停泊岳陽俞大猷、零一兩艇移交海軍總部。[44]

電雷學校學生大隊第3、4期兩屆肄業學生，連同隊職官、教官及器材撥交遷往宜昌之青島海軍學校，併編為該校第5屆甲、乙兩班，爾後分別於29年3月及9月畢業。另將「自由中國」號運輸艦，撥交青島海軍學校。[45]原有電雷大隊與學兵總隊合編為軍政部電雷大隊，調訓育組主任王天池為大隊長，電雷學校所屬工廠、醫院及藝徒隊均撥隸該大隊。[46]藝徒隊學生後經該大隊呈准轉入兵工學校。[47]同心、同德兩艦撥軍政部，擔任川江軍運。在國外訂造艦艇停造，派在國外人員編隸軍政部，於28年先後返國。清理委員會於27年10月5日辦理完畢，電雷學校至此結束。[48]

27年7月上旬，海軍總部有鑑於長江戰事吃緊，將接收電雷學校之12艘快艇，編組成快艇大隊，配屬海軍第2艦隊編組。快艇大隊轄3個中隊；第1中隊轄文天祥42號艇、88號艇、93號艇、171號艇。第2中隊轄岳飛22號艇、25號艇、371號艇。第3中隊轄顏真卿53號艇、92號艇、161號艇、顏真卿164號艇。另有史可法223號艇1艘不屬於各中隊內，直屬大隊部。海軍總部利用7月初趕將接收各艇緊急修繕，編組成軍，作戰陣容為之一振。[49]

由於海軍已難於長江發揮作戰性能，大型船艦不是被炸沉，便是自沉江中，意圖構成封鎖，少數船艦緣江而上，進入四川。魚雷快艇大隊損失4艘，因此無法在長江作戰，遂調防廣東，期能由珠江流域港汊出海襲敵。[50]27年8月25日海軍總司令部奉軍事委員會命令，飭將快艇大隊第3中隊所轄顏真卿53號艇、92號艇、161號艇、164號艇撥歸第4戰區余漢謀副司令官接收，

[44] 參閱一、王天池，〈電雷學校紀略〉，頁107。二、柳永琦，《海軍抗日戰史》，上冊，頁1049。

[45] 參閱一、王天池，〈電雷學校紀略〉，頁107。二、柳永琦，《海軍抗日戰史》，上冊，頁1049。

[46] 參閱一、王天池，〈電雷學校紀略〉，頁107。二、柳永琦，《海軍抗日戰史》，上冊，頁1049。

[47] 王天池，〈電雷學校紀略〉，頁107。

[48] 參閱一、王天池，〈電雷學校紀略〉，頁107。二、柳永琦，《海軍抗日戰史》，上冊，頁1049。

[49] 參閱一、柳永琦，《海軍抗日戰史》，上冊，頁1050,1131。二、〈海軍戰史〉收錄在《中華民國海軍史料》，頁323。三、蘇小東，《中華民國海軍史事日志》（1912.1-1949.9），頁624。

[50] 張力，《黎玉璽先生訪問紀錄》，頁30。

電雷學校首屆學生於鎮江校內合影

配屬廣東江防司令部。9 月間廣東江防司令部司令伍景英上校前往漢口，接收該批魚雷快艇，從事廣東方面江防任務。9 月 15 日移交辦理竣事。[51]

英式快艇及人員到廣州僅數日，即因局勢轉逆，倉卒隨廣東江防司令部向西江方向撤退，先至三江口略停數日後，即撤往肇慶，再轉往梧州。至此魚雷快艇已完全不能發揮原有之作戰效能。[52] 至於德式魚雷快艇，因無法車運廣東，故改駛長江上游萬縣、重慶等處駐防。[53]

---

[51] 參閱一、柳永琦，《海軍抗日戰史》，上冊，頁 1151。二、〈海軍戰史〉收錄在《中華民國海軍史料》，頁 327。三、〈海軍大事記〉收錄在《中華民國海軍史料》，頁 1136-1137。另張力，《黎玉璽先生訪問紀錄》，頁 30 記：27 年 9 月中旬海軍人員乘專車自武昌沿粵漢鐵路南下，快艇及全部魚雷工場已由火車先行運往廣州，人員及快艇配屬廣東江防司令部。

[52] 張力，《黎玉璽先生訪問紀錄》，頁 31。

[53] 傅洪讓，〈抗戰前赴德習駕魚雷快艇始末〉，頁 79。

電雷學校第三屆學生乘同心軍艦由鎮江赴江陰

參、教育訓練班隊與內容

一、軍官養成教育－學生隊

民國21年冬，電雷學校在南京考選第1屆學生，計錄取高中畢業程度學生32名，另由中央陸軍軍官學校第8期第2總隊學生內遴選18名，共計50名。於22年1月入校。[54] 該校學制為在校上課僅2年。所修課程除水電及魚雷外（由德籍顧問勞威主授），凡海軍基本學科如航海、船藝、槍砲等學科，無不具備，亦同重視。學校主要課程都是英文教材，另外學校主科係5倍計分。[55]

[54] 參閱一、王天池，〈電雷學校紀略〉，頁103。二、沈天羽，《海軍軍官教育一百四十年》，下冊，頁588。三、柳永琦，《海軍抗日戰史》，上冊，頁222。四、《中國海軍之締造與發展》，頁203。不過根據黎玉璽將軍的回憶，考取電雷學校第1屆期學生中除了高中畢業生外，尚有大學肄業生、專科畢業生，甚至有像黎玉璽一樣僅是高中肄業生。另外，一些考取學生同黎玉璽一樣，並不清楚電雷學校是什麼性質的學校，也不知與海軍有何關係。參閱《黎玉璽先生訪問紀錄》，頁13,14。

[55] 參閱一、王天池，〈電雷學校紀略〉，頁103。二、包遵彭，《中國海軍史》，下冊，頁837。三、《中國海軍之締造與發展》，頁203。四、劉傳標，《中國近代海軍職官表》，頁143。

電雷學校第一屆輪機班學生（原「海軍學校」輪機第四屆轉學生）於鎮江校內合影，中立者為教育長歐陽格。

因此電雷學校學制與教育和我國海軍學校大致相同，唯其特點為自民國 25 年起除了儲育人才外，同時兼負作戰任務。[56]

第 1 屆航海學生在校修習課程計有：航海學、槍砲學、魚雷學、水雷學、潛艇學、海戰術、海戰史、海洋氣象、水路測量學、輪機大意、內燃機、軍用化學、電工學、微積分、代數、弧三角、外國語文、政治訓練、信號。輪機科修習課程計有：往復機、透賓機、鍋爐學、輔機學、機械設計、機械管理、內燃機、投影幾何、材力學、力學、電工學、微積分、航海大意、外國語文、政治訓練、化學、汽旋機。[57]

23 年 12 月 31 日，電雷學校第 1 屆學生劉功棣、楊維智、胡敬端等 50

[56] 參閱一、王天池，〈電雷學校紀略〉，頁 104。二、《中國海軍之締造與發展》，頁 203。

[57] 沈天羽，《海軍軍官教育一百四十年》，下冊，頁 608。

於南京小營中央陸軍軍官學校接受入伍訓練之電雷學校第三屆學生

名與第 1 屆學兵 220 名，同時畢業。[58] 同（23）年 3 月，在南京續招第 2 屆學生 55 名入校。[59] 自第 2 屆起，學生入校後，第 1 學期課程為海軍常識及普通學科。第 2 學期赴中央軍校入伍生團受訓。[60] 25 年 6 月馬尾海軍學校第 4 屆輪機班的 30 名學生，因違規被陳紹寬下令開除，歐陽格收容其中 12 名非閩籍學生，經奉核定為電雷學校第 1 屆輪機科學生（26 年 3 月電雷學校第 1

[58] 《電雷學校各期同學現況一覽》（中華民國 32 年 5 月），國防部史政編譯室特藏史料，影印本。電雷學校第 1 屆航海學畢業生人數眾說紛云：沈天羽，《海軍軍官教育一百四十年》，下冊，頁 588,649 記：48 員。王天池，〈電雷學校紀略〉，頁 104 記：畢業 49 員。陳秀毓（電雷學校第 1 屆學生），〈國民黨軍政部電雷學校片斷〉收錄在《舊中國海軍秘檔》（北京：海潮出版社，2006 年），頁 229 記：電雷學校第 1 屆學生淘汰 3 人，畢業為 46 人。另張力，《黎玉璽先生訪問紀錄》，頁 18 記：電雷學校第 1 期入學 49 人，全部畢業。根據黎玉璽的說法：電雷學校第 1 期原來自中央軍校第 8 期第 2 總隊的學生，未上船實習，也算畢業。

[59] 參閱一、王天池，〈電雷學校紀略〉，頁 104。二、包遵彭，《中國海軍史》，下冊，頁 838。

[60] 沈天羽，《海軍軍官教育一百四十年》，下冊，頁 608。同書 588 出現前後寫法矛盾的說法：自第 2 屆起，學生入學後須先赴中央軍校接受半年入伍訓練，再返校學習電雷課程。

畢業證書

茲有電雷學校第一期學生
黎玉璽年二十四歲四川省
達縣人修業期滿成績合
格特給此證

叅謀總長蔣中正
電雷學校校長歐陽格

中華民國二十四年七月一日

電雷學校第一屆航海班學生黎玉璽（曾任中華民國海軍總司令、參謀總長）畢業證書

畢業證書

茲有電雷學校第二期學生張仁耀年二十四歲江蘇省江都縣人修業期滿成績合格特給此證

軍事委員會委員長兼校長

軍政部部長

教育長

中華民國二十七年　月　日

電雷學校第二屆航海班學生張仁耀（曾任海軍軍官學校校長）畢業證書

電雷學校第一期學生於見習艦上合影

屆輪機科學生畢業）。[61]

25 年 6 月電雷學校假南京三牌樓考試院考選第 3 屆學生，仍照往例組織考試委員會，敦請陳立夫為委員長主其事，計錄取高中畢業生 132 名，航海、輪機各居半數。[62]8 月 15 日錄取學生至鎮江舊校址接受新生教育，新生教育除陸操、政治訓練及生活教育外，並教授軍用理工基本課程與海軍常識禮節、快艇戰術及掃佈雷作業等，以備急用。12 月 25 日第 3 屆學生依計畫至南京小營，向中央軍校空軍入伍生營報到，編為第 6 連，接受半年入伍教育，施以嚴格陸軍新兵基本教育和基層幹部指揮才能訓練。[63]

26 年 7 月 7 日「盧溝橋事變」爆發，電雷學校第 3 屆學生提前（7 月 20 日）結束在中央軍校的陸軍軍事訓練，於 8 月上旬乘學校所屬的同心及同德兩艦返

[61] 參閱一、（中共）海軍司令部「近代中國海軍」編輯部編著，《近代中國海軍》（北京：海潮出版社，1994 年），頁 928。二、劉傳標，《中國近代海軍職官表》，頁 272。另王天池，〈電雷學校紀略〉，頁 104 記：25 年 11 月收訓自馬尾海校將屆結業之轉學生王先登、金龍靈等 12 名學生。

[62] 參閱一、王天池，〈電雷學校紀略〉，頁 104。二、包遵彭，《中國海軍史》，下冊，頁 839。另陳振夫，《滄海一粟》，頁 3 記：第 3 屆期考試時間為 7 月 25 日，筆試有三民主義、國文、英文、史地、數學、理化等學科。8 月 15 日開學。

[63] 陳振夫，《滄海一粟》，頁 6,7。

電雷學校學生佈雷訓練

回江陰電雷學校，實施航輪分科，不久學生被分派擔任對空作戰任務。[64]同（8）月第4屆新招學生134名，航海、輪機各為半數，甫於盧溝橋事變後入校。[65]

26年11月中旬，國軍逐步退守錫澄一線，江陰右翼感受威脅，電雷學校器材物資，經適時徵發船舶，徹夜裝載分段向江西湖口疏運。學校第3、4屆學生由教務組長劉勛達率領，連同未擔負作戰任務之教官職員等，轉移鎮江舊校址。江陰高射砲陣地改由學兵擔任，第1屆輪機科畢業生時在快艇擔任輪機員之10人，另派人接替職務後，依預定計畫送往德國留學，分派在訂造各艦艇廠見習。[66]

11月22日電雷學校奉命撤離鎮江，於25日遷抵鄱陽湖畔星子縣姑塘鎮（電雷學校原定建校計畫，係主體設在星子，以江陰為江防前進根據地），第3屆學生暫借姑塘鎮天主堂恢復上課。12月19日，電雷學校奉令自姑塘移再遷湖南岳陽南津，除將第4屆學生已送往南昌中央軍校接受入伍訓練

[64] 郭秉衡（電雷學校第3屆），〈一次難忘的對空戰鬥〉，頁68。
[65] 參閱一、王天池，〈電雷學校紀略〉，頁105。二、包遵彭，《中國海軍史》，下冊，頁839。
[66] 王天池，〈電雷學校紀略〉，頁106。

電雷學校學兵（亦可能為學徒）

外，[67] 教務組偕第 3 屆學生及甫自南洋艦訓遠航歸國的第 2 屆學生，借住城陵磯海關倉庫內，於劉公廟增搭竹棚上課，時校部、藝徒隊、電雷大隊及學兵大隊駐岳陽南津港。[68]

27 年春電雷學校聘英籍教官 1 名，復訓原有各魚雷軍官。[69] 同年 3 月底

[67] 參閱一、王天池，〈電雷學校紀略〉，頁 107。二、包遵彭，《中國海軍史》，下冊，頁 839-840。三、劉傳標，《中國近代海軍職官表》，頁 272。另柳永琦，《海軍抗日戰史》，上冊，頁 223 記：26 年 12 月，電雷學校由江陰遷往江西星子姑塘，第 2 年再遷湖南岳陽。劉傳標，《中國近代海軍職官表》，頁 272 記：民國 26 年 11 月，學校由江陰遷往江西星子，不久又遷到岳陽。陳振夫，《滄海一粟》，頁 12 記：第 4 屆期學生仍依原定計畫，轉往湖北沙市，向中央軍校入伍生營報到，接受入伍生訓練。

[68] 參閱一、陳振夫，《滄海一粟》，頁 13。二、王天池，〈電雷學校紀略〉，頁 107。另張力，《黎玉璽先生訪問紀錄》，頁 29 則記：時姑塘所興建的校舍已近完工，但因日軍溯江西上，1 個月後，電雷學校遷往武昌鰱魚套。

[69] 王天池，〈電雷學校紀略〉，頁 107。

第2屆航海科學生段允麟、張仁耀、蕭長濬等49名畢業，分發快艇實習。6月下旬第4屆學生於中央軍校入伍訓練期滿，返岳陽校部。6月28日，學校奉令結束。第3、4屆未畢業學生，連同教官教育器材及練習艦自由中國號，分別移交軍政部及海軍總司令部。7月電雷學校第3、4屆學生計230員，由學生大隊附田樾曾率領至宜昌，向青島海軍學校報到併入該校（青島海軍學校先於26年11月，由青島遷往湖北宜昌）。校屬電雷大隊與學兵大隊併編為軍政部電雷大隊，於7月15日全部結束完畢。[70]

電雷學校第3、4屆肄業學生併入宜昌青島海軍學校後；電雷學校第3屆學生原分為航海、輪機兩科，經編為甲班，第4屆亦分航海、輪機兩科，經編為乙班，分別授課。27年10月因武漢戰局逆轉，青島海軍學校由宜昌再遷四川萬縣獅子寨。[71]電雷學校總計畢業航海科學生2屆共99名（第1屆50名，第2屆49名），輪機科學生1屆12名，總計111名。[72]

電雷學校師資陣容十分堅強，可謂一時之選，校長歐陽格講授艦隊操練和戰術信號有關課程，係根據他在英國海軍艦隊見習時的筆記講授。教務主任馮濤教授船藝學，馮滔教授槍砲（兵器）學，蘇圖雲講授航海學，馮濤、馮滔及蘇圖雲3位均是學養深厚的海軍耆宿。[73]另事務主任蔡浩章兼任輪機教官；德國顧問勞威則講授水雷。其他如電學教官高公度，政治學教官劉伯閔都是南京著名學者。特別是後期學校茁壯，學校不惜重金禮聘有名望的船長、工程師來校任教。電雷學校學員學兵隊的帶隊官最初由中央軍校第6期或第8期派來，以後陸續換成海軍，由黃埔海校、青島海校畢業的學生擔任。

---

70 參閱一、沈天羽，《海軍軍官教育一百四十年》，下冊，頁591。二、包遵彭，《中國海軍史》，下冊，頁840。三、《中國海軍之締造與發展》，頁203。

71 參閱一、沈天羽，《海軍軍官教育一百四十年》，下冊，頁591。二、包遵彭，《中國海軍史》，下冊，頁834。

72 《電雷學校各期同學現況一覽》（中華民國32年5月），國防部史政編譯室特藏史料，影印本。電雷學校航海第2屆畢業學生人數眾說紛云：沈天羽，《海軍軍官教育一百四十年》，下冊，頁649。及柳永琦，《海軍抗日戰史》，下冊，頁688：均記50人。但柳永琦，《海軍抗日戰史》，上冊，頁226卻又記49人。劉傳標，《中國近代海軍職官表》，頁143記：電雷學校總計畢業航海科學生2屆共70名，輪機科學生1屆12名，總計82名。《中華民國海軍史料》，頁505記：江陰電雷學校（軍政部電雷學校）歷屆畢業姓名中；航海班70名，第1屆30名（此數字應為來自中央軍校18名學生未列入），第2屆40名；輪機班10名。鍾漢波，《四海同心話黃埔：海軍軍官抗日箚記》，頁203記：海軍電雷學校總計畢業航海科學生2屆共98名（第1屆48員，第2屆50員），輪機科學生1屆12名，總計110名。

73 張力，《黎玉璽先生訪問紀錄》，頁14,15。

電雷學校學兵畢業典禮

二、士官兵的教育訓練

（一）學兵隊

民國21年7月，電雷學校在南京招訓初中畢業之第1屆學兵入校，至23年12月31日，第1屆軍官學生及第1屆學兵220名，同時畢業。24年

電雷學校學兵隊

10月南京招訓的第2屆學兵入校。[74]25年6月於南京招訓第3屆學兵，於8月8日入鎮江舊校址受訓。26年7月第2屆學兵150餘人畢業。[75]

電雷學校學兵設立學兵總隊，下分航海大隊、輪機大隊及通訊大隊。[76]該校學兵的文化較其他海軍學校為高，規定入學學兵必須為初中畢業，或具有同等學歷，而其他海軍學校則為高等小學畢業即可。[77]

電雷學校學兵的專業除帆纜、輪機、槍砲、通信外，尚加修水雷及魚雷兩科。學兵與軍官教育相輔併進。[78]

---

74 王天池，〈電雷學校紀略〉，頁104。沈天羽，《海軍軍官教育一百四十年》，下冊，頁588記：第1期學兵招訓為100名。另〈軍政部電雷學校〉收錄在《中華民國海軍史料》，頁72記：電雷學校第1屆招收學兵300人。王天池，〈電雷學校紀略〉，頁104記：民國26年春「自由中國號」練習艦成軍，納入學校組織，第2屆航海科學生48名，第2屆學兵200名，依預定計畫接受遠航艦訓。又劉傳標，《中國近代海軍職官表》，頁143記：第1屆學兵招收300人。〈軍政部電雷學校〉，頁72記：第2屆學兵有300名。

75 參閱一、王天池，〈電雷學校紀略〉，頁104-105。二、包遵彭，《中國海軍史》，下冊，頁839。另劉傳標，《中國近代海軍職官表》，頁273記：電雷學校學兵隊訓期為2年，共畢業2屆，計500名，26年7月盧溝橋事變後，學校內遷，學兵隊停辦，未畢業第3、4屆學兵奉命遣散。

76 高曉星，《民國海軍的興衰》（北京：中國文史出版社，1989年），頁154。

77 《近代中國海軍》，頁933。

78 參閱一、高曉星，《民國海軍的興衰》，頁154。二、王天池，〈電雷學校紀略〉，頁103。

（二）練習隊

電雷學校第1屆學生開學不久，學校成立練習隊，在徐州招考中學畢業生，以培養部隊的骨幹士官。練習隊的學生結訓後，有的留校擔任學兵隊的帶隊官。練習隊的畢業生後來大多再接受補充教育而晉升軍官。[79]

（三）藝徒隊

民國25年6月，電雷學校在南京假考試院考選初中畢業學生120名編為藝徒隊，於8月8日入鎮江舊校址受訓。27年春，電雷學校在岳陽設置魚雷自製工廠，將藝徒隊110名學生分班訓練；以35名學習魚雷，30名學習快艇機械，另45名在魚雷工廠學習水雷製造。[80]6月28日，軍政部下令電雷學校停辦，該校藝徒隊撥隸軍政部電雷大隊。[81]藝徒隊學生後經電雷大隊呈准轉入兵工學校。[82]

三、實習教育訓練

（一）艦上實習訓練

民國24年1月，電雷學校將第1屆航海畢業生派任少尉練習官，登「三北公司」伏龍輪商船實施9個月的艦訓（沿海航海實習）。[83]26年春「自由中國號」練習艦成軍，納入學校組織，第2屆航海科學生及第2屆學兵，依預定計畫接受遠航艦訓，由主任教官冉鴻翮、劉勳達，總訓練官馬步祥，隊長田樾曾、李鳳台等，分別負責員兵訓練及管理。於5月1日自江陰　航，歷蘇浙閩粵各省港灣後，於6月繼續訪問南洋，經越南海防、順化、西貢。7

[79] 張力，《黎玉璽先生訪問紀錄》，頁18。

[80] 參閱一、王天池，〈電雷學校紀略〉，頁104,107。二、包遵彭，《中國海軍史》，下冊，頁839,840。

[81] 參閱一、王天池，〈電雷學校紀略〉，頁107。二、柳永琦，《海軍抗日戰史》，上冊，頁1049。

[82] 王天池，〈電雷學校紀略〉，頁107。

[83] 參閱一、王天池，〈電雷學校紀略〉，頁104。二、沈天羽，《海軍軍官教育一百四十年》，下冊，頁588。另《黎玉璽先生訪問紀錄》，頁21記：伏龍輪為軍政部運送軍隊的差船，返往東南沿海上海、寧波、福州、廈門及銅山港等港口。同書頁21記：電雷學校航海第1屆期畢業生登伏龍號實習時間為24年4月至11月。〈軍政部電雷學校〉收錄在《中華民國海軍史料》，頁72則記：電雷學校將第1屆畢業生派為少尉練習官，登同心及同德兩艦實施9個月艦訓。艦訓課目包括：平面航海、天文航海、領港術及羅經測量修正等。

月歷訪新加坡、檳榔嶼、巴達維亞，於 8 月初抵荷蘭屬地婆羅洲坤甸，方準備繼續訪英屬婆羅洲古晉。時因「七七事變」爆發中日關係緊張，遂於 8 月中旬駛返香港，官生由陸路返校，參加抗戰。[84] 我國無軍艦訪問南洋僑胞已 30 年，此次聞該艦南來，均異常興奮，各地僑社皆佇候歡迎，每日到艦參觀者絡繹不絕。隨艦官兵利用機會參觀國外港船塢及軍民用飛機場等。[85]

（二）船廠實習

民國 26 年春，電雷學校第 1 屆輪機科學生派赴香港造船廠實習，是年秋結束調回江陰。[86]

四、國外留學深造教育

民國 24 年 12 月電雷學校派遣航海第 1 屆畢業學生劉功棣、楊維智赴英國，黃震白、胡敬端赴德國，學習魚雷快艇的技術及戰術。25 年 3 月，續派航海第 1 屆畢業學生趙漢良、孫甦赴英國學習魚雷。8 月經軍事委員會甄選，續派黎玉璽、齊鴻章、崔之道、汪濟、姜瑜、王恩華、李敦謙、傅洪讓等 8 人赴德國實習向德國購買的魚雷快艇之快艇戰術及魚雷。[87]

派赴德國留學黎玉璽等 8 人到達柏林後分科研習；傅洪讓、王恩華、李敦謙前往基爾魚雷製造廠研習魚雷。崔之道、齊鴻章研習快艇駕駛與戰術運用。黎玉璽、汪濟、姜瑜等 3 人研習快艇機器，分赴基爾軍港及威克沙克快艇製造廠研習機器，計畫學成歸國後，訓練幹部接替工作。研習魚雷傅洪讓與王恩華、李敦謙等 3 人，由德方把出售我國之同型魚雷一條，在廠內畫定範圍，由退役魚雷軍官笛爾負責教授，學習魚雷構造與原理、魚雷拆裝與試射。另外，尚需學習潛水，便於潛入深海搜索下沉的魚雷，設法收回，傅洪讓、王恩華、李敦謙等 3 人前往基爾軍港潛水練習船學習潛水。

---

[84] 參閱一、王天池，〈電雷學校紀略〉，頁 104-105。二、柳永琦，《海軍抗日戰史》，上冊，頁 223。《海軍抗日戰史》，下冊，頁 687-688。三、包遵彭，《中國海軍史》，下冊，頁 839。四、《中國海軍之締造與發展》，頁 203。

[85] 王天池，〈電雷學校紀略〉，頁 104-105。

[86] 王天池，〈電雷學校紀略〉，頁 104。

[87] 參閱一、傅洪讓，〈抗戰前赴德習駕魚雷快艇始末〉，頁 76。二、王天池，〈電雷學校紀略〉，頁 104。三、張力，《黎玉璽先生訪問紀錄》，頁 21,22。四、柳永琦，《海軍抗日戰史》，上冊，頁 297。另《黎玉璽先生訪問紀錄》，頁 22 記：歐陽格對派往國外實習軍官，要求其在出國前需接受國際禮儀的訓練。

赴德國留學學生訓練情形，左圖中著潛水裝者為王恩華，
圖右為傅洪讓。

赴德國留學學習魚雷的軍官，都限定在規定範圍內活動，如去解大小便，必派人跟進跟出，堪稱貼身侍從，其保密防諜工作非常澈底，毫不鬆懈。另在德國研習期間，為保密起見，學生都隱藏起軍官身分，而以學生身分出現。[88]

派往國外實習的訓練課程據黎玉璽回憶為：包括艇訓及造船廠實習。艇訓主要是從事實際操作；先在艇上實習 2 週，接著每日出海航行練習，艇訓後期則作魚雷快艇的遠航訓練、出港航行練習戰術操演等。船廠實習主要在熟悉魚雷快艇之全盤狀況；包括艇身內部結構、各種機械結合、故障處理等。[89]

上述電雷學校派赴英國及德國留學之各批學員，除孫甦繼續留在英國監

[88] 傅洪讓，〈抗戰前赴德習駕魚雷快艇始末〉，頁 77。

[89] 張力，《黎玉璽先生訪問紀錄》，頁 24。同書頁 24 記：派往德國實習期間主要是透過翻譯，學習有關課程。另原本留德的電雷學校第 1 期畢業生要安排進入學校就讀，後來因為中日情勢關係日漸緊張而作罷。

造魚雷，於民國28年夏方始返國外，其餘各員則因日本侵華情勢日漸緊迫，先後於25年年底及26年春夏，配合各批魚雷快艇完成訓練返國。[90]

26年10月，軍政部再派電雷學校第1屆輪機科畢業生金龍靈等10人赴德國分別學習魚雷快艇等科目；金龍靈、張天鈞兩人學習魚雷及快艇母艦，王先登、袁鐵忱、晏海波、楊珍等4人學習快艇母艦，高世達、李良驥等2人學習魚雷快艇，沙大鵬、尹熹富等2人學習電機，出國人員同時奉令監造政府訂購快艇，於27年底返國。[91]

肆、電雷學校與抗日戰爭

一、鞏固長江江防與備戰

民國24年1月至3月，電雷學校奉命派第1屆畢業生參與實際測量確定江陰要塞區及鎮江要塞區各雷區，並其測所之詳確位置，及佈雷全盤計畫（26年8月，日軍進犯淞滬，即依此計畫實施敷佈江陰及鎮江雷區）。[92]

另自25年夏起，因時局緊迫，電雷學校在江陰積極從事江防部署，首在黃山、蕭山之間，將地畝整體圈徵軍用，自原有之黃山港為起點，挖鑿整治港口，晝夜興工，歷經半年後已具規模，東西均開有通江港口，吃水10餘呎之船艦皆可駛入。其它重要建築物；如碼頭、滑塢、快艇庫及各項工廠廠房與山洞式倉庫、水電所等工程，均同時展開。[93]

迄26年7月7日「盧溝橋事變」全面抗日戰爭爆發前，電雷學校對於鞏固江防防禦部署；為屏障江陰要塞，而預先秘密購置之全部水雷陣地工事，

90 參閱一、王天池，〈電雷學校紀略〉，頁104。二、柳永琦，《海軍抗日戰史》，上冊，頁297。三、包遵彭，《中國海軍史》，下冊，頁838。另傅洪讓，〈抗戰前赴德習駕魚雷快艇始末〉，頁78-79記：傅洪讓回國後派江陰區江防司令部魚雷快艇大隊魚雷長兼任魚雷工場場長，崔之道及齊鴻章兩人，學以致用，被派任德式魚雷快艇首任艇長，黎玉璽、汪濟、姜瑜等3人充作預備艇長兼輪機長。

91 柳永琦，《海軍抗日戰史》，上冊，頁298。另王天池，〈電雷學校紀略〉，頁106記：26年11月下旬，第1屆輪機科畢業生在快艇擔任輪機員之10人，經另派人接替職務後，依定計畫送往德國留學，分派在訂造各艦艇之船廠見習。

92 張力，《黎玉璽先生訪問紀錄》，頁21。

93 王天池，〈電雷學校紀略〉，頁104。

抗戰時期英式魚雷快艇

即速趕築完成。水雷封鎖長江水道所必需要之大量器材，亦集結完畢，並克服技術上所遭遇之種種困難。[94]

二、八一三淞滬戰役

抗戰軍興後，海軍第1艦隊評估中日兩方實力差距，迫於軍力懸殊，一方面決定採取老船艦自沉拖延之戰術。另因大型船艦無法出擊，因此僅能依賴電雷學校以快艇開始對敵實施奇襲作戰。民國26年8月13日，日軍進犯淞滬。14日上午10時，海軍江陰區江防司令歐陽格召集電雷學校師生訓話，宣示政府抗戰決心，師生均感同仇敵愾，隨即留下文天祥171號艇艇長劉功棣及史可法102號艇艇長胡敬端2人，宣達出擊日艦「出雲」號任務。[95]

8月14日晚，江陰區江防司令部派快艇大隊附安其邦率英式快艇2艘（史可法102號艇、文天祥171號艇），偽裝成民船，由江陰黃泥港出發經內河、太湖、蘇州、松江，於15日下午潛駛上海龍華。其間文天祥171號艇因故耽

94 參閱一、王天池，〈電雷學校紀略〉，頁105。二、柳永琦，《海軍抗日戰史》，上冊，頁665。

95 柳永琦，《海軍抗日戰史》，上冊，頁768。

誤無法趕上。歐陽格司令則率快艇大隊附安其邦另乘車前往上海，於16日晚8時於龍華水泥廠召見胡敬端艇長，令安其邦率史可法102號艇自新龍華以主機出航，突襲停泊於上海黃浦江滙山碼頭外檔河心日旗艦「出雲艦」。[96]

快艇大隊附安其邦率史可法102號艇，經過曲折駛過十六鋪江面三道沉船堵塞線後，並避開江上敵第3艦隊擔任警戒砲艇之監視，即向陸家嘴方向急駛而去。時在公共租界泊有英、美、法、義大利等國軍艦，史可法102號艇在旁過各外國艦艇前駛時，在高速衝越所泊江面敵驅逐艦時，已被敵艦發覺，當即向史可法102號艇砲擊，史可法102號艇加速衝越敵艦，直駛至南京路外灘，距離敵出雲艦約300公尺時，採頂角50度，當即向出雲艦瞄準，連續施攻魚雷2枚，命中爆炸，江搖岸動。史可法102號艇以極度左後轉彎回駛，敵出雲艦立即以艦上快砲猛烈射擊，我快艇油櫃機件船底均被砲彈擊損，主機停止運轉，且船身進水，乃借艇行水勢衝至英租界九江路外灘浦江稅關棧碼頭附近沉沒。[97]

日軍以小火輪跟蹤追索，我官兵將艇上武器拆卸投江後，隨即泅水離艇，是役我方僅傷學兵吳傑1名。此時，事先安排好的接應人員將102艇艇員接到租界內的惠中飯店，稍後移往八仙橋青年會，歷時月餘才輾轉返回江陰。8月20日何應欽致電歐陽格司令謂：上海外灘一役，我快艇官兵雖未獲成功，但已減敵艦驕橫之氣焰，尚望再接再勵，整飭部署，以竟全功。[98]

事後探知出雲艦受創，敵海軍極為震驚。關於此役依據日本海軍第3艦隊司令長谷川紀錄：「8月16日，中國高速魚雷對繫留黃浦江日本郵船碼頭之旗艦出雲發射魚雷，幸而未曾命中。翌（17）日第3艦隊司令官令停泊在蘇州河15號浮標間之艦船，哨戒各地附近，尤其對中國高速魚雷艇用機雷奇襲，更要嚴密警戒。」[99]

---

96 柳永琦，《海軍抗日戰史》，上冊，頁768。

97 參閱一、王天池，〈電雷學校紀略〉，頁105。二、柳永琦，《海軍抗日戰史》，上冊，頁768-769。三、包遵彭，《中國海軍史》，下冊，頁1019。四、《中國海軍之締造與發展》，頁203。另《海軍抗日戰史》，下冊，頁1292記：史可法102號艇是以海丙式電放水雷襲擊敵艦出雲艦。傅洪讓，〈抗戰前赴德習駕魚雷快艇始末〉，頁78則記：史可法102快艇雖距離敵艦出雲艦旗艦不遠，但因外艦密集，投鼠忌器，未敢肆意射擊，發射的魚雷僅中該艦尾部，未竟其功。

98 高曉星，《民國海軍的興衰》，頁176。

99 參閱一、包遵彭，《中國海軍史》，下冊，頁1020。二、《中國海軍之締造與發展》，頁203。三、王天池，〈電雷學校紀略〉，頁105。

三、長江下游佈雷作戰

「八一三淞滬戰役」爆發後，日軍大舉進犯上海，我海軍除於民國26年8月14日令普安運輸艦將董家渡水道阻塞，同時趕製大量水雷，將淞滬一帶之紛歧汊一律以封鎖，並在黃浦江構成3道防禦線。此外，派員敷設水雷，阻止敵艦潛入，避免其擾亂我防軍後方。[100]

時為因應上海戰局，電雷學校先前儲製的水雷運至上海應用，以應戰區危急。[101] 另學校奉命以水雷封鎖江陰水域，於接獲指令後，即將所舊存適用之視發沉雷，由水雷大隊長陳伊依照預定計畫於2日內，以裝甲電纜橫貫長江南北兩岸，自巫山至福姜沙一帶江面，按圖敷佈完妥，其間僅暗留快艇出入孔道，使敵艦未敢深入。[102]

嗣為加強封鎖起見，9月1日軍事委員會再令江防司令部盡量增佈水雷。江防司令部即在9月間，復將趕修完妥半浮雷加以整備，並派員至無錫工廠趕製觸雷，陸續增加佈置，將雷區遂次擴展至龍駒沙之東端，計先後共佈設1,000磅視發沉雷37具，500磅視發沉雷15具，300磅視發半浮雷11具，100磅觸發雷60具，半浮雷離水面深度高低潮平均約15呎，觸發雷離水面深度高潮12呎，低潮2呎，並設觀測所6處，計蕭山、長山各2處，江北小橋港、長山對岸各1處，分派兵駐守監視。總發放所設於蕭山，並於江北安寧港分設發放所。[103]

稍早8月中旬海軍為阻擊敵艦溯長江西犯，經將江陰以下航道標識一律撤除，但敵艦隨軍事進展，逐步暗佈浮標，以便其艦艇活動進擾。10月初旬已佈置南通至瀏海沙一帶。經奉軍事委員會令飭儘力妨礙其設置並予以破壞，由電雷學校助教史長福、李長喜等率隊，於10月13日夜乘木船，破壞下十二圩江面敵浮標1座。17日晚12時至西界港破壞敵浮標1座。18日上午8時至金雞港破壞敵浮標3座，並由文天祥171號艇於30日前往龍駒沙，

[100] 參閱一、包遵彭，《中國海軍史》，下冊，頁1019。二、《中國海軍之締造與發展》，頁203。

[101] 柳永琦，《海軍抗日戰史》，上冊，頁783。

[102] 參閱一、王天池，〈電雷學校紀略〉，頁105。二、柳永琦，《海軍抗日戰史》，上冊，頁808。

[103] 參閱一、王天池，〈電雷學校紀略〉，頁105。二、柳永琦，《海軍抗日戰史》，上冊，頁808-809。

破壞敵浮標 1 座，迭奉嘉獎。[104]

26 年 11 月 22 日，電雷學校奉命於鎮江及南京烏龍山兩處敷設水雷。當時以不敷分配，日夜將修竣趕製各種水雷，派教官楊保康等全數佈設於烏龍山江面，計 200 磅觸發雷 15 具，150 磅觸發雷 16 具，300 磅視發半浮雷 4 具，發放所設在江北划子口。[105]

12 月 2 日 15 時 30 分，敵淺水砲艦 4 艘，由福姜沙北岸貼近沙洲駛至西端後，折往長江南岸，企圖由此突過沉船堵塞線，我雷區發放所即時發放第 10 組 500 磅沉雷 5 具，將敵艦轟沉 1 艘，重創敵艦 2 艘，餘 1 艘遁逃。3 日 10 時，敵艦再駛近雷區線外，搜索掃海未果，連日以飛機轟炸堵塞塞線，至 5 日 14 時，敵驅逐艦 1 艘駛進雷區，第 11 組千磅沉雷 5 具準確發放，立即將敵艦轟沉。6 日午後 1 時，敵派潛水人員自南岸將總纜搜獲割毀。6 日下午，日軍積極用艦艇清除堵塞線，並自陸上搜索北岸，雷區留守官兵被迫於 7 日退却，最後留員率中士班長張金山等 7 人，潛伏北岸安寧港，控制未經總纜之舊雷兩組，伺機發放。8 日 9 時，敵海軍汽艇 1 艘，在新港口江面遇我觸發雷沉沒。同日 15 時，敵鐵駁船 7 艘滿載日軍，用機槍沿長江北岸向岸上掃射，當其駛近雷區 50、60 公尺，我陸上守軍第 111 師催令發放 300 磅半浮雷 6 具，敵船遂退却，是時雷區留守官兵等，始於當日隨同第 111 師一同退卻。[106]

四、江陰與南京保衛戰

由於德式魚雷快艇因體型比英式魚雷快艇大，只適於夜晚在水雷和沉船封鎖線警戒，伺機出擊，並無接敵機會，日間則終日在敵俯視之下。自民國 26 年 8 月 17 日起，多批大編隊敵機，先後來襲江陰江防區各項陸海軍軍事設施。岳飛分隊 253 號艇（艇長黎玉璽）在長江江面巡弋，以高射砲猛襲來犯敵機，擊落 1 架。[107]

---

[104] 參閱一、王天池，〈電雷學校紀略〉，頁 106。二、柳永琦，《海軍抗日戰史》，上冊，頁 825-826。

[105] 參閱一、王天池，〈電雷學校紀略〉，頁 106-107。二、國防部史政編譯室特藏書，《電雷學校校史稿》，影本，頁 25。三、柳永琦，《海軍抗日戰史》，上冊，頁 839。

[106] 參閱一、王天池，〈電雷學校紀略〉，頁 106。二、柳永琦，《海軍抗日戰史》，上冊，頁 839-840。三、《電雷學校校史稿》，影本，頁 26。

[107] 張力，《黎玉璽先生訪問紀錄》，頁 28-29。

8 月 22 日日軍派出 12 架飛機（6 架驅逐機及 6 架轟炸機）對江陰電雷學校校區進行大肆轟炸，江陰要塞防區所有高射砲機槍，停泊在港內的魚雷快艇和江面上的艦艇，及江陰駐軍陸軍砲兵第 8 團，所有的高射砲火力，一齊向敵機開火，是役電雷學校防空網擊落 2 架敵機，敵機墜毀於校區內，駕駛員 3 人當場斃命。[108]

9 月 20 日敵機 2 架飛經黃山港區，其中 1 架被岳飛魚雷快艇高射砲火擊落，敵機墜於四墩子港江面，機上 2 名日軍泅水上岸企圖逃亡，均被擊斃。[109]9 月 23 日敵機 60 架大舉空襲江陰要塞地區，對駐守艦船及防守區展開轟炸，電雷學校快艇庫遭敵機投彈受損，當經我防空網擊落敵機 1 架，沉沒於蕭山江面，旋派人將該機予以撈獲。[110]

為了減少不必要的犧牲，9 月底各魚雷快艇分散停泊江陰上下各港汊，文天祥 88 號艇奉命移泊江北四墩子小港，單獨駐守。[111]10 月 1 日電雷學校所屬海靜佈雷艦遭敵機炸傷擱淺於靖江三圩港，次日復被敵機炸毀。10 月 3 日拂曉史可法 34 號艇，由代艇長姜翔翱率領，在江陰利港附近擔任警戒，時敵機 4 架向其集中攻擊，該艇因港內狹窄，無法應戰，乃立即由港內衝出江外，以高射機槍與敵機作戰，敵機投彈十餘枚皆未命中，該艇旋即轉舵，作「之」字航行時，為敵機俯衝以機槍掃射命中油箱，艇身頓時起火燃燒，未幾即沉沒江中，代艇長姜翔翱、副長葉君略、輪機員江萍光、電務員馬玲、士兵羅埕、孫毓、徐祥麟、舒志新、劉成學等 9 人陣亡殉職。[112]

11 月 12 日，海軍電雷學校再派總訓練官馬步祥中校率魚雷快艇史可法 181 號艇乘夜向長江下游謀襲敵艦。當日細雨濛濛，江面一片漆黑，且因敵

108 參閱一、柳永琦，《海軍抗日戰史》，上冊，頁 825。二、郭秉衡（雷學校第 3 屆），〈一次難忘的對空戰鬥〉，頁 68-69。是役我海軍擊落 1 架日本 94 式轟炸機（編號 154 號），此為我海軍在抗日戰爭中擊落的第一架敵機。另《黎玉璽先生訪問紀錄》，頁 29 記：8 月 26 日日機 70 餘架分批來襲，岳飛 253 號艇再擊落敵機 1 架。

109 參閱一、王天池，〈電雷學校紀略〉，頁 106。二、柳永琦，《海軍抗日戰史》，上冊，頁 825。

110 柳永琦，《海軍抗日戰史》，上冊，頁 825。

111 謝晏池，〈魚雷快艇在南京保衛戰中〉收錄在《南京保衛戰：原國民黨將領抗日戰爭親歷南京保衛戰》，頁 65。

112 參閱一、柳永琦，《海軍抗日戰史》，上冊，頁 824。二、王天池，〈電雷學校紀略〉，頁 105-106。另〈中國海軍對日抗戰經過概要〉收錄在《抗日戰爭正面戰場》，下冊，（南京：鳳凰出版社，2005 年），頁 1830 記：史可法 34 號艇為 26 年 9 月 26 日拂曉，在四墩子江面遭敵機襲擊被炸沉。

艦燈火管制，搜索敵艦極為困難。直至次（13）日清晨4時半，始在金雞港江面發現敵艦1艘，可惜受限於附近有暗灘障礙，無法實放魚雷，該艇乃繞灘沿南岸上駛，正擬再施行雷襲，時天已微明，即被敵艦發現開始以艦砲攻擊。此時適有2艘敵艦溯江上駛，我181號艇見機不可失，乃捨棄前艦，冒險改向後兩目標勇猛衝進。然而該艇在未駛達放雷距離即遭敵艦攻擊，中彈起火焚毀。是役總訓練官馬步祥及輪機兵葉永祥陣亡，艇長楊維智、輪機員袁鐵忱及其餘士兵，則泅水登上北岸生還。[113]

民國26年11月初，因淞滬戰役失利，魚雷快艇文天祥中隊（英式魚雷快艇）奉命返回黃山港，中隊長劉功棣繼而率文天祥171、42、93、88號艇等開赴南京參加南京保衛戰。該中隊開赴至南京後，駐泊草鞋峽三台洞附近江邊，用樹枝蘆葦隱蔽偽裝，防止敵奸引示敵機轟炸。[114]

12月初南京情勢日趨緊張，文天祥中隊每日以2艇成一隊，利用夜晚越過封鎖線，駛向下游巡弋，至十二圩為止，以偵探敵艦之虛實行動，天明後再返原泊地防衛。[115]12月12日南京失守，是日晚電雷學校教育長歐陽格命令文天祥中隊以4艇排成橫列一字形，以最快速度衝過敵人火力網，駛往大通鐵板洲待命。時歐陽格考慮若以4艇縱列魚貫而上，必被敵人發現，給各個擊破。故堅決要求4艇執行橫列隊形，執行突圍任務。文天祥中隊奉歐陽格的命令後，於次（13）日凌晨1時駛過南京下關。當時日軍以砲火封鎖長江江面，江面一片火海，而文天祥中隊堅持原隊隊形，快速上駛，成功完成突圍任務。[116]

南京撤守時，守城國軍各部搶渡長江，電雷學校人員悉被衝散，歐陽格教育長所乘小輪被擠沉，泅水至民船駛達燕子磯，召集各快艇向上游衝駛。

---

113 參閱一、王天池，〈電雷學校紀略〉，頁106。二、柳永琦，《海軍抗日戰史》，上冊，頁824。三、包遵彭，《中國海軍史》，下冊，頁1021。四、《中國海軍之締造與發展》，頁203-204。另〈中國海軍對日抗戰經過概要〉收錄在《抗日戰爭正面戰場》，下冊，頁1830記：史可法181號快艇為26年9月26日拂曉，在江陰下游毛竹港附近，與敵3艘驅逐艦作戰。因限於地形，我艇未能運用魚雷，且遭敵艦砲火擊傷，仍奮勇作戰，最終被敵機攻擊，中彈起火沉沒。

114 謝晏池，〈魚雷快艇在南京保衛戰中〉，頁66。時魚雷快艇配賦有直徑45公分尾槽發射式魚雷兩枚，深水炸彈兩枚，及高射機槍4挺，魚雷已壓氣調試，完全處於發射狀態。

115 柳永琦，《海軍抗日戰史》，上冊，頁839,926。另謝晏池，〈魚雷快艇在南京保衛戰中〉，頁66記：文天祥中隊奉命晚出晨歸，整夜游弋鎮江江面，但未發現敵艦。

116 謝晏池，〈魚雷快艇在南京保衛戰中〉，頁65-67。

時日軍左翼已進抵大勝關及蕪湖，各艇遭受岸上敵砲擊，僅受微損，次第抵達姑塘。是役參謀長徐師丹上校在下關江岸遇難，參謀鄧運秋中尉則在蕪湖江面殉職。[117]

五、長江中游抗日作戰

民國 26 年 12 月 13 日我軍自南京轉進後，海軍即集中長江中游，從事新防線之部署。九江、湖口不僅為長江要區，且為贛鄂兩省門戶。海軍在將馬當阻塞後，即劃湖口為長江第二道防禦線。[118] 電雷學校奉命在馬當、田家鎮一帶佈雷及籌製水雷為準備江防之用。

27 年 3 月 23 日，電雷學校派教務組教官陳伊前往馬當設計佈雷事宜，並著艦政組即將所需之水雷，準備妥當，交由陳伊運往敷設。[119] 同年 6 月電雷學校校屬電雷大隊與學兵大隊併編為軍政部電雷大隊。6 月 26 日馬當失守。7 月初旬海軍總部有鑑於長江戰事吃緊，乃將接收電雷學校之 12 艘快艇，編組成快艇大隊，並利用 7 月初趕將接收各艇緊急修繕，編組成軍，作戰陣容為之一振。[120]

7 月 4 日，湖口失守後，日本海軍中型艦侵入湖口江面。海軍派史可法 223 號艇（艇長黎玉璽）會同岳飛 253 號艇立即開赴前線，先到九江駐泊，時陸軍已撤離九江。[121]14 日海軍總部密令文天祥 93 號艇駛向湖口附近江面對敵艦襲擊，該艇在敵方嚴密砲火監視下，向敵艦發射魚雷，命中敵艦，完成任務後，安然返航。[122]（是役 93 艇艇長吳士榮等多名官兵負傷[123]）17 日海軍總部復令史可法 223 號艇及岳飛 253 號艇駛向湖口，作第二次夜襲敵艦，可惜因陸軍輔助工程處所佈阻塞網，流出原位，以致史可法 223 號艇在航行

---

117 參閱一、王天池，〈電雷學校紀略〉，頁 106-107。二、《電雷學校校史稿》，影本，頁 26。另張力，《黎玉璽先生訪問紀錄》，頁 29 記：12 月 12 日南京失守前夕，最後一批魚雷快艇自南京溯江上駛至鄱陽湖星子姑塘集結待命。

118 包遵彭，《中國海軍史》，下冊，頁 1025。

119 柳永琦，《海軍抗日戰史》，上冊，頁 1016-1017。

120 柳永琦，《海軍抗日戰史》，上冊，頁 1049-1050。

121 張力，《黎玉璽先生訪問紀錄》，頁記 29。

122 〈海軍戰史〉收錄在《中華民國海軍史料》，頁 323。

123 柳永琦，《海軍抗日戰史》，上冊，頁 1050。海軍總司令部編〈海軍抗戰紀事〉收錄在《抗日戰爭正面戰場》，下冊，頁 1748 記：文天祥 93 艇為受創回航，是役該艇員兵均受傷，艇身亦中數彈。

中，俥葉被纏絞，該艇因而沉沒，岳飛 253 號艇亦受輕傷，未能奏功。[124]

由電雷學校收歸海軍總司令部管轄之魚雷快艇，自兩度出擊敵艦後，敵艦在我快艇威脅下深具戒心，處處更加緊防範，遂派其航空隊四處搜尋我魚雷快艇基地。7 月 21 日敵航空隊機群向蘄春附近我快艇駐泊地攻擊。敵機投彈多枚，雖未直接命中，但因彈著接近駐地快艇甚近，文天祥 42 號艇及 88 號艇均受震損傷。[125]是日岳飛 22 號艇（黎玉璽是日接該艇艇長）奉命出發前往蘄春；以該地碇泊艦艇甚多，乃轉泊於長江南岸之偉源口。[126]

8 月 1 日據報有敵艦數艘，越過九江，企圖破壞武穴雷區，海軍總司令部調派岳飛 22 號艇及顏真卿 161 號艇出擊。正當兩快艇奉令準備出擊之際，被敵機偵悉，率隊來襲。我兩艇遭遇大批敵機反覆轟炸，岳飛 22 號艇被炸沉，顏真卿 161 號艇遭重創。[127]海軍總司令部隨後飭令受傷各快艇開往漢口修理，準備再戰。[128]

27 年 8 月 25 日，海軍總司令部奉軍事委員會命令飭將快艇大隊第 3 中隊所轄顏真卿 53 號艇、92 號艇、161 號艇、164 號艇等 4 艇撥歸第 4 戰區接收，配屬廣東江防司令部。於是派快艇向長江下游敵艦攻擊計畫遂告中止。[129]

[124] 參閱一、張力，《黎玉璽先生訪問紀錄》，頁記 29-30。二、柳永琦，《海軍抗日戰史》，上冊，頁 1050。三、〈海軍戰史〉，頁 323。另包遵彭，《中國海軍史》，下冊，頁 1026 記：沉沒的是史可法 222 號。

[125] 參閱一、柳永琦，《海軍抗日戰史》，上冊，頁 1050。二、〈海軍戰史〉收錄在《中華民國海軍史料》，頁 327。三、〈海軍大事記〉收錄在《中華民國海軍史料》，頁 1136。四、〈海軍抗戰紀事〉收錄在《抗日戰爭正面戰場》，下冊，頁 1749。

[126] 張力，《黎玉璽先生訪問紀錄》，頁記 30。

[127] 參閱一、柳永琦，《海軍抗日戰史》，上冊，頁 1050。二、〈海軍戰史〉收錄在《中華民國海軍史料》，頁 327。三、張力，《黎玉璽先生訪問紀錄》，頁 30。四、〈海軍大事記〉收錄在《中華民國海軍史料》，頁 1136。五、〈海軍抗戰紀事〉收錄在《抗日戰爭正面戰場》，下冊，頁 1749。

[128] 〈海軍戰史〉收錄在《中華民國海軍史料》，頁 327。

[129] 參閱一、柳永琦，《海軍抗日戰史》，上冊，頁 1151。二、〈海軍戰史〉收錄在《中華民國海軍史料》，頁 327。三、〈海軍大事記〉收錄在《中華民國海軍史料》，頁 1136-1137。

電雷學校教育長歐楊格攝於第一屆學生畢業典禮

伍、電雷學校發展的侷限與其歷史意義

一、電雷學校主事者歐陽格與海軍主政者不合影響校務發展

電雷學校成立後直隸參謀本部，不歸海軍部管轄，引起海軍部部長陳紹寬強烈不滿。[130] 陳紹寬亦不滿電雷學校隸屬軍政部，官生士兵則穿著海軍軍服，認為該校官兵及學生應穿著陸軍軍服，經過幾番爭執，電雷學校官生士兵雖然保住海軍制服，但水兵帽的「中華民國海軍」字樣被改為「電雷學校」4 個字，軍官們必須佩帶「電雷學校」的證章。[131] 又電雷學校校長歐陽格排斥閩人，學生及學兵中不收閩人，教職員大部分是青島、黃埔和馬尾海軍學校不滿閩系海軍的人物，閩人一概不用。[132]

由於中央海軍不承認電雷學校畢業生的資格，不提供軍艦給電雷學校學生實習，以致歐陽格校長不得已以私人關係向浙江水上警察局商借砲艇「海靜號」，改裝成佈雷艦，供該學校學生實習之用。[133] 爾後雖然獲得使用民船（電雷學校第 1 屆學生因無軍艦可供航海實習，被迫至「三北公司」伏龍號商船實習）與海軍舊艦供實習使用。直到民國 24 年電雷學校向江南造船廠訂購同心、同德兩艦後，學校才擁有自己的新船艦。

此外，黎玉璽將軍回憶：電雷學校裡除教授專業課程的官生外，還有屬於「黃埔同學會」的官生，別人稱之為「藍衣社」，他們常利用各種機會試探學生的膽識，以選擇優秀學生加入其組織。[134]

二、電雷學校經費有限及設備簡陋影響教學

電雷學校在鎮江成立之初，並無校舍，利用北五省會館原有神殿、客房，

---

[130] 張力，《黎玉璽先生訪問紀錄》，頁 14 記：歐陽格的教育方法和其他的海軍不同，陳紹寬尤其對他恨之入骨。

[131] 高曉星，《民國海軍的興衰》，頁 157。

[132] 陳景薌，〈舊中國海軍的教育與訓練〉，頁 128。

[133] 張力，《黎玉璽先生訪問紀錄》，頁 15 記：歐陽格曾擔任浙江水警局局長，另電雷學校原先有 1 艘小火輪，及曾向江蘇水警局借了 1 艘小火輪。

[134] 參閱一、張力，《黎玉璽先生訪問紀錄》，頁 15。二、〈軍政部電雷學校〉收錄在《中華民國海軍史料》，頁 74。

增建部分校茅舍、土屋，設備非常簡陋。[135] 在教學設備方面；電雷學校耆宿王天池回憶：學校在創校初期，舉凡人員器材設備均感缺乏。[136]

除了設備簡陋外，電雷學校的經費則十分有限；依據該校第 1 屆畢業生傅洪讓回憶：赴德國留學之電雷學校軍官在德國研習期滿，適值抗日戰爭爆發後，江防嚴峻，日夜備戰。我政府有意聘請德籍魚雷教官來中國，指導並協助魚雷調整工作，以留德歸國軍官學習澈底，而又自行動手，對魚雷原理構造與調整，均甚了解，而且操作熟練，建議當局無須聘請外籍教官協助，可為國家節省經費，但對德籍教官未能如願來華，其內心總感覺遺憾。[137]

電雷學校併至青島海軍學校後，其該校教育長、主要教官，多屬第 4 屆時代舊人。所授航海、魚水雷等課程，均與之前青島海校同。唯以逼處長江上流，僅能分乘同心、同德兩艦，於短期間見習艦課而已。[138] 另黎玉璽回憶抗戰初期在電雷學校講授水雷課學課程，因戰時物資難困，學生沒有課本，教官需自備講義。[139]

三、教育訓練因時局動亂使修業時間緊縮或中斷

電雷學校學制為 4 年；前 3 年為堂課，第 4 年則登艦見習。但因受中日關係緊張之影響，應時勢之需要，各屆在校修業時間均有緊縮。第 1 屆在校修業 2 年即畢業，第 3、4 屆因併入青島海軍學校，學制即按該校計畫進行。抗戰爆發後，在校各屆授課均受影響，第 3 屆學生則暫停海軍學術科，先習高射砲機槍之操練。全部學生直到學校遷抵江西星子姑塘後，始恢復正常上課。[140]

四、電雷學校併入青島海校後因學制問題引發學潮風波

民國 27 年 7 月電雷學校奉命結束後，在校學生全數撥入青島海軍學校繼續未竟學業，這包括民國 25 年秋入校之電雷學校第 3 屆航海班及輪機班各

[135] 沈天羽，《海軍軍官教育一百四十年》，下冊，頁 132。
[136] 王天池，〈電雷學校紀略〉，頁 104。
[137] 傅洪讓，〈抗戰前赴德習駕魚雷快艇始末〉，頁 78。
[138] 包遵彭，《中國海軍史》，下冊，頁 834-835。
[139] 張力，《黎玉璽先生訪問紀錄》，頁 29。
[140] 沈天羽，《海軍軍官教育一百四十年》，下冊，頁 608。

電雷學校大門

59 名，26 年秋入校之電雷學校第 4 屆航海班 55 名及輪機班 44 名，兩期 4 班合計 217 名學生。因為電雷學校第 3 屆學資較原來青島海軍學校第 5 屆整整多出 1 年，故電雷學校第 3 屆學生改稱青島海軍學校第 5 屆甲班，原來青島海軍學校第 5 屆學生退居為第 5 屆乙班，而電雷學校第 4 屆學生，分別改稱青島海軍學校第 5 屆丙班。

學校方面排定以上甲乙丙三班預定從隔年的民國 29 年暑假起，每隔半年，按序畢業學生 1 班，並奉准核定實施，馬上就立即引起電雷學校第 3、4 期學生一致反彈。原因是電雷學校第 3、4 期和青島海軍學校第 5 屆招生學歷都是高中以上，而且電雷學校規定就讀 3 年即可畢業，學制較青島海軍學校少 1 年，故電雷學校第 3 屆學生認為早應於民國 28 年夏就應該畢業，不應該延長 1 年，而電雷學校第 4 屆學生（與青島海軍學校第 5 屆學生）係於 26 年秋入學，也應該於 29 年夏畢業，而不應該延長至 30 年夏天。學校方面則認為各班修（畢）業時程表係奉中央核准施實，不能更改。於是電雷學校轉入青島海軍學校第 5 屆的甲班及乙班學生，不滿延長修（畢）業時間，於是向校方進行請願、談判、抗議，遂成為學校及學生間的學潮風波。

後經校方多方協調折衷，結果是甲班學生修業時間縮短 3 個月，准予提前於民國 29 年 3 月畢業，乙、丙兩班合併為乙班，並提早於 29 年 9 月底初秋畢業。如此，大抵而言電雷學校第 4 屆轉入丙班學生的修（畢）業問題得到解決；但甲班學生仍然延後了 9 個月才能畢業，認為吃虧過大。28 年 9 月 16 日，為甲班學生入學屆滿 3 周年，該班學生再度向校長劉襄陳情要求立即畢業，然而劉校長與學生間卻無法達成協議。於是軍事委員會派高級參謀海軍少將劉田甫，會同軍政部官員，來校調查、視察、處理及勸導，歷時 50 餘日，學潮風波始漸漸平息。[141]

五、電雷學校因戰事擴編受阻畢業學生出路受限

電雷學校成立時間晚，以致編制小，該校在民國 25 年及 26 年「七七事變」後，至少曾兩次向德國訂購魚雷快艇母艦及多艘魚雷快艇，但因諸多變故，未能交貨來華，[142] 外購之艦艇不能來華，也影響學校組織之擴編。由於學校編制小，以致畢業生除去留學德國，或留在電雷學校安置者外，其餘不得不離開軍隊另謀出路。[143]

六、電雷學校時代意義－造就海軍人才

總統蔣公創辦電雷學校，其時代意義乃是為中華民國海軍造就許多人才；電雷學校為我海軍在抗戰前幾個海軍教育機構之一，主體為海軍軍官養成教育，與其他海軍學校大致相同，但兼實施海軍士兵教育，該校當時為適應國防環境原因，未被標明海軍學校名義。電雷學校於民國 21 年籌備成立，於抗戰第二年停辦，26 年對日戰爭爆發時，該校預定有關國防設施計畫，尚未全盤完成，但曾是 1 個以教育機構參加江防作戰任務單位。電雷學校相較其他海軍學校，雖然時間較為短促，然而其薪火相傳，前後所招訓各期學生畢業後，長期獻身海軍，並蔚為海軍主要幹部。[144]

電雷學校畢業學生在抗戰、戡亂及遷臺後的臺海戰役中，均有傑出表現。

[141] 鍾漢波，《四海同心話黃埔：海軍軍官抗日箚記》，頁 108-110。
[142] 馬幼垣，〈抗戰期間未能來華的外購艦〉，頁 191,197。
[143] 劉傳標，《中國近代海軍職官表》，頁 272。
[144] 王天池，〈電雷學校紀略〉，頁 103。

許多畢業生成了國民政府在臺整軍備戰時期重要的海軍領導人物。電雷學校畢業學生例如：黎玉璽官拜海軍一級上將曾任海軍總司令及國防部參謀總長，崔之道官拜海軍二級上將曾任海軍副總司令及國防部政務次長、王恩華官拜海軍二級上將曾任海軍官校校長及參謀總長辦公廳主任，李敦謙官拜海軍中將曾任海軍艦隊指揮官及海軍副總司令，齊鴻章官拜海軍中將曾任海軍艦隊司令及軍區司令。[145]

另外，抗戰前歐陽格曾在上海一批技工負責機械修護事宜，這批技工在抗戰勝利後，大多到江南造船廠繼續工作或教授學徒，在戡亂戰爭中，他們為海軍搶修船艦，俾立即投入戰鬥，厥功甚偉。國軍轉進臺灣後，海軍中的機械維修，最初也是依靠這批技術人員。[146]

陸、結語

民國肇建後，我國海軍長期被地方實力軍人所控制，淪為地方性質海軍，不僅妨害海軍的建軍發展，亦削弱其整體戰力。民國 21 年「一二八淞滬戰役」，日本海軍大舉侵犯淞滬，我海防及江防形同虛設。因而蔣中正痛定思痛，決定組建一支直接隸屬於中央政府掌控的海軍，遂先期籌建學校，以培育海軍人才，作為日後遠程建軍發展之需，電雷學校因而誕生。

電雷學校建校之初衷係建立一支以水雷與快艇為主之江防力量，以阻止日軍溯長江進犯，因此學校不僅是教育單位，亦是一支戰鬥部隊，此為海軍軍官教育歷史中所僅有的。[147]

民國 26 年 7 月抗戰軍興。8 月 13 日滬戰開始後，國軍於江南地區艱苦奮戰長達百餘日，日本海軍因江陰水道水雷與火砲封鎖與沉船堵塞，及我魚雷快艇出擊影響，使敵艦未作正面攻堅以艦隊突破之企圖。[148]

[145] 參閱一、傅洪讓，〈抗戰前赴德習駕魚雷快艇始末〉，頁 80。二、國防部史政編譯局編印，《中國戰史大辭典：人物之部》，民國 81 年，頁 657。另徐學海，《海軍典故縱橫談》，作者自行出版，民國 100 年，頁 461-462 記：電雷學校航海第 1 屆畢業生，來臺晉升海軍將官者計有：上將 2 員（筆者註：應為一級上將 1 員，二級上級 2 員），中將 9 員，少將 5 員。輪機第 1 屆畢業生晉升海軍將官者計有：中將 2 員，少將 4 員。

[146] 張力，《黎玉璽先生訪問紀錄》，頁 16。

[147] 沈天羽，《海軍軍官教育一百四十年》，下冊，頁 588。

[148] 王天池，〈電雷學校紀略〉，頁 106。

然而電雷學校的發展並不順遂，學校成立僅5年，便因抗日戰局的轉逆，日軍溯江大舉西犯，被迫西遷。爾後因中央裁併海軍之政策，及實際負責學校的教育長歐陽格又因故被捕，學校於抗戰翌（27）年夏奉命停辦，在校學肄業學生併入青島海軍學校。時學校所屬的快艇在長江與敵作戰，頗有損失，快艇補充困難，所剩快艇奉命改編撥交其它單位，自此結束電雷學校6年短暫之歷史。

電雷學校歷史雖短，其人員編制與艦艇噸位規模，亦是我抗戰前海軍四大系統中最小者，但電雷學校的成立其影響卻頗具深遠，尤其在作育人才方面，該校不少畢業生，在日後戡亂及在臺整軍備戰時期，成為我海軍領導階層的中堅，對政府遷臺後，海軍的建軍發展影響深遠。

附錄

一、歐陽格簡介

歐陽格，生於清光緒21年（西元1895年）江西省宜黃縣人，民國5年畢業於煙台海軍學校（航海第10期）。11年6月16日，陳炯明砲轟廣州觀音山，時歐陽格任豫章艦艦長，因護衛孫中山先生有功，後任黃埔海軍學校副校長。14年歐陽格因參與「中山艦事件」，被迫出洋，至英國及德國考察海軍。20年「九一八事變」後，歐陽格返國，向蔣中正建議：建立一支以魚雷快艇為主的海軍部隊。21年電雷學校成立，歐陽格出任校長。26年7月抗戰軍興，8月任江南海防司令。歐陽格因主掌電雷學校，引起其他海軍派系的不滿，除了「東北」、「福建」、「廣東」外，抗戰初期更加上「桂林行營江防處長」徐祖善也加入攻擊陣營。27年6月28日海軍部部長陳紹寬以因「貪污」及「抗戰不力」罪名逮捕歐陽格。29年8月歐陽格在重慶經軍法審判被槍決。[149]

---

149 資料來源一、劉傳標，《中國近代海軍職官表》，頁227。二、蕭玉涵，《民國海軍人物史話》（北京：城南出版社，1996年），頁121。三、張力，《黎玉璽先生訪問紀錄》，頁15,16。

二、軍政部電雷學校第一、二屆畢業生

資料來源：《海軍軍官教育一百四十年（1866-2006）》，下冊，（台北：海軍司令部，民國 100 年）。

第一屆　航海　計四十六名　民國二十三年十二月畢業

王恩華、王　策、毛必興（改名泳翔）、汪　濟、李敦謙、李崇志、李國華、李　涵、林光烱、吳士榮、吳東權、胡希濤、胡敬端、段一鳴、姜　瑜、姜翔翱、范仁勇、唐保黃、孫　甦、馬焱衡、崔之道、曹開諫、陳遠潤、陳溥星、陳祖鎮、陳　鎔、陳毓秀、郭發鰲、張天禮、傅洪讓、黃震白、黃承鼎、粟季龍、楊維智、葉君略、萬永平、齊鴻章、趙漢良、趙正昌、廖振謨、黎玉璽、劉功棣、劉毅卿、鄧文淵、諶志立、謝宴池

第一屆　輪機　計十二名　民國二十六年七月畢業

王先登、尹燾富、江萍光、李良驥、沙大鵬、金龍靈、袁鐵忱、晏海波、高世達、張天鈞、楊　珍、潘澤金

第二屆　航海　計五十名　民國二十七年三月畢業

王方蘭、朱德鄰、安國祥、李定一、李福佞、李大公、李秉惕、李文瑚、杜澂深、林肇英、吳志鴻、吳家荀、吳文德、周　非、郭勳景、徐國馨、祝科倫（原名梅根）、徐顯棻、徐繼明、唐湧根（原名雄耿）、段允麟、章繩武、袁　銘、黃克榮、黃崇仁、黃雲波（未畢業）、張仁耀、張偉業、楊鴻庥、楊德全、楊清才、商　辰、葉蔚然、葉春華、葉定午、褚廉方、劉　征、劉　傑、劉　杙、劉德浩、劉湘鐘、鄧光祖、鄧天健（原名頔）、樓定淼、錢恩沛、謝克武、薛仲倫、蕭長濬、韓國華、譚守傑

本章圖片來源

沈天羽編著，《海軍軍官教育一百四十年》，台北：海軍司令部，2011 年。頁 398、399、400、402、403、404、405 左 右、410、411、412、413、414、415、416、417、434、437。

沈天羽提供

頁 419、420、421、424 左右、426。

第七章　海軍與中國航空事業的濫觴

摘要

早在二十世紀初的福建馬尾船政局就誕生了世界上第一座大型浮動機庫與中國第一架水上飛機「甲型一號」，自民國7年到19年的十多年間，創立了中國第一座飛機製造廠，自行設計、研發、製造中國第一批達到當時國際水準的飛機，至1930年共完成17架，獲得了令人矚目的發展。

民國7年海軍部設立馬江飛機工程處，直屬於福州船政局，同時也創辦了中國第一所的有關飛機製造的學校——海軍飛潛學校，培養了中國最早的航空工程師。而美國波音公司的歷史上赫然記載著首任總工程師中國人王助的大名，同時還是波音公司第一架飛機的設計監造者，但不為大多數國人所知的是，王助、巴玉藻、曾詒經、王孝豐等這些中國航空工程先驅全部來自海軍。

自1866年創建新式海軍以來，就以製造、航輪為根本做為船政學堂宗旨，首重人才之培育，1876年福州船政局開始選派學生赴英、法留學。1909年選送學生出國研習船炮，民國成立後，民國4年延續清末的人才培育，續將王助、巴玉藻等轉送美國賡續學習航空工程、發動機及飛潛。這些在清末自全國各水師學堂畢業生中選拔出來精英經送往歐美先進國家留學，取得學位之後不顧美國方面的高薪挽留，毅然歸國成為獻身航空領域的優秀人才，奠定了中國航空事業的基礎。

壹、前言

1903 年美國人萊特兄弟（Wilbur & Orville Wright）在第一次駕駛飛機飛行成功之後，西方各國爭相發展軍事航空。中國大清政府也不甘落後，其軍咨府派遣人員出國軍事航空，選派留學生到海外學習航空技術，並於 1908 年從國外購進航空器，在陸軍建立了軍事氣球隊。1911 年 10 月，辛亥革命爆發後，革命軍控制的武昌、上海、廣州、南京都督府先後成立了四支航空隊，厲汝燕、馮如等任隊長，成為中國早期航空力量的指揮官。[1] 同年義大利在對土耳其的戰役中，首用轟炸機出戰，成為人類首次以飛行器作戰爭行為。[2] 民國 2 年，出現了希臘在首次在戰爭中使用水上飛機，海軍航空部隊由此誕生。[3] 至第一次世界大戰前後，各國海軍競相研發空中武力。

自民國 7 年到 19 年的十多年間，創立了中國第一座飛機製造廠，自行設計、研發、製造中國第一批達到當時國際水準的飛機，至 19 年共完成 17 架，獲得了令人矚目的發展。

民國 7 年海軍部設立馬江飛機工程處，直屬於福州船政局，同時也創辦了中國第一所的有關飛機製造的學校——海軍飛潛學校，培養了中國最早的航空工程師。而美國波音公司的歷史上赫然記載著首任總工程師中國人王助的大名，同時還是波音公司第一架飛機的設計監造者，但不為大多數國人所知的是，王助、巴玉藻、曾詒經、王孝豐等這些中國航空工程先驅全部來自海軍。

中國自 1840 年代後飽受西方列強船堅砲利的欺凌，國勢日衰，但仍力圖振衰起蔽。當時中國觀察歐美諸國致力發展航空器，有識之士遂意識到其為威力強大的武力，足以左右決戰之勝負成敗，必須學習發展，力圖鞏固國防。我國有鑑於現代航空武力的重要與影響，自民國初年起，海軍當局致力於海上航空力量的建立，慘淡經營，戮力艱辛，其得失成敗，值得歷史借鏡。過去國內研究此一議題並不多見，作者試圖運用蒐整有限的史料、相關的專

---

1 華人杰、曹毅風、陳惠秀等，《空軍學術思想史》，（北京：解放軍出版社，2008 年 1 版 1 刷），頁 322-323。
2 吳得坤，《世界之空戰》，（台北：自然科學股份有公司，1980 年），頁 10。
3 吳杰章、蘇小東、程志發主編，《中國近代海軍史》，（北京：解放軍出版社，1989 年 1 版 1 刷），頁 347。

書旁及回憶錄，就海軍與中國航空事業的源起、發展過程與成果，做一個初步的探討與整理。

貳、清末民初海軍的人才選派

清宣統元年（1909年）上諭：「著派郡王銜貝勒載洵、提督薩鎮冰充籌辦海軍大臣。」[4]7月，清廷選海軍學堂學生廖景方、巴玉藻、王助、王孝豐、曾詒經、徐祖善等23名隨海軍大臣載洵、提督薩鎮冰赴英，即留英習船礮。[5]民國初年仍由海軍部付與公費並照章派學監督導，但大部分學生轉往美國，並學習飛潛學術。[6]其中習航空者有巴玉藻、王助、王孝豐、曾詒經。這四名成為馬江飛機工程處及飛潛學校飛機部的主持者。[7]均為我國航空事業的先驅，貢獻至為卓著。

而至民國初年，北洋政府統治期間，因軍閥混戰，經費用於內戰，海軍部缺少經費，無法像晚清時期，派成批到國外深造或見習的留學生，但對於飛機、潛艇及無線電等重視，因此期間有派出，但人數不多。而這些到國外的留學生，其成效除了在馬尾能自製飛機，為國內首創外，潛艇製造方面則無任何成績。[8]

民國4年魏瀚率員生魏子浩、陳紹寬、韓玉衡、俞俊杰、陳宏泰、李世甲、

[4] 載洵，姓愛新覺羅，滿洲正黃旗人，醇親王奕譞第六子，光緒帝之弟，宣統帝之叔。後晉奉恩輔國公、鎮國公，襲多羅貝勒，加郡王銜。宣統元年，任籌辦海軍大臣，並赴歐美考察海軍。宣統三年任慶親王內閣海軍部大臣。1949年，於天津逝世。參閱徐友春主編，《民國人物大辭典（增訂本）》，頁2190；清史稿校註編纂小組編，《清史稿校註》第6冊，卷172，表5，皇子世表5，頁4781-4782。

薩鎮冰（1859-1952年），字鼎銘，蒙古族，福建省閩縣（今福州市區）人。11歲考入福建船政後學堂駕駛班第二屆。1877年赴英國格林威治海軍學院學習；3年後回國歷任「澄慶」兵船大副、天津水師學堂教習、「威遠」艦管帶、後升為參將。1894年授副將銜，甲午戰爭時奉命守衛劉公島，日軍陷島，北洋水師覆沒，受革職處分。1896年出任吳淞炮台總台官，升自強軍幫統，漸受清廷重用。1905年擢任廣東水師提督，總理南北洋海軍。1909年與親王載洵一同擔任籌辦海軍大臣。之後整合南北洋水師，改編海軍制度，整頓海軍。參閱福州市地方志編纂委員會編，《福州市志》，第八冊，頁585。

[5] 池仲祐，《海軍大事記》，（重慶：海軍總司令部，民國32年5月），頁29。

[6] 池仲祐，《海軍大事記》，頁37，民國4年，「派魏瀚率員生赴美國學習艇潛艇各技。」按各生應即指留英之葉芳哲，原因可能是歐戰安全之考慮。

[7] 張心澂，《中國現代交通史》（上海：現代中國史叢書，民國20年），頁337。

[8] 陳書麟，《中華民國海軍通史》，頁93。

丁國忠、鄭耀恭、梁訓穎、程耀樞、盧文湘、韋增馥、姚介富等人赴美國學習飛機、潛艇。[9]

民國6年底留美航潛人員先後學成歸國，海軍為實施「育才製機」計劃乃於7年4月，改馬尾藝術學校為飛潛學校，派福州船政局局長陳兆鏘兼任校長，[10] 專以培養機械製造人才為主，並將藝校以英文教學之甲乙兩班學生各50名編為潛校學生甲乙班，同時公開招收中學畢業生編為丙班，以及後來入學之丁戊兩班學生各50名，共在校學生250名，聘巴玉藻、王助、王孝豐、曾詒經等，回國之留學生擔任飛機製造教官，[11] 是為國內最早培養製造飛機工程和潛艇專業人才學校。初訂學制為七年，先行施以三年高中、三年專科教育，[12] 甲班學造飛機，乙班學造船（潛艇），丙班學造機，丁班學駕駛，戊班學輪機。[13]

民國9年北京航空事務處派蔣逵、沈德燮、江光瀛、呂德英等赴英學習飛機製造。[14] 同年，海軍部派任王孝豐率領曹明志、吳汝夔、陳泰耀、劉道夷等赴菲律賓學習航空專科。[15]10年6月，海軍部派蔣逵、沈德燮轉赴美國學習軍事飛行。[16]

---

[9] 陳道章、林櫻堯主編，《福建船政大事記（增訂本）》，（北京：中國文聯出版社，2011年12月2版印刷），頁127。《中華民國海軍通史》，頁90。

[10] 包遵彭，《中國海軍史》下冊，（台北：中華書店，民國59年），頁769。

[11] 陳書麟、陳貞壽，《中華民國海軍通史》，頁76。

[12] 高曉星、時平，《民國海軍的興衰》，（江蘇：中國文史出版社，1989年），頁97。

[13] 吳守成，〈中國海軍航空事業的發軔〉，收入李金強等合編《近代中國海防——軍事與經濟》，（香港：香港中國近代史學會，1999年版），頁309。

[14] 張心澂，《中國現代交通史》，頁335；又據上海時報，民國9年4月7日，丁中將（錦）與報界之談話，謂將招考國內有工藝知識之學生派往英國監造所訂立之飛機，現已考取六人，將於本日十五日放洋。此乃英國政府拒收中國學生習軍事飛行，故以督造飛機名義赴英。另參閱《海軍大事記》，第1輯，頁53。

[15] 包遵彭，《中國海軍史》下冊，頁335。

[16] 張心澂，《中國現代交通史》，頁335；又包遵彭，《中國海軍史》下冊，頁604；按前者謂為航空署所派，後者謂為海軍部所派。此時英國貨款可能已付畢，而改由海軍部負責，但蔣逵等轉入美國寇蒂斯廠學習軍事飛行，其後海軍部竟欠付學費，參見民國外交檔：E-7-5，海軍部欠付飛機教練費案。。

參、海軍部飛機工程處與飛潛學校

民國初年袁世凱執政，時海軍力量薄弱，不足以抵禦外侮，輿論認為自強之道無如速建立現代化的飛航組織及潛航組織，費用省，成事快，收效亦大。袁氏遂飭令劉冠雄籌辦方策。劉冠雄與美方磋商選派學員赴美，借用美軍海軍基地，借用美艇、美機訓練學習及操作，爾後再行製造。擬向美國借款建造潛艇，由美承製。民國 4 年 4 月，海軍部派出一批學生 23 人，分別前往美國學習船舶、飛機及潛艇製造等技術。爾後因袁世凱稱帝政局混亂，留美學生學費及生活經費來源斷絕，員生遂各謀出路。[17]

早在民國元年，在英國留學的留學生巴玉藻、王助等人，就曾聯名上書當時的海軍總長劉冠雄[18]，主張飛潛政策，鞏固國防。3 年，當時飛機的性能與駕駛技術有很大的進步，更在歐洲戰爭中扮演重要角色，袁世凱命劉冠雄統籌生產飛機與潛艇事宜，變賣新購的飛鴻軍艦，以價款作為開辦經費，並派遣學生赴美國學習。[19]

一、福州船政局

民國成立後，福建都督改船政為局，時僅有船塢一所。民國 2 年 10 月，船政局收歸北洋政府海軍部管轄，劃閩省海關原款為經費。是年自美商購得前英商之馬限洋船塢為第一船塢。[20] 此後大多數時間船政局主要是承擔船艦修理任務，造船業務大多讓予江南造廠所。[21] 至民國 9 年以後，因財務困難，不得不停止造船，僅能維修小船，規模日益縮小，工人不及原有一半，剩下約 1,000 人。[22]11 年增設電燈廠，工廠開始用電力裝備，為船政局一大進步。[23]13 年 11 月，船政局停辦，後經局長陳兆鏘力爭，船政局復辦，因人員

[17] 韓仲英，〈留美學習飛機及潛艇憶述〉收錄在《中華民國海軍史料》，頁 923-924。
[18] 劉冠雄（1861~1927），福建福州人。畢業於船政學堂駕駛第四屆，先後留學英、法學習海軍，袁世凱當政時期，任海軍總長。
[19] 褚晴暉，《王助傳記》，（台南：國立成功大學博物館，2010 年 8 月，二版二刷），頁 16。
[20] 《中國海軍通史》，下冊，頁 576。
[21] 高曉星、時平，《民國海軍的興衰》，頁 92。
[22] 陳書麟，《中華民國海軍通史》，頁 45。
[23] 林慶元，《福建船政局史稿》（福州：福建人民出版社，1999 年），頁 391。

工匠縮減裁汰，留廠工人不及停辦前之半數。[24]15 年福州船政局改稱馬尾造船所，所長由工務長馬德驥充任，為籌措資金發展廠務，採取二項措施；承辦福建省政府銀元局銀元的鑄造，及擔任長樂蓮柄港灌溉田局的工程。但鑄幣未能解決造船所資金不足問題，經營不善及浪費成風，仍是最大弊病。[25]

民國初年北洋政府海軍除了開辦傳統培育航海、輪機、槍砲的軍事學校或訓練所外，亦創辦有關船艦飛機製造及醫學方面的學校或訓練所。

二、海軍飛機製造工程處

民國 4 年海軍總長劉冠雄（船政學堂駕駛第四屆，）倡議興辦海軍航空工業，倡言：「飛機、潛艇為當務之急，非自製不足以助軍威、非設專校不足以育人才而收效率」。[26] 培養製造飛機人才，派員赴英美學習航空工程。7 年 1 月，留學英美學習航空工程人員學成返國，於馬尾船政局附設飛機製造工程處，派巴玉藻、王孝豐、王助、曾詒經等 4 人主持製造軍用水上飛機。[27]8 年 8 月，飛機製造工程處完成第 1 架水上飛機（甲型 1 號）之製造。[28]10 年 1 月，派赴菲律賓學習航空專業的曹明志、陳泰耀、劉道夷、吳汝夔等 4 人返國。海軍部先派陳泰耀、劉道夷至船政局試充飛行員；派曹明志、吳汝夔到飛潛學校，試飛水上飛機及教練飛行。[29]12 年 9 月，飛機製造工程處改組為海軍製造飛機處，隸屬海軍總司令公署。[30]15 年海軍部在上海設立海軍航空處，在虹橋飛機場擇地設備，供該處航空學員練習之用。[31]

民國 7 年 2 月，海軍部設馬江飛機工程處，4 月設飛潛學校。這兩個機

---

24 林慶元，《福建船政局史稿》，頁 412-413。

25 林慶元，《福建船政局史稿》，頁 391-393。《中國海軍通史》，下冊，頁 577。13 年 11 月間，因戰事餉銀斷絕，船政局經費無著，勒令停辦。

26 沈天羽《海軍軍官教育一百四十年（1866-2006）》，（台北：海軍司令部，民國 100 年），上冊，頁 19。

27 參閱《海軍大事記》，第 1 輯，頁 45。《海軍抗日戰史》，上冊，頁 217。《中華民國海軍史事日志（1912.1-1949.9）》，頁 133。

28 《海軍大事記》，第 1 輯，頁 49。另曾貽經，〈舊海軍製造飛機處簡介〉收錄在《福建民國史稿》，（福州：福建人民出版社，2010 年），頁 333 記：飛機雖製造完成，但找不到試飛飛行員，後找到旅居檀香山華僑蔡司度試飛，不幸失事，機毀人亡，但發動機尚好。

29 《中華民國海軍史事日志（1912.1-1949.9）》，頁 186,187,188。

30 曾詒經，〈海軍製造飛機處〉收錄在《中華民國海軍史料》，頁 936-939。

31 沈天羽，《海軍軍官教育一百四十年（1866-2006）》，上冊，頁 243。

馬江海軍製造飛機處

構的創設座遲至歐戰將結束之時，但其醞釀已久。有如前述，宣統元年（1909年）海軍處派廖景方等 23 名學生留英；同年軍諮處命海軍大臣派員研習製造飛球飛艇潛行艇之法；延及民初，法國軍事顧問伯里提國防潛航政策，而留英學生多轉往美國學習潛學術。6 年 10 月，學習飛潛學生袁晉、馬德驥、徐祖善、王超、葉在馥、伍大名、王孝豐、巴玉藻、王助、曾詒經均已學成歸國。[32]12 月海軍部即派袁等籌辦飛潛學校。[33]

三、海軍飛潛學校

民國初年，北洋政府海軍部開始注意飛機潛艇教育。民國 6 年 12 月，留英美學習造艦、駕駛及飛潛技術各員生袁晉、馬德驥、徐祖善、王超、王孝豐、巴玉藻、嚴在馥、曾詒經、伍大銘、王助等人先後學成回國，由北洋

[32] 池仲祐，《海軍大事記》，頁 41。
[33] 池仲祐，《海軍大事記》，頁 41。

政府海軍部派往福州船政局及各處造船差遣；又令飛潛各員至大沽、上海及福州等處選擇地址，以備籌建飛潛學校。福州馬尾造船廠所汽機具備興校基礎，經國務院會議通過，派員籌辦。[34]

民國 7 年 2 月，福州船政局設立飛機工程處，該處最初訓練工人，採學徒制。[35]4 月福州船政局藝術學校改名設飛潛學校，船政局局長陳兆鏘兼校長。[36] 學校成立後，學生甲、乙 2 班係由藝術學校英文甲、乙班轉入，另公開招生一班編為丙班。[37] 在校學生主要學習製造水上飛機及潛艇專科技術。9 年 3 月，保送陳嘉榞等 12 人至航空學校肄業。[38]10 年學習航空歸國學員曹明志、吳汝夔等赴校試演水上飛機，並教飛行。12 年 6 月，設立航空教練所，培育航空專才。[39]

民國 13 月 1 月，海軍部以經費支絀，令飛潛與製造學校合併。[40]14 年飛潛製造學校開設軍用化學班，培養檢驗軍火專才，該班學生由藝術學校轉入。[41] 迄 15 年 5 月，製造飛潛學校併入福州海軍學校。[42]

飛潛學校學生修業期限為 8 年 4 個月；甲班修習飛機製造，乙班修習造船（潛艇），丙班修習造機，丁班學航海，戊班學輪機。學生入校 3 年先修習初級普通課程，稱之初級普通班，之後再抽籤分習各科，續修高級之普通與專門學科 4 年。軍用化學班修業期限 5 年，修畢 3 年初級普通課程後，再修 2 年高級普通及專門課程，畢業後續赴漢陽兵工廠實習。[43]

---

34 《中華民國海軍史事日志（1912.1-1949.9）》，頁 130。

35 曾詒經，〈海軍製造飛機處〉收錄在《中華民國海軍史料》，頁 938。

36 參閱《海軍抗日戰史》，下冊，頁 1572。《海軍大事記》，第 1 輯，頁 45。《中華民國海軍史事日志（1912.1-1949.9）》，頁 138。

37 沈天羽《海軍軍官教育一百四十年（1866-2006）》，上冊，頁 55。

38 《中華民國海軍史事日志（1912.1-1949.9）》，頁 170。

39 沈天羽《海軍軍官教育一百四十年（1866-2006）》，上冊，頁 243。《海軍大事記》，第 1 輯，頁 63 記：聘俄員薩芬諾夫為航空教練所教員。

40 《中華民國海軍史事日志（1912.1-1949.9）》，頁 263。〈海軍飛潛學校概況〉收錄在《中華民國海軍史料》，頁 934 記：民國 13 年甲乙丙 3 班學生相繼畢業後，因北洋政府財政困難，海軍經費支絀，船政局自顧不暇，學校無經費被迫停辦，未畢業丁、戊 2 班學生併入海軍學校繼續學習。

41 沈天羽《海軍軍官教育一百四十年（1866-2006）》，上冊，頁 243。

42 參閱〈海軍沿革〉，頁 17。《海軍抗日戰史》，上冊，頁 217。《中國海軍通史》，下冊，頁 770。

43 參閱《海軍軍官教育一百四十年（1866-2006）》，上冊，頁 54。〈海軍飛潛學校概況〉，頁 934。

海軍於民國 25 年造航委會飛機開始合攏之一

飛潛學校籌辦員考察大沽、上海、福州等地，選擇校址，認為福建馬尾地段最寬，復有造船所之廠房汽機以為興辦基礎，遂擇為校址，經國務會議通過，派員籌辦。民國 7 年 4 月改馬尾藝術學校為飛潛學校，派福州船政局局長陳兆鏘兼任校長，由袁晉等七名留學生擔任教員。[44] 而在設校之前 2 月，成立馬江飛機工程處，直隸於福州船政局，並由學習飛機製造之巴玉藻、王助、王孝豐、曾詒經主持。[45]

海軍飛潛是中國第一所培養飛機和潛艇人才的學校，它是一所專業很強的製造工程專科學校。學校的經費來由海軍福州船政局籌措和承擔。海軍飛潛學校開辦後，共設立了 31 個專業。它們是飛機製造、潛艇製造和機器製造專業。海軍飛潛學校設置的飛機製造專業課程與美國麻省理工學院相似，主

[44] 包遵彭，《中國海軍史》下冊，頁 769。又陳兆鏘於民國元年授海軍輪機少將。

[45] 張心澂，《中國現代交通史》，頁 337；又民國外交檔：E-7-5，福州飛潛學校聘俄人薩芬諾夫（Michael John Safonoff）案。按據檔案資料，王孝豐似未在飛機部。又據胡光麃，《早期的航業人物》（下），王孝豐習造船。

海軍於民國25年造航委會飛機開始合攏之二

要有高等數學、飛機結構、飛機設計、航空發動機，飛機穩度演算法，氣體動力學、流體力學、動力學、熱力學、材料力學、材料與熱處理、蒸汽機、機械原理、機械零件等，飛機製造專業的教材全部採用英文原版書。日後由於國內政局動蕩和國家財政困難，海軍飛潛學校成立後不久就開始出現資金問題，以後學校漸漸陷入了經濟困境。當時，飛潛學校的經費全部由海軍福州船政局負責。而後來福州船政局的經費入不敷出，根本無暇顧及海軍飛潛學校。民國15年5月，當局已無財力維持海軍飛潛學校。至此，海軍飛潛學校結束其短短9年的歷史。[46]

[46] 金智，〈民國時期的北洋的海軍〉，收入《軍事史評論》第20期，（台北：國防部政務辦公室，民國102年6月），頁280-281。另見李石，王紅，〈近代中國海軍航空兵的嘗試〉part1。網路資料：http://tw.myblog.yahoo.com/jw!C5OWHc6VGx0wXcRKNzw-/article?mid=1121。

肆、海軍對中國航空事業的貢獻

一、近代中國的第一支海軍航空兵部隊

民國5年2月，海軍派遣海軍上校陳紹寬赴美考察美國海軍，他此行的重點是考察飛機與潛艇技術以及適用於中國的新型飛機和潛艇。是年底，陳紹寬又奉命前往歐洲，從6年5月起隨英國皇家海軍的戰列艦隊和潛艇部隊參加了第一次世界大戰中的對德作戰行動，戰後英國政府曾授予他「特別勞績勳章」。此後，陳紹寬又受命實地考察英國、法國、義大利等國海軍飛機和潛艇的作戰使用情況。期間，陳紹寬曾多次將其親身經歷和考察情況上報，他對飛潛作戰的有關感受與見解對海軍部及後來的有關工作是有影響力的。以後，他還將有關情況正式編寫了「飛機、潛艇報告書」，報送海軍部。海軍部對這份報告書十分重視，並參考這份報告書，著手制訂中國海軍發展飛機和潛艇的計劃。[47]

民國15年停辦飛潛學校後，「海軍為發展航空教育起見」，乃於18年在上海成立由航空處直轄之航空學校以擔任「訓練航空人才」的責任。派沈德燮為處長兼教練，初設航空班以訓練飛行人員為主，並於虹橋機場擇地設備。[48]在編制、預算上列有10人學員名額，而首屆受訓學員計有何健（福州製造學丙班生）、陳長誠（飛潛學校一期生）、揭成棟（同前）、彭熙（海容艦無線電官）等四員於19年11月畢業並授與少尉飛行員之職。[49]是海軍航空處航空班第一期畢業生。

其實在上海航空處成立同時，楊樹莊總司令亦飭令廈門要港司令林國賡籌建廈門航空處，而於民國19年6月開辦，委派陳文麟（留德航空生）為處長。該處建有新式機場，面積約200萬平方英尺，場之西首建有貯機場（可貯飛機12架）、油庫、修理廠等設備，並有水上飛機升降水道（長270英呎、寬30英呎）。備有教練機四架（含德製亨克爾式教練機一架），堪稱機場寬

47 轉引自褚晴暉，《王助傳記》，國立成功大學博物館，2010年8月，二版二刷，頁21。但台北國防部史政編譯局檔案411.1/7529.2：「陳紹寬考察英美海軍報告案」，〈1918年11月1日陳紹寬呈海軍總長〉則記為1916年1月。

48 《海軍航空沿革史》，（高雄：海軍史蹟館籌建委員會，1960年），頁10。

49 陳書麟、陳貞壽，《中華民國海軍通史》，頁301。

闊設備齊全。同時招收新生許成棨等九員新生受訓，於 20 年 7 月畢業，續有傅恩義等八員學生於 23 年 8 月畢業，皆授任少尉飛行員，是為航空處繼上海首屆後之第二屆、第三屆畢業生。前後共計畢學生 21 員。[50] 其間 22 年因上海航處「裁撤」與歸併。後因海軍經費困難無力發展航空，飛行學員畢業後無處就業乃停止招生，26 年抗戰軍興，9 月底航空處奉令「停辦」[51] 飛行員及製機人員均調歸中央航空委員會統一派用，結束海軍專業之航空教育和訓練。[52]

基於國內外軍事進步的需要，於民國 6 年 11 月至 18 年 2 月之間，三度派遣陳紹寬「調查」英、美、法、義等國海軍飛機潛艇狀況，撰成「飛機、潛艇報告書」作為實施育才造機的重要參考。[53]7 年初在馬尾設立飛潛學校及飛機製造工程處，應與陳紹寬之考察結果有關。國民政府繼於 16 年在上海，18 年在廈門分別開辦航空處，建立機構加強教育訓練行人員以期育才和造機兼併進行。其間曾有工廠的歸併，學校與航空處的機構調整，多因管理及經費困難，故自 8 年首架生產飛機出廠起至 26 年全面抗戰時止，我國共自製飛機 24 架（另外購 20 架），訓練畢業學生共 77 員，因抗戰軍興海軍所有育成之航空人才，皆投效空軍，為國獻力。

根據包遵彭著《中國海軍史》記載，飛潛學校旨在培養飛機潛艇駕駛軍官。[54] 但據海軍總司令部編《海軍各學校歷屆畢業生姓名錄》，該校在民國 8 年至 14 年 4 月共招生三期：第一期科目為機械，12 年 6 月畢業，計陳鐘新等 17 名；第二期科目為造船，13 年 8 月畢業，計郭子楨等 19 名；第三期科目為製機，14 年 4 月畢業，計林轟等 20 名。[55] 全部 46 名生中似無專習駕駛者，而關於航空人材方面，第三期是飛機製造，第一期部分機械學生亦可能與航

[50] 《海軍航空沿革史》，頁 30-31。

[51] 《海軍大事紀》下卷，頁 117。

[52] 吳守成，〈中國海軍航空事業的發軔〉，收入李金強等合編《近代中國海防——軍事與經濟》，（香港：香港中國近代史學會，1999 年版），頁 309。

[53] 《海軍大事紀》下卷，頁 13、15。

[54] 包遵彭，《中國海軍史》下冊，頁 769。

[55] 海軍總司令部編，《海軍各學校歷居畢業生姓名錄》第一輯，（台北，民國 52 年），頁 85-86。第一居十七名：陳鐘新、沈德熊、楊福鼎、黃湄熊、王重焌、鄭葆源、王崇宏、陳賡堯、高清澍、劉楨業、丁挺、施盛德、馬德樹、王宗珠、陳長誠、李琛、揭成棟。第二居十九名，造船，略。第三居，二十名，林轟、王衛、王榮璸、陳薰、林若愚、鄭兆齡、吳貽經、林澤均、沈毓炳、龔鎮禮、陳長鈞、傅潤霆、陳疇、薛聿驄、劉逸予、沈繼、林伯福、陳錫龍、葉可箴、羅智瑩。

空有關。無論如何海軍飛潛學校是繼南苑航校之後設立的第二所有關航空的學校，而且以培養機械製造人材為主目標。

民國 11 年 10 月海軍在福州組建了航空隊，這是近代中國的第一支海軍航空兵部隊。16 年 10 月，海軍總司令部航空處在上海成立，沈德燮任處長。18 年 6 月，海軍又在廈門設立了航空處，陳文麟任處長。[56]

二、我國海軍自製飛機的領導人物

（一）巴玉藻（1892-1929），內蒙古克什克騰旗人，先祖係蒙古正紅旗人。1892 年 7 月 17 日生於江蘇鎮江。13 歲時投考江南水師學堂。1909 年，前清籌辦海軍大臣載洵、提督薩鎮冰出洋考察，選拔了一批學生帶往歐洲留學。巴玉藻以品學兼優入選，1910 年入英國阿姆斯特朗學院機械工程。民國 4 年，國內海軍部策劃飛機製造，命留學英國的巴玉藻等 9 人轉赴美國，他與王助等考入麻省理工學院航空工程學系。他勤奮攻讀，僅用九個月時間就修完全部課程，於 5 年 6 月獲得航空工程碩士學位，並被接納為美國自動化工程學會會員。

畢業後，巴玉藻即被寇提司飛機公司聘為設計工程師和通用飛機公司總工程師。他身任兩職，學識非凡，對美國初期航空工業的發展起了重要的作用。民國 6 年秋，巴玉藻不顧美國重金挽留，毅然辭職回國。11 月巴玉藻回到北京，即向海軍部請命創建飛機製造廠。7 年 2 月，選定在福州船政局內的飛機廠開辦，稱為「海軍飛機工程處」，北京政府正式任命巴玉藻為主任。我國的飛機製造業，由此邁出最初的步伐。

一年多以後，我國自行設計、自行製造飛機——甲型水上飛機，在巴玉藻等人的努力下，飛翔在福州馬尾上空。甲型飛機性能並不亞於歐美先進國家同期同類產品。民國 17 年巴玉藻隻身以中國代表團名義，赴德國柏林參加世界航空博覽會，他努力觀摩並草繪各種先進的飛機圖紙，準備回國後設計製造，報效國家。但不幸 18 年回國後即身體不適，未幾病亡。巴玉藻逝世時尚未滿 37 歲，可謂英年早逝，壯志未酬，是我國早期航空事業難免彌補的重

[56] 高曉星、時平，《民國空軍的航迹》，（北京：海潮出版社，1992 年 12 月第 1 版），頁 231-232。

王助

左起曾詒經、王助、巴玉藻三人與戊三飛機合影。

大損失。[57]

（二）王助（1893-1965），字禹朋，1893 年出生於北京，1900 年隨家人遷居原籍河北省南宮縣，12 歲小學畢業後，考入烟台海軍學校，1909 年以品學兼優選派往英國留學。他與巴玉藻是親如兄弟的同學，且志向相同，緊隨巴玉藻直至美國麻省理工學院航空工程系畢業。畢業後，王助與他的美國同窗威斯特維爾到西雅圖，和波音公司創辦人威廉，波音一同開創他們的飛機事業。年僅 24 歲的王助擔任波音飛機廠第一任總工程師，設計製造成功 C 型水上飛機。這時美國已介入一戰，海軍方面認為 C 型飛機兼具巡邏艇和教練機的雙重功能，一下便訂購 50 架。這宗大生意使初創的波音公司站穩了步伐。王助在波音公司取得成功，並未忘記發展祖國航空事業。

民國 6 年底和巴玉藻等人毅然回國。馬尾海軍飛機工程處創設後，他被

[57] 巴玉藻之死一說是覬覦中國航空事業發展者嫉忌者所害。參閱林櫻堯，〈長才未竟——巴玉藻〉，收入林櫻堯主編《船政研究集萃》，（福州：福建省馬尾造船股份有限公司，2011 年 11 月），頁 391-392。

1920 年 2 月甲型一號試飛

任命為副主任，與巴至藻共同主持整體飛機設計。18 年 6 月巴玉藻逝世後，他曾短期主持過飛機工程處工作。不久因當局下令將飛機廠遷往上海，他認為有礙飛機製造進程乃離職。離職後，王助出任位於上海龍華中國第一家民航公司——中國航空公司總工程師。負責中航所有飛機的維修與組裝。23 年，出任中央杭州飛機製造廠總監理，為中國空軍主持製造中型轟炸機。

抗日戰爭爆發後，杭州飛機廠西遷，王助曾奉派前往蘇聯考察，回國後在四川成都致力於航空研究，並擔任航空委員會下的「航空研究院」副院長。抗戰勝利後，王助又回到中國航空公司，擔任主任秘書。民國 38 年隨國府遷台，定居台南，投身成功大學機械系教授航空工程課程，對臺灣航空工程教育貢獻與影響至深且鉅，至 54 年病逝，終年 76 歲。[58]

（三）曾詒經（?-1960），福建福州人。生年不詳，估計應與王助生年相近。1905 年考入烟台海軍學校，與王助為同班同學。1909 年選派赴英留學，

[58] 參閱褚晴暉，《王助傳記》。

江鳳試飛

民國元年考入阿姆斯壯工學院，4 年取得機械學士學位。學習期間，他還受命與王助等負責監造中國訂製的應瑞、肇和軍艦。北洋政府為培育航空人才，調派巴玉藻、曾詒經等 12 位中國留學生，轉赴美國再留學。巴玉藻、王助、王孝豐三人學航空，曾詒經等九人則進入新倫敦電船公司研究潛艇和發動機。

在民國 18 年巴玉藻去世，19 年當局下令海軍飛機製造處遷往上海，併入江南造船所，王助毅然辭職轉往中國航空公司任總工程師。海軍飛機製造處由閩遷滬，曾詒經勉力維持局面，擔任處長一職，全面主持後續飛機製造事業，至抗戰前製成迭有貢獻，成績斐然。

曾詒經不但是學識卓越的飛機製造家，還是一位勇敢而出色的飛行員，民國 22 年 6 月，海軍部長為提倡飛機自造，讓民眾了解我國自造飛機的性能和成就，要求飛機處用自製的飛機進行一次長途飛行表演。接到命令後，曾詒經精心策劃，選定以 20 年製作的「江鳳」號飛機進行長途飛行，「江鳳」號除發動機購自美國外，其他一切材料都是國貨，計劃從上海為起點，飛經鎮江、南京、蕪湖、安慶、九江、漢口、岳州、長沙、沙市、宜昌等地，然後折回上海，再往南經杭州、寧波、溫州、福州至廈門。曾詒經這一鮮為人知的壯舉，令人感佩不已，身為主官，敢於駕機長途飛行，不怕危險，不但

江鷗

說明了他對國產飛機性能的信心十足，更顯示了他要宣傳自製飛機、航空救國的極大熱忱。

抗戰爆發後，曾詒經負責了上海飛機場的撤退工作，歷經艱辛輾轉，於民國 28 年遷往四川成都。在抗戰的後方，曾詒經施展才幹，勉力支撐大局，先後任中央航空委員會第八飛機修理廠廠長、機械處處長、還創建了空軍飛機製造三廠，歷經要職。[59]

三、我國海軍自製飛機的成果

馬江飛機工程處是海軍嘗試自製水上飛機的機構，而與飛潛學校互相配合發展，主持人巴玉藻等亦為飛潛學校飛機部教員。巴玉藻等於民國 8 年著手造數架水上飛機，準備作為學生實習及試驗之用，第一架未能上升，原因在引擎障礙。[60] 根據資料其後則有製造水上飛機成功之紀錄，在民國 15 年以

[59] 林櫻堯，〈船政航空業先驅——曾詒經〉，收入林櫻堯主編《船政研究集萃》，（福州：福建省馬尾造船股份有限公司，2011 年 11 月），頁 393-394。

[60] 順天時報，民國 10 年 1 月 14 日，《中國航空史略》；又交通史航空編：頁 2；但張心澂，《中國現代交通史》，頁 337，第一架並無失敗記載。

丁式轟炸兼魚雷飛機海鷹號

前計有七架。[61] 但引擎購自國外。[62] 很顯然地，17 年以前，國內尚不能製造適用於飛機的引擎，以致不能完全地自製飛機。無論如何，自製機係繼承清末自製船艦的優良傳統。馬江飛機工程處維持到北伐之後，17 年 9 月改為海軍製造飛機處，以巴玉藻、曾詒經分任正副處長。[63] 至於飛潛學校則先於 15 年 5 月併入福州海軍學校。[64]

馬江飛機工程處是發軔時期從事自製飛機最有成績的機構，民國 18 年以前，在巴玉藻、王助、曾詒經等主持之下，先後製造 11 架飛機。其第一架甲一號在民國 9 年 2 月試飛，可能因引擎故障未能升空。但第二架甲二號，第三架甲三號第四架乙一號均製造成功。此四架飛機均為拖進式雙桴水上飛機，一百匹馬力，前三架速率每時 126 公里，第四架時速 130 公里，裝備彈四顆，用途均列為「教練」，[65] 但民國 13 年 3 月，孫傳芳曾命俄國機師薩芬

[61] 張心澂，《中國現代交通史》，頁 337-338；包遵彭，《中國海軍史》下冊，頁 604-607。

[62] 張心澂，《中國現代交通史》，頁 336。

[63] 張心澂，《中國現代交通史》，頁 338。

[64] 包遵彭，《中國海軍史》下冊，頁 769。

[65] 包遵彭，《中國海軍史》下冊，頁 605-606。

江鶚

諾夫（Michael John Safonoff）駛乙一號機參加對王永泉之戰，擔負偵察及轟炸任務。[66]

工程處在民國13年至14年間，製造拖進式飛船兩架——即丙一，丙二，350匹馬力，時速136公里，裝備砲一，機槍一，魚雷八，炸彈六。亦即可供轟炸及施放魚雷之用。[67] 可惜14年5月27日，薩芬諾夫試驗丙一飛船，上昇十餘尺即墮入水中，機毀人殉。[68]

民國15年，工程處再造拖進雙桴水上教練飛機一架，百匹馬力；同年至16年造拖進式雙桴水上飛機兩架，江鳧號百匹馬力，江鷺號120匹馬力，有魚雷及炸彈裝備，17年至18年造拖進式雙桴水上飛機兩架——「海鵰」、「海鷹」，均350匹馬力，時速177公里，武裝及用途與丙一相同。[69] 總之工程處製造飛機約11架，雖常遭頓挫，但很明顯地是在進展之中。

為了彌補自製飛機的不足，中國海軍在抗戰前還從國外購買了20餘架

[66] 張心澂，《中國現代交通史》，頁337。
[67] 包遵彭，《中國海軍史》下冊，頁606。
[68] 張心澂，《中國現代交通史》，頁337；民國外交檔：E-7-5，福州飛潛學校聘俄人薩芬諾夫為教授案。
[69] 包遵彭，《中國海軍史》下冊，頁606。

水上飛機浮動廠棚

飛機。第一批是民國 7 年 7 月，向法國殖民地安南購買的 6 架轟炸機，分別命名為「海鵝」、「海鷲」、「海鳶」、「海鳳」、「海鵒」、「海鸛」號。這批飛機派往海軍廈門航空處服役。第二批也是同年從德國容克公司購買的一架戰鬥機，被命名為「江鷗」號，在海軍上海航空處服役。這是當時中國海軍僅有的一架戰鬥機。第三批是 18 年 8 月，從英國愛佛樓公司購買的 4 架教練機，命名為「廈門」、「江鶬」、「江鵝」、「江鶘」號，被編入廈門航空處。第四批是 18 年 11 月，從英國特海倫公司 3 架水陸兩用教練機，命名為「江鳶」、「江鵒」、「江鵷」號。第六批是 20 年 6 月再購買英國特海佛倫公司 3 架水陸兩用教練機，命名為「江鶚」、「江鵬」、「江鸝」號。後購的兩批飛機都分配到上海航空處。

此外，民國 21 年中國海軍從日本購回的甯海號巡洋艦配屬一架艦載水上偵察機，即「甯海」一號。美國還提供了 3 架 1929 年製造的偵察轟炸機，即「勿特摩斯」、「裴利克」、「氏娃羅」號。東北海軍也從國外買進一些

江鴻

飛機，組成水上飛機隊。至 26 年，在上海共造出水陸兩用機、陸上教練機等 10 架，其中 23 年 7 月製成了配備「甯海」軍艦的艦載飛機「甯海」二號，首創國產的艦載飛機，其性能不亞於日本建造的「甯海」一號飛機。另據有關資料記載，上海的飛機製造處還在 23 年至 24 年間，仿造組裝了美式「佛力提」（Fleet）雙翼陸上教練機 12 架，成績斐然。[70]

伍、結論

自從萊特兄弟發明飛機之後，世界各國無不掀起發展航空的熱潮。時國父孫中山先生適抵美國各地奔走革命事業，目睹航空器的發展，即預見飛機不僅為交通工具，且將成為戰爭決勝與否的利器。民國成立後，孫中山先生常以「航空救國」勉勵同志。

[70] 林櫻堯，〈船政航空業先驅——曾詒經〉，收入林櫻堯主編《船政研究集萃》，頁 394。

海軍飛行員服制

第一次世界大戰中，飛機、潛艇初露鋒芒，國內一些受西方軍事思想影響的人士，對飛機在軍事上的使用前途有所認識，也提出自製的建議。其中尤以海軍留學海外人才獨具慧眼，除航輪、造船本務外，亦意識到飛機、潛艇為強國之道。遂大力提倡，或轉習航空，以圖報國，可謂難能可貴。

巴玉藻、王助、曾詒經等人，這些在清末自全國各水師學堂畢業生中選拔出來精英經送往歐美先進國家留學，取得學位之後不顧美國方面的高薪挽留，毅然歸國成為獻身航空領域的優秀人才，奠定了中國航空事業的基礎。

福建船政創建於 1866 年，是清朝同治年間閩浙總督左宗棠、船政大臣沈葆楨本著「欲防海之害而收其利，非整治水師不可；欲整理水師，非局監造輪船不可」之目的建造起來的。其所轄船政造船廠和船政學堂建造了一批

海軍飛行員與飛行胸章

海軍飛行員服制

江鵜水上飛機

批海軍艦船，不但培養了大批海軍技術人員，更孕育了近代中國海軍的發展與茁壯。

另一方面，馬尾船政局孕育出中國近代海軍後，其所屬的海軍飛機製造工程處、海軍飛潛學校，又成為我國航空工業的搖籃，在開始即缺乏經費，科技相對落後等諸多先天不利條件下，猶能刻苦自立，力圖改革發展，成為中國的航空事業的先驅，鍇鍊精神令人感佩。

附錄 海軍飛潛學校與航空處畢業生

資料來源：《海軍軍官教育一百四十年（1866-2006）》，上冊，（台北：海軍司令部，民國 100 年）。

福州海軍飛潛學校畢業生

第一屆　機械　計十七名　民國十二年六月畢業

陳鐘新、沈德熊、楊福鼎、黃湄熊、王重焌、鄭葆源、王崇宏、陳賡堯、

海軍自製飛機試飛

高清澍、劉楨業、丁　挺、施盛德、馬德樹、王宗珠、陳誠長、李　琛、揭成棟

第二屆　造船　計十九名　民國十三年八月畢業

郭子楨、周亨甫、李志翔、張宗光、楊元墀、王光先、鄭則鑾、徐振騏、盧挺英、馮　鈺、施　倡、歐　德、柯　幹、陳久寰、黃　履、吳恭銘、游超雄、李有慶、陳學琪

第三屆　製機　計二十名　民國十四年四月畢業

林　轟、王　衛、王榮瓊、陳　薰、林若愚、鄭兆齡、吳貽經、林澤均、沈毓炳、龔鎮禮、陳長鈞、傅潤霆、陳　疇、薛聿聰、劉逸予、沈　繼、林伯福、陳錫龍、葉可箴、羅智瑩

海軍航空處航空畢業生

第一屆　計四名　民國十九年十一月畢業

陳長誠、何　鍵、揭成棟、彭　熙

第二屆　計九名　民國二十年七月畢業

許成棨、李利峯、林蔭梓、蘇友濂、唐任伍、梁壽章、許葆光、陳啟華、任友榮

第三屆　計八名　民國二十三年十一月畢業

傅恩義、莊永昌、黃炳文、陳亞維、傅興華、何啟人、李學慎、許聲泉

本章圖片來源

作者翻攝於海軍軍史館

頁 458、460、461、462、463、466、467。

沈天羽編著，《海軍軍官教育一百四十年》，台北：海軍司令部，2011 年。

頁 450、459、464、465。

褚晴暉著，《王助傳記》，台南：國立成功大學博物館，2010。

頁 448、455、456、457。

沈天羽提供

頁 451。

結論

中華民國陸海空軍軍人讀訓

我中華民族，雄踞東亞，建國迄今，已歷五千年，以四萬萬和平優秀之民族，聚居於一千一百餘萬平方公里之土地，復其有悠久光榮之歷史，此其間先聖先賢，慘澹經營，奮鬥創造，固已歷盡險阻艱辛；自今以後，尤賴我忠勇軍人，保護維持之，乃克使我國家日益發揚光大。願我全體將士，失勤矢勇，一心一德，發揮民族固有之德性，砥礪獻身殉國之精神；念念為救國而犧牲，時時作衛國之準備。如何而後可以保我祖先遺留之廣大土地？如何而後可以保我繁衍綿延生生不息後代之子孫？如何而後可以保我國家獨立自主之國權？凡此皆為我全體將士無可旁貸之職責，而一時一刻不可或忘者。蓋我國家民族永續無窮之生命，實惟我全體將士是賴也。列舉十條，俾供勗勉。

第一條　實行三民主義，捍衛國家，不容有違背怠忽之行為。
第二條　擁護中央政府，服從長官，不容有虛偽背離之行為。
第三條　敬愛袍澤，保護人民，不容有倨傲粗暴之行為。
第四條　盡忠職守，奉行命令，不容有延誤怯懦之行為。
第五條　嚴守紀律，勇敢果決，不容有廢弛敷衍之行為。
第六條　團結精神，協同一致，不容有散漫推諉之行為。
第七條　負責知恥，崇尚武德，不容有污辱貪鄙之行為。
第八條　刻苦耐勞，節儉樸實，不容有奢侈浮華之行為。
第九條　注重禮節，整肅儀容，不容有褻蕩浪漫之行為。
第十條　誠心修身，篤守信義，不容有卑劣詐偽之行為。

以上所揭，不過略舉大端，此外國家一切法令規章，以及連坐法等所規定，為我軍人必須遵守者，凡我全體將士，均應視為典範，共同遵守。人人以此自勉，並以勉勵同袍，朝夕警惕，拳拳服膺；俾得發揚奮勵無前之士氣，造成精粹勁練之國軍，共同擔負救國家救民族之重責大任。我全體將士勉乎哉！

民國二十五年三月蔣委員長手訂陸海空軍軍人讀訓十條於南京

我國近代海軍的建設源自滿清的「自強運動」，然而清廷編練的南北洋軍，先後敗於中法及中日甲午戰爭。甲午戰後，滿清重建海軍，不過數年，因爆發辛亥革命武昌起義。由於清廷海軍官兵大多傾向革命，或參與革命倒滿行動。在武昌起義後，各省紛紛響應，參與革命之海軍官兵，即在上海集會推舉程璧光為海軍總司令，之後海軍會同陸軍參與光復南京之役。

民國元年元旦，中華民國臨時政府於南京成立，臨時政府內即設置海軍部，是為海軍最高領導機構。爾後袁世凱出任中華民國大總統後，任命親信閩人劉冠雄為海軍總長，劉氏重用閩人，閩人地域觀念極強，海軍逐漸為閩人所控制。袁氏死後，海軍仍依附北洋軍閥，為北洋政府效命。北洋軍閥不同派系之間，爭權奪利，為擴張地盤，戰事不斷，無心於海軍建設，且因北洋政府長年財政困難，以致民國初年，北洋海軍艦艇陳舊，數所原前清所開辦之海軍學校，甚至缺乏經費，被迫關閉，未關校者亦苦苦待撐，勉強維持。海軍經費長年不足短缺，官兵被積欠薪餉，為此海軍必須自籌經費及軍餉，不得不對地方百姓徵稅斂財，其行徑一如軍閥。直至 16 年 3 月，北洋海軍宣布易幟，投效國民革命軍參與北伐大業止，在這十多年期間，北洋海軍的建軍幾乎是停滯，其成果十分有限。

民國 15 年 7 月 9 日，國民革命軍總司令蔣中正在廣州誓師北伐，國民革命軍勢如破竹，不及半年，光復武漢，底定閩浙。海軍總司令楊樹莊審時度勢，有感北洋政府即將崩潰瓦解，為個人與海軍長遠發展之著想，於國民革命軍北伐未進入浙江前，即秘密連絡，協謀來攻淞滬。[1] 16 年 3 月 13 日，國民革命軍總司令蔣中正駐蹕九江。楊樹莊總司令以海軍部署既定，遂於 14 日率艦，在九江正式宣告海軍加入國民革命軍。[2]

國民革命軍海軍在北伐之前雖然已設有海軍局，但實力薄弱，難與北洋海軍抗衡。自楊樹莊率北洋海軍投效革命陣營後，不僅提升了國民革命軍海

---

1 楊樹莊認為北洋軍閥大勢已去走投無路外，但也因為南方革命政府的蓄意拉攏，答允先發軍餉 30 萬元「以堅定其來歸之心」。參閱王家儉，〈近百來中國海軍的一頁滄桑史：閩系海軍的興衰〉收錄在《中民現代史料叢編》，第 24 集，頁 180。另楊樹莊向蔣中正提出，海軍經常費，閩人治閩，不在海軍中設國民黨黨代表等易幟條件。除設黨代表一項緩議外，其餘已得到蔣中正的應允。參閱吳杰章，《中國近代海軍史》（北京：解放軍出版社，1889 年），頁 330。

2 海軍總司令部總司令辦公室編印，《北伐時期海軍作戰紀實》，民國 52 年，頁 3-4。

軍整體的實力與戰力，並在北伐戰爭中，協助陸軍屢建戰功，打倒北洋軍閥，功不可沒。因此在北伐勝利統一全國後，國民政府為了酬謝海軍，先是成立海軍署。接著在民國 18 年春，海軍因協助中央討伐李宗仁、張發奎等叛逆作戰有功，6 月奉准正式成立海軍部，成為掌制中央海軍之最高機構。

海軍部成立後，即積極規劃全國海軍的建設，舉凡機關組織、艦隊編練、後勤及海政等機構，詳細訂定其組織編裝及人事制度，為增強戰力，致力於研製或添購艦艇、飛機、槍砲、彈藥等裝備。在教育訓練上，海軍學校打破以往閩人獨占的現象，開始舉辦全國招生，並制定學制，加強教育內容，提升軍官素質，並開設班隊教育官兵，加強部隊演訓，使海軍官兵素質與戰力均有所提升。自楊樹莊率海軍投效國民革命軍參加北伐戰爭，至民國 26 年 7 月，盧溝橋事變，抗戰軍興，相較北洋軍閥統治時期，在此 10 年期間，是謂海軍的黃金建設期。此外，海軍遵奉中央命令，參與討逆、剿共及戡平閩變等諸多戰役，官兵忠勇負責，貢獻良多。然而國家的財政仍是十分拮据，海軍經費更是有限，加上內亂、外患、人事等紛擾，直至抗戰爆發前夕，中央海軍整體的發展建設並不如預期，其成果有限。

民國 26 年 7 月 7 日「盧溝橋事變」，自此展開我國 8 年長期的對日抗戰。抗戰軍興後，日軍沿長江進犯京滬，為因應局勢，精簡組織，海軍部奉令被裁撤，另成立海軍總司令部，直隸軍事委員會，原海軍許多機構亦相繼被裁撤，為數不多的艦艇，不是自沉長江阻塞水道，或敵機所摧毀，又無經費或財源予以補充，以致中央海軍至民國 31 年底僅存 10 艘，此為自民國肇建以來，中央海軍整體實力最為薄弱時期。

抗戰時期，為了培育海軍人才，海軍學校由福建馬尾輾轉西遷貴州桐梓，並數次對全國公開招生。時因國家財政困難，加上我國沿海被日軍占領，對海軍建軍及教育，影響極大。直至太平洋戰爭爆發後，我海軍以參戰見習暨造船為名，派遣海軍軍官赴英美等盟國留學深造，吸取新知，以克服戰時國內海軍教育環境之困境。至抗戰後期，我國派遣大量海軍官兵及從軍知識青年赴美英兩盟國，接艦及受訓，不僅解決戰時我海軍軍艦取得及官兵教育訓練的困難，此對於海軍人才的培育及戰後海軍的重建，貢獻極大。

由於我海軍實力遠不敵日本海軍，以致在抗戰初期僅能以老舊的艦艇自沉於長江，以阻敵西犯，而我主力艦艇因日軍掌制制空權，加上我海軍防空武器薄弱，大多被日機擊沉。自此海軍主要以要塞砲兵及江川布雷對抗敵艦，其中布雷戰術，造成對敵艦艇損害極大，使敵艦不敢沿長江直趨西犯，對於保衛川江，拱衛陪都重慶貢獻良多。

民國時期中國海軍除了中央（閩系）外，另有東北、廣東（粵系）及電雷等三大系統。廣東海軍主要沿續滿清的廣東水師；自民國肇建後，因北洋軍閥割據混戰，國事全非，於是孫中山先生倡導護法，獲得部分海軍支持，南下廣東，成為護法政府主要武力之一。隨後護法海軍背離孫中山之理念，先後與粵桂兩省實力派軍人勾結，並介入粵省政爭，護法海軍甚至北返，投靠北洋軍閥，導致護法的失敗。

民國 13 年春，孫中山先生在黃埔建軍，以廣東為基地，圖謀北伐統一中國之大業。15 年 7 月，國民革命軍蔣中正總司令率師展開北伐。在北伐戰爭期間，廣東海軍因戰力薄弱，留守廣東，未能北伐征戰。北伐成功全國統一後，南京國民政府著手全國海軍的整建；廣東海軍表面上遵奉國民政府編遣會議之決議，納編為國民政府海軍第四艦隊，但實際上仍是高度自主自治。

陳濟棠主政廣東期間，力圖發展海軍，向外購艦，黃埔海校亦復校，並組建海軍陸戰隊，加上東北海軍三大軍艦南下投靠，一時實力大增。然而陳濟棠在忙於擴軍之際，在用人及治軍上卻屢屢出錯，先是與廣東海軍司令陳策的內訌，造成兩方兵戎相見，互有損失。接著東北三艦叛離北返，使廣東海軍實力大衰。更甚者是陳濟棠富有政治野心，結果問鼎中原不成，反而在「兩廣事件」眾叛親離，失敗被迫下台出走。廣東海軍隨著陳濟棠失勢，被中央接管改編，自此淪為地方性海軍。

抗戰期間廣東海軍因為力量薄弱，大部分艦艇不是遭到日機炸沉，便是改裝從事江防布雷防禦工作，其多次成功阻止日軍溯西江西犯，對於保衛粵桂黔滇西南諸省，貢獻良多。抗戰勝利後，因廣東海軍艦艇早已不存在，且隨著日軍投降，布雷工作停止，中央認為廣東海軍已無存在之價值，遂將其裁撤。

東北海軍建軍較晚於中央（閩系）及廣東海軍，遲直民國 11 年 5 月，張作霖併編原北洋政府的吉黑江防艦隊。之後在國民革命軍北伐期間再併編渤海艦隊，至此東北海軍邁入了全盛時期，就艦艇數目、艦艇的總噸位及海軍官兵人數，均是當時中國海軍的首位。

民國 20 年 9 月 18 日，日本關東軍發動「九一八事變」，緊接著東三省及熱河被日本所竊占，自此東北海軍喪失江防艦隊及主要的經濟及財政來源。之後東北海軍內部又發生兩次嚴重內鬨，結果造成海圻、海琛、肇和等 3 大軍艦叛離，東北海軍至此不振，最終被南京政府收編為海軍第三艦隊。

民國 26 年 7 月，抗戰軍興。在抗戰初期，東北海軍（即海軍第三艦隊）所屬艦艇大多奉命自沉於青島及威海衛，所屬機構及艦艇官兵、海軍陸戰隊、青島海軍學校師生則由青島內遷，繼續從事抗戰及教育工作。爾後幾經整併，最終東北海軍遂從歷史舞台淡出消失。

民國 17 年北伐統一後，時閩人陳紹寬主掌海軍部，而東北及廣東兩支「地方性質」海軍，依舊掌控在地方實力派軍人手中，南京國民政府在實質上無法指揮閩系海軍或地方海軍。另一方面陳紹寬挾海軍自重，中央政令亦難以通達。加上「一二八淞滬戰役」期間，我江海防形同虛設，因此蔣中正為海軍發展長遠之計，遂開辦直屬中央參謀本部的電雷學校，爾後學校改隸軍政部。

軍政部電雷學校係我國海軍四大系統中，成軍最晚規模最小者，其特色是獨立於海軍部管轄之外，學校除興辦教育培育人才外，並負有作戰任務，故編制有艦艇部隊及工廠等特殊單位。在抗日戰爭爆發前，電雷學校同中央（閩系）、東北、廣東海軍等派系，自成一格，各自獨立發展。電雷學校成立後，學制及課程大多同一般海軍學校，惟自第二屆起需接受中央軍校的入伍生訓練。民國 26 年 7 月，抗日戰爭爆發，電雷學校奉令西遷，時所屬的快艇則投入長江江防作戰，屢建戰功。然因中央裁併海軍政策，及負責學校教務的教育長歐陽格因案被捕，學校奉命結束停辦。

民國肇建至抗戰勝利此 34 年間，我國海軍長期處於系派分裂獨立發展之現象，然而自 26 年 7 月，抗戰軍興後，中央（閩系）、東北、廣東及電雷等海軍四大系統，在長期對日戰爭中，大多有所損失，實力被削弱，甚至被裁併。即使是以閩人主導控制的中央海軍，亦因主力艦艇在抗戰初期即損失殆盡，其組織被大幅精減及縮編，整體實力日益萎縮弱化，以致到了抗戰後期，海軍總司令部陳紹寬已無力再與軍事委員會委員長蔣中正主導的中央政府相抗衡。而蔣委員長亦利用太洋戰爭爆發後，中國與美英兩國結盟共同對日本作戰之時機，向美英兩國借艦參戰，考選及派遣大量非閩系的海軍軍官、士官兵及從軍知識青年，赴美英兩國接艦及受訓。此不僅有助於我海軍官兵利用美英兩國教育訓練機關及軍艦，得以解決爭國內教育訓練苦無裝備及軍艦的困境，中央政府亦可藉由美英兩國軍援我國艦艇，在戰後重建中國海軍，結束抗戰戰前，海軍四大派系獨立分治，使海軍統一在中央的領導之下。

參考書目

壹、史料文獻

一、山東省地方志編纂委員會，《山東省志－軍事志》，濟南：山東人民出版社，1996 年。

二、中國第二歷史檔案館，〈粵桂區海軍抗戰紀實〉收錄在《抗日戰爭正面戰場》，下冊，南京：鳳凰出版社，2005 年。

三、何應欽，〈對六屆全國代表大會軍事報告〉收錄在《抗戰史料叢編初輯》（四）臺北：國防部史政編譯局，民國 63 年。

四、何應欽，〈對臨時全國代表大會軍事報告〉收錄在《抗戰史料叢編初輯》（三）（臺北：國防部史政編譯局，民國 63 年。

五、孫毓民，《中國海軍陸戰隊史料》，影本。

六、海軍總司令部編，〈海軍抗戰紀事〉，收錄在《抗日戰爭正面戰場》，下冊，南京：鳳凰出版社，2005 年。

七、海軍總司令部編，〈海軍戰史續集（30 年 10 月 -34 年 12 月）〉收錄在《抗日戰爭正面戰場》，下冊，南京：鳳凰出版社，2005 年。

八、海軍總司令部編印，《海軍大事記》（第一輯），民國 57 年。

九、海軍總司令部編印，《海軍大事記》（第二輯），民國 57 年。

十、海軍總司令部編譯處編印，《海軍抗戰事蹟匯編》，民國 30 年。

十一、秦孝儀，《中華民國重要史料初編－對日抗戰時期》（第二編：作戰經過）（三），臺北：中國國民黨中央委員會黨史委員會，民國 70 年。

十二、國防部史政編譯室特藏書，《電雷學校校史稿》，影本。

十三、國軍檔案，《海軍大事記》，檔號：157/3815.2。

十四、國軍檔案，《美國援華軍艦案》（三），檔號 771.4/8043。

十五、國軍檔案，《海軍擴軍建軍案》（二），檔號 570.32/3815.5。

十六、國軍檔案，《海軍軍官國外留學案》（一），檔號：410.1/3815。

十七、國軍檔案，《留英學生報告案》，檔號：410.12/7760。

十八、國軍檔案，《向美國租借艦艇案》，〈民國32年12月7日，陳紹寬電呈蔣中正〉，檔號：771/2722。

十九、國軍檔案，《美原軍艦接收及改裝意見案》〈海軍總司令部訓令〉（民國31年3月14日）、〈海軍總司令部訓令〉（民國31年3月15日），檔號771/8043。

二十、國軍檔案，《美原軍艦接收及改裝意見案》，〈國民政府軍事委員會蔣中正代電〉（民國31年4月2日），檔號771/8043。國軍檔案，《選派官兵赴美自由輪服務案》（三）〈陸戰隊赴宜巴巴萬區各要塞替換防務〉，檔號：322.3/3730。

二一、國軍檔案，《選派軍官赴英美參戰見習暨造船案》，〈民國32年12月11日陳紹寬電呈軍事委員會轉蔣中正〉，檔號：322.3/3730.2。

二二、國軍檔案，《中央執行委員會軍事報告案（五屆九至十二中全會）》，〈海軍陸戰隊第一獨立旅司令部呈送民國三十三年度參謀長報告書－一年作戰概要〉，檔號：003.4/5000。

二三、國軍檔案，《中央執行委員會軍事報告案（五屆九至十二中全會）》，〈海軍陸戰隊第一獨立旅司令部呈送民國三十三年度參謀長報告書－情報部分〉，檔號：003.4/5000。

二四、國軍檔案，《中央執行委員會軍事報告案（五屆九至十二中全會）》〈海軍陸戰隊第一獨立旅司令部呈送民國三十三年度參謀長報告書－海軍陸戰隊第一獨立旅編制裝備概要表〉，檔號：003.4/5000。

二五、國軍檔案，《海軍總部施政計畫案》〈海軍總部三十一年度工作計畫進度表、海軍總部三十二年度工作計畫進度表〉，檔號：060.24/3815。

二六、國軍檔案，《陸戰隊編制及整編案》（一），〈為擬將海軍陸戰隊第二旅各團裁撤就近撥補第三戰區當否乞核〉，檔號：584.3/7421。

二七、國軍檔案，《陸戰隊編制及整編案》（一）〈軍政部為檢送海軍陸戰隊撤銷案卷請查照辦理由〉及〈關於整編陸戰隊意見〉，檔號：584.3/7421。

二八、國軍檔案，《海軍軍官任職案》（12）〈奉命明令海軍陸戰隊第二獨立旅旅長林秉周為海軍陸戰隊第一獨旅旅長函達查照轉知由〉，檔號：325.1/3815.2。

二九、國軍檔案，《馬尾要港作戰計畫》（二），檔號：541.5/7132。

三十、國軍檔案，《閩江江防部抗日作戰經過案》，檔號：543.64/7713。

三一、國軍檔案，《陸戰隊永順大庸桑植剿匪報告》，檔號：543.65/3815.2。

三二、國軍檔案，《海軍抗戰損失案》，檔號：544.32/3815。

三三、國軍檔案，《海軍田家布雷阻塞案》，檔號：935/6040。

三四、國軍檔案，《第二艦隊長江布雷阻塞案》，檔號：935/3815.2。

三五、國軍檔案，《長江抗日作戰經過案》，檔號：543.64/7173.4。

三六、黑龍江省地方志編纂委員會，《黑龍江省志－軍事志》，哈爾濱：黑龍江人民出版社，1994 年。

三七、廈門軍事志編纂委員會編印，《廈門軍事志》，2000 年。

三八、福州市地方志編纂委員會，《福州馬尾港圖志》，福州：福建地圖出版社，1984 年。

三九、福建省地方志編纂委員會，《福建省志－軍事志》，北京：新華出版社，1995 年。

四十、廣東省地方志編纂委員會編，《廣東省－軍事志》，廣州：廣東人民出版社，1999 年。

四一、遼寧省地方志編纂委員會辦公室，《遼寧省志－軍事志》，瀋陽：遼寧科學技術出版社，1999 年。

四二、〈（海軍）建軍沿革〉收錄在《中華民國海軍史料》，北京：海洋出版社，1986 年。

四三、〈大總統任命杜錫珪為海軍總司令〉收錄在《中華民國史檔案資料匯編》，第 3 輯，軍事（一），下冊，南京：江蘇古籍出版社，1991 年。

四四、〈大總統任命饒懷文為海軍總司令令告〉收錄在《中華民國史檔案資料匯編》，第 3 輯，軍事（一），下冊，南京：江蘇古籍出版社，1991 年。

四五、〈大總統免去劉冠雄改任程璧光為海軍總長策令〉收錄在《中華民國史檔案資料匯編》，第 3 輯，軍事（一），下冊，南京：江蘇古籍出版社，1991 年。

四六、〈大總統府秘書處廳等關於任命溫樹德為渤海艦隊司令往來函電〉收錄在《中華民國史檔案資料匯編》，第 3 輯，軍事（一），下冊，南京：江蘇古籍出版社，1991 年。

四七、〈大總統准將煙台槍砲練習所歸併南京雷電學校〉收錄在《中華民國史檔案資料匯編》，第 3 輯，軍事（一），下冊，南京：江蘇古籍出版社，1991 年。

四八、〈中國海軍對日抗戰經過概要〉收錄在《抗日戰爭正面戰場》，下冊，南京：鳳凰出版社，2005 年。

四九、〈北洋軍閥海軍籌餉片斷〉收錄在《中華民國海軍史料》，北京：海洋出版社，1986 年。

五十、〈交通部人事司關於奉發選派海軍官員赴英美參戰與見習暨造船考選辦法致郵政總局函〉（民國 31 年 7 月 17 日）收錄在《抗日戰爭正面戰場》，下冊，南京：鳳凰出版社，2005 年。

五一、〈吳淞海軍學校〉收錄在《中華民國海軍史料》，北京：海洋出版社，1986 年。

五二、〈抗戰時間我國選派海軍學員與官兵赴美訓練的回憶〉收錄在《抗日戰爭正面戰場》，下冊，南京：鳳凰出版社，2005 年。

五三、〈李鼎新就任海軍總長通告〉收錄在《中華民國史檔案資料匯編》，第 3 輯，軍事（一），下冊，南京：江蘇古籍出版社，1991 年。

五四、〈辛亥革命至北伐海軍的派系〉收錄在《中華民國海軍史料》，北京：海洋出版社，1986 年。

五五、〈林建章呈海軍陸戰隊旅長楊砥中違法殃民經撤職查辦呈令（14 年 4 月至 5 月）〉，收錄於《中華民國史檔案資料匯編》，第三輯，軍事（一），下冊，南京：江蘇古籍出版社，1991 年。

五六、〈林建章呈海軍陸戰隊旅長楊砥中違法殃民經撤職查辦呈令（14 年 4 月至 5 月）〉收錄在《中華民國史檔案資料匯編》，第 3 輯，軍事（一），下冊，南京：江蘇古籍出版社，1991 年。

五七、〈軍政部電雷學校〉收錄在《中華民國海軍史料》，北京:海洋出版社，1986 年。

五八、〈海軍引港傳習所〉收錄在《中華民國海軍史料》，北京:海洋出版社，1986 年。

五九、〈海軍官佐士兵等級一覽表〉收錄在《中華民國海軍史料》，北京:海洋出版社，1986 年。

六十、〈海軍沿革〉收錄在《中華民國海軍史料》，北京：海洋出版社，1986 年。

六一、〈海軍飛潛學校概況〉收錄在《中華民國海軍史料》，北京：海洋出版社，1986 年。

六二、〈海軍海岸巡防處無線電報警傳習所和觀象養成所〉收錄在《中華民國海軍史料》，北京：海洋出版社，1986 年。

六三、〈海軍海軍陸戰隊獨立旅編制表〉，收錄在《中華民國海軍史料》，北京：海洋出版社，1986 年。

六四、〈海軍第八屆航海班學習水魚雷修業考試成績表〉（民國 30 年 11 月 12 日），海軍官校內部典藏史料。

六五、〈海軍部公布練習艦隊暫行訓練章程令〉收錄在《中華民國史檔案資料匯編》，第 3 輯，軍事（一），下冊，南京：江蘇古籍出版社，1991 年。

六六、〈海軍部令頒海軍軍官學校及練習艦暫行簡章〉收錄在《中華民國史檔案資料匯編》，第 3 輯，軍事（一），下冊，南京：江蘇古籍出版社，1991 年。

六七、〈海軍部交通部為堵塞航道徵用軍艦商輪情況與行政院來往密呈指令（民國 26 年 9 月 25 日呈）〉收錄在《抗日戰爭正面戰場》，下冊，南京：鳳凰出版社，2005 年。

六八、〈海軍部制定公布海軍醫學校規則〉收錄在《中華民國史檔案資料匯編》，第 3 輯，軍事（一），下冊，南京：江蘇古籍出版社，1991 年。

六九、〈海軍部海岸巡防處所屬氣象機關沿革〉收錄在《中華民國海軍史料》，北京：海洋出版社，1986 年。

七十、〈海軍部請任海軍總輪機處並以該處條例案奏摺暨批令〉收錄在《中華民國史檔案資料匯編》，第 3 輯，軍事（一），下冊，南京：江蘇古籍出版社，1991 年。

七一、〈海軍部請將警衛隊調往上海高昌廟呈文〉收錄在《中華民國海軍史料》，北京：海洋出版社，1986 年。

七二、〈海軍部擬改南京海軍學堂為海軍軍官學校咨文〉收錄在《中華民國海軍史料》，北京：海洋出版社，1986 年。

七三、〈海軍部擬改南京海軍學堂為海軍軍官學校咨文〉收錄在《中華民國海軍史料》，北京：海洋出版社，1986 年。

七四、〈海軍部職員表〉收錄在《中華民國史檔案資料匯編》，第 3 輯，軍事（一），下冊，南京：江蘇古籍出版社，1991 年。

七五、〈海軍部關於日軍進攻海軍要塞等及海軍抗戰的有關文電〉收錄在《抗日戰爭正面戰場》，下冊，南京：鳳凰出版社，2005 年。

七六、〈海軍部關於南京設立海軍軍官學校令〉收錄在《中華民國史檔案資料匯編》，第 3 輯，軍事（一），下冊，南京：江蘇古籍出版社，1991 年。

七七、〈海軍陸戰隊營制〉，收錄於中國第二歷史檔案館編，《中華民國史檔案資料匯編》，第三輯，軍事（一），下冊，南京：江蘇古籍出版社，1991 年。

七八、〈海軍廈門造船所概況〉收錄在《中華民國海軍史料》，北京：海洋出版社，1986 年。

七九、〈海軍槍砲學堂海軍槍砲訓練所〉收錄在《中華民國海軍史料》，北京：海洋出版社，1986 年。

八十、〈海軍製造飛機處〉收錄在《中華民國海軍史料》，北京:海洋出版社，1986年。

八一、〈海軍練習艦隊〉收錄在《中華民國海軍史料》，北京：海洋出版社，1986年。

八二、〈海軍練營海軍學兵隊〉收錄在《中華民國海軍史料》，北京：海洋出版社，1986年。

八三、〈海軍戰史〉收錄在《中華民國海軍史料》，北京：海洋出版社，1986年。

八四、〈海軍總司令杜錫珪報告攻克廈門致大總統等密電〉收錄在《中華民國史檔案資料匯編》，第3輯，軍事（三），南京：江蘇古籍出版社，1991年。

八五、〈海軍總司令部三十一年度中心工作計畫進度表有關教育設施〉，海軍官校內部典藏史料，影本。

八六、〈留學日本的海軍學生〉收錄在《中華民國海軍史料》，北京：海洋出版社，1986年。

八七、〈廈門鎮守使張毅關於海軍占據廈門阻止本部進駐致陸錦電〉收錄在《中華民國史檔案資料匯編》，第3輯，軍事（三），南京：江蘇古籍出版社，1991年。

八八、〈廈門鎮守使張毅關於海軍占據廈門阻止本部進駐致陸錦電〉收錄在《中華民國史檔案資料匯編》，第3輯，軍事（三），南京：江蘇古籍出版社，1991年。

八九、〈煙台海軍學校始末〉收錄在《中華民國海軍史料》，北京：海洋出版社，1986年。

九十、〈福建長樂縣旅京同鄉李兆珍等為海軍陸戰隊旅長楊砥中丈田勒費請即撤懲致大總統等電〉，收錄於《中華民國史檔案資料匯編》，第3輯，軍事（三），南京：江蘇古籍出版社，1991年。

九一、〈劉冠雄就任海軍總長電〉收錄在《中華民國史檔案資料匯編》，第3輯，軍事（一），下冊，南京：江蘇古籍出版社，1991年。

九二、〈劉冠雄詳陳各艦攻克江寧情形函〉收錄在《中華民國海軍史料》，北京：海洋出版社，1986年。

九三、〈劉冠雄請籌付艦欠款呈文（民國元年8月18日）〉收錄在《中華民國海軍史料》，北京：海洋出版社，1986年。

九四、〈劉冠雄關於攻占吳淞口砲台經過及答覆袁世凱責問等情函（1913年8月19日）〉收錄在《中華民國史檔案資料匯編》，第3輯，軍事（二），南京：江蘇古籍出版社，1991年。

九五、〈蔡成勛關於孫傳芳、周蔭人與臧致平、楊化昭在漳廈等地作戰等情致軍事處等電〉收錄在《中華民國史檔案資料匯編》，第 3 輯，軍事（三），南京：江蘇古籍出版社，1991 年。

九六、〈蔡成勛關於孫傳芳、周蔭人襲擊王永泉致軍事處密電〉收錄在《中華民國史檔案資料匯編》，第 3 輯，軍事（三），南京：江蘇古籍出版社，1991 年。

九七、〈鄭汝成報告吳紹璘被殺吳淞口砲台宣告獨立等情密電〉收錄在《中華民國史檔案資料匯編》，第 3 輯，軍事（二），南京：江蘇古籍出版社，1991 年。

九八、〈鄭汝成報告滬軍總司令陳其美宣布上海獨立，派攻吳淞海軍願守中立等情密電〉收錄在《中華民國史檔案資料匯編》，第 3 輯，軍事（二），南京：江蘇古籍出版社，1991 年。

九九、〈鄭汝成報告滬軍總司令陳其美宣布上海獨立，派攻吳淞海軍願守中立等情密電〉收錄在《中華民國史檔案資料匯編》，第 3 輯，軍事（二），南京：江蘇古籍出版社，1991 年。

一〇〇、〈鄭汝成關於擊敗陳其美等反袁軍進攻制造局及吳淞砲台向袁抒懇予自斷等情通電（1913 年 8 月 18 日）〉收錄在《中華民國史檔案資料匯編》，第 3 輯，軍事（二），南京：江蘇古籍出版社，1991 年。

一〇一、〈鄭汝成關於擊敗陳其美等反袁軍進攻製造局及吳淞砲台向袁抒懇予自斷等情通電（1913 年 8 月 18 日）〉收錄在《中華民國史檔案資料匯編》，第 3 輯，軍事（二），南京：江蘇古籍出版社，1991 年。

一〇二、〈臨時大總統改海軍左右司令為海軍第 1、2 艦隊司令指令〉收錄在《中華民國史檔案資料匯編》，第 3 輯，軍事（一），下冊，南京：江蘇古籍出版社，1991 年。

一〇三、〈臨時執政免去杜錫珪改任楊樹莊為海軍總司令令〉收錄在《中華民國史檔案資料匯編》，第 3 輯，軍事（一），下冊，南京：江蘇古籍出版社，1991 年。

一〇四、〈舊中國海軍各學校及訓練機構沿革史〉收錄在《中華民國海軍史料》，北京：海洋出版社，1986 年。

一〇五、〈關於劉冠雄任海軍總長兼領海軍總司令令告〉收錄在《中華民國史檔案資料匯編》，第 3 輯，軍事（一），下冊，南京：江蘇古籍出版社，1991 年。

一〇六、〈關於暫編海軍陸戰隊旅團部裁撤規復營制呈令〉收錄在《中華民國史檔案資料匯編》，第 3 輯，軍事（一），下冊，南京：江蘇古籍出版社，1991 年。

一〇七、〈關於暫編海軍陸戰隊旅團部裁撤規復營制呈令〉收錄在《中華民國史檔案資料匯編》，第 3 輯，軍事（一），下冊，南京：江蘇古籍出版社，1991 年。

一〇八、《東北年鑑》（軍事：海軍），瀋陽：東北文化社，民國 20 年。

一〇九、《孫中山先生年譜》（第二輯），北京：中華書局，1980 年。

一一〇、《電雷學校各期同學現況一覽》（中華民國 32 年 5 月），國防部史政編譯室特藏史料，影印本。

貳、專書

一、丁身尊，《廣東民國史》，廣州：廣東人民出版社，2003 年。

二、王玉麒，《海痴－細說佘振興與老海軍》，作者自行出版，民國 99 年。

三、王家儉，《中國近代海軍史論集》，臺北：文史哲出版社，民國 73 年。

四、王曉華，《民國第一艦－中山艦傳奇》，青島：青島出版社，1998 年。

五、王鐵軍，《東北講武堂》，北京：社會科學文獻出版社，2013 年。

六、包遵彭，《中國海軍史》，臺北：台灣書店，民國 59 年。

七、田榮，《威海軍事史》（濟南：山東大學出版社，2005。

八、吳杰章，《近代中國海軍》，北京：解放軍出版社，1989 年。

九、李金強等合編，《我武維揚－近代中國海軍史新論》，香港：香港海防博物館編印，2004 年。

十、李金強等合編，《近代中國海防－軍事與經濟》，香港：香港中國近代史學會，1999 年。

十一、李傳標，《中國近代海軍職官志》，福州：福建人民出版社，2004 年。

十二、沈天羽，《海軍軍官教育一百四十年》，臺北:國防部海軍司令部，民國 100 年。

十三、周天度，《中華民國史》，第三編，第二卷，北京：中華書局，2002 年。

十四、林華平，《陳濟棠傳》，臺北：聖文書局，民 1996。

十五、林慶元，《福建船政局史稿》，福州：福建人民出版社，1999 年。

十六、近代中國海軍編輯部，《近代中國海軍》，北京：海潮出版社，1994 年。

十七、柳永琦，《海軍抗日戰史》，臺北：海軍總司令部，民國 83 年。

十八、孫建中，《中華民國海軍陸戰隊發展史》，臺北：國防部史政編譯室，民國 99 年。

十九、席飛龍，《中國造船史》，武漢：湖北教育出版社，2000 年。

二十、徐天胎，《福建民國史稿》，福州：福建人民出版社，2010 年。

二一、徐學初，《大將粟裕》，哈爾濱：黑龍江人民出版社，2003 年。

二二、徐學海，《海軍典故縱橫談（上、下冊）》，作者自行出版，民國 100 年。

二三、桐梓縣人民政府編，《中華民國海軍桐梓學校》，北京：中國文史出版社，2012 年。

二四、海軍指揮參謀學院，《海軍作戰要綱》，臺北：海軍總司令部，民國 80 年）。

二五、海軍學術月刊社編印，《海軍歷史人物》，民國 77 年。

二六、海軍總司令部編，《海軍艦隊發展史》，第一冊，臺北：國防部史政編譯局，民國 90 年。

二七、海軍總司令部編印，《海軍陸戰隊歷史》，民國 56 年。

二八、海軍總司令部總司令辦公室編印，《北伐時期海軍作戰紀實》，臺北：海軍總司令部，民國 52 年。

二九、海斌，《留美海軍風雲錄》，北京：海潮出版社，1992 年。

三十、翁軍、馬駿杰《民國時期中國海軍論集》，濟南：山東畫報出版社，2014 年。

三一、郝秉讓，《奉系軍事》，瀋陽：遼海出版社，2000 年。

三二、郝培芸，《中國海軍史》，北平：武學書館，民國 18 年。

三三、馬幼垣，《靖海澄疆：中國近代海軍史事新詮》，臺北：聯經出版事業股份有限公司，2009 年。

三四、馬毓福，《1908-1949 中國軍事航空》，北京：航空工業出版社，1994 年。

三五、馬駿杰，《中國海軍長江抗戰紀實》，濟南：山東省畫報出版社，2013 年。

三六、高曉星，《民國空軍的航遺》，北京：海潮出版社，1992 年。

三七、高曉星，《民國海軍的興衰》，北京：中國文史出版社，1989 年。

三八、高曉星，《陳紹寬文集》，北京：海潮出版社，1994 年

三九、國防部史政局編印，《國防軍事建設》，民國 60 年。

四十、國防部史政局編印，《剿匪戰史》（八），民國 51 年。

四一、國防部史政局編印，《剿匪戰史》（四），民國 51 年。

四二、國防部史政編譯局編印，《抗日戰史：徐州會戰》，民國 71 年。

四三、國防部史政編譯局編印，《抗日戰史－全戰爭經過概要》，（四），民國 71 年。

四四、國防部史政編譯局編印，《國民革命軍建軍》，第二部：安內與攘外（二），民國 82 年。

四五、國防部史政編譯局編印，《國民革命軍建軍史》，第三部：八年抗戰與戡亂（一），民國 82 年。

四六、崔怡楓，《海軍大氣海洋局 90 周年局慶特刊》（高雄：海軍大氣海洋局，民國 101 年。

四七、張力，《池孟彬先生訪問紀錄》，臺北：中央研究院近代史研究所，民國 87 年。

四八、張力，《海軍人物訪問紀錄》（第一輯）（臺北：中央研究院近代史研究所，民國 87 年。

四九、張力，《海軍人物訪問紀錄》，第二輯，臺北：中央研究院近代史研究所，民國 91 年。

五十、張力，《曾尚智回憶錄》，臺北：中央研究院近代史研究所所，1998 年。

五一、張力，《黎玉璽先生訪問紀錄》，臺北：中央研究院近代史研究所，民國 80 年。

五二、張玉法，《中國現代史》，臺北：東華書局，民國 68 年。

五三、張國城，《東亞海權論》，新北市：廣場出版社，2013 年。

五四、張發奎，《蔣介石與我－張發奎上將回憶錄》（香港：香港文化藝術出版社，2008 年。

五五、張瑞德，《抗戰時期的國軍人事》，臺北：中央研究院近代史研究所，民國 82 年。

五六、張德良，《東北軍史》，瀋陽：遼寧大學，1987 年。

五七、莫世祥，《護法運動史》，臺北：稻禾出版社，民國 80 年。

五八、陳廷元，《國民革命軍戰役史第三部－剿共》，上冊，臺北：國防部史政編譯局，民國 82 年。

五九、陳悅，《民國海軍艦船志 1912-1937》，濟南：山東畫報出版社，2013 年。

六十、陳悅，《近代國造艦船志》，濟南：山東畫報出版社，2011 年。

六一、陳悅，《清末海軍艦船志》，濟南：山東畫報出版社，2012 年。

六二、陳振夫，《滄海一粟》，作者自行出版，民國 84 年。

六三、陳書麟，《中華民國海軍通史》，北京：海潮出版社，1992 年。

六四、陸寶千，《鄭天杰先生訪問紀錄》，臺北：中央研究院近代史研究所，民國 79 年。

六五、湯瑞祥，《孫中山與海軍護法研究》，北京：學苑出版社，2006 年。

六六、黃山松，《親歷與見證：黃廷鑫口述記錄：一個經歷諾曼第戰役中國老兵的海軍生涯》，北京：中國社會科學出版社，2013 年。

六七、黃仲文，《余漢謀先生年譜》，臺北：上海印刷廠，民國 78 年。

六八、葉飛，《葉飛回憶錄》，北京：解放軍出版社，1988 年。

六九、褚晴輝，《王助傳記》研究報告，臺南：國立成功大學博物館，2010 年。

七十、劉怡，《借西風：中國海軍發展史 1862 － 1945》，臺北：知兵堂，2008 年。

七一、劉廣凱，《劉廣凱將軍報國憶往》，臺北：中央研究院近代史研究所，民國 83 年。

七二、蔣緯國，《國民革命戰史》，第三部，抗戰禦侮，第八卷，臺北：黎明文化事業有限公司，民國 67 年。

七三、鄧克雄，《葉昌桐上將訪問紀錄》，臺北：國防部史政編譯室，民國 99 年。

七四、蕭玉涵，《民國海軍人物史話》，北京：城南出版社，1996 年。

七五、應俊豪，《外交與砲艦的迷失：1920 年代前期長江上游航行安全問題與列強因應之道》，臺北：台灣學生書局出版社，2010 年。

七六、鍾漢波，《四海同心話黃埔：海軍軍官抗日籲記》，臺北：麥田出版社，1999 年。

七七、鍾漢波，《海峽動盪的年代》，臺北：麥田出版社，2000 年。

七八、韓祥麟，《海軍傳統與歷史》，高雄：藝馱圖書出版社，2003 年。

七九、薩本仁，《薩鎮冰傳》，北京：海潮出版社，1994 年。

八十、蘇小東，《中華民國海軍史事日志（1912.1-1949.9）》，北京：九州圖書出版社，1999 年。

參、論文

一、尹壽華，〈孫中山整頓海軍的經過〉收錄在《孫中山三次在廣東建立政權》，北京：中國文史出版社，1986 年。

二、尹壽華等，〈海軍南下護法始末〉收錄在《孫中山三次在廣東建立政權》北京：中國文史出版社，1986 年。

三、方永蒸，〈東北教育之發展－附東北專科以上學校概況〉，收錄在《東北論文集》，第二集，民國 56 年

四、王天池，〈電雷學校紀略〉收錄在《中國海軍之締造與發展》，臺北：海軍總司令部編印，民國 54 年。

五、王茀林，〈陳策在革命中的堅強與勇敢〉收錄在《陳策將軍百齡誕辰紀念集》，臺北：陳策將軍百齡紀念籌備會，民國 87 年。

六、王家儉，〈近百來中國海軍的一頁滄桑史：閩系海軍的興衰〉收錄在《中國現代史料叢編》，第 24 期。

七、王家儉，〈海軍對於抗日戰爭的貢獻〉收錄在《海軍學術月刊》，第 21 卷第 7 期。

八、王時澤，〈東北江防艦隊〉收錄在《遼寧文史資料》，第 7 輯，瀋陽：遼寧人民出版社，1983 年。

九、王賢楷，〈海軍艦艇過廟街紀實〉收錄在《文史資料存稿選編》，北京：中國文史出版社，2002 年。

十、王耀埏，〈重慶與靈甫兩艦接艦記〉收錄在《海軍學術月刊》，第 21 卷第 7 期。

十一、冉鴻翮，〈同江中俄海軍戰役紀要〉收錄在《中華民國海軍締造與發展》，臺北：海軍總司令部，民國 54 年。

十二、何燿光，〈1930 年代日本帝國的戰略選項—以東北亞地緣戰略為核心的觀察〉收錄在《成大歷史學報》，第 44 號，民國 102 年 6 月。

十三、何燿光，〈抗戰以前海軍參與剿共戰爭之研究〉收錄在《中華軍史學會會刊》，第 6 期。

十四、何燿光，〈抗戰時期海軍砲隊與布雷隊之研究：海軍意義詮譯方式的論證〉，收錄在《榮耀的詩篇－紀念抗戰勝利六十週年學術研討會論文集》，臺北：國防部，民國 95 年。

十五、呂偉俊，〈中國海軍長江抗戰初探〉收錄在《抗戰勝利五十週年國際學術研討會》，臺北：國史館，民國 86 年。

十六、宋鍔，〈戰後海軍重建初期之回憶〉收錄在《中國海軍的締造與發展》，臺北：海軍總司令部，民國 54 年

十七、李世甲，〈我在舊海軍親歷記〉（續）收錄在《福建文史資料》，第 8 輯，福州：福建人民出版社，1984 年。

十八、李世甲，〈我在舊海軍親歷記〉收錄在《福建文史資料》，第 1 輯，福州：福建人民出版社，1962 年。

十九、李世甲，〈辛亥革命至北伐海軍的派系〉收錄在《中華民國海軍史料》北京：海洋出版社，1986 年。

二十、李存傑，〈在烽煙中茁壯的海軍官校〉收錄在《海軍學術月刊》，第 21 卷第 7 期。

二一、李潔之，〈國民革命軍第一集團軍紀事本末〉收錄在《廣州文史資料》，第 37 輯，「南天歲月：陳濟棠主粵見聞實錄」，廣州：廣東人民出版社，1987 年。

二二、李澤錦，〈林葆懌的功與罪〉收錄在《中國近代海軍史話》，臺北：新亞出版社，民國 56 年。

二三、李澤錦，〈程璧光護法前後〉收錄在《中國近代海軍史話》，臺北：新亞出版社，民國 56 年。

二四、杜畏，〈青島海軍的演變與衰亡〉收錄在《文史資料存稿選編》，北京：中國文史出版社，2002 年。

二五、沈來秋，〈我所知道的劉冠雄〉收錄在《福建文史資料》（海軍史料專輯），第 8 輯，福州：福建人民出版社，1984 年。

二六、佘振興，〈佘振興回憶錄〉收錄在《中國海軍的締造與發展》，臺北：海軍總司令部，民國 54 年。

二七、周日升，〈福州船政局述略〉收錄在《福建文資料》（海軍史料專輯），第 8 輯，福州：福建人民出版社，1984 年。

二八、孟漢鐘，〈寧海作戰親歷記〉收錄在《海軍學術月刊》，第 21 卷第 7 期。

二九、林家禧，〈海軍軍官訓練班二三事〉收錄在《舊中國海軍秘檔》，北京：中國文史出版社，2006 年。

三十、林培堃，〈戰前海軍陸戰隊之創建經過概況〉收錄在《中國海軍之締造與發展》，臺北：海軍總司令部，民國 54 年。

三一、林獻炘，〈楊砥中之死〉收錄在《福建文史資料》，第 1 輯，福州：福建人民出版社，1984 年。

三二、金智，北伐至抗戰前的中央海軍（軍事史評論第 21 期，國防部政務辦公室史編處，2014 年 6 月）

三三、金智，民國時期北洋政府海軍（軍事史評論第 20 期，國防部史政編譯室，2013 年 6 月）

三四、金智，民國時期的東北海軍（軍事史評論第 18 期，國防部史政編譯室，2011 年 6 月

三五、金智，民國時期的廣東海軍（軍事史評論第 17 期，國防部史政編譯室，2010 年 6 月）

三六、金智，民國時期軍政部電雷學校（軍事史評論第 19 期，國防部史政編譯室，2012 年 6 月）

三七、金智，抗戰時期的中央海軍（軍事史評論第 22 期，國防部政務辦公室史編處，2015 年 6 月）

三八、金智，海軍與中國航空事業之濫觴（航空與社會學術研討會論文集，成功大學博物館，2014 年 12 月）

三九、侯宏恩，〈伏波號艦的傳奇－赴英接艦回憶〉收錄在《海軍學術月刊》，第 21 卷第 7 期。

四十、柳永琦，〈抗日作戰海軍中山艦金口血戰始末〉收錄在《海軍學術月刊》，第 21 卷，第 7 期。

四一、胡應球，〈抗戰時期的粵桂海軍〉收錄在《舊中國海軍秘檔》，北京：中國文史出版社，2006 年。

四二、胡應球，〈孫中山移駐永豐艦經過及以後的活動〉收錄在《孫中山三次在廣東建立政權》，北京：中國文史出版社，1986 年。

四三、范杰，〈我在東北海軍的回憶〉收錄在《文史資料存稿選編》，北京：中國文史出版社，2002 年。

四四、范杰，〈參加東北同江防俄戰役和利濟軍艦抗日起義的回憶〉收錄在《文史資料存稿選編》，北京：中國文史出版社，2002 年。

四五、孫淑文，〈閩系海軍陸戰隊興衰之研究〉收錄在《軍事史評論》，第 12 期。

四六、馬幼垣，〈抗戰期間未能來華的外購艦〉收錄在《海軍歷史與戰史研究專輯》（第 28-31 卷），海軍學術月刊社，民國 87 年。

四七、張力，〈1940 年代英美海軍援華之再探〉，《近代中國海防—軍事與經濟》，香港：香港中國近代史學會，1999 年。

四八、張力，〈中國海軍的整合與外援－ 1928-1938〉《國父建黨革命一百周年學術討論集》，第二冊，臺北：近代中國出版社，1995 年。

四九、張力，〈以敵為師：日本與中國海軍建設，1928-1937〉，黃自進編，《蔣中正與近代中日關係（上冊）》，頁 93-122，台北：稻鄉出版社，2006 年 5 月。

五十、張力，〈南京國民政府時期的留英海軍員生（1928-1937 年）〉，丁新豹、周佳蓉、黃嫣梨編，《近代中國留學生論文集》，頁 224-237，香港：香港歷史博物館，2006 年 3 月。

五一、張力，〈航向中央：閩系海軍的發展與蛻變〉收錄在《中華民國史專題第五屆討論會－國史上中央與地方的關係》，臺北：國史館，民國 89 年。

五二、張力，〈從「四海」到「一家」國民政府一海軍的再嘗試（1937-1948）〉收錄在《近代史研所集刊》，第 26 期。

五三、張力，〈陳紹寬與民國海軍〉收錄在《史學家的傳承：蔣永敬教授八秩榮慶論文集》，臺北：近代中國出版社，民國 90 年。

五四、張力，〈廟街事件中的中日交涉〉，《南京大學學報》，2005 年 1 月。

五五、張力，〈影像裡的中華民國新海軍〉收錄在《影像與史料—影像中的近代中國國際學術研討會》，國立政治大學主辦，2014 年 10 月。

五六、張萬里，〈北洋時期留學日本海軍大學的八個人〉收錄在《文史資料存稿選編》，北京：中國文史出版社，2002 年。

五七、張萬里，〈沈鴻烈及東北海軍紀略〉收錄在《文史資料存稿選編》，北京：中國文史出版社，2002 年。

五八、張萬里，〈從護法艦隊到渤海艦隊〉收錄在《文史資料存稿選編》，北京：中國文史出版社，2002 年。

五九、張鳳仁，〈東北海軍的建立與壯大〉收錄在《遼寧文史資料選輯》，第 3 輯，瀋陽：遼寧人民出版社，1963 年。

六十、梁序昭，〈中國海軍締造之回顧與展望〉收錄在《中國海軍之締造與發展》，臺北：海軍總司令部，民國 54 年。

六一、許燿震，〈廣東海軍〉收錄在《廣州文史資料》，第 37 輯，「南天歲月：陳濟棠主粵見聞實錄」，廣州：廣東人民出版社，1987 年。

六二、郭秉衡，〈一次難忘的對空戰鬥〉收錄在《南京保衛戰：原國民黨將領抗日戰爭親歷記》，北京：中國文史出版社，1987 年。

六三、陳孝惇，〈抗戰前國民政府時期海軍之建設與發展〉收錄在《海軍歷史與戰史研究專輯》，臺北：海軍學術月刊社，民國 87 年。

六四、陳孝惇，〈東北海軍的創建與發展〉收錄在《海軍歷史與戰史研究專輯》，臺北：海軍學術月刊社，民國 87 年。

六五、陳秀毓，〈國民黨軍政部電雷學校片斷〉收錄在《舊中國海軍秘檔》，北京：海潮出版社，2006 年。

六六、陳培源，〈海軍陸戰隊沿革〉收錄在《舊中國海軍秘檔》，北京：中國文史出版社，2006 年。

六七、陳景薌，〈舊中國海軍的教育與訓練〉收錄在《福建文史資料》（海軍史料專輯），第 8 輯，福州：福建人民出版社，1984 年。

六八、陳驥，〈記抗日英雄薩師俊艦長〉收錄在《海軍學術月刊》，第 21 卷第 7 期。

六九、傅洪讓，〈抗戰前赴德習駕魚雷快艇始末〉收錄在《中外雜誌》，第 81 卷第 5 期。

七十、傅曄紀錄，瀋陽：遼寧人民出版社，1963 年。〈五十年前中蘇海戰回憶〉（下篇）收錄在《東北文獻》，第 19 卷第 1 期。

七一、曾金蘭，〈沈鴻烈與東北海軍的建立〉收錄在《國史館館刊復刊第十五期》，民國 82 年。

七二、曾金蘭，〈試論武漢會戰前的長江佈雷阻塞戰〉收錄在《近代中國海防－軍事與經濟》，香港：香港中國近代史學會，1999 年。

七三、曾國晟，〈記陳紹寬〉收錄在《福建文史資料》（海軍史料專輯），第 8 輯，福州：福建人民出版社，1984 年。

七四、曾瓊葉，〈訪問葛敦華將軍〉收錄在《大漠計畫口述歷史》，臺北：國防部史政編譯室，民國 99 年。

七五、程法侃，〈陳紹寬在海軍部長任內的業績回憶〉收錄在《舊中國海軍秘檔》，北京：中國文史出版社，2006 年。

七六、雲夢，〈海軍布雷作戰對長沙保衛戰的貢獻〉收錄在《海軍學術月刊》，第 21 卷第 7 期。

七七、黃劍藩，〈我所了解中國海道測量工作簡況〉收錄在《舊中國海軍秘檔》，北京：中國文史出版社，2006。

七八、楊元忠，〈借艦參戰與中國海軍重建〉，收錄在《傳記文學》，第 44 卷第 4 期。

七九、楊仲雅，〈海軍陸戰隊講武學校沿革〉收錄在《舊中國海軍秘檔》，北京：中國文史出版社，2006 年。

八十、楊廷英，〈舊海軍駐閩陸戰隊〉收錄在《福建文史資料》（海軍史料專輯），第 8 輯，福州：福建人民出版社，1984 年。

八一、葉心傳，〈閩變見聞紀略〉收錄於《中國海軍之締造與發展》，臺北：海軍總司令部，民國 54 年。

八二、趙梅卿，〈長江中游海軍布雷游擊戰記〉收錄在《海軍學術月刊》，第 21 卷第 7 期。

八三、劉光輝，〈從軍赴美接艦日記〉收錄在《海軍學術月刊》，第 21 卷第 7 期。

八四、劉和謙，〈發揚海軍抗戰精神〉收錄在《海軍學術月刊》，第 21 卷第 7 期。

八五、劉崇平，〈抗戰時期國民黨海軍砲隊及砲台的分布和活動概況〉收錄在《中國海軍秘檔》，北京：中國文史出版社，2006 年

八六、蔡廷楷，〈回憶十九路軍在閩反蔣失敗經過〉收錄在《文史資料選輯》，第 59 輯，北京：中國文史出版社，1988 年。

八七、鄭貞櫬，〈民初海軍教育憶舊〉收錄在《中國海軍之締造與發展》，臺北：海軍總司令部，民國 54 年。

八八、駱鳳翔，〈粵軍援桂戰役親歷記〉收錄在《孫中山三次在廣東建立政權》，北京：中國文史出版社，1986 年。

八九、戴行釗，〈八艦接艦大事記〉收錄在《海軍學術月刊》，第 21 卷第 7 期。

九十、謝晏池，〈魚雷快艇在南京保衛戰中〉收錄在《南京保衛戰：原國民黨將領抗日戰爭親歷南京保衛戰》，北京：中國文史出版社，1987 年。

九一、韓祥麟，〈抗戰時期海軍長江之佈防與抗敵〉收錄在《中華軍史學會會刊》，第 18 期，2013 年。

九二、魏應麟，〈海軍馬江練營的幾件事〉收錄在《舊中國海軍秘檔》，北京：中國文史出版社，2006 年。

九三、蘇小東，〈1923-1924 年的海軍”滬隊”獨立事件〉收錄在《近代史研究 2》，北京，1997 年。

九四、蘇小東，〈一二八淞滬抗戰後的聲討海軍風波〉收錄在李金強等合編，《我武維揚－近代中國海軍史新論》，香港：香港海防博物館編印，2004 年。

九五、蘇小東，〈九一八事變後的東北江防艦隊〉收錄在《民國檔案》，北京，2001 年第 3 期。

肆、學位論文

一、陳咨仰，《戰後台灣地區海軍的接收與重整（1945-1946）》，台南：國立成功大學歷史研究所碩士學位論文，民國 102 年 7 月。

二、陳致學，《薩鎮冰在清末海軍整建裡扮演的角色（1895-1911）》，台南：國立成功大學歷史研究所碩士學位論文，民國 100 年 7 月。

三、曾金蘭，《沈鴻烈與東北海軍（1923-1933）》，台中：東海大學歷史研究所碩士學位論文，民國 81 年 1 月。

四、曾敏泰，《駐德公使許景澄於晚清軍備購辦之研究》，台南：國立成功大學歷史研究所碩士學位論文，民國 98 年 6 月。

五、鄧同莉，《民初海軍部研究（1912-1919）—以海軍總長劉冠雄為中心》，西安：陝西師範大學歷史系碩士論文，2010 年。

Do歷史33　PF0160

青天白日旗下民國海軍的波濤起伏（1912-1945）

作　　者／金　智
責任編輯／廖妘甄
圖文排版／沈天羽、楊家齊
封面設計／蔡瑋筠

出版策劃／獨立作家
發 行 人／宋政坤
法律顧問／毛國樑　律師
製作發行／秀威資訊科技股份有限公司
地址：114 台北市內湖區瑞光路76巷65號1樓
電話：+886-2-2796-3638　傳真：+886-2-2796-1377
服務信箱：service@showwe.com.tw
展售門市／國家書店【松江門市】
地址：104 台北市中山區松江路209號1樓
電話：+886-2-2518-0207　傳真：+886-2-2518-0778
網路訂購／秀威網路書店：https://store.showwe.tw
國家網路書店：https://www.govbooks.com.tw

出版日期／2015年5月　BOD一版　**定價**／660元

獨立作家
Independent Author
寫自己的故事，唱自己的歌

青天白日旗下民國海軍的波濤起伏 (1912-1945) / 金智著.
-- 一版. -- 臺北市 : 獨立作家, 2015.05
面； 公分. -- (Do歷史33 ; PF0160)
BOD版
ISBN 978-986-5729-70-7 (平裝)

1. 海軍 2. 軍事史 3. 民國史

597.6 104003509

國家圖書館出版品預行編目

讀者回函卡

感謝您購買本書，為提升服務品質，請填妥以下資料，將讀者回函卡直接寄回或傳真本公司，收到您的寶貴意見後，我們會收藏記錄及檢討，謝謝！

如您需要了解本公司最新出版書目、購書優惠或企劃活動，歡迎您上網查詢或下載相關資料：http:// www.showwe.com.tw

您購買的書名：________________________________

出生日期：________年________月________日

學歷：□高中(含)以下　□大專　□研究所(含)以上

職業：□製造業　□金融業　□資訊業　□軍警　□傳播業　□自由業

□服務業　□公務員　□教職　□學生　□家管　□其它_____

購書地點：□網路書店　□實體書店　□書展　□郵購　□贈閱　□其他

您從何得知本書的消息？

□網路書店　□實體書店　□網路搜尋　□電子報　□書訊　□雜誌

□傳播媒體　□親友推薦　□網站推薦　□部落格　□其他__________

您對本書的評價：(請填代號　1.非常滿意　2.滿意　3.尚可　4.再改進)

封面設計____　版面編排____　內容____　文／譯筆____　價格____

讀完書後您覺得：

□很有收穫　□有收穫　□收穫不多　□沒收穫

對我們的建議：________________________________

____

____

____

請貼
郵票

11466
台北市內湖區瑞光路 76 巷 65 號 1 樓
獨立作家讀者服務部 收

（請沿線對折寄回，謝謝！）

姓　　名：________　年齡：____　性別：□女　□男

郵遞區號：□□□□□

地　　址：________________

聯絡電話：(日) ________ (夜) ________

E-mail：________________